Jahrbuch 1935

der

Vereinigung für Luftfahrtforschung

München und Berlin

Kommissionsverlag von R. Oldenbourg

Herausgegeben von der Zentrale
für Wissenschaftliches
Berichtswesen über Luftfahrtforschung (ZWB)
Berlin-Adlershof

Druck von R.Oldenbourg, München

Printed in Germany

Aus der Tätigkeit

der Ausschüsse und Fachgruppen

der

Vereinigung für Luftfahrtforschung

Die Vereinigung für Luftfahrtforschung (VLF)

Von A. Baeumker *)

Die Vereinigung für Luftfahrtforschung wurde auf Anordnung des Reichskommissars für die Luftfahrt am 28. 4. 1933 gegründet. Ihre Tätigkeit umspannt den gesamten wissenschaftlich-technischen Arbeitsbereich der deutschen Luftfahrtforschung. Sie ist in Ausschüsse und unter diesen Ausschüssen in Fachgruppen oder — für Einzelaufgaben — in sog. Arbeitsgruppen gegliedert.

Die Vereinigung dient der Aufgabenstellung für die Luftfahrtforschung, dem wissenschaftlichen Erfahrungsaustausch der Forschungsstellen und Forscher untereinander sowie der Herstellung der erforderlichen Verbindungen von der Luftfahrtforschung zur Luftfahrt-Industrie, zum Luftverkehr und zu den Luftfahrt-Behörden.

Die Vereinigung für Luftfahrtforschung, kurz VLF genannt, kennt keine ständigen Mitglieder. Lediglich die Leitung der Vereinigung mit ihrer Geschäftsstelle sowie die Ausschuß-, Fachgruppen- und Arbeitsgruppen-Vorsitzenden sind stabile Elemente der Organisation. Die wissenschaftlich-technischen Mitarbeiter der Organisation dagegen werden je nach der von ihnen zu behandelnden Aufgabe fallweise zu den Beratungen der Vereinigung eingeladen.

Die Vorsitzenden der Ausschüsse usw. sind anerkannte Fachleute aus wissenschaftlichen oder praktischen Gebieten. Ihre Auswahl erfolgt lediglich nach dem Gesichtspunkt besonderer Eignung für die lebendige Gestaltung ihres Arbeitsgebietes. Männer, die außerhalb der Forschung stehen, werden als Vorsitzende sogar bevorzugt, um eine gewisse Neutralität in den schwierigen Fragen der Aufgabengestaltung der Forschung zu erzielen.

Die wissenschaftlich-technischen Mitarbeiter, deren Einladung durch die Leitung der Vereinigung bzw. durch die Vorsitzenden der Ausschüsse erfolgt, bestehen zum größeren Teil aus Angehörigen der Luftfahrtforschung. Es ist jedoch dafür Sorge getragen, daß neben diesen in allen Arbeitsorganen der VLF stets erste Fachleute der Industrie und technische Sachbearbeiter der Behörden zu allen Beratungen hinzugezogen werden.

Die Gliederung der Vereinigung für Luftfahrtforschung und die Besetzung der Stellen der Vorsitzenden ist derzeit folgende:

---

*) Ministerialrat und Abteilungschef im Reichsluftfahrtministerium.

Gliederung

der

Vereinigung für Luftfahrtforschung.

I. Ausschuß für Strömungsforschung

Vorsitz: *Prandtl*, *Ludwig*, Dr. phil., Dr.-Ing. E. h., Dr. techn. h. c., o. Professor an der Universität Göttingen, Direktor des Kaiser-Wilhelm-Instituts f. Strömungsforschung. Direktor der Aerodynamischen Versuchsanstalt.

Ia. Fachgruppe für Aerodynamik

Vorsitzender: *Prandtl*, *Ludwig*. Stellvertr. Vorsitzender: *Seewald*, *Friedrich*, Dr.-Ing., stellvertr. Leiter der Deutschen Versuchsanstalt für Luftfahrt, Berlin-Adlershof.

Ib. Fachgruppe für Hydrodynamik

Vorsitzender: *Kempf*, *Günther*, Dr.-Ing., Direktor der Hamburgischen Schiffsbau-Versuchsanstalt, Hamburg. Stellvertr. Vorsitzender: *Wagner*, *Herbert*, Dr.-Ing., o. Professor an der Technischen Hochschule Berlin u. Direktor des Flugtechnischen Instituts.

II. Ausschuß für Forschungsaufgaben im Flugzeugbau

Vorsitz: *Hoff*, *Wilhelm*, Dr.-Ing., o. Professor an der Technischen Hochschule Berlin.

IIa. Fachgruppe für konstruktive Fragen

Vorsitzender: *Hoff*, *Wilhelm*. Stellvertr. Vorsitzender: *Thelen*, *Robert*, Dipl.-Ing., Leiter der Prüfstelle für Luftfahrzeuge im Reichsluftfahrtministerium, Berlin.

IIb. Fachgruppe für Festigkeitsfragen

Vorsitzender: *Hertwig*, *August*, Dr.-Ing. E. h., Geheimer Regierungsrat, o. Professor an der Technischen Hochschule Berlin, Vorsteher der Versuchsanstalt für Statik der Baukonstruktionen. Stellvertr. Vorsitzender: *Seydel*, *Edgar*, Dr.-Ing., Leiter der Statischen Abteilung der Deutschen Versuchsanstalt für Luftfahrt, Berlin-Adlershof.

III. Ausschuß für Triebwerkforschung

Vorsitz: *Nägel*, *Adolf*, Dr.-Ing., Dr. rer. pol. h. c., Dr. rer. techn. E. h., o. Professor an der Technischen Hochschule Dresden, Direktor des Maschinenlaboratoriums.

IIIa. Fachgruppe für Flugmotorenforschung

Vorsitzender: *Kamm*, *Wunibald*, Dr.-Ing., o. Professor an der Technischen Hochschule Stuttgart. Direktor des Forschungsinstituts für Kraftfahrwesen und Fahrzeugmotoren. Stellvertr. Vorsitzender: *Kurtz*, *Oskar*, Dipl.-Ing., Leiter der Hauptgruppe Motorenforschung der Deutschen Versuchsanstalt für Luftfahrt, Berlin-Adlershof.

III b. Fachgruppe für Luftschraubenforschung

> Vorsitzender: *Scheubel, Nikolaus*, Dr.-Ing., a. o. Professor an der Technischen Hochschule Darmstadt, Direktor des Aerodynamischen Instituts.

IV. Ausschuß für Werkstoffragen

> Vorsitzender: *Müller-von der Heyden, Werner*, Dipl.-Ing., Chefingenieur der Deutschen Lufthansa, A.-G., Berlin. Stellvertr. Vorsitzender: *Brenner, Paul*, Dr.-Ing., Leiter der Stoffabteilung der Deutschen Versuchsanstalt für Luftfahrt, Berlin-Adlershof.

V. Ausschuß für Forschungsaufgaben des angewandten Fliegens

> Vorsitz: *Freiherr v. Gablenz, Carl-August*, Direktor und Vorstandsmitglied der Deutschen Lufthansa, A.-G., Berlin.

> V a. Fachgruppe für Flugfunkwesen

> Vorsitzender: *Zenneck, Jonathan*, Dr.rer.nat., Dr.-Ing. E. h., Geheimer Regierungsrat, o. Professor an der Technischen Hochschule München, Direktor des Physikalischen Instituts. Stellvertr. Vorsitzender: *Faßbender, Heinrich*, Dr. phil., o. Professor an der Technischen Hochschule Berlin, Vorsteher des Instituts für elektrische Schwingungslehre und Hochfrequenztechnik.

> V b. Fachgruppe für Flugnavigierung

> Vorsitzender: *v. Gronau, Wolfgang*, Präsident des Aero-Club von Deutschland, Berlin. Stellvertr. Vorsitzender: *Freiherr v. Buddenbrock, Friedrich*, Flugtechnischer Mitarbeiter der Deutschen Lufthansa, A.-G., Berlin.

> V c. Fachgruppe für Flughäfen und Landeeinrichtungen

> Vorsitzender: *Dierbach, Ernst*, Dr.-Ing., Leiter der Abteilung Boden-Organisation der Deutschen Lufthansa, A.-G., Berlin-Tempelhof. Stellvertr. Vorsitzender: *Böttger, Rudolf*, Major a. D., Direktor der Berliner Flughafen-Gesellschaft m. b. H., Tempelhof. Präsident des Reichsverbandes der Deutschen Flughäfen, Berlin-Tempelhof.

VI. Ausschuß für Segelflugwesen

> Vorsitzender: *Georgii, Walter*, Dr. phil., a. o. Professor an der Technischen Hochschule Darmstadt, Direktor des Deutschen Forschungs-Instituts für Segelflug, Griesheim bei Darmstadt. Stellvertr. Vorsitzender: *Hirth, Wolf*, Segelfliegerkapitän, Dipl.-Ing., Leiter der Verbandssegelfliegerschule Hornberg der Fliegerlandesgruppe IX Württemberg des Deutschen Luftsport-Verbandes.

VII. Ausschuß für Luftbildwesen

> Vorsitzender: *Cranz, Fritz*, Oberstleutnant im Reichsluftfahrtministerium, Berlin. Stellvertr. Vorsitzender: *Lacmann, Otto*, Dr.-Ing., o. Professor an der Technischen Hochschule Berlin.

VIII. Ausschuß für Flugmedizinische Forschung

> Vorsitzender: *Rein, Hermann*, Dr. med., a. o. Professor an der Universität Göttingen, Direktor des Physiologischen Instituts.

4

Die vorstehend erwähnte Aufgabenstellung bedingt es, daß der Kreis der Mitarbeiter wegen der außerordentlich umfassenden Tätigkeit der Vereinigung verhältnismäßig groß ist, jedoch kommt auf die einzelnen Ausschüsse und Fachgruppen immerhin nur eine begrenzte Zahl von Mitarbeitern.

In der Natur der Sache liegt es, daß die Arbeiten zur Vorbereitung des gesamten Luftfahrt-Forschungsprogramms innerhalb der Vereinigung nur in kleinen Kreisen der einzelnen Fachgebiete erfolgen können. — In größeren Kreisen bis zur Höchstzahl von etwa 50 Mitgliedern finden sodann noch fachliche Aussprachen und wissenschaftliche Vorträge statt, die meist auf gegenseitige Ergänzung der Erfahrungen der Forschung und der Industrie abgestimmt sind. In jedem einzelnen Fachgebiet der Vereinigung werden jährlich mindestens zwei Tagungen dieser Art veranstaltet. Jeder dieser Tagungen wird ein einheitlicher Leitgedanke zugrunde gelegt, auf den die Themen der einzelnen Vorträge, Vorführungen und Besichtigungen abgestimmt werden. Bei der Wahl des Tagungsortes wird besonders darauf geachtet, daß praktische Vorführungen die Vorträge anschaulich ergänzen. — Nach der Übergabe der neuen Vortragssäle durch die Bauherren an die Deutsche Versuchsanstalt für Luftfahrt am Tage der diesjährigen Hauptversammlung der VLF 1935 in Adlershof wird es sodann in Zukunft auch möglich sein, in regelmäßiger Folge weiteren Kreisen zugängliche wissenschaftliche Sprechabende durch die VLF aus allen ihren Arbeitsgebieten zu veranstalten. Zu diesen Sprechabenden sollen in erster Linie das wissenschaftliche Personal der Forschungsinstitute, daneben aber auch der technisch gut beurteilte Teil des jungen Nachwuchses an den Hochschulen, ferner Persönlichkeiten der allgemeinen Wissenschaft und Technik sowie des öffentlichen Lebens hinzugezogen werden. — Jährlich einmal, Oktober 1935 in Adlershof zum zweitenmal, tagt die Hauptversammlung der Vereinigung für Luftfahrtforschung. Zu dieser Hauptversammlung werden alle Mitarbeiter der VLF, darüber hinaus zahlreiche Vertreter der Luftfahrt-Wissenschaft, der allgemeinen Wissenschaft und Technik, ferner führende Angehörige unserer Wehrmacht und Wirtschaft geladen. Von jetzt ab werden zur Hauptversammlung der VLF auch regelmäßig Vertreter der ausländischen Wissenschaft, die der deutschen Forschung Interesse entgegenbringen, geladen werden, um damit unsere freundschaftlichen Beziehungen zu den anderen luftfahrttreibenden Mächten der Welt auszugestalten. — Die VLF veröffentlicht geeignete Arbeiten ihrer Mitarbeiter und ihrer Ausschüsse usw. in der Schriftenfolge »Luftfahrtforschung« und in der Zeitschrift »Luftwissen« bzw. an anderen ihr geeignet erscheinenden Stellen.

Die Vereinigung für Luftfahrtforschung hat in den 2½ Jahren ihres Bestehens in 46 Tagungen der großen Fachgruppen und in etwa 40 Einzeltagungen der kleinen Arbeitsgruppen das ihr zugewiesene Arbeitsgebiet behandelt. Etwa die Hälfte dieser Tagungen fand in Berlin statt. Die übrigen Tagungen erfolgten in mannigfachem Wechsel an verschiedenen Orten des Reiches, hierbei insbesondere am Sitze der Hochschulen bzw.

der bedeutenden Firmen der Luftfahrtindustrie. 18 Tagungen erstreckten sich hierbei auf mehrere Tage. An den Tagungen der Vereinigung waren insgesamt etwa 500 Mitarbeiter wechselnd beteiligt.

An Kosten entstanden im wesentlichen nur Aufwendungen für Reisebeihilfen an diejenigen Persönlichkeiten, die aus eigenen Mitteln zur Teilnahme an den Beratungen nicht in der Lage waren. Im übrigen wurden die Arbeiten der Vereinigung durch Bereitstellung von Vortragsräumen sowie durch Vorführungen selbst usw. seitens der Forschungsinstitute, Hochschulen und der Industriefirmen weitgehend unterstützt.

Dem Willen des Herrn Reichskommissars der Luftfahrt, jetzigen Reichsministers der Luftfahrt *Hermann Göring* und seines Staatssekretärs *Ehrhard Milch* entsprechend, übernahm die Vereinigung für Luftfahrtforschung bei ihrer Bildung, alle Aufgaben, die vor 1933 in den verschiedensten Kommissionen, wissenschaftlichen Gesellschaften usw. auf dem Gebiete der Luftfahrtwissenschaft durchgeführt wurden. Durch die Einheitlichkeit der neugeschaffenen Organisation wird heute der enge Zusammenhang in den verschiedenen Wissensgebieten der Luftfahrtforschung zwangsläufig gesichert. Diese Einheitlichkeit ermöglicht es auch, rechtzeitig zu erkennen, ob an irgendeiner Stelle der Luftfahrtforschung der Fortschritt ins Stocken gerät. Nur auf diesem Wege werden die Gesamtleitung der Luftfahrtforschung im Reichsluftfahrtministerium sowie die einzelnen Forschungsanstalten instand gesetzt, Maß und Ziel der Aufgabenstellung der Forschung fortlaufend richtig zu bestimmen und gegebenenfalls Änderungen eintreten zu lassen.

Die von der Vereinigung für Luftfahrtforschung in den 2½ Jahren ihres Bestehens geleistete Arbeit war nur möglich durch die freiwillige Mithilfe aller beteiligten Kräfte der Luftfahrtforschung, der Industrie und der Behörden. Hierfür muß an dieser Stelle besonders gedankt werden. Aber auch die Leitung der Vereinigung für Luftfahrtforschung, insbesondere die Geschäftsstelle unter dem Gruppenleiter im Reichsluftfahrtministerium Dipl.-Ing. *Kirchhoff* sowie die in der vorstehenden Gliederung genannten Ausschußvorsitzenden verdienen den wärmsten Dank. Wenn die Arbeiten der Vereinigung auf einen engeren Kreis beschränkt wurden, so geschah dies in erster Linie im Interesse der Intensivierung der Arbeitsergebnisse. Es gibt oft mehrere oder viele erstklassige Fachleute auf dem gleichen Gebiete, aber es genügt, wenn zu Beratungen über die Aufgabenstellung und zu ähnlichen Arbeiten nur wenige Persönlichkeiten zusammenkommen. — Um das mit den Arbeiten der Vereinigung verfolgte Ziel mit einer Mindestauswahl von Kräften in möglichst gründlicher Weise zu erreichen, mußte die Vereinigung naturgemäß auch autoritär durch einige wenige Persönlichkeiten geleitet werden. Maßgeblich für Ziele und Wege der Arbeit blieb deshalb neben der Geschäftsstelle die persönliche Auffassung der Ausschuß- bzw. Fachgruppenvorsitzenden.

Auf die früher übliche Form des wissenschaftlichen Vereins wurde bei der Neubildung der VLF bewußt verzichtet. Die Organisationsform

eines »Vereins« ist auch vom Standpunkt der allgemeinen Entwicklungsrichtung unseres öffentlichen Lebens als überholt zu betrachten. —

In zweieinhalbjähriger Arbeit hat die Vereinigung für Luftfahrtforschung
den Beweis geführt, daß sie den ihr vom Reichsminister der Luftfahrt und
seinem Staatssekretär gestellten Aufgaben bisher gerecht wurde. Eine
weitere Verbesserung der Leistung — nicht durch Verbreiterung, sondern
durch Vertiefung der Arbeiten — wird angestrebt werden.

Die Zentrale für Wissenschaftliches Berichtswesen
über Luftfahrtforschung (ZWB)

Die Zentrale für Wissenschaftliches Berichtswesen, kurz ZWB genannt, wurde am 23. 3. 1933 auf Anordnung des Reichskommissars für
die Luftfahrt, jetzigen Reichsministers der Luftfahrt, gebildet. Sie ist
das zentrale Organ für die gesamte Berichterstattung auf dem Gebiete
der Luftfahrtforschung, hierbei insbesondere der technisch-wissenschaft-
lichen Forschung.

Der ZWB geht das gesamte wissenschaftliche Material aller Luft-
fahrtforschungsstellen im Reich zu, das von ihr für die verschiedenen
Verwendungszwecke unter Berücksichtigung der einzelnen Interessenten-
kreise zusammengestellt wird. Daneben gibt die ZWB eigene Arbeiten
heraus. Laufende Veröffentlichungen der ZWB erscheinen in der Zeitschrift »Luftwissen« (Berlin, Verlag Mittler & Sohn) in der Schriftenfolge
»Luftfahrtforschung« (München, Verlag Oldenbourg) und an anderen Stellen.

Durch die einheitliche Organisation des Berichtswesens wird angestrebt, die Ergebnisse der deutschen Luftfahrtforschung in derjenigen
Form zur Veröffentlichung zu bringen, wie sie vom Standpunkt der
Nutznießer unserer Forschung, hierbei insbesondere der Industrie und
des Luftverkehrs, verlangt wird. Die von der ZWB herausgegebenen Berichte sollen sowohl auf den Anwendungsgebieten der Forschung, insbesondere bei den Wissenschaftlern und bei den Konstrukteuren der Industrie, anregend wirken, als auch eine Rechenschaftslegung über die
Tätigkeit der Forschung ihren Geldgebern gegenüber darstellen. Die
Unterstützung der ZWB aus den Kreisen der Forscher, Erzeuger und
Verbraucher dient somit gleichzeitig den Interessen dieser Stellen selbst.

Die ZWB ist der Leitung der Deutschen Versuchsanstalt für Luftfahrt, Berlin-Adlershof, unterstellt und empfängt wie diese selbst die
grundlegenden Richtlinien für ihre Arbeitsweise durch das Reichsluftfahrtministerium.

Fachgruppe für Aerodynamik

Bericht von F. Seewald*) und H. Blenk**)

Allgemeine Angaben über die Tätigkeit der Fachgruppe

Die VLF-Fachgruppe für Aerodynamik hielt ihre erste Sitzung am 30. Juni 1933 in Berlin-Tempelhof unter dem Vorsitz von Prandtl, Göttingen, ab.

Entsprechend der Tagesordnung wurden einige als vordringlich bezeichnete Forschungsaufgaben durchgesprochen. Die VLF hat es sich ja gerade zur Aufgabe gesetzt, solche vordringlichen Forschungsaufgaben durch Aussprachen zu fördern und die maßgebenden Sachbearbeiter in den Forschungsanstalten zu veranlassen, ihr besonderes Augenmerk darauf zu richten.

Im weiteren Verlauf der Sitzung wurde eine Sondergruppe mit der Forschung auf dem Gebiet der Flugeigenschaften betraut (unter dem Vorsitz von v. Köppen). Aufgabe dieser Sondergruppe ist es, im besonderen die Verbindung zwischen den Bedingungen der Industrie und den Anforderungen der Verbraucher herzustellen. Es wurde von verschiedenen Seiten betont, daß auf diesem Gebiet noch wesentliche Forschungsarbeit zu leisten ist, und daß vor allem jegliches Zahlenmaterial über diese Dinge bisher fehlt.

Im Anschluß an diese erste Sitzung der Fachgruppe für Aerodynamik fand am gleichen Tage noch eine gemeinsame Sitzung mit der Fachgruppe für konstruktive Fragen und Festigkeitsfragen statt. Auf der Tagesordnung standen mehrere Berichte über die Untersuchung einiger Unfälle aus dem Jahre 1932. Die Einzelberichte wurden von Uding, Hertel, Blenk[1]), Seiferth[2]), v. Köppen und Messerschmitt erstattet.

Die nächste Tagung der Fachgruppe für Aerodynamik fand am 1. Oktober 1934 in Aachen statt und wurde in Abwesenheit des durch Krankheit verhinderten Vorsitzenden durch Seewald geleitet. Wieselsberger und Dirksen vom Aerodynamischen Institut in Aachen gaben eingehende Berichte über die verschiedenen Forschungsarbeiten, die im Aachener Institut ausgeführt werden. Über das Thema »Was erwartet die Luftfahrtindustrie von der aerodynamischen Forschung?« sprachen sodann Focke[3]) und Günter[4]). In beiden Vorträgen wurden außerordentlich wertvolle Vorschläge und Anregungen mitgeteilt. Über einige Sonderaufgaben gaben Blenk, Kohler und Lippisch ausführliche Berichte.

Die Vorträge, insbesondere diejenigen von Focke und Günter, gaben Anlaß zu lebhaften Aussprachen. Nach längerer Erörterung der ver-

*) Dr.-Ing., stellvertretender Leiter der Deutschen Versuchsanstalt f. Luftfahrt, E. V., Berlin-Adlershof.
**) Dr. phil., Deutsche Versuchsanstalt f. Luftfahrt, E. V., Berlin-Adlershof.
[1]) Vgl. H. Blenk, Z. Flugtechn. Motorluftsch. Jg. 24 (1933) Nr. 13, S. 365.
[2]) Vgl. R. Seiferth, Z. Flugtechn. Motorluftsch. Jg. 24 (1933) Nr. 16, S. 446.
[3]) S. S. 111. [4]) S. S. 114.

schiedenen Forschungsaufgaben kam man zu der Überzeugung, daß es unmöglich sei, alle im Verlauf der Vorträge erwähnten Fragen sogleich in Angriff zu nehmen. Es wurde deshalb beschlossen, das Hauptaugenmerk auf die wichtigsten Aufgabengebiete zu richten. Hierfür wurden folgende fünf Aufgabengebiete ausgewählt:

1. Vorrichtungen zur Verringerung der Landegeschwindigkeit,
2. Leitwerke und Ruder,
3. Schraubenstrahl, Abwind und Stabilität,
4. Abnormale Flugzeugbauart (Nur-Flügel-Flugzeuge, Ente),
5. Luftbremsen.

Für jedes dieser Aufgabengebiete wurde eine Arbeitsgruppe mit einem bestimmten Leiter gebildet, die für die Weiterbearbeitung der Aufgaben verantwortlich sein sollen.

Am 21. Februar 1935 fand in Berlin eine VLF-Sondertagung über Schwingungsfragen statt, an der auch die meisten Mitglieder der Fachgruppe für Aerodynamik teilnahmen. Zur Verhandlung standen Flügelschwingungen (Vorträge von Wagner, Kaßner, von Schlippe), Luftschraubenschwingungen (Vortrag von Meßmer) und Schwingungen des Systems Kurbelwelle-Luftschraubennabe (Vortrag von Lürenbaum). Die Verhandlungen wurden von Seewald geleitet und führten zu einer wesentlichen Klärung der verschiedenen Schwingungsfragen. Weitere Forschungen auf diesem Gebiete sind jedoch noch erforderlich. Die Aufgabe besteht nicht nur darin, die Ursachen für das Auftreten der Schwingungen zu erfassen, sondern auch allgemeine Konstruktionsregeln für schwingungstechnisch günstige Anordnungen, insbesondere von Tragflügeln zu finden. Bei den Luftschraubenschwingungen erscheinen die physikalischen Zusammenhänge noch nicht in allen Fällen geklärt.

Die letzte Tagung der Fachgruppe für Aerodynamik fand am 28. und 29. Mai 1935 in Darmstadt statt. Hier berichtete zunächst Lippisch über verschiedene eigene Arbeiten, die er im Deutschen Forschungsinstitut für Segelflug durchgeführt hat. Diese Arbeiten beziehen sich insbesondere auf das Nur-Flügel-Flugzeug. Die Vorträge wurden durch Vorführung einiger schwanzloser Flugzeuge auf dem Flugplatz in Griesheim ergänzt. Über die Ermittlung der Auftriebsverteilung längs der Spannweite eines Eindeckers bei beliebig vorgegebenem Flügel sprach Gebelein. Für diese Aufgabe liegen nunmehr eine ganze Reihe verschiedener Verfahren vor, und es wäre nützlich, die einzelnen Verfahren auf Genauigkeit und Zeitaufwand bei der Rechnung miteinander zu vergleichen, damit man sich in der Praxis für ein Verfahren endgültig entscheiden kann. Kupper hielt einen Vortrag über die Auswertung von Leitwerkmessungen. An Hand einer polnischen Leitwerkmessung erörterte der Vortragende die zweckmäßigste Art für die Auswertung solcher Windkanalversuche. Ein weiterer Vortrag von Kupper befaßte sich mit den zur Zeit sichergestellten Mitteln zur Erfüllung der heutigen Flugeigenschaftsforderungen um die Querachse. Es ist ja bekannt, daß die Erfüllung der Längsstabilitätsforderungen bei den heutigen Flugzeugen mit hoher Flächen- und Leistungsbelastung in vielen Fällen beträchtliche Schwierigkeiten macht.

Über die Tätigkeit der auf der Aachener Tagung eingesetzten Arbeitsgruppen berichteten die Leiter dieser Gruppen. In der Zwischenzeit sind von sämtlichen Arbeitsgruppen Forschungsprogramme aufgestellt worden und, soweit dies möglich war, einzelne Forschungsaufgaben an verschiedene Anstalten vergeben worden. An der Aufstellung der Forschungsprogramme haben verschiedene Herren aus der Luftfahrtindustrie erheblichen Anteil genommen. Insbesondere ist in diesem Zusammenhange die Mitarbeit v. Doepps hervorzuheben. Im einzelnen berichteten Blenk über die Mittel zur Verringerung der Landegeschwindigkeit, Pleines über Leitwerke und Ruder, Blenk über Schraubenstrahl, Abwind und Längsstabilität, Lippisch über das Nur-Flügel-Flugzeug und Kramer über Luftbremsen. Die sich an die Berichte anschließenden Erörterungen beschäftigten sich besonders mit den Fragen, wie die zahlreichen schon vorhandenen Windkanalversuche (z. B. über Leitwerke) durch sinngemäße Auswertung auf einen Nenner zu bringen sind und welche Versuche zur Ergänzung des Vorhandenen noch notwendig sind.

Besonders behandelte Fragengebiete

Von den zahlreichen auf den VLF-Tagungen behandelten Fragengebieten sollen hier nur einige einer kurzen Erörterung unterzogen werden.

Auf allen Tagungen der Fachgruppe für Aerodynamik ist bisher über die Frage »Leitwerke und Ruder« gesprochen worden. Die Stabilitätsverhältnisse und die Flugeigenschaften eines Flugzeuges werden ganz erheblich durch die Ausbildung seiner Leitwerke und Ruder bestimmt. Die Anforderungen, die z. B. an ein Höhenleitwerk von der Praxis gestellt werden, betreffen Momentausgleich bei verschiedenen Schwerpunktlagen und verschiedenen Drosselstellungen des Motors, ausreichende statische Längsstabilität in allen Fluglagen, dynamische Längsstabilität mit angenehmen Dämpfungseigenschaften, Ruderempfindlichkeit, Steuerkrafte. Diese Anforderungen sind nun aber nicht etwa zahlenmäßig genau festgelegt, sondern meist nur qualitativ bekannt (in einigen Fällen nur dem Vorzeichen nach). Zur Erfüllung dieser Anforderungen stehen beim Höhenleitwerk eine große Zahl von Veränderlichen zur Auswahl: Größe des Gesamtleitwerks, Unterteilung in Flosse und Ruder, Profil, Seitenverhältnis, Umrißform, Art und Größe des Ruderausgleichs u. a. m. Wenn man dazu noch bedenkt, daß die Eigenschaften des Höhenleitwerks durch die Art des Zusammenbaues mit dem Rumpf und durch den Tragflügel (Abwind) und die Luftschraube (Schraubenstrahl) wesentlich beeinflußt werden, erkennt man die großen Schwierigkeiten der vorliegenden Aufgabe. Bei dem Versuch, Modellversuche an Leitwerken aus verschiedenen Windkanälen auf einen Nenner zu bringen, treten überdies weitere Schwierigkeiten wegen der Verschiedenheit hinsichtlich Reynoldsscher Zahl, Windkanalturbulenz und Oberflächenbeschaffenheit der Modelle hinzu. Eine Auswertung der schon vorhandenen und der noch anzustellenden Leitwerkmessungen nach einheitlichen Gesichtspunkten, wie sie jetzt durch die

VLF-Fachgruppe für Aerodynamik angestrebt werden und z. T. schon festgelegt sind, wird trotzdem für die weitere Forschung von großem Nutzen sein. Wünschenswert wäre außerdem eine Weiterentwicklung theoretischer Ansätze für Leitwerke und Ruder. Bisher ist in dieser Beziehung außer der aus dem Jahre 1927 stammenden Arbeit von H. Glauert[5]), die sich auf einfache rechteckige Leitwerke ohne Ruderausgleich bezieht, nichts Nennenswertes erschienen.

In engem Zusammenhang mit der Leitwerkfrage steht ein anderes Fragengebiet, das die VLF-Fachgruppe für Aerodynamik wiederholt beschäftigt hat: »Schraubenstrahl, Abwind und Längsstabilität«. Es ist bekannt, wie der durch den Auftrieb des Tragflügels bedingte Abwind die Wirksamkeit des Höhenleitwerks herabsetzt. So lange es sich um ein Flugzeug ohne Motor (Segelflugzeug) oder um ein Flugzeug im Gleitflug (Leerlauf) handelt, läßt sich die Größe des Abwindes mit einiger Sicherheit theoretisch ermitteln. Wegen der meist nicht genau bekannten Auftriebsverteilung längs der Spannweite, die den Abwind wesentlich beeinflußt, und wegen des Rumpfeinflusses bleibt die Rechnung allerdings auch in diesem einfachsten Falle in gewissem Grade ungenau. Die Unsicherheit wird jedoch vollkommen, sobald der Einfluß der laufenden Schraube dazu kommt (Motorflug). Der Schraubenstrahl ändert am Ort des Leitwerks sowohl den Staudruck als auch den Anströmungswinkel. Die Änderung des Anströmungswinkels ist einmal unmittelbar auf die Richtwirkung des Schraubenstrahls, zum größeren Teil aber wahrscheinlich auf die Vergrößerung des Abwindes zurückzuführen, die von der Auftriebserhöhung am Tragflügel durch den Schraubenstrahl herrührt. Eine theoretische Behandlung des vorliegenden Fragengebietes hat bisher noch zu keinem Erfolg geführt. Es erscheint dringend notwendig, im Modellversuch die Einzeleinflüsse zu trennen und in ihrer Abhängigkeit von den zahlreichen Veränderlichen (z. B. Anstellwinkel des Tragflügels, Lage der Luftschraube zum Tragflügel, Fortschrittsgrad der Luftschraube, usw.) zu untersuchen.

Besondere Aufmerksamkeit hat die Fachgruppe für Aerodynamik den vom Drachenflugzeug abweichenden Bauarten gewidmet (Ente, Nur-Flügel-Flugzeug, Tragschrauber, Hubschrauber). Von diesen Bauarten hat der Tragschrauber heute bereits eine längere Entwicklung durchgemacht. Über die theoretischen Grundlagen, über die hinsichtlich Flugleistungen und Flugeigenschaften erreichbaren Möglichkeiten und die Verwendungszwecke herrscht für den Tragschrauber Klarheit. Ganz anders liegt die Sache für den Hubschrauber. Abgesehen von gelegentlichen Anfangserfolgen ist noch nichts erreicht worden. Die Schwierigkeiten liegen in der Erzielung ausreichender Flugstabilität. Auch auf theoretischem Wege ist dieses Problem bisher nicht mit Erfolg behandelt worden. Eine gewisse Mittelstellung unter den Sonderbauarten nimmt das Nur-Flügel-Flugzeug ein. Es ist in mehreren verschiedenen Konstruktionen mit Erfolg verwirklicht worden. Seine Leistungen entsprechen denen von

---

[5]) H. Glauert, Theoretical Relationships for an Aerofoil with Hinged Flap, ARC Rep. a. Mem. 1095.

Normalflugzeugen, bei denen nicht besondere Mittel zur Verringerung der Landegeschwindigkeit angewandt worden sind. In welcher Weise sich die bekannten Hilfsmittel zur Auftriebserhöhung auf das Nur-Flügel-Flugzeug übertragen lassen, ist noch eine offene Frage, die durch Windkanalversuche zu klären wäre. Jedenfalls aber wird die Lösung dieser Frage für das Nur-Flügel-Flugzeug von ausschlaggebender Bedeutung sein. Wenn es nicht gelingt, die bei der Erhöhung von $c_{a\,max}$ auftretenden Längsmomente auch bei schwanzloser Bauart zu beherrschen, werden die Flugleistungen des Nur-Flügel-Flugzeuges hinter denen eines Normalflugzeuges immer zurückstehen. Über die Flugeigenschaften der bisher geflogenen schwanzlosen Flugzeuge ist verhältnismäßig wenig bekannt. Eine Erforschung dieses Fragengebietes (dynamische Längs- und Seitenstabilität, Trudeln usw.) durch Flugversuche wäre erwünscht. Bekannt ist jedoch, daß bei einigen Nur-Flügel-Flugzeugen die Eigenschaften beim Rollen auf dem Flugplatz (Start und Landung) sehr ungünstig waren, so daß eine besondere Geschicklichkeit des Flugzeugführers erforderlich war. Auch in diesem Punkte wäre es nützlich zu wissen, durch welche Konstruktionsverhältnisse sich die Eigenschaften beim Rollen beeinflussen lassen, und welche Folgen sich weiterhin daraus ergeben.

Fachgruppe für Hydrodynamik

Bericht von G. Kempf[*]

Die Fachgruppe für Hydrodynamik konstituierte sich am 13. Dezember 1934 in Hamburg. Es nahmen teil insgesamt 58 Herren, welche bei Instituten, Hochschulen und Behörden sowie in der Industrie sich mit den hydrodynamischen Fragen, welche beim Flugzeug vorliegen, beschäftigen.

Diese Fragen konzentrieren sich in der Hauptsache auf die Bewegungsvorgänge und Kräfte, welche am Schwimmwerk bei der Berührung mit dem Wasser, also beim Schwimmen, Starten und Landen auftreten. Besonders handelt es sich hierbei um die Widerstands- und Auftriebsverhältnisse beim Starten, die Kräfte und Beanspruchungen beim Landen, die Stabilität und Manövrierfähigkeit beim Schwimmen.

Diese erste Zusammenkunft der Fachgruppe sollte neben der persönlichen Fühlungnahme und Aussprache der Mitglieder untereinander zunächst dazu dienen, einen Überblick über den augenblicklichen Stand der Hauptprobleme zu gewinnen. Zu diesem Zwecke wurden vier Vorträge gehalten, von denen die drei ersten von der theoretischen, der vierte von der praktischen Seite her Formgebung und Konstruktion des Schwimmwerks beleuchteten. Croseck[1] gab einen Überblick über die Forschungsziele auf dem Gebiete des Seeflugwesens, Sambraus[2] sprach über die Aus-

[*] Dr.-Ing., Leiter der Hamburgischen Schiffbau-Versuchsanstalt, Hamburg.
[1] S. S. 155. [2] S. S. 127.

wertung von Gleitflächenversuchen und Mewes[3]) über die Stoßkräfte bei Seeflugzeugen beim Starten und Landen, während am zweiten Tage Spies über die Anforderungen an den Bau von Seeflugzeugen vom Standpunkt der Erprobung eine erschöpfende Zusammenstellung gab. Die vier Vorträge machten die verschiedenen Anforderungen und Gesichtspunkte deutlich, welche bei der Formgebung und Konstruktion des Schwimmwerkes zu beachten sind, und die anschließenden Aussprachen gaben erwünschte Gelegenheit, sich über die Rangordnung der verschiedenen Anforderungen für den jeweiligen Verwendungszweck auszusprechen.

Hierbei kam die bedeutsame Tatsache zur Sprache, daß bei verschiedener Beurteilung der Wichtigkeit einer einzelnen Bedingung, z. B. des Vermeidens von Spritzwasser im Propellerkreis, ganz wesentlich abweichende Formen und Konstruktionen sich ergeben. Es erscheint erwünscht, das Schwimmerproblem systematisch daraufhin durchzuarbeiten, welche Folgen sich für Form und Konstruktion ergeben würden, wenn auf jede einzelne heute für unerläßlich erachtete Bedingung verzichtet wird.

Die Widerstands- und Auftriebsverhältnisse beim Start in glattem Wasser sind weitgehend durch Theorie und Versuch geklärt. Am wenigsten geklärt bleiben noch die beim Landen im Seegang auftretenden Beanspruchungen. Hierfür erscheint es vor allem notwendig, ausgiebige Stoßkraftmessungen an wirklichen Flugzeugen vorzunehmen und gleichzeitig systematische Modellversuche auszuführen, um aus dem Vergleich beider festzustellen, mit welchen Verhältnissen praktisch für die Konstruktion zu rechnen ist. Hierfür genügt die Zusammenarbeit zwischen den Erprobungsstellen und den Modellversuchsstellen, wie sie bisher schon besteht, noch nicht, weil große Flugzeuge noch nicht in ausreichendem Maße ausschließlich zur Verfügung gestellt werden können.

Die Beherrschung der Manövriereigenschaften steht erst im Anfang, und in dieser Richtung sind weitere Forschungen und Verbesserungen erforderlich. Auch hierbei kann nur engste Zusammenarbeit der Erprobungsstellen mit den Modellversuchsstellen zum Ziele führen.

Die Besichtigungen in Hamburg und Travemünde vermittelten ein ebenso eindrucksvolles Bild von der Arbeitsweise dieser beiden technischen Stellen wie die Besichtigung bei den Ernst Heinkel-Flugzeugwerken Rostock von den Herstellungsweisen.

Die Tagung erschien wohl allen Teilnehmern ihren Zweck erfüllt zu haben, und es wird beabsichtigt, die Zusammenkunft der Fachgruppe in ähnlicher Weise an anderer Stelle zu wiederholen.

Darüber hinaus wird angestrebt, über Einzelfragen persönliche Besprechungen der unmittelbar an diesen interessierten Mitglieder abzuhalten. Zu solchen Verabredungen bieten die Zusammenkünfte der Fachgruppe erwünschte Gelegenheit und Anregung.

[3]) S. S. 139.

Fachgruppe für konstruktive Fragen

Bericht von W. Hoff*)

Bei der Bildung der Fachgruppe für konstruktive Fragen in der VLF dachte man an die Behandlung von Fragen, die weder zur Aero- oder Hydrodynamik noch zu Festigkeits- oder Baustoffragen zuzurechnen waren, sondern an den großen Fragebereich, der mit der Konstruktion der Flugzeuge zusammenhängt. Dieser allgemeinen Zielsetzung wegen hätte die Fachgruppe viele außerordentlich wichtige und für eine gemeinsame Aussprache auch lohnende Fragen in ihren Arbeitsbereich einbeziehen sollen. Dies konnte jedoch nicht geschehen, da solche Fragen wegen der meist erforderlichen Beschleunigung ihrer Behandlung unmittelbar den dazu geeigneten Forschungsstellen zur sofortigen Bearbeitung überwiesen werden mußten.

Nur anläßlich der gemeinsamen Tagung (30. Juni 1933) der Fachgruppe für Aerodynamik, konstruktive Fragen und Festigkeitsfragen wurde ein Stoff dieser Art erörtert, als die Beobachtungen und Folgerungen den Untersuchungen einiger Flugunfälle aus dem Jahre 1932 eingehend vorgetragen wurden.

Die Tagung hatte das Ergebnis, daß die an einem neuen Flugzeugmuster teuer erkauften Erfahrungen dazu beigetragen haben, den Stand der Technik zu heben.

In der Eröffnungstagung der Fachgruppe für konstruktive Fragen am 29. Juni 1933 wurden die künftige Arbeitsweise der Fachgruppe und etwa vordringlich zu behandelnde Forschungsaufgaben erörtert. Die Anwesenden nannten wichtige Aufgaben, die sich aus ihrem jeweiligen Arbeitsbereich ergeben hatten, die aber zum Teil schon von den Forschungsstellen in Angriff genommen waren, bzw. die kurz danach in das allgemeine Luftfahrtforschungsprogramm einbezogen werden konnten. Die Aussprache ging dann auf einige Punkte über, die zur Klarstellung der Tätigkeit der Fachgruppe gegenüber anderen Gremien, insbesondere den Arbeitsgruppen des Deutschen Luftfahrzeug-Ausschusses, diente.

Die Tagung in Dessau am 19. Oktober 1934 begann mit der Besichtigung der Junkers Flugzeugwerke A.G., die den Teilnehmern einen interessanten Einblick in dieses Werk und seine Arbeitsmöglichkeiten gab. Diese Führung durch die Dessauer Anlagen wurde von den Teilnehmern dankbar gewertet. Auf der Tagung wurden drei Themen nebeneinander gestellt:

Bauer, Berlin, sprach über »Vereinfachung der Fertigung durch konstruktive Maßnahmen«. Vom Konstrukteur wird verständnisvolle Mitarbeit an den Aufgaben der Fertigung schon bei der konstruktiven Durchbildung des Flugzeugs und seiner Teile erwartet, nur so kann das höchste Gesamtergebnis erzielt werden; durchdachte Bearbeitungsvor-

---

*) Dr.-Ing., Professor a. d. Techn. Hochschule Berlin.

schriften für jedes Bauteil sind vorzusehen; durch Förderung der Normung ist die Vielzahl der verwendeten Werkstoffe zu verringern.

Michael, Stuttgart, berichtete über »Neue Forschungsergebnisse und Unfallerfahrungen an Flugzeugfahrwerken« und gab einen zusammenfassenden Überblick nicht nur über die letzten DVL-Arbeiten, sondern über alle mit der Federung von Flugzeugen zusammenhängenden Fragen.

Krämer, Blomberg, behandelte die »Entwicklungsmöglichkeiten im Holzflugzeugbau« und zeigte, daß die Verwendung von Holz im Flugzeugbau nach wie vor die größte Beachtung verdient, zumal wenn Holz nicht mehr im Naturzustand, sondern veredelt zur Anwendung gelangt. Seine guten Eigenschaften werden hierdurch wesentlich gehoben und die Unsicherheiten, die in seinem Wachstum liegen, ausgeschaltet.

Die Aussprache zu allen Vorträgen war sehr lebhaft und wurde noch durch einen besonderen Beitrag von Frydag, Berlin, zum Vortrag von Bauer ergänzt.

Die Fachgruppe für konstruktive Fragen hofft, in der Zukunft sich mehr an ihre Hauptaufgabe, konstruktive Fragen des Flugzeugbaues im ganzen zu behandeln, halten zu können, darüber hinaus wird sie wichtige Randgebiete zu bearbeiten haben.

Fachgruppe für Festigkeitsfragen

Bericht von A. Hertwig*)

In der Eröffnungssitzung am 29. Juli 1933 wurden die Arbeitsgrundsätze der Fachgruppe festgelegt und beschlossen, durch Umfrage bei der Industrie festzustellen, welche Festigkeitsfragen für ihre Arbeit besonders vordringlich gelöst werden müssen. In der Aussprache über diesen Punkt und den vom Vorsitzenden gehaltenen Vortrag über die »Spannungsspitzen als Ursache von Dauerbrüchen« wurden einige besonders vordringliche Aufgaben bereits festgestellt, z. B. die Schubfestigkeit von Kastenholmen.

Gleich im Anschluß an diese Sitzung wurde ein Fragebogen zur Versendung an die Industrie ausgearbeitet, das eingegangene Material gesichtet und zu einer Aufgaben-Übersicht zusammengestellt, die die Grundlage für die Aussprache in der Zusammenkunft der Arbeitsgruppe am 8. und 9. Februar 1934 bildete. In dieser Tagung wurden als vordringlich folgende Probleme bezeichnet: Platten- und Schalenkonstruktion im Flugzeugbau, Raumfachwerke im Luftfahrzeugbau, Knickung und Knickbiegung, zulässige Biegungs-Spannungswerte und Knicksicherheit für hohe dünnwandige Profilträger und Rohre, Dauerversuche mit häufig wechselnder Belastung und die Untersuchung von Bolzenverbindungen. Bei dieser Tagung konnte bereits über die in der ersten Sitzung angeregten Fragen

---

*) Geh. Reg.Rat Dr.-Ing., Professor a. d. Techn. Hochschule Berlin, Vorsteher der Versuchsanstalt f. Statik d. Baukonstruktionen.

Bericht erstattet werden; v. Schlippe hielt einen Vortrag über Verdrehungsknickung von offenen Profilen[1]), Hertel sprach über die Schubfestigkeit von hölzernen Kastenholmen. Mit der Sitzung war eine Besichtigung und Führung durch die statische und Röntgen-Abteilung des Materialprüfungsamtes in Dahlem und eine Besichtigung der Schweißanlagen der AEG in Henningsdorf verbunden.

Über die in der Februartagung als vordringlich bezeichneten Arbeiten konnte in der Tagung der Fachgruppe in Friedrichshafen am 8. und 9. November 1934 Bericht erstattet werden. Im Mittelpunkt der Verhandlungen des ersten Tages standen die Probleme der Schalenfestigkeit. Wagner berichtete über seine Arbeiten über Schalenberechnungen, Heck über die Stabilität orthotroper elliptischer Zylinderschalen bei reiner Biegung. Weiterhin behandelte Ebner den Spannungszustand durch Drilling in Vierkantrohren bei verhinderter Endwölbung. Kaul sprach über Beanspruchungen des Tragwerks und Leitwerks beim Hochreißen[2]) und Lipp über Dauerprüfung von Flugzeugbauteilen. Der Vorsitzende berichtete über den Stand der Versuchsarbeiten sowie über den Stand der Versuchsarbeiten, die mit den als dringlich bezeichneten Aufgaben zusammenhängen. In Friedrichshafen konnten die Zeppelinbauten und Dorniermetallbauten GmbH besichtigt werden. Der nächste Tag (der 9. November) vereinigte nachmittags die Fachgruppe für Festigkeitsfragen mit der Fachgruppe für Werkstofffragen in Stuttgart, wo Glocker über die röntgenologischen Untersuchungsverfahren und ihre Anwendung auf das Fluggerät[3]), Schraivogel über Punktschweißung von Aluminiumlegierungen und Siebel über neuere Probleme der Festigkeitsforschung[4]) berichtete.

Die Versuchsarbeiten, die mit den vordringlichen Arbeiten zusammenhängen, sind an den verschiedenen Stellen bereits erheblich gefördert worden.

Fachgruppe für Flugmotorenforschung

Bericht von W. Kamm *)

Arbeitsbedingungen

Der Ausgangspunkt für die Tätigkeit der Fachgruppe war der Stand der Forschung auf dem Gebiet der Flugmotoren, wie er in der ersten Sitzung am 2. 8. 1933 festgelegt wurde.

Es ergab sich dabei, daß die Forschung auf diesem Fachgebiet der Luftfahrt größeren Schwierigkeiten begegnet als auf vielen der übrigen

---

*) Dr.-Ing., Professor a. d. Techn. Hochschule Stuttgart, Direktor d. Forschungsinstituts f. Kraftfahrwesen u. Fahrzeugmotoren.

[1]) s. S. 158.
[2]) s. S. 163.
[3]) s. S. 196.
[4]) s. S. 203.

Teilgebiete, weil die mannigfaltigen, für den Betrieb des Flugmotors wesentlichen Vorgänge in ihrem Zusammenwirken sehr schwer rein erkenntnismäßig erfaßbar sind. Aus diesem Umstand ist es auch zu erklären, daß die Flugmotorenentwicklung lange Zeit fast ausschließlich auf die gefühlsmäßige und werkliche Behandlung gestützt war.

Für die Forschung ergibt sich demzufolge ein großes Arbeitsgebiet, das nicht allein nach freier Planung auf breiter Grundlage gleichmäßig beschritten werden kann, sondern wegen der vorliegenden Betriebsschwierigkeiten an Flugmotoren auch das beschleunigte Vordringen in einzelnen Teilfragen erforderlich macht.

Dazu besteht für die mit bescheidenen Mitteln arbeitende deutsche Forschung die Notwendigkeit, ein Zurückfallen des Motorenbaues gegenüber dem allgemeinen Stand, das bei der Langwierigkeit der Motorenentwicklung aus den bisherigen Beschränkungen heraus möglich war, durch geschickte Arbeitseinteilung und rasche Auswertung der erzielbaren wissenschaftlichen Ergebnisse zu vermeiden und nach Möglichkeit Neuland zu beschreiten.

Aufgaben

Als Forschungsgebiete und Aufgaben liegen im einzelnen vor:

Die Verbrennungsvorgänge und thermodynamische Fragen

Die Eigenschaften der Brennstoffe in der Fremdzündungs-Verpuffungsmaschine und in der Dieselmaschine,
das Klopfen in beiden Maschinenarten,
Einfluß der Verbrennungsraumformen und der Brennstoffzusätze auf den allgemeinen Verbrennungsverlauf,
Arbeiten des Motors mit Überladung,
Herabsetzung des Brennstoffverbrauchs durch Luftüberschuß,
Motorprüfung der Brennstoffe,
Schmierölfragen.

Die Gebläseentwicklung

Untersuchungen der Lader und der Mittel zur Steigerung ihres Wirkungsgrades,
Antrieb der Lader.

Arbeitsverfahren

4-Takt und 2-Takt
Wärmeableitung aus dem Kolben,
Spülung,
Vergaser-, Einspritz- und Dieselverfahren
Gemischverteilung,
Regelung,
Regelung des Dieselmotors bei Teillast,
Anlassen.

Bauarten

Baugrenzen und mechanische Eigenschaften der Reihen- und Sternmotoren,
Luftwiderstand und Kühlung,

Wärmeaufnahme im Öl und Kühlung des Öls,
Heißkühlung, Dampfkühlung, Luftkühlung, Verbundkühlung,
Kühlluftströmungen am Motor,
Zylindergröße, Zylinderzahl und Zylinderanordnung, Formen für Hoch-
    leistungsmotoren,
Abstimmung der Wärme- und mechanischen Beanspruchungen,
Betriebsbeanspruchungen der einzelnen Teile,
Zylindergestaltung, Block- und Einzelzylinder,
Kühlmantelausbildung, Anwendung von Stahl, Grauguß und Leicht-metall,
Gehäuseausbildung, Beanspruchungen, Dauerfestigkeit, Gußspannungen,
Kurbelwellen, Festigkeit, Abnützung, Gestaltung, Härtung, Lager, Gleit-
    lager, Wälzlager.

Schwingungen

Drehschwingungen, Biege- und Längsschwingungen der Wellen, einfache,
    gegliederte Triebwerke,
Luftschrauben-Schwingungen,
Nabenfragen.

Getriebe

Zahnbelastung, Kühlung, Zahndruck-Ausgleich, Bauarten, Schrauben-
    drehzahlen.

Meßgeräte-Entwicklung
Sonderuntersuchungen

Neue Arbeitsverfahren.

Besondere Baustoff-Fragen

Kolben, Kolbenringe, Lager, Ventile.

Dringliche Ziele

Neben der Zweckmäßigkeit, die Forschung auf allen diesen Gebieten anzusetzen, bestand die Notwendigkeit, folgende Arbeiten besonders zu fördern:

Untersuchungen an Brennstoffen und Schmierstoffen

Zur Erhöhung der Oktanzahl,
Erreichung günstiger Verdampfung,
Erzielung hoher Schmierfähigkeit und erträglicher Verkokungstemperaturen.

Untersuchungen über Wärmeleitungs- und Kühlfragen

Austausch der Erfahrungen über Werkstoffe, besonders für Kolben,
    Kolbenringe, Ventile und Lager,
Behandlung der Dauerfestigkeitsfragen an einzelnen Bauteilen,
Durchführung von Schwingsuntersuchungen, insbesondere auch für
    zusammengesetzte Triebwerke.

Bisherige Ergebnisse

Über Erfolge auf dem Gebiet der Heißkühlung, die in der Zwischenzeit im Flugbetrieb verwertet worden sind, konnte am 2. 10. 1933 in Berlin
von Weidinger berichtet werden.

Nach den ersten Zusammenkünften der Fachgruppe erwies es sich als zweckmäßig, der Forschung eine gewisse Zeit der Arbeit an den genannten Aufgaben einzuräumen, bevor in Sitzungen weiteres behandelt werden sollte.

Auf der Sondertagung am 21. 2. 1935 in Charlottenburg, berichtete Lürenbaum in zusammenfassender und die bisherigen Erkenntnisse erweiternder Weise aus dem Gebiet der Schwingungen von Kurbelwellen und Luftschrauben, insbesondere über die Kurbelwellen-Dreh- und Längsschwingungen, Luftschrauben-Biegeschwingungen, deren Schwingungszahlen und Schwingungsformen, Schwingungserregung durch Drehkräfte und Resonanzen mit den Eigenschwingungen. Er kennzeichnete die Möglichkeiten für die Bekämpfung der Schwingungen und gab wertvolle Anregungen für neue Gestaltungsmaßnahmen.

Bei dieser Tagung konnten auch Fortschritte in den Arbeiten der DVL für die Verminderung des Auspuffschalls vorgeführt werden.

Aus den in der längeren Tagungspause durchgeführten Arbeiten wurde am 9. und 10. 5. 1935 in Stuttgart berichtet.

Die Erörterung über den Stand der Brennstoff- und Schmierölfrage ergab in Ausführungen durch v. Philippovich, Auer und Goßlau die überwiegende Bedeutung der Klopffestigkeit und der Kraftstoffmischung für die Ausnützungsmöglichkeit und Betriebssicherheit der Motoren sowie der Temperaturen an den Kolbenringen für das Auftreten der Kolbenstörungen durch Ölverkokung.

Die Kolbenfrage fand ausgedehnte Behandlung durch die Vorträge von Koch über das Verhalten der Kolbenwerkstoffe in der Wärme und über die Kolbenkonstruktion, von Schif[1]) über den Stand der Kolben- und Kolbenringuntersuchungen, von Schraivogel über Kolben- und Ringwerkstoffe, von Lemken über die Anforderungen an den Kolbenringbau und von Damm über neue Entwicklungsmöglichkeiten für Kolbenringe.

Die Beseitigung der dringlichsten Betriebsschwierigkeiten ist zunächst durch den Übergang auf Brennstoffe höherer Oktanzahlen erzielt worden, die augenblicklich etwa bei 80 liegen. Das Verhalten des Schmieröls, insbesondere bei Blei- und Benzol-Bemischung ist in hohem Maß von der Temperatur abhängig, deshalb wurde als wichtige Aufgabe die Schaffung eines Überwachungsgeräts für Flugmotoren genannt, das zuverlässige Temperaturmessungen im Verbrennungsraum in einfachster Weise während des Fluges ermöglicht.

Die Entwicklung befindet sich nahe der Grenze der im Betrieb zulässigen Wärmebeanspruchung. Die Untersuchungen zur Feststellung der Beanspruchungen des Kolbens im Motor haben in Schmelzkegel-Messungen den Einfluß der Kühlart und der Brennstoffanreicherung des Gemisches auf die Kolbentemperaturen geliefert. Aus den Versuchen konnten Erkenntnisse über den Zusammenhang zwischen dem Festwerden der Kolbenringe, dem Nachlassen der Leistung, dem Gasdurchlaß der Ringe und den Temperaturen im Verbrennungsraum gewonnen werden.

---

[1]) s. S. 212.

Zur weiteren Klärung des Einflusses der Verdichtungsverhältnisse, der Kraftstoffarten, der Ölumlaufmenge, der allgemeinen Betriebsbedingungen, ist ein Verfahren für die Messung der Kolbentemperaturen mit Thermoelementen vorbereitet worden.

Die Erörterung der Fragen des Werkstoffs für Kolbenringe und Kolben und seiner Behandlung in Herstellung und Bearbeitung sowie der baulichen Gestaltung ergab gewisse Einblicke in dieses noch wenig geklärte Gebiet. Im Betrieb haben bisher die einfachsten Formen der Ringe die günstigsten Ergebnisse gezeigt.

Die Bedeutung der Wärmebeanspruchung der Ringe und der Öltemperaturen an den Ringen als Ursache für die Einleitung der Störungen, wurde aus Mitteilungen von Hirth und Mahle, insbesondere auch über günstige Erfahrungen mit kleinen Kolbenspielen, bestätigt. Noch keine volle Klärung konnte das Brechen der Ringe finden. Von Mahle wird es auf die Formänderung des Kolbens durch die Biegung des Bolzens zurückgeführt.

Insgesamt ergab sich, daß bei der Auswahl des Kolbenwerkstoffs zunächst hohe Wärmeleitung wesentlich ist und erst in zweiter Linie Rücksicht auf guten Lauf und geringe Abnützung genommen werden kann. Die Verwendung von Zylinderbüchsen aus Gußeisen, die aber bei den größeren Motoren noch zu großes Gewicht erfordern, ist für den Kolbenlauf erwünscht. Aus den Nebenerscheinungen im Betrieb der Kolben zeigte sich, daß der Anfangszustand des Kolbens beim Einlaufen wichtig ist, daß das Einlaufen mit kleinen Laufspielen ohne Verschmutzung der Ringe und unter Vermeidung des Kolbenkippens durchgeführt werden soll. Laufende Einzelfortschritte in der Gestaltung versprechen die Einzylinder-Erprobungen neuer Konstruktionen von Kolben und Ringen, sowie neuer Werkstoffzusammenstellungen, wobei insbesondere die Frage der Ringbrüche noch weiter behandelt werden muß.

Die Kolbenforschung ist im Bereich der VLF mit geeigneten Versuchsmitteln in vollem Gange. Sie wird Klarheit über viele Einzelheiten und demgemäß auch kleinere Fortschritte liefern, eine Aussicht auf besondere Möglichkeiten besteht jedoch so lange nicht, als es nicht möglich ist, wesentliche Verbesserungen der Betriebsstoffe, insbesondere des Schmieröls, herbeizuführen.

Bau und Entwicklung des Flugmotors wurden durch die Vorträge von Kurtz über die verschiedenen Arbeitsverfahren der Flugmotoren, von Schmidt über Höhenflug-Untersuchungen für Dieselmotoren, von Goßlau[2]) über Motoren mit hoher Hubraumleistung behandelt.

Der Stand der Entwicklung der Ladermotoren wurde erneut klargestellt. Über die Gaswechsel-Vorgänge im Höhenbetrieb und bei Überladung wurden Versuchsergebnisse der DVL mitgeteilt, ferner über Untersuchungen an Dieselmotoren, die die verschiedene Eignung der einzelnen Arbeitsverfahren kennzeichnen. Sie zeigen günstige Ergebnisse des Vor-

---

2) s. S. 230.

kammer- und des Lanova-Luftspeicherverfahrens und Verbesserungen durch zeitliche Beeinflussung des Einspritzvorganges bei unmittelbarer Einspritzung.

Die Reichweiten und Fluggeschwindigkeiten von mit Dieselmotoren ausgerüsteten Flugzeugen haben eine weitere rechnerische Klärung, die sich auf Einzelversuchsergebnisse am Prüfstand stützen kann, erfahren. Die Arbeit auf dem Gebiet der Dieselmotoren wird sich insbesondere noch auf die Verkleinerung des Zündverzuges durch die Motor- und Brennstoffeinflüsse erstrecken.

Beachtung fanden die Folgerungen, die für die Entwicklung des Gebrauchsflugmotors aus der des Rennflugmotors abgeleitet werden konnten, insbesondere die für den Einbau der Motoren und den Luftwiderstand wichtigen Überlegungen über die Verkleinerung des Einzelzylinders und Steigerung der Zylinderzahlen. Diese werden durch im Gang befindliche Untersuchungen in absehbarer Zeit eine praktische Ergänzung finden.

Zusammenfassung

Die bisherigen Arbeiten der Tagungen der Forschungsgruppe für Flugmotoren haben einen Überblick über die augenblicklich für den Flugmotorenbau wichtigen Forschungsfragen geliefert, in den Einzelvorträgen wertvolle Erkenntnisse geschaffen und in den Aussprachen Anregungen für die zweckdienliche Gestaltung der weiteren Forschungsarbeit gegeben.

Im Mittelpunkt der Bemühungen standen die im Flugmotorenbetrieb zutage tretenden Betriebsschwierigkeiten, insbesondere an Kolben, Kolbenringen und Ventilen.

Darüber hinaus erstreckten sich die Arbeiten auf die Schaffung der Grundlagen für die Weiterentwicklung der Motoren, insbesondere hinsichtlich der Hochleistung, Höhenleistung, des Langstreckenfluges, der Zylindergröße, Zylinderzahl und Kühlung.

Die Versuchsarbeiten sind im Gang und lassen weitere Fortschritte der Erkenntnisse erwarten.

Fachgruppe für Luftschraubenforschung

Die erste Tagung der Fachgruppe am 1. August 1933 in Berlin gab einen Überblick über den augenblicklichen Stand unserer Erkenntnisse auf dem Gebiete der Luftschraubenforschung. Daraus ergab sich gleichzeitig, daß dringliche Forschungsarbeiten nach der Richtung anzusetzen sind, die Theorie der Luftschrauben hinsichtlich ihres Verhaltens beim Stand zu ergänzen, die für Schallgeschwindigkeit vorliegenden Profiluntersuchungen zu erweitern und die gegenseitige Beeinflussung zwischen Luftschraube und Rumpf zu erfassen.

Eine weitere wichtige Frage, die der Luftschraubenschwingungen, ist inzwischen eingehend in einer den Schwingungsfragen gewidmeten Sondertagung am 21. Februar 1935 in Berlin behandelt worden.

Die ebenfalls auf der oben erwähnten ersten Tagung angeschnittene Frage des Verstellpropellers war der kurz danach, am 27. September 1933 in Berlin stattfindenden zweiten Tagung vorbehalten, die sich ausschließlich mit den verschiedenen konstruktiven Lösungsmöglichkeiten für den Verstellpropeller und die an ihn zu stellenden betrieblichen Anforderungen befaßte. Als Fragen von grundlegender Bedeutung wurden dabei herausgestellt: welches ist die günstigste Anzahl von Regelstufen; nach welchen Betriebsgrößen soll zweckmäßigerweise geregelt werden; sind Verstellung von Hand, selbsttätige Regelung oder ein kombiniertes Verfahren vorzuziehen? Schließlich wurde noch auf die Lagerung der Verstellschrauben hingewiesen und die Durchführung von Lagerversuchen angeregt.

Die am 4. und 5. Mai 1934 in Göttingen stattfindende Tagung brachte nochmals eine eingehende Aussprache über die auf dem Gebiete der Luftschraubenforschung vorliegenden wichtigen Fragen theoretischer und konstruktiver Art. Als dringend notwendig wurde erkannt, eine für die Praxis brauchbare einfache Luftschraubentheorie zu schaffen, außerdem erwies sich eine durch Versuchsergebnisse zu bestätigende Verfeinerung der vorhandenen theoretischen Ansätze als wünschenswert. Besondere Arbeiten sollten ferner der Frage der gegenseitigen Beeinflussung zwischen Rumpf und Schraubenstrahl und dem Einfluß der Landeklappen gewidmet werden. Zur Klärung der Ursachen von Propellerschäden wurde angeregt, diese möglichst lückenlos statistisch zu erfassen, wobei die Fragen einer geeigneten Organisation und die Schaffung eines passenden Fragebogens noch klarzustellen ist. Schließlich standen auch bei dieser Tagung der Verstellpropeller und die Arbeitsweise des dabei zu verwendenden Regelverfahrens im Vordergrund des Interesses.

Die Aussichten des Schlagflügelflugzeuges lassen sich in Anbetracht der damit zusammenhängenden zahlreichen und großen konstruktiven Schwierigkeiten gegenwärtig nur schwer beurteilen.

Ausschuß für Werkstoffragen

Bericht von W. Müller von der Heyden*)

Die Fachgruppe für Werkstoffragen behandelt die sich aus dem praktischen Flugbetrieb und der Weiterentwicklung von Flugzeugen und Flugmotoren ergebenden Werkstoffragen. Soweit dieselben noch nicht in Angriff genommen sind oder sofern die Zusammenarbeit verschiedener Stellen zur Förderung der Aufgabe zweckmäßig erscheint, sorgt die Fachgruppe dafür, daß diese Arbeiten in Fluß kommen und nötigenfalls durch Bildung von Arbeitsgruppen unterstützt wurden. Für die Durchführung der Arbeiten sorgen die Arbeitsgruppenleiter, die gegebenenfalls Institute, Industrieunternehmungen usw., die über Sondererfahrungen ver-

---

*) Dipl.-Ing., Chef-Ing. der Deutschen Lufthansa A.G., Berlin.

fügen, oder denen besondere Hilfsmittel für die betreffende Untersuchung zur Verfügung stehen, zur Mitarbeit heranziehen. Durch halbjährliche Zusammenkünfte der Mitarbeiter, in denen die vorher schriftlich eingereichten Arbeitsberichte der einzelnen Arbeitsgruppen besprochen werden, und durch häufigere Besprechungen im kleinen Kreise wird zweifellos ein intensiver Gedankenaustausch zwischen den maßgeblichen Fachleuten und damit ein guter Wirkungsgrad für die Arbeiten erreicht. Außerdem wird durch Abhalten von Arbeitstagungen mit anschließenden Werkbesichtigungen eine enge Zusammenarbeit zwischen den Forschungsstellen und der Industrie angestrebt.

Die erste Aufstellung von Arbeitsgruppen erfolgte im Anschluß an den Vortrag des Fachgruppenvorsitzenden in der Gründungssitzung der Werkstoffgruppe am 1. Dezember 1933 in Tempelhof, in dem die den allgemeinen Flugbetrieb berührenden Werkstoffragen zur Sprache kamen. Diese Arbeitsgruppen haben inzwischen eine weitere Vervollständigung erfahren, so daß heute nachfolgende Gruppen bestehen:

1. Duralumin . . . . (Matthaes)
2. Elektron (Schmiedelegierungen) . . . . . (Brenner)
3. Schmiedbare Al-Mg-Legierungen . . . . . (Brenner)
4. Al- und MG-Gußlegierungen . . . . (Hanemann)
5. Kolben, Kolbenringe und Zylinder . . . . (Reinsch)
6. Kühlmantelbleche und Auspufftöpfe . . . (Daeves)
7. Ventilfedern . . . . (Daeves)
8. Ventile . . . . (Körber)
9. Lagerbaustoffe . . . . (Hinzmann)
10. Holz. . . . . (Brenner)
11. Gummi . . . . (Schob)
12. Schweißrissigkeit . . . . (Daeves)
13. Kurbelwellen . . . . (Körber)
14. Leichtmetallschweißungen . . . . (Wagner)
15. Zerstörungsfreie Prüfverfahren . . . . . . (Glocker).

Am 9. und 10. November 1934 trat die Fachgruppe erstmalig zu einer Jahrestagung in Stuttgart zur Besprechung ihrer Arbeiten zusammen. Bei dieser Gelegenheit wurden folgende Vorträge gehalten:

Glocker, Röntgenologische Untersuchungsverfahren und ihre Anwendung auf das Fluggerät[1].
Schraivogel, Punktschweißung von Aluminiumlegierungen.
Siebel, Neuere Probleme der Festigkeitsforschung[2].
Köster, Einführungsvortrag über den Aufbau und die Arbeitsmöglichkeiten des neuen Kaiser-Wilhelm-Institutes für Metallforschung.
Sterner-Rainer, Volumenkonstanz bei Kolbenlegierungen.

Am 2. November 1934 hielt die Arbeitsgruppe 9 »Lagerbaustoffe« eine Arbeitsbesprechung in den Räumen der Lagerversuchsanstalt Göttingen der Deutschen Reichsbahn ab, bei welcher Gelegenheit die von der Reichs-

[1] s. S. 196. [2] s. S. 203.

bahn auf diesem Gebiet geleisteten vorbildlichen Arbeiten eingehend studiert werden konnten.

Die Arbeitsgruppe 5 »Kolben, Kolbenringe und Zylinder« tagte am 24. und 25. Mai 1935 in Eisenach. Hier wurden folgende Vorträge gehalten:

Sterner-Rainer, Über die jüngste Forschung von Leichtmetallegierungen.

Frh. von Göler, Die neuesten Untersuchungen über Zylinderkopflegierungen.

Bardenheuer, Ausführungen über die Entwicklungsgebiete von Zylinderwerkstoffen.

Brenner, Untersuchungen über die heute verwendeten Kolben- und Kolbenringwerkstoffe und ihre Weiterentwicklung.

Lemken, Anforderungen an Kolbenringe bezüglich Material, vom Hersteller aus betrachtet.

Koch, Neue Entwicklungsaufgaben im Bau von Flugmotoren.

Anschließend wurden die Bayerischen Motorenwerke besichtigt.

Am 31. Mai 1935 fand eine Sitzung aller Arbeitsgruppenleiter im Verwaltungsgebäude der Deutschen Edelstahlwerke in Krefeld statt. Im Anschluß hieran erfolgte eine Führung durch die Werke Krefeld und Remscheidt.

Am 15. Juni 1935 tagte die Arbeitsgruppe 13 »Kurbelwellen« bei der DVL in Berlin-Adlershof. Über die

Tätigkeit der einzelnen Arbeitsgruppen

im vergangenen Jahre ist folgendes zu berichten:

Arbeitsgruppe 1: Duralumin.

Eine Arbeit betrifft die Entwicklung einer Duralumin-Legierung mit gesteigerten Festigkeitseigenschaften. Hierbei wird besonders der Einfluß der Anzahl der veredelnden Legierungskomponenten sowie die Möglichkeit einer Erhöhung der Veredelungsfähigkeit studiert. Schwierigkeiten, die sich beim Schmieden von Duralumin ergaben, sollen dadurch geklärt werden, daß der Einfluß des Verschmiedungsgrades und der Verschmiedungstemperatur eingehend untersucht wird.

Arbeitsgruppe 2: Elektron.

Eine Arbeit befaßt sich mit Untersuchungen zur Behebung der Aufreißgefahr infolge Spannungsrissen bei der Konstruktionslegierung AZM. Versuche zur Erhöhung der Dauerfestigkeit von Blechen, Bändern und Rohren sind auf dem Wege der Verbesserung des Herstellungsverfahrens im Gange. Weiterhin sind Arbeiten angelaufen, die Erhöhung der E- und S-Grenze von Elektron durch Legierungszusätze zu erreichen, da diese Versuche in England, beispielsweise mit Cd-Zusatz, zu guten Ergebnissen geführt haben sollen. Auch sind Arbeiten zur Verringerung der Kerbempfindlichkeit bei Dauerbeanspruchung durch Legierungszusätze und Sonderbehandlung und zur Verbesserung der Blockgießverfahren zwecks Verhinderung von Entmischungen in Angriff genommen worden.

Arbeitsgruppe 3: Schmiedbare Al-Mg-Legierungen.

Diese Gruppe beschäftigt sich mit den korrosionsbeständigen Legierungen vom Hydronalium-Typ. Grundlegende Versuche über den Einfluß des Gefügezustandes und über die Kaltaushärtung hydronaliumartiger Legierungen auf Festigkeitseigenschaften und Korrosionsverhalten sind durchgeführt worden; doch stehen noch einige Punkte offen, deren Klärung durch eingehende Forschung herbeigeführt werden muß. Hierzu dienen auch Arbeiten, die Zustandsdiagramme für diese Legierungen zu ermitteln.

Die Industrie ist damit beschäftigt, veredelbare Hydronalium-Legierungen mit verbesserten Festigkeitseigenschaften bei gutem Korrosionsverhalten zu schaffen.

Arbeitsgruppe 4: Al- und Mg-Gußlegierungen.

Die Aufgabe, Ätzverfahren auszuarbeiten, die es gestatten, Mg und seine Legierungen metallographisch ebenso zuverlässig zu untersuchen wie etwa Stahl, ist gelöst worden. Weiterhin wurde in dieser Arbeitsgruppe die Bestimmung der Wärmeleitfähigkeit von einigen wichtigen Aluminium-Legierungen (Silumin, RR 50, RR 53 und einer amerikanischen Sonderlegierung) in Temperaturen bis zu 400° C durchgeführt. Die Ergebnisse dieser Versuche sind in der Metallwirtschaft Bd. 14 (1935), S. 389, veröffentlicht worden. Es hat sich gezeigt, daß die Wärmeleitfähigkeit bei höheren Temperaturen nur um wenige Prozent verschieden ist von der bei Zimmertemperatur. Auch die Legierungsart ist ohne wesentlichen Einfluß. Erhebliche Porosität vermindert die Wärmeleitfähigkeit nur um 8 bis 10 vH. Die Versuche haben ergeben, daß es in Zukunft genügt, die Wärmeleitfähigkeit bei Zimmertemperatur zu ermitteln. Sie geben eine Rechnungsgrundlage für Berücksichtigung der Wärmeleitfähigkeit bei den untersuchten Legierungen.

Arbeitsgruppe 5: Kolben, Kolbenringe und Zylinder.

Auf dem Gebiete der Kolben stellt die Weiterentwicklung der Motoren der Forschung die Aufgabe, eine Kolbenlegierung zu entwickeln, die bei erhöhter thermischer Belastung keine Gefüge- und Volumenveränderung erleidet. Hierzu ist die Arbeit über die »Volumen-Konstanz von Leichtmetall-Motorkolben« zu nennen.

Um für leistungsgesteigerte Motoren betriebssichere Kolbenringe zu schaffen, wird die Forschung intensiv weiter betrieben. So werden demnächst gehärtete bzw. vergütete und legierte Ringe, nach den verschiedensten Verfahren hergestellt, genauestens untersucht und zur Erprobung gelangen.

Auf dem Gebiete der Zylinderkopflegierungen sind ebenfalls Versuche angelaufen, um bestimmte Metalle zu vermeiden und nach Möglichkeit die Festigkeitseigenschaften der bisher verwendeten Legierungen zu erreichen bzw. noch zu übertreffen. Zu diesem Zwecke sind die Festigkeitseigenschaften der in Frage kommenden Legierungen (RR 50, RR 53, Silumin γ, Silumin γ mit Cu-Zusatz bis zu 2,5 vH und Alcoa 355) eingehend untersucht und miteinander verglichen worden.

Arbeitsgruppe 6: Kühlmantelbleche und Auspufftöpfe.

Die an Kühlmantelblechen an wassergekühlten Motoren festgestellten Risse konnten als Korrosionsdauerbrüche erkannt werden. Wenn auch die Einführung besserer Werkstoffe, elastischer Konstruktionen und innerer Schutzüberzüge eine gewisse Verbesserung brachten, so wurde die Lösung der Aufgabe darin gesehen, daß das Auftreten der Korrosionen von vornherein verhindert werden mußte. Dieses kann durch Zusatz von etwa 1 vH Korrosionsschutzöl zum Kühlwasser erfolgen.

Die Frage nach einem geeigneten Werkstoff für Auspufftöpfe, insbesondere für die thermisch höher beanspruchten Töpfe an Sternmotoren ist durch Versuche zu einem gewissen Abschluß gebracht worden.

Arbeitsgruppe 7: Ventilfedern.

Dieser Gruppe wurde die Klärung und Behebung von Ventilfederbrüchen übertragen. Die sehr eingehenden und schwierigen Untersuchungen ergaben zunächst, daß die Reinheit wie überhaupt die Zusammensetzung des Werkstoffes eine untergeordnete Rolle spielt gegenüber Werkstofffehlern, die im fertigen Draht dicht unter der Oberfläche vorhanden sind und vorwiegend durch Walzfehler entstehen. Es wurde deshalb ein Merkblatt zur Herstellung fehlerfreien Ventilfederdrahtes ausgearbeitet, das einmal Regeln zur möglichsten Vermeidung dieser Oberflächenfehler angibt und darüber hinaus eine magnetische Prüfung der fertigen Drähte oder Federn empfiehlt. Es hat sich gezeigt, daß Federn, die von diesen Oberflächenfehlern frei waren, praktisch unbegrenzte Haltbarkeit haben, die in weiten Grenzen von Herkunft und selbst von Festigkeitseigenschaften des verwendeten Werkstoffes unabhängig ist.

Die weitere Bewährung der von dieser Arbeitsgruppe eingeleiteten Maßnahmen bleibt abzuwarten.

Arbeitsgruppe 8: Ventile.

Für Auspuffventile stehen zur Zeit geeignete Werkstoffe zur Verfügung. Außerdem ist durch konstruktive Maßnahmen erreicht worden, daß die Betriebstemperatur des Ventiles keine unzulässig hohen Werte annimmt. Trotzdem glaubte die Arbeitsgruppe der Frage der Verbesserung der Ventilwerkstoffe weiterhin ihre Aufmerksamkeit schenken zu müssen, um in Zukunft auftretenden gesteigerten Ansprüchen (Erhöhung der Ventilbelastung, Schutz gegen Antiklopfzusätze zum Kraftstoff) gerecht werden zu können.

Arbeitsgruppe 9: Lagerbaustoffe.

Als erste Arbeit wurde die Festlegung von einheitlichen Prüfverfahren zur Vorprüfung von Lagerwerkstoffen in Angriff genommen. Die Arbeiten sind so weit gediehen, daß in kurzer Zeit ein erster Entwurf vorgelegt werden kann. Als vordringlich waren weiterhin die Arbeiten anzusehen, die sich darauf erstreckten, die hochzinnhaltigen Weißmetalle durch andere Lagermetalle zu ersetzen.

Eine besondere Aufgabe hat sich die Arbeitsgruppe damit gestellt, die Entwicklung und Einführung von Leichtlagermetallen zu fördern. Von einer Flugmotorenfirma wurden Pleuellager aus Leichtmetall mit Erfolg entwickelt und zu einem befriedigenden Lauf gebracht.

Arbeitsgruppe 10: Holz.

Über die bisherigen Ergebnisse der Arbeiten über Holzvergütung wurde in den Mitteilungen des Fachausschusses für Holzfragen beim VDI zusammenfassend berichtet.

Auf Grund dieser günstigen Ergebnisse soll nunmehr die Herstellung von vergütetem Holz in größerem Umfang aufgenommen werden, wobei noch einige betriebstechnische Fragen zu klären sind.

Eine eingehende Untersuchung über den Einfluß des Aufbaues von vergüteter Buche und Birke auf die statischen und dynamischen Eigenschaften sowie auf die Feuchtigkeitsbeständigkeit und Verleimbarkeit wurde abgeschlossen. Die Ergebnisse können als Unterlagen für die Aufstellung von Richtlinien für einen zweckmäßigen und einheitlichen Aufbau des vergüteten Holzes für verschiedene Zwecke des Flugzeugbaues dienen.

Sperrholz: In Fortführung früherer Arbeiten, die einen Austausch des bisher verwendeten, schwer zu beschaffenden Birkensperrholzes durch Sperrholz aus deutschen Rohstoffen zum Ziele hatten, wurden eingehende Vergleichsversuche mit Buchen- und Birkensperrholz durchgeführt.

Die eigentlichen Forschungsaufgaben der Arbeitsgruppe Holz können auf Grund dieser Arbeiten bis auf weiteres als erledigt angesehen werden. Die Forschung hat auf diesem Gebiet bereits Arbeit auf weitere Sicht geleistet, und es handelt sich nun darum, die in den letzten Jahren erhaltenen Erkenntnisse praktisch zu verwerten. Die hierzu notwendigen Arbeiten sind sowohl bei der erzeugenden als auch bei der verbrauchenden Industrie im Gange.

Arbeitsgruppe 11: Gummi.

Auf dem Gebiete des Gummiwerkstoffes sind von seiten der Arbeitsgruppe keine größeren Arbeiten angelaufen, da inzwischen Gummisorten entwickelt worden sind, die den jeweiligen Ansprüchen auf Öl-, Benzin- und Hitzebeständigkeit in gewissem Grade nachkommen.

Arbeitsgruppe 12: Schweißrissigkeit.

Die Aufgabe dieser Arbeitsgruppe bestand darin, die Schweißrissigkeit von den im Flugzeugbau verwendeten Stählen zu klären, weil es sich hierbei im allgemeinen um hochbeanspruchte Konstruktionsteile handelt und das Auffinden der oft sehr feinen Schweißrisse nicht immer einwandfrei gewährleistet ist.

Die erste Theorie ging dahin, die Ursache der Schweißrissigkeit in der Zusammensetzung der Werkstoffe zu suchen, und es zeigte sich in der Tat, daß Werkstoffe mit höheren Schwefel- und Phosphorgehalten besonders leicht zu Schweißrissigkeit neigen, wenn sie unter Spannung verschweißt werden. Die weiteren Versuche zeigten aber dann, daß auch in bezug auf Phosphor und Schwefel sehr reine Werkstoffe unter Umständen zu Spannungsrissen führen können. Eine Rundfrage bei den Schweißwerkstätten ergab, daß merkwürdigerweise Schweißrissigkeit in der Mehrzahl der Fälle bei solchen Werken auftrat, die mit Flaschengas arbeiteten, während Schweißrissigkeit bei Werken, die Azetylen aus eigenen Erzeugungsanlagen unmittelbar verwendeten, nur in einem Fall festgestellt wurde.

Da Flaschengas und Azetylen aus Entwicklungsanlagen sich nur im Reinheitsgrad unterscheiden, wurde versucht, die bei Schweißung mit Flaschengas bei bestimmten Werkstoffen entstehende Schweißrissigkeit dadurch zu vermeiden, daß dem reinen Flaschengut steigende Mengen von Schwefel und Phosphor zugesetzt wurden. Es zeigte sich, daß schon ein Zusatz von 0,025 vH P und 0,025 vH S ausreicht, um die Schweißrissigkeit bei den im Flugzeugbau verwendeten C- und Cr-Mo-Stählen, die sich bei Schweißung unter Spannung mit Flaschengas als schweißrissig erwiesen, zu beseitigen. Das Ergebnis konnte allerdings an anderen Stellen nicht reproduziert werden. Es werden daher noch weitere Untersuchungen notwendig sein, um eine eindeutige Klärung dieser Fragen herbeizuführen.

Arbeitsgruppe 13: Kurbelwellenstähle.

Diese Arbeitsgruppe ist mit der Klärung beauftragt, inwieweit es nach dem heutigen Stande der Edelstahlerzeugung möglich ist, für die Herstellung von Flugzeugkurbelwellen an Stelle der bisher verwendeten hochlegierten Stähle solche mit niedrigeren Legierungszusätzen zu benutzen.

Das Ziel weiterer Arbeiten des Ausschusses soll sein, das Problem der Kurbelwelle von der konstruktiven Seite her anzufassen und insbesondere den Einfluß der Formgebung zu klären. Einige grundlegende Versuche sind bereits in Angriff genommen, um bei verschiedenen Stabdurchmessern den Einfluß der Form und Größe der Hohlbohrung mit und ohne Querbohrung sowie den Einfluß der Oberflächenbehandlung (Oberflächendrücken, Einsatz härten, Nitrieren) auf die Dauerbiege- und Torsionswechselfestigkeit zu ermitteln. Als wichtigstes Teilergebnis ist die Erkenntnis zu erwähnen, daß bei vorhandener Querbohrung die Zerstörung in einigen Fällen durch einen von der Innenkante des Schmierloches ausgehenden Spiralbruch eintritt. Durch Verkleinern des Durchmessers der Längsbohrung an der Stelle, an der Querbohrung liegt, gelang es, die Dauerhaltbarkeit des Stückes heraufzusetzen.

Arbeitsgruppe 14: Leichtmetallschweißungen.

Als erste Arbeit wurde die Klärung der Schweißbarkeit der kupferfreien Al-Legierungen Aludur 533, Anticorodal, Pantal 19w und 19 H½, Ulmal HO und H_2, KS-Seewasser Hy_5, Mangal 41w und 41 H½ mittels Gas- und Elektro-Schmelzschweißung und mittels elektrischer Widerstandsschweißung durchgeführt. Von den Ergebnissen läßt sich allgemein sagen, daß die Gasschmelzschweißungen bei den Leichtmetallblechen zur Zufriedenheit ausfielen. Sehr leicht schweißbar waren die Legierungen Mangal, Pantal, Aludur, Ulmal und Anticorodal, während die Schweißung von KS-Seewasser wegen der entstehenden dichten Oxydschicht trotz sorgfältigster Säuberung und Verwendung von Schweißpulver ziemliche Schwierigkeiten bereitete. Die anderen Schweißverfahren, Arcatomschweißung sowie Widerstandsnaht- und -punktschweißung ließen sich ebenfalls gut anwenden. Die Schweißungen nach dem Arcatomverfahren ließen sich allerdings nur an Blechstärken über 1,5 mm ausführen, während Stärken von 1 mm nur noch als Bördelkantenschweißung verbunden werden konnten.

Die Festigkeitseigenschaften der geschweißten Legierungen waren naturgemäß von dem Anlieferungszustand abhängig. Die weichgeglühten Legierungen büßten beim Schweißen mittels der verschiedenen Schweißverfahren nichts von ihrer Festigkeit ein. Dagegen ging bei den kaltgewalzten Legierungen die Festigkeit beim Schweißen stark zurück, zum Teil bis auf die Festigkeit im weichgeglühten Zustand. Bei der elektrischen Widerstandsschweißung war der Abfall jedoch nicht so stark, da die Schweißverbindungen sehr rasch erfolgen.

Die Korrosionseigenschaften der geschweißten Proben konnten bisher allgemein als gut bezeichnet werden. Die Schweißrissigkeit auf Grund der Kreuzschweißprobe und der Einspannschweißprobe ist bei den Cu-freien Al-Legierungen größer als bei den üblichen schweißbaren Stählen, was etwas vorsichtigere Konstruktionen bedingt, bei denen den gefährlichen Schweißspannungen Rechnung getragen wird; am besten verhalten sich noch Reinaluminium und Hy 9.

Arbeitsgruppe 15: Zerstörungsfreie Prüfverfahren.

Diese Arbeitsgruppe hat trotz der Kürze ihres Bestehens recht erfolgreich gearbeitet. Es wurde eine Einpol-Röntgenröhre entwickelt, die eine fingerförmige Gestalt besitzt und eine Durchstrahlung schwer zugänglicher Teile, wie z. B. Zylinderköpfe von Motoren, Knotenstücke usw., ermöglicht. Die vorliegenden Versuche versprachen eine bedeutsame Erweiterung der praktischen Anwendung der Röntgenprüfung. Weiter wurde die praktische Anwendungsmöglichkeit des Reglerschen Verfahrens, den Ermüdungszustand wechselbeanspruchter Bauteile aus der Breite der Röntgenlinien zu bestimmen, eingehend geprüft mit dem Ergebnis, daß das Verfahren keine eindeutigen und reproduzierbaren Werte liefert, vgl. Archiv f. Eisenhüttenwesen, Juli 1935.

Das bekannte Röntgenverfahren zur Messung der Summe der elastischen Hauptspannungen aus der Verschiebung der Röntgenlinien wurde weiter ausgearbeitet. Die Einzelwerte der Hauptspannungen und ihre Richtungen können nun aus den Aufnahmen mit passend gewählten Richtungen ermittelt werden. Die praktische Brauchbarkeit wird an zweiachsigen Spannungszuständen (Rohr mit Innendruck, Torsionsstäbe) nachgewiesen, vgl. Luftwissen bzw. Z. f. techn. Physik, August 1935. Das Verfahren ist auch bei unscharfen Röntgenlinien, z. B. bei legierten Stählen, anwendbar. Ferner wurden inhomogene Spannungszustände, z. B. die Spannungsverteilung am Rande einer Bohrung in einer auf Verdrehung beanspruchten Welle mit gutem Erfolg röntgenographisch bestimmt.

Weitere in Bearbeitung befindliche Untersuchungen betreffen den magnetischen Nachweis von Rissen in Schweißungen nach dem Durchflutungsverfahren, die röntgenographische Bestimmung von Eigenspannungen, den Zusammenhang zwischen Röntgenbefund und Korrosions-festigkeit des Duralumins und die Verwendung weicher γ-Strahlen zur Durchstrahlung von schwer zugänglichen Bauteilen. Die Arbeitsgruppe wird insbesondere die praktisch wichtige Frage der röntgenographischen Spannungsmessung mit allen verfügbaren Kräften fördern.

Die Fachgruppe glaubt, an der ihr vom Reichsluftfahrtministerium gestellten Aufgabe, nämlich die bei der Luftfahrt vorhandenen Werkstoff-Aufgaben durch Zusammenführung von Wissenschaft und Praxis einer möglichst schnellen und umfassenden Klärung näher zu bringen, dank der erfreulicherweise festzustellenden regen Mitarbeit der in Frage kommenden Institute, Werke und Mitarbeiter mit einigem Erfolg gearbeitet zu haben.

Fachgruppe für Flugfunkwesen

Bericht von J. Zenneck*)

Die Fachgruppe für Flugfunkwesen hielt 5 Tagungen ab, die ersten drei in Berlin am 22. Juli und 3. und 4. November 1933 und 21. und 22. März 1934, die vierte in Dresden am 2. und 3. November 1934 und die fünfte in München am 28. und 29. März 1935.

Die Hauptfragen, die bei diesen Tagungen behandelt und zum Teil nachher in Forschungsberichten weiter bearbeitet wurden, sind im folgenden zusammengestellt. Nicht aufgenommen sind einige Ausführungen allgemeiner Art auf den ersten Tagungen.

Funkpeilung

Bei der Funkpeilung, die eine der wichtigsten Anwendungen der Funkentelegraphie in der Luftfahrt darstellt, bieten besonders große Schwierigkeiten die ganz großen Peilfehler, die bei Nacht oder bei Dämmerung eintreten können. Es besteht demnach — worauf Petzel in seinem Vortrag (Berlin, Juli 1933) besonders hinwies — ein dringendes Bedürfnis nach irgendwelchen Verfahren, die diese Fehler vermeiden.

Die allgemeine und in der Mehrzahl der Fälle auch zweifellos richtige Anschauung ist die, daß diese Peilfehler herrühren von der Wirkung der abnormal polarisierten Komponente der Luftwelle, die zur Folge hat, daß z. B. bei Verwendung eines Rahmenpeilers die Minimumstellung nicht dann erhalten wird, wenn die Rahmenebene senkrecht zur Richtung der ankommenden Wellen steht. Ausführlich besprochen wurden diese Verhältnisse von Gromoll und Plendl bei ihren Vorträgen auf der Berliner Tagung November 1933. Auf Versuche über den Nachteffekt bezog sich der Vortrag von Dieckmann bei derselben Tagung.

*) Geh. Reg. Rat Dr.-Ing., Professor a. d. Techn. Hochschule München, Direktor des Physik. Instituts.

Zur Vermeidung dieses Fehlers sind zwei Verfahren möglich (vgl. die angeführten Vorträge von Gromoll und Plendl und den allgemeinen Bericht von Faßbender bei der Berliner Tagung, Juli 1933):

a) das Kompensationsverfahren, bei dem die Empfangsanordnung so gestaltet ist, daß die Wirkung der abnormal polarisierten Komponente der am Empfänger eintreffenden Welle ausgeschaltet ist. Eine besonders bekannte derartige Anordnung ist die Adcock-Antenne. Eine andere wurde von der DVL entwickelt. Erwähnt wurde dieses Verfahren in dem Vortrag von Faßbender (Dresdener Tagung: »Die Arbeiten der DVL auf dem Gebiet des Flugfunks«). Besonders ausführlich besprochen ist es in dem Vortrag von Gloeckner (Berliner Tagung, März 1934: »Das Kompensationsverfahren und seine Bedeutung für die Flugfunkpeilung«).

b) Das Impuls-Peilverfahren. Bei diesem Verfahren wird im Empfänger die Boden- und Luftwelle getrennt und die Peilung nur mit Hilfe der Bodenwelle vorgenommen. Es handelt sich dabei im wesentlichen um eine sehr geschickte Verwendung von Anordnungen — Aussendung kurzer Wellengruppen (Impulse) im Sender, Aufnahme mit der Braunschen Röhre im Empfänger, der mit der Gruppenfrequenz des Senders synchronisiert ist —, die bei der Erforschung der Eigenschaften der Ionosphäre entwickelt wurden. Über dieses Verfahren hat Plendl bei der Berliner Tagung, November 1933 und März 1934, vorgetragen und durch Vorführungen die praktische Brauchbarkeit desselben gezeigt.

Die grundsätzliche Frage nach der Möglichkeit einer Funkpeilung, wenn keine Bodenwelle sondern nur die Luftwelle zur Verfügung steht, ist von Zenneck auf der Münchener Tagung erörtert worden. Maßgebend dafür ist, ob die Luftwelle sich unter allen Umständen in der Großkreisebene zwischen Sender und Empfänger fortpflanzt. Nach dem, was man über die Eigenschaften der Ionosphäre weiß, ist dies nicht von vornherein sicher. Versuche darüber sollen im Physikalischen Institut der Technischen Hochschule München durchgeführt werden.

Das Leitstrahl-Verfahren

Die grundlegenden Gesichtspunkte bezüglich dieses Verfahrens, das besonders in Nordamerika Verbreitung gefunden hat, sind bei der Münchener Tagung von Runge[1]) ausführlich erörtert worden, wobei nicht nur der Einfluß der Schärfe des Leitstrahls, sondern auch die Wirkung von Rückstrahlern und die Anwendung für umlaufende Funk-Baken berücksichtigt wurde. Mit den umlaufenden Funk-Baken beschäftigte sich eingehend der Vortrag von Kramar[2]) bei der Tagung in Dresden.

Blindlande-Verfahren

Die Leitstrahlverfahren bilden bekanntlich eine unumgängliche Voraussetzung für die Anordnungen, die Schlechtwetter- und insbesondere Blindlandung ermöglichen sollen. Mit der Blindlandung haben sich eine

[1]) s. S. 321.
[2]) s. S. 313.

Anzahl Vorträge befaßt. Auf ihre Wichtigkeit wies Petzel in seinem Vortrag auf der Berliner Tagung Juli 1933 hin. Faßbender erörterte auf derselben Tagung die Aufgaben, die ein brauchbares Verfahren zur Blindlandung zu lösen hat. Ein zusammenfassender Bericht von v. Handel[3] »Stand der Blindlandung in Deutschland und im Ausland« (Berliner Tagung) gab eine Übersicht über das, was bisher im In- und Ausland auf diesem Gebiet geleistet wurde und zeigte, was noch zu tun ist, um die Frage in praktisch brauchbarer Weise zu lösen. Unter den amerikanischen Verfahren ist besonders bekannt geworden dasjenige von Hegenberger und dasjenige des Bureau of Standards. Auf das erstere bezieht sich eine Arbeit von Gloeckner, der Vortrag von Kramar auf der Dresdener Tagung auf eine Weiterentwicklung des Verfahrens des Bureau of Standards, die auf die praktischen Bedürfnisse ganz besonders gut zugeschnitten erscheint.

Dezimeterwellen

Auf allen Gebieten, auf denen elektromagnetische Wellen zur Verwendung kommen, ist heute ein ganz besonderes Interesse für die kürzesten Wellen, die Dezimeterwellen, vorhanden. Der Grund dafür liegt in erster Linie in der Möglichkeit äußerst scharfer Bündelung, die praktisch immer näher an das herangeht, was man von einem optischen Scheinwerfer gewöhnt ist. Infolge dieses großen Interesses sind eine Anzahl von Vorträgen und Vorführungen den Dezimeterwellen gewidmet gewesen.

Dahin gehören die Vorträge von Runge »Physikalische Grundlagen der Dezimeterwellen[4]« auf der Berliner Tagung, März 1934, »Leistungserzeugung auf Dezimeterwellen« auf der Dresdener Tagung, ebenso der Vortrag »Erzeugung, Ausstrahlung und Empfang von Dezimeterwellen mit Versuchen« auf der Münchener Tagung, ebenso auf dieser Tagung sein Vortrag »Schwingungserzeugung mit dem Magnetron«, ferner die Vorträge von Hahnemann »Zur Anwendungsfrage der Dezimeterwellen in der Luftfahrt[5]« auf der Dresdener, und von Gerth »Über einige Fortschritte auf dem Gebiet der Dezimeterwellen mit Vorführungen« auf der Münchener Tagung.

In diesem Zusammenhang ist auch auf die Untersuchungen von v. Handel und Pfister hinzuweisen, in denen Sender und Empfänger für Dezimeterwellen beschrieben und unter anderem die Stromverteilung und insbesondere die Vertikalcharakteristiken der verschiedenen Antennenformen gemessen wurden.

Ultrakurz-(Meter-)Wellen

Messungen an Sendern wurden in diesem Frequenzgebiet von Jungfer und Zinke vorgenommen. Besonderer Wert wurde dabei auf die Leistungsmessungen gelegt, die gestatten, der Frage nach dem Wirkungsgrad und den Betriebsbedingungen eines solchen Senders näher zu treten. Einen Zwischenfrequenzempfänger für Meterwellen hat Pungs gebaut und unter-

[3] s. S. 271.
[4] s. S. 258.
[5] s. S. 285.

sucht. Dabei wurde nicht nur der günstigste Wirkungsgrad, sondern besonders sorgfältig auch die Eignung der verschiedensten Röhrenarten (Drei-, Vier-, Fünfpolröhren) für Empfänger in diesem Frequenzgebiet studiert.

Der Reichweite von Ultrakurzwellen war der Vortrag von v. Handel in Dresden gewidmet. In ihm ist ausführlich untersucht, wie groß die Reichweite eines Ultrakurzwellensenders bei gegebener Leistung, Antennenmasthöhe, Bündelung und Flughöhe ist. Es zeigte sich, daß es möglich ist, die Reichweite solcher Sender vorauszuberechnen, wenn die angeführten Größen gegeben sind. Dabei ergab sich, daß die Wellen um so weiter reichen, je länger sie sind, daß aber die praktische Grenze der Reichweite durch Schwunderscheinungen bestimmt ist, die bei den langen Wellen eher auftreten als bei kurzen.

Über einen Versuch, bei einem Sender für kurze und ultrakurze Wellen eine Quarzsteuerung mit stetig veränderlicher Wellenlänge durchzuführen, hat Rochow auf der Münchener Tagung berichtet.

Kurze Wellen

Bei den kurzen Wellen, die für die Übertragung auf große Entfernungen besonders wichtig sind, bietet der Bau von Sender und Empfänger kaum mehr erhebliche Schwierigkeiten. Was aber hier noch keineswegs geklärt ist, sind die Übertragungsbedingungen, die dadurch erheblich verwickelt werden, daß die Übertragung auf einigermaßen große Entfernung durch die Luftwelle erfolgt. Mit diesen Übertragungsbedingungen hat sich Krüger bei seinem Vortrag auf der Münchener Tagung »Wellenwahl und Wellenwechsel im Kurzwellenflugfunkverkehr« beschäftigt.

Von vornherein klar ist bei diesen Wellen, daß außer der Wellenlänge der Zustand der Ionosphäre einen ganz wesentlichen Einfluß auf die Übertragung haben muß. Welcher Art dieser Einfluß bei einem bestimmten Zustand der Ionosphäre ist, läßt sich aber keineswegs einfach übersehen. In einem Vortrag auf der Münchener Tagung hat Zenneck diese Frage erörtert und über Versuche berichtet, die von einem Doktoranden seines Instituts (Dieminger) ausgeführt wurden. Bei diesen Versuchen wurde gleichzeitig der Zustand der Ionosphäre durch Vertikal-Echos und außerdem die Feldstärke eines Senders in 200 km Entfernung von der Empfangsstation mit drei verschiedenen Wellenlängen aufgenommen, wobei in beiden Fällen selbstschreibende Geräte zur Verwendung kamen. Der Zweck dieser Versuche war, den Zusammenhang zwischen dem Zustand der Ionosphäre und der Übertragungsgüte auf diese Entfernung festzustellen.

Höhenmessung vom Flugzeug

Einen Überblick über die verschiedenen Wege, auf denen eine Lösung dieser Aufgabe bisher gesucht wurde, gab der Vortrag, den Krüger[6] bei der Dresdener Tagung über die Höhenmessung in der Luftfahrt hielt. Über Versuche zur Konstruktion eines Höhenmessers, der auf der Verwendung stehender elektromagnetischer Wellen beruht, berichtete Berndorfer auf

[6] s. S. 301.

der Münchener Tagung, wobei Vorführungen das Prinzip des Verfahrens erläuterten. Krüger und Crone haben in einer Arbeit Untersuchungen beschrieben, die sie mit einem elektrischen Echolot machten.

Verbesserungen an Flugzeugantennen

Über Erfahrungen mit den bisherigen Flugzeugantennen hat Faßbender in seinem Vortrag bei der Berliner Tagung Juli 1933 und Sudeck in einem Vortrag bei der Berliner Tagung März 1934: »Die Beeinflussung der Reichweite von Flugzeugsendern durch Flughöhe und Fluggeschwindigkeit« Erfahrungen mitgeteilt. Der Hauptnachteil derselben ist, daß sie sehr großen Luftwiderstand haben, infolgedessen je nach der Geschwindigkeit eine verschiedene Lage einnehmen, ganz verschiedene wirksame Höhe bekommen und demnach sehr verschiedene Reichweiten besitzen. Dieser Mangel macht sich natürlich um so mehr bemerkbar, je höher die Geschwindigkeit der Flugzeuge gesteigert wird. Bis zu einem gewissen Grad kann ihm abgeholfen werden dadurch, daß man sehr dünne Antennendrähte von großer Zerreißfestigkeit, tatsächlich Stahldrähte mit Kupferüberzug, verwendet, die die große Festigkeit des Stahls mit der guten elektrischen Leitfähigkeit des Kupfers vereinigen. Auf diese Mittel bezogen sich Vorträge bei der Dresdener Tagung von Zinke und eine Arbeit von Krause.

Einzelfragen

Verschiedene nicht miteinander zusammenhängende Aufgaben wurden in folgenden Vorträgen und Berichten behandelt.

a) Barkhausen hatte auf der Dresdener Tagung den Vorschlag gemacht, man solle zur Meldung von Kollisionsgefahr ganz lange Wellen verwenden, für die dann praktisch die Gesetze der Induktion mit ihrer sehr raschen Abnahme der Entfernung und nicht diejenigen der Strahlung in Betracht kommen. Dieser Vorschlag wurde in einer Arbeit von Schäffer und Viehmann geprüft mit dem Ergebnis, daß auf diesem Wege kaum eine praktische Lösung der Aufgabe zu erwarten ist.

b) Dieselben Herren haben Untersuchungen der durch Erschütterungen von elektrischen Einbauteilen ausgelösten FT-Störungen durchgeführt.

c) Pungs berichtete über Erfahrungen über das Verhalten von Hochfrequenzeisenkernen im Wellenbereich 20 bis 200 m.

Selbsttätige Flugzeugsteuerung

Über die Versuche der DVL an selbsttätigen Steuergeräten zur Entlastung des Flugzeugführers trug Krüger bei der Berliner Tagung Juli 1933 vor.

Ganz besonderes Interesse fanden bei der Berliner Tagung im März 1934 Vorträge über die konstruktive Ausbildung der selbsttätigen Steuerung von Flugzeugen und die praktische Vorführung des »Autopiloten«.

Fachgruppe für Flughäfen und Landeeinrichtungen

Bericht von E. Dierbach*)

Ein Flughafen umfaßt eine große Reihe außerordentlich verschiedener Arbeitsgebiete. Neben rein fliegerischen Fragen, d. h. Fragen der Start- und Landeeigenschaften von Flugzeugen spielen städtebauliche wie überhaupt bauliche Fragen bei der Anlage und Ausgestaltung von Flughäfen eine große Rolle. Die notwendigen Einrichtungen eines Hafens erstrecken sich auf die verschiedensten technischen Gebiete. Nachrichtentechnik, Beleuchtungstechnik, Sicherungstechnik u. dgl. müssen Hand in Hand arbeiten, um aus einem einfachen Landegelände einen modern eingerichteten Flughafen zu gestalten. Die Fachgruppe für Flughäfen- und Landeeinrichtungen ist daher aus Mitgliedern von den verschiedensten Arbeitsgebieten zusammengesetzt, und aus den Vortragsthemen ist zu ersehen, daß die Fachgruppe sich bemüht hat, die jeweils dringendsten Probleme aus dem großen Gebiet zu behandeln.

Bei der ersten Tagung am 3. Juli 1933 in Tempelhof wurde zunächst ein Überblick über diese verschiedenen Arbeitsgebiete gegeben, um dann von Hoepke einen Bericht über die technischen Probleme der Rollfeldbeleuchtung entgegenzunehmen. Der Bericht beruhte auf ausgedehnten Beleuchtungsversuchen, die seitens der Deutschen Lufthansa bei Gelegenheit von Blindflugkursen in Tempelhof durchgeführt worden sind. Um zu der beleuchtungstechnischen Seite des Problems zu gelangen, war es zunächst notwendig, die Anforderungen, die von der fliegerischen Seite her gestellt werden, zu ermitteln. Nachdem Erkenntnisse über die erforderliche Größe der zu beleuchtenden Fläche vorlagen, wurden Versuche angestellt, welche Beleuchtungsstärke von dem Flugzeugführer als ausreichend angesehen wird. Nach Klärung dieser Vorfragen wurden die beleuchtungstechnischen und glühlampentechnischen Grundlagen für die Ausbildung von Landebahnleuchten behandelt.

Auf der zweiten Tagung des Ausschusses am 27. Juli 1933 wurden auf Grund eines Berichtes von Moßner Richtlinien für den Ausbau von Privatlandeplätzen besprochen und in einer Entschließung niedergelegt. Petzel vom Reichsluftfahrtministerium berichtete über Maßnahmen zur Erleichterung von Landungen bei schlechter Sicht. Ausgehend von den bisherigen Bestimmungen über die Hindernisfreiheit von Flughäfen wies der Berichterstatter nach, daß diese für Anflüge des Hafens bei Sicht erlassenen Bestimmungen für einen Anflug bei schlechter Sicht nicht mehr ausreichen, da Hindernisse, ob sie bezeichnet sind oder nicht, nicht gesehen und demzufolge vermieden werden können. Außerdem wird eine Landung, die mit Hilfe von mechanischen Verfahren durchgeführt wird, nicht die Genauigkeit erreichen, die man bei guter Sicht von jedem Flugzeugführer verlangen kann. Nach einer Erläuterung des zz-Verfahrens und der hierfür notwendigen hindernisfreien Einflugschneisen gab der Berichterstatter

---

*) Dr.-Ing., Deutsche Lufthansa A. G., Berlin.

eine Beschreibung der in Einführung begriffenen Ultra-Kurzwellenbake, durch die eine wesentliche Verbesserung der Landungen bei schlechter Sicht erzielt wird.

Die dritte Zusammenkunft am 18. September 1934 in Stettin stand im Zeichen der Tankanlagen und Beregnungsanlagen. S t e i n m a n n vom Reichsluftfahrtministerium berichtete über Tankanlagen auf Flughäfen.

Insbesondere wurden die mit dem Schutz der eingebauten Behälter vor äußeren Einwirkungen und vor Korrosion zusammenhängenden Fragen eingehend behandelt. Auf dem Flughafengelände konnte eine moderne Beregnungsanlage besichtigt werden, nachdem vorher die technischen Probleme einer solchen Anlage durch L a n n i n g e r und die Auswirkung einer derartigen Beregnungsanlage auf eine Flugplatzoberfläche durch F a b r i c i u s erläutert worden war.

Ausschuß für Segelflugwesen

Bericht von W. G e o r g i i *)

Die Verbindung des Segelflugsportes mit der Wissenschaft ist von Angebinn an sehr eng gewesen und entsprang der Gemeinschaftsarbeit der Segelflieger, Techniker und Wissenschaftler während der Rhön-Segelflug-Wettbewerbe auf der Wasserkuppe. Dieser Zusammenarbeit ist die Entwicklung der geeigneten Segelflugzeuge, die Lösung des Problemes des Hangsegelfluges und späterhin des thermischen Segelfluges zu verdanken, und die Bereitwilligkeit des Einsatzes fliegerischen Könnens und fliegerischer Erfahrung der Piloten gegenüber den Anregungen der Technik und Wissenschaft bedingte die kontinuierliche Leistungssteigerung des deutschen Segelfluges.

Die Vereinigung für Luftfahrtforschung hat dieser Zusammenarbeit von praktischem Segelflug und Segelflug-Forschung neue Form gegeben und die Möglichkeit geschaffen, auch weiterhin über die Forschung dem motorlosen Flug neue Möglichkeiten zu erschließen und Wege zur Leistungssteigerung zu weisen.

Der von der Vereinigung für Luftfahrtforschung geschaffene Ausschuß für Segelflugwesen hat bisher vier Tagungen abgehalten. Erstmalig vereinigte er sich zur Eröffnung des 14. Rhön-Segelflug-Wettbewerbes im August 1933 in Darmstadt; der November des gleichen Jahres sah den Ausschuß für Segelflugwesen der Vereinigung für Luftfahrtforschung anläßlich einer Tagung der Segelflugzeug-Bauprüfer des Deutschen Luftsport-Verbandes wiederum in Darmstadt. Im Herbst 1934 wurde für die Tagung des Ausschusses für Segelflugwesen München gewählt und im Juli dieses Jahres versammelte sich der Ausschuß an einer Zentrale der deutschen Segelflieger-Schulung, auf dem Hornberg in Württemberg, in der von Wolf

---

*) Dr. phil., Prof. a. der Techn. Hochschule Stuttgart, Direktor d. Deutschen Forschungs-Instituts f. Segelflug, Griesheim b. Darmstadt.

Hirth geleiteten Reichsschule für Segelflug des Deutschen Luftsport-Verbandes.

Wenn wir die Arbeiten dieses Ausschusses für Segelflugwesen während dieses Zeitraumes überprüfen, so ergibt sich, daß die behandelten Arbeiten sich um fünf Probleme gruppieren:

1. die aerodynamische und konstruktive Vervollkommnung der Segelflugzeuge,
2. die Erforschung atmosphärischer Energiequellen für die Steigerung der Segelflug-Möglichkeiten,
3. Anwendung des Segelflugzeuges als Meßgerät für beschleunigte Flugzustände,
4. die Entwicklung des Motorseglers,
5. den Wert der Segelflugausbildung für die Leistungssteigerung im Segelflug und für den Motorflug.

Die aerodynamische und konstruktive Vervollkommnung

Auf der zweiten Tagung der Vereinigung für Luftfahrtforschung hatte H. Muttray, Göttingen, über neue Untersuchungen zur Vervollkommnung der Segelflugzeuge berichtet. Lange Zeit wurde der Segelflug von dem Grundsatz beherrscht, Leistungssteigerungen der Segelflugzeuge durch eine Vergrößerung der Spannweiten zu erzielen. Erst als die Spannweiten die Grenzen des Tragbaren erreicht hatten, ja im Einzelfall übernatürliches Ausmaß angenommen hatten, setzte eine Rückentwicklung in den Spannweiten ein. Muttray hat das Verdienst, dem Segelflugzeugbau neue Wege gewiesen zu haben, indem er auf dem Versuchswege nachgewiesen hat, daß die aerodynamische Güte eines Segelflugzeuges wesentlich durch eine zweckmäßige Formgebung des Rumpfes und eine gute Zusammenfügung von Rumpf und Flügel gesteigert werden kann. Muttray zeigte, daß durch eine Anpassung des Rumpfes an die Flügelumströmung eine wesentliche Herabsetzung des Rumpfwiderstandes erreicht wird. Der Rumpf wird durch seine Form und den allmählichen Übergang von Rumpfhöhe zur Flügeldicke gewissermaßen in den Flügel aufgenommen, und hierdurch werden nahezu die aerodynamischen Eigenschaften des Flügels allein erzielt. Weiterhin ergaben die Muttrayschen Untersuchungen, daß Mitteldecker- und Tiefdeckertypen gegenüber dem bisherigen Standardtyp im Segelflug, dem Hochdecker, aerodynamische Vorzüge aufweisen. Nachdem Lippisch im Jahre 1931 erstmalig dazu übergegangen war, den Segelflieger durch eine Haube über dem Führersitz nach außen abzudecken und so eine Unterbrechung der Rumpfform zu verhüten, war der Weg für die Verwendung der Mitteldecker im Segelflugzeugbau frei. Lippisch hat auch in konsequenter Weise die experimentellen Erkenntnisse von Muttray im Segelflugzeugbau angewandt.

Im Jahre 1934 wurde nach diesen neuen Gesichtspunkten beim Deutschen Forschungsinstitut für Segelflug (DFS) das Segelflugzeug »Sao Paulo (Fafnir II)« gebaut. Die aerodynamische Güte des Segelflugzeuges »Sao Paulo« hatte zur Folge, daß die hohe Flächenbelastung dieses Segelflugzeuges — mit 18 kg/m² ist es eines der höchstbelasteten Segelflugzeuge — sich fliegerisch in keiner Weise schädlich auswirkte, ja im Gegenteil, daß das Segelflugzeug »Sao Paulo« durch seine hohe Geschwindigkeit sich als besonders geeignetes Fernsegelflugzeug erwies.

Für Fernsegelflugzeuge, von welchen heute Strecken von 400 bis 500 km verlangt werden, sind in erster Linie Segelflugzeuge notwendig, welche bei hoher Flächenbelastung günstigsten Gleitwinkel aufweisen. Mit dem Segelflugzeug »Sao Paulo«, welches bei seinem ersten Fernsegelflug im Rhön-Segelflug-Wettbewerb 1934 unter der Führung von Dittmar sofort einen Weltrekord von 375 km aufstellte, wurden der Entwicklung des Segelflugzeugbaues grundlegende neue Wege gewiesen. Zugleich erweist seine Entwicklung die Fruchtbarkeit der bei der Vereinigung für Luftfahrtforschung gepflegten Zusammenarbeit von Theorie und Praxis. Den von Muttray vorgetragenen wissenschaftlichen Erkenntnissen folgte die praktische Anwendung durch Lippisch.

Zugleich trat bei dieser Neuorientierung der künftigen Segelflugzeug-Entwicklung noch eine andere Richtung hervor, welche für die Beurteilung der Leistungsfähigkeit von Segelflugzeugen neben kleinstem Gleitwinkel auch eine Mindestsinkgeschwindigkeit fordert und deshalb neben dem Gesamtwiderstand auch das Gewicht auf einen Kleinstwert bringen will. In dieser Richtung hat die Flugtechnische Fachgruppe an der Technischen Hochschule Darmstadt (Akaflieg Darmstadt) mit der Konstruktion ihres »Windspiels« hervorragend gearbeitet. Das »Windspiel« stellt mit einer Flächenbelastung von 12,3 kg/m² und einer Mindestsinkgeschwindigkeit von 0,55 m/s ein Gegenstück zum Segelflugzeug »Sao Paulo« dar. Gelegentlich der Tagung des Ausschusses für Segelflugwesen der Vereinigung für Luftfahrtforschung in München wurde ein Vergleichsfliegen zwischen beiden Flugzeugen durchgeführt. Dieses einmalige Vergleichsfliegen ermöglicht aber kein eindeutiges Urteil. Letzten Endes liegt die Entscheidung der Frage des geeignetsten Flugzeuges auch in der Leistungsforderung. Beruht die segelfliegerische Leistung darauf, möglichst schwache Aufwinde auszunutzen ohne Rücksicht darauf, welche Strecken zurückgelegt werden, so mag ein Segelflugzeug geringster Sinkgeschwindigkeit im Vorteil sein. Kommt es darauf an, ohne Rücksicht auf die Ausnützung geringster Aufwindgeschwindigkeit mit großer Reisegeschwindigkeit einen großen Fernsegelflug durchzuführen, so wird das Segelflugzeug mit größerer Flächenbelastung im Vorteil sein. Gerade die 500-km-Flüge des Rhön-Segelflug-Wettbewerbes 1935 haben bewiesen, daß bei Wetterlagen für Fernflüge, welche Segelflüge bei Windthermik unter Wolkenstraßen darstellen, die Sinkgeschwindigkeit wegen hinreichender Aufwindstärke nicht das Entscheidende ist, sondern die Reisegeschwindigkeit. Beispielsweise hat Dittmar eine Strecke von 420 km in 3½ h zurückgelegt. Anders verhält es sich an Tagen mit Schwachwindthermik, also an Tagen, wo jedes Aufwindfeld gesucht und restlos ausgeflogen werden muß. In diesem Fall hat das Segelflugzeug geringster Sinkgeschwindigkeit Vorteile. Die segelfliegerische Leistung hat in diesem Fall aber ein ganz anderes Ergebnis. Sie gleicht einem Wettbewerbsflug vom Rhön-Segelflug-Wettbewerb 1935, bei dem ein Segelflieger 7½ h thermisch geflogen ist und eine Strecke von 130 km zurücklegen konnte. Ein Vergleich der Leistungen nach Kilometerzahlen ist nicht möglich. Das Ausschlaggebende ist in beiden Fällen die Wetterlage, und der Einsatz des geeigneten Flugzeuges muß sich nach der Wetterlage richten.

Nächst der technischen Weiterentwicklung des Segelflugzeuges ist für die Leistungssteigerung im Segelflug die Kenntnis der

atmosphärischen Energiequellen

eine Notwendigkeit. Die physikalischen Grundlagen der thermischen Vertikalbewegungen der Atmosphäre, die für den motorlosen Flug heute nahezu allein maßgebend sind, wurden vom Ausschuß für Segelflugwesen der Vereinigung für Luftfahrtforschung wiederholt erörtert. Physikalisch werden die thermischen Vertikalbewegungen der Luft auf eine labile Atmosphäre zurückgeführt, deren Temperaturgefälle größer als der trockenadiabatische oder feuchtadiabatische Temperaturgradient ist. Die trockenlabile Atmosphäre erzeugt die Einstrahlungsthermik, die feuchtlabile Atmosphäre die Wolkenthermik. Die Vereinigung von guter Wolkenthermik mit großer Windgeschwindigkeit erzeugt Windthermik. Windthermik wurde im Rhön-Segelflug-Wettbewerb 1934 zum erstenmal fliegerisch ausgenutzt und führte zu den ersten Fernsegelflügen über 300 km. Im Rhön-Segelflug-Wettbewerb 1935 wurden die großen Fernsegelflüge bis zu 500 km gleichfalls durch Windthermik ermöglicht.

Eine besondere Auslösungserscheinung der feuchtlabilen Atmosphäre bei Windthermik sind Wolkenstraßen, in Richtung des Windes sich auf viele Kilometer — zeitweise bis zu 75 km — erstreckende Linienwolken, welche vorzügliche Aufwindstraßen für Segelflugzeuge bilden. Die physikalischen Grundlagen dieser Wolkenstraßen bilden zur Zeit ein besonders interessantes und für den Segelflug wertvolles Problem atmosphärischer Segelflugforschung. Weiterhin standen auf den Tagungen des Ausschusses für Segelflugwesen der Vereinigung für Luftfahrtforschung die Grundlagen der Hochthermik zur Erörterung, welche der Erschließung des Nacht- und Winter-Segelfluges dienen. Das Ziel dieser Untersuchungen geht dahin, dem motorlosen Flug eine weitere zeitliche Unabhängigkeit zu geben und dadurch Leistungssteigerungen zu ermöglichen.

Das Segelflugzeug als Meßgerät

Die Beziehung zwischen praktischem Segelflug und Segelflugforschung ist wechselseitig. Hat die Segelflugforschung dem Segelflieger den Weg vom Hangsegelflug zum thermischen Segelflug gewiesen und ihm weiterhin die vielseitigen Möglichkeiten der Ausnutzung der thermischen Energiequellen der Atmosphäre erschlossen, so hat sich andererseits das Segelflugzeug zu einem wertvollen Meßgerät der Forschung entwickelt. Zum ersten Male ist es durch den Segelflug ermöglicht worden, systematische Messungen der Vertikalbewegungen der Luft durchzuführen und so Einblick zu bekommen in die Größe der Geschwindigkeit vertikaler Luftbewegungen, deren Kenntnis nicht nur für den Segelflug, sondern für die Gesamtluftfahrt bedeutungsvoll ist. Außer der Messung vertikaler Luftbewegungen sind im Segelflugzeug auch systematische Untersuchungen der Böenbeschleunigungen durchgeführt worden. Die Messungen umfassen die Böenbeschleunigungen thermischer und dynamischer Luftunruhe, wobei sich gezeigt hat, daß die dynamische Luftunruhe der Strömung an einem Gebirgshindernis besonders große Beschleunigungswerte ergibt. Während diese Messungen die Kenntnis der Flugzeugbeschleunigungen durch turbulente Luft zum Ziele haben, ist es nicht minder wichtig, die Beschleunigungen bestimmter Flugzustände in ruhender Luft festzulegen. Mit diesen Messungen hat sich der Ausschuß für Segelflugwesen auf seiner jüngsten Tagung beschäftigt, auf der die ersten Meßergebnisse vorgelegt worden sind, die mit dem neuen Kinotheodolit Raethjen beim DFS gewonnen worden sind. Beim Kinotheodolit Raethjen wird eine so schnelle Aufnahmefolge in zeitlich genauem Abstand und mit einer außerordentlich genauen Synchronisierung der Verschlußauslösung erreicht, daß mit ihm eine bisher wohl kaum erreichte Genauigkeit der Flugbahnkurven erzielt wird. Da die Kinotheodolitanlage beim DFS erst neu geschaffen worden ist, liegen bisher nur Einzelmessungen beschleunigter Flugzustände vor, doch dürfte diese Anlage in der von der Vereinigung für Luftfahrtforschung vorgesehenen Zusammenarbeit mit anderen Stellen noch ihren besonderen Wert erweisen.

Die Entwicklung des Motorseglers

Wiederholt ist auch auf den Tagungen des Ausschusses für Segelflugwesen die Frage der »Motorsegler« besprochen und die Entwicklung dieses Zwischentyps zwischen Segelflugzeug und Motorflugzeug gefördert worden. Im wesentlichen kommen für den Motorsegler drei Verwendungszwecke in Frage:

1. als sog. Übergangs- oder Umschulungsflugzeug, das dem Segelflieger den Übergang vom Segelflugzeug auf das Motorflugzeug erleichtern soll,
2. als sog. Übungsflugzeug, das den Segelfliegern eine erweiterte fliegerische Betätigung ermöglichen soll, auch in den für Segelflug ungeeigneten Jahreszeiten. Die an ein solches Flugzeug zu stellenden Anforderungen sind: die Möglichkeit des Selbstbaues und Flugeigenschaften, die denen eines Segelflugzeuges annähernd entsprechen,
3. als eigentliches Segelflugzeug mit Hilfsmotor, das dem Leistungs-Segelflieger den sog. »Wandersegelflug« ermöglicht, wobei der Motor als Starthilfe dient und im Flug nur die Aufgabe hat, Gebiete schlechten Aufwindes oder Abwindes zu überwinden.

Die Aussprache über »Motorsegler« in der Vereinigung für Luftfahrtforschung gab dem Deutschen Forschungsinstitut für Segelflug die Veranlassung, zunächst den Motorsegler »Maikäfer« zu bauen, der in erster Linie der Kategorie 2 der voraufgehend aufgeführten Verwendungszwecke dient. Auf der letzten Tagung des Ausschusses für Segelflugwesen wurde sodann vom DFS der neuerbaute »Leistungs-Motorsegler Schwalbe« vorgeführt. Der Leistungs-Motorsegler »Schwalbe« kommt der Kategorie 3 der voraufgehend aufgeführten Verwendungszwecke der Motorsegler am nächsten.

Andere Wege hat Peter Riedel mit seinem »Motor-Condor« beschritten, der die Form des Hochleistungs-Segelflugzeuges beibehalten und den Motor mit Druckschraube oberhalb des Tragdeck-Mittelstückes angebracht hat. Riedel denkt dabei in der Weiterentwicklung an das Segelflugzeug mit einziehbarem Triebwerk, wie es ähnlich in England schon gebaut worden ist.

Der Wert der Segelflugausbildung

Haben die bisherigen Ausführungen schon gezeigt, daß die wissenschaftlichen Arbeiten des Ausschusses für Segelflugwesen der Vereinigung für Luftfahrtforschung stets in engster Verbindung mit dem praktischen Segelflug standen und diesem neue Wege im Segelflugzeugbau und in der Ausnutzung atmosphärischer Energiequellen für den motorlosen Flug zu weisen vermochten, so ist auf allen Tagungen des Ausschusses für Segelflugwesen der Leistungs-Segelflieger selbst mit seinen großen fliegerischen Erfahrungen zu Wort gekommen. Sei es nun, daß der aktive Flieger berichtete über den Wert des Segelfluges für den Motorflug und Luftverkehr oder über die Schulung des Leistungs-Segelfliegens, immer bedeuteten diese vom frischen Fliegergeist getragenen Ausführungen eine besondere Anregung und Belebung der Tagungen. Dieses gilt auch von den praktischen Flugvorführungen, die regelmäßig mit den Tagungen verbunden wurden und den Ausschuß für Segelflugwesen über die fliegerische Auswertung seiner wissenschaftlichen und technischen Arbeiten unterrichteten. So setzt sich in dem Ausschuß für Segelflugwesen der Vereinigung für Luftfahrtforschung die dem Segelflug eigene Tradition einer Gemeinschaftsarbeit von Fliegen und Forschen in erfreulicher Weise fort.

Ausschuß für flugmedizinische Forschung

Bericht von H. Rein*)

Die fortschreitende Entwicklung des Flugzeuges hat dazu geführt, daß während des Fluges die Grenzen der Leistungsfähigkeit des menschlichen Organismus vielfach erreicht, u. U. sogar überschritten werden. Es sind in der Hauptsache zwei Faktoren, welche kritische Zustände für das Lebensgeschehen herbeiführen können: die Höhe bzw. die Geschwindigkeit des Höhenwechsels und die Beschleunigung.

Es mögen durch diese beiden Faktoren eine große Zahl unerklärlicher Unfälle, welche besonders gute Flieger betroffen haben, verursacht worden

---

*) Dr. med., Professor a. d. Universität Göttingen, Direktor des Physiologischen Instituts.

sein. Auf jeden Fall stecken sie der Ausnutzung neuzeitlicher Maschinen immer deutlichere Grenzen. Wenn in allen Teilen der Welt nunmehr mit größter Energie luftfahrtmedizinische Forschung getrieben wird, so geschieht dies nicht, um sich mit der Feststellung der erwähnten Grenzen menschlicher Leistungsfähigkeit zu begnügen, oder gar vor einer weiteren Entwicklung der Leistungsfähigkeit der Maschinen zu warnen, sondern um die Grenzen der menschlichen Leistungsfähigkeit immer weiter hinauszuschieben zu helfen. Voraussetzung für die Erreichung dieses eigentlichen Zieles der medizinischen Luftfahrtforschung, welches allein ihre Förderung rechtfertigt, ist wie immer: zunächst die wissenschaftlichen Grundlagen für die Abweichungen des Lebensgeschehens von der Norm unter den besonderen Bedingungen des Fluges sicherzustellen. Daß dieser Weg der richtige ist, konnte durch die unmittelbare Auswirkung einzelner Ergebnisse der flugmedizinischen Forschung auf die Flugpraxis bewiesen werden.

Die besonderen Lebensbedingungen in großer Höhe betreffen in erster Linie die Atmung und damit stets untrennbar verknüpft das Blut und den Blutkreislauf. Meistens nicht bedacht wird hierbei, daß das unmerkliche und geringfügige Versagen von Atmung und Kreislauf bei jedem Höhenflug, auch schon geringeren Ausmaßes, deutlich die Funktion des Zentralnervensystems beeinflußt. Äußern sich doch die Erscheinungen der Höhenkrankheit besonders deutlich zuerst am psychischen Verhalten des Betroffenen. Wichtiger als dieses psychische Verhalten erscheint, daß in diesem Stadium auch bereits die reflektorische Steuerung der gesamten Körpermotorik eine abnorme werden kann. Zwangshaltungen und Zwangsbewegungen, welche die zielgerichtete Willkürbewegung in nicht fühlbarer Weise beeinflussen, sind das Ergebnis. So besteht ein einziger großer Zusammenhang zwischen den abnormen Beatmungsverhältnissen des Blutes in großer Höhe und dem gesamten Körpergeschehen bis in Funktionsgebiete hinein, die zunächst gar nichts damit zu tun zu haben scheinen.

Durch die Beschleunigung wird in erster Linie der Kreislauf betroffen. Es ist einleuchtend, daß die im Blutgefäß-System strömende Blutsäule entsprechend den Gesetzen der Hydrodynamik durch Beschleunigungsfelder in ihrer Bewegung beeinflußt werden muß. In einem gewissen Umfang sind im gesunden Organismus Regulationsmechanismen vorgesehen, welche augenblicklich ein Versagen des Kreislaufes durch Lageänderungen im Raum u. dergl. unmöglich machen. Eben dieselben Ausgleichvorrichtungen können aber unter abnorm großer Beschleunigungswirkung nicht nur nicht ihre kompensatorische Aufgabe erfüllen, sondern sogar zu unheilvollen Katastrophen Anlaß geben. Das »Schwarzwerden« vor den Augen beim plötzlichen Abfangen der Maschine aus dem Sturzflug ist wohl die unter den Fliegern bekannteste und harmloseste Kreislaufstörung und wird verursacht durch Blutmangel im Gehirn und Netzhaut. Es ist bekannt, daß diese Erscheinung nicht unter allen Umständen einzutreten braucht. Kleinste Änderungen der Körperhaltung genügen, um sie schon bei geringen Beschleunigungen auftreten oder bei verhältnismäßig starken noch fehlen zu lassen. Theoretisch läßt sich über die besonderen Bedingungen, unter denen diese nicht rein hydrodynamisch, sondern unter Mitwirkung komplizierter Kreislaufreflexe eintretenden Vorgänge zustandekommen, mancherlei vorhersagen.

Aber der größere Teil solcher Erscheinungen bleibt nach wie vor unverständlich und bedarf dringend der Klärung. Für jedermann auffallend, aber in ihren Auswirkungen weniger gefährlich, ist die Beeinflussung des Innenohrlabyrinthes, des nervösen Gleichgewichtsapparates, durch Progressiv- und Zentrifugalbeschleunigungen. Differenzen zwischen den Angaben dieses nervösen Empfangsapparates und denen des Auges bei der Raumorientierung führen zu den unangenehmen Empfindungen des Dreh- und Fallschwindels. Beinahe noch bedenklicher aber ist, daß von diesem System aus reflektorische Zwangshaltungen und Mißleitungen der willkürlichen Betätigung aller Muskeln verursacht werden können.

Nach dem bisher Gesagten ist es verständlich, daß im ersten Jahre deutscher medizinischer Luftfahrtforschung vor allen Dingen Wert gelegt wurde auf die Inangriffnahme der Probleme der Höhenatmung, und zwar der Lungenatmung sowohl wie der Veränderungen des Blutes unter den Bedingungen des Höhenfluges. In zweiter Linie aber mußte Wert gelegt werden auf die Bearbeitung der Fragen des Blutkreislaufes unter der Einwirkung von Beschleunigungen.

Die besonderen Verhältnisse der Erforschung der Höhenatmung machten es notwendig, gänzlich neue Verfahren auszuarbeiten, welche mit großer Genauigkeit und geringster Umständlichkeit die Arbeit aufzunehmen gestatten. Unterdruck-Kammern mit besonderer Belüftungs- und thermischen Bedingungen, Anordnungen zur genauen Analyse der Atmungs- und Lungenluft mußten geschaffen werden. Letztere Verfahren wurden für den vergleichenden Versuch in Flugzeug und Unterdruckkammern besonders geeignet gemacht. Neue physikalische Verfahren auf thermo- und photoelektrischer Grundlage gaben dem Untersuchungsgang von Atemluft und Blut diejenige Geschmeidigkeit, die zur Klarstellung der allerdringendsten Grundlagen der Höhenatmung notwendig war.

Diese Grundlagen sind nicht nur die Voraussetzung für das Verständnis der Höhenkrankheit, sondern, was viel wichtiger ist, für deren Bekämpfung. Sei es durch die endliche Beschaffung wirklicher zweckdienlicher Atemgeräte oder durch Inangriffnahme von Versuchen, welche der Erreichung einer künstlichen Höhenaklimatisation dienen, um ohne Geräte eine bessere »Höhenfähigkeit« zu schaffen. Das Eindringen in die physiologischen Probleme der Höhenatmung brachte nebenbei die Einsicht mit sich, daß Kohlenoxyd, das ja stets in der Einatmungsluft des Motorfliegers enthalten ist, ganz andere Giftwirkungen auf den »höhenatmenden« Organismus entfaltet als auf den Menschen unter normalen Bedingungen in Meereshöhe. Die Frage der sog. vorzeitigen Höhenkrankheit wurde durch diese Ergebnisse mit einem Schlage geklärt und praktisch beseitigt.

Daß die luftfahrtmedizinische Forschung völlig neue Gesichtspunkte für die Tauglichkeitsprüfung erbringen wird, ist selbstverständlich. Fern jedem Schematismus, der ja nur geeignet ist, die Fortentwicklung des Fliegens zu hemmen, wird sie bemüht sein, vor allen Dingen Richtlinien für eine positive Auslese zu schaffen. Manche unerfreulichen Fragen, wie z. B. die sehr akute der Farbenblindheit oder des Brilletragens sind vom Standpunkte landläufiger militärischer Tauglichkeitsprüfung aus für die Fliegerei nicht zu beantworten.

Die Arbeiten sind im Verlauf des Jahres voll in Gang gekommen. Die nötigen Laboratorien entstanden, und ein besonderer »Ausschuß für flugmedizinische Forschung« der Vereinigung für Luftfahrt-forschung, der unter maßgeblicher Mitwirkung der Medizinalabteilung des Reichsluftfahrtministeriums arbeitet, ist in seinen Arbeitsgruppen Atmungs-fragen, Kreislauffragen, Sinnesphysiologie und Fliegertauglichkeit be-strebt, die eingangs genannte Gefahr eines Mißverhältnisses zwischen technischer Entwicklung des Flugzeuges und Leistungsfähigkeit des mensch-lichen Organismus mit neuzeitlichen wissenschaftlichen Mitteln zu be-kämpfen.

Einige wissenschaftliche Beiträge

aus der

Vereinigung für Luftfahrtforschung

Über den dynamischen Segelflug gewisser Seevögel nebst Folgerungen für den menschlichen Segelflug*)

Von L. Prandtl**)

Bis vor wenigen Jahren habe ich die Ansicht vertreten, daß aller Segelflug der Vögel Aufwindflug sei[1]). Alle meine Beobachtungen an Land- und Seevögeln schienen das auch zu bestätigen. Bei meiner Reise von Japan nach Amerika konnte ich dann aber mehrere Tage lang eine Vogelart beobachten, die wirklich dynamisch segelt. Ich habe diese Beobachtung dann auch beschrieben[2]). Bei der gegenwärtigen Tagung gelangte zu meiner Kenntnis, daß Sir Walker Gilbert diese Flugart schon früher beschrieben[3]), und daß Mr. Idrac sie in einem kürzlich erschienenen Buch »Etudes experimentales sur le vol á voile«[4]) auf Grund von Beobachtungen am Albatros ausführlich analysiert hat. Der Vogel, den ich sah, machte folgendes: er flog zunächst ganz niedrig über dem Wasser in der Richtung gegen den Wind und stieg nun plötzlich etwa 8 bis 12 m in die Höhe, wobei ihm die Windzunahme nach oben zu Hilfe kam. Oben angelangt, drehte er eine scharfe Kurve und ging nun mit dem Wind wieder herunter, wobei jetzt seine Geschwindigkeit über Grund aus doppelter Ursache (Gleitflug und Mitwind) sehr groß war. Nun drehte er, sich dicht über der Wasseroberfläche haltend und möglichst noch sich in ein Wellental herunterdrückend, eine noch steilere Kurve (bis etwa 60⁰ Schräglage) bis er wieder gegen den Wind stand, um nun das Spiel zu wiederholen. Abb. 1 gibt den Vorgang etwas schematisiert im Aufriß und Grundriß wieder. In Wirklichkeit werden meist nicht geschlossene Bahnen geflogen,

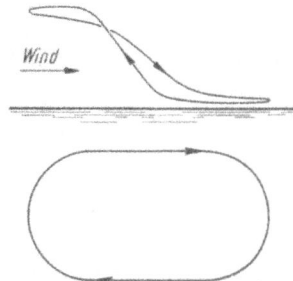

Abb. 1. Schematisches Bild der Flugbahn. Oben Aufriß, unten Grundriß.

sondern die zweite Wendung erfolgt nach der anderen Seite, also z. B. oben Rechtskurve, unten Linkskurve, so daß als Grundriß eine Wellenlinie entsteht. Gelegentlich folgt dann eine Umkehr (oben Linkskurve, unten Rechtskurve) wie es dem Vogel gerade beliebt. Bei schwachem Wind,

---

*) Vorgetragen auf der Internationalen Segelflugtagung in Gersfeld 1933.
**) Dr.-phil., Dr.-Ing. E. h., Professor a. d. Universität Göttingen, Direktor d. Kaiser-Wilhelm-Instituts f. Strömungsforschung u. Direktor d. Aerodynamischen Versuchsanstalt Göttingen.
[1]) Vergl. L. Prandtl, Z. Flugtechn. Motorluftsch. Bd. 12 (1921) S. 209.
[2]) L. Prandtl, Z. Flugtechn. Motorluftsch. Bd. 21 (1930) S. 116.
[3]) Encyclopedia Britannica, Artikel »Flight (natural)«.
[4]) Paris 1931, vergl. bes. S. 40 bis 60 (Das Buch ist inzwischen in deutscher Übersetzung erschienen bei R. Oldenbourg).

z. B. 7 m/s in Schornsteinhöhe, wo ich eben diese Flugart noch beobachten konnte, war dieses Manöver immer sehr regelmäßig; bei höheren Windgeschwindigkeiten, wo der Vogel höher gehoben wurde, trat ein freierer Stil ein; der Gleitflug wurde dann irgendwie beliebig ausgedehnt und erst die untere Kurve und das Hochsteigen gegen den Wind erfolgte wieder schulgerecht.

Die Energie dieser Flugart stammt, wie schon angedeutet, aus der Windzunahme nach oben. Der Wind ist dicht an den Wellen am geringsten und nimmt nach oben hin zu, etwa proportional der 5. bis 7. Wurzel aus der Höhe. Für Höhen von 1 m und 12 m gibt dies eine Steigerung der Windgeschwindigkeit um rd. 50 vH des unteren Wertes.

Um eine Überschlagsformel für den Energiegewinn bei dem beschriebenen Manöver zu erhalten, kann man fürs erste eine Bewegung ohne Widerstand annehmen. Bei Windstille oder gleichförmigem Wind würde dann nach dem Energiesatz die Summe aus der kinetischen Energie $m \dfrac{v^2}{2}$ und der potentiellen Energie $m\,g\,h$ konstant sein. Beim Übergang von einer Windschicht zu einer anderen wird die Relativgeschwindigkeit vektoriell um den Windsprung geändert und dementsprechend auch die Energie des bewegten Körpers relativ zu der ihn gerade umgebenden Schicht[5]). Diese Energiebeträge sind, da sie sich auf verschiedene Bezugssysteme beziehen, nicht unmittelbar miteinander vergleichbar. Etwas Vergleichbares wird aber erhalten, wenn wir eine Reihe solcher Übergänge so aneinander fügen, daß wir zum Schluß zu der Windschicht zurückgelangen, von der wir ausgegangen waren.

Wir wollen nun den Sprung von einer Windschicht in der Höhe h_1 zu einer anderen in einer größeren Höhe h_2 gelegenen Windschicht betrachten; die zugehörigen Windgeschwindigkeiten seien w_1 und w_2; ihre Differenz werde zur Abkürzung $w_2 - w_1 = \varDelta w$ geschrieben, ebenso sei $h_2 - h_1 = \varDelta h$ gesetzt. Der Sprung erfolge genau gegen den Wind. Dann besteht — unter der obigen Annahme einer Bewegung ohne Widerstand — für die Relativgeschwindigkeit v des bewegten Körpers (Vogels) gegen die ihn umgebende Windschicht die Beziehung:

$$\frac{m\,v_2^{\,2}}{2} = \frac{m}{2}\,(v_1 + \varDelta w)^2 - m\,g\,\varDelta h$$

oder

$$v_2 = \sqrt{(v_1 + \varDelta w)^2 - 2\,g\,\varDelta h}.$$

Unter der Voraussetzung, daß $\varDelta w$ und $\varDelta h$ klein sind, läßt sich die Wurzel in eine Reihe entwickeln. In erster Näherung ist[6])

$$v_2 = v_1 + \varDelta w - \frac{g\,\varDelta h}{v_1} + \ldots\ldots$$

---

[5]) Man muß die relative Energie betrachten, da nur diese beim Kurven innerhalb einer Windschicht ungeändert bleibt.

[6]) $\sqrt{a + b} = \sqrt{a}\left(1 + \dfrac{b}{2\,a} + \ldots\ldots\right)$, wenn b klein gegen a ist.

Eine Kurve in der Höhe h_2 läßt nach unserer Annahme v_2 konstant. Erfolgt nun ein Abstieg auf h_1, diesmal mit dem Wind, so wächst die Relativgeschwindigkeit ein zweites Mal; es wird

$$\frac{m\,v_3{}^2}{2} = \frac{m}{2}\,(v_2 + \varDelta\,w)^2 + m\,g\,\varDelta\,h.$$

Dies gibt analog dem Obigen in erster Näherung:

$$v_3 = v_2 + \varDelta\,w + \frac{g\,\varDelta\,h}{v_2} + \ldots\ldots$$

$$= v_1 + 2\,\varDelta\,w + 2.\ \text{Ordnung.}$$

Es verbleibt also ein Energiegewinn von $\frac{m}{2}\,(v_3{}^2 - v_1{}^2)$, der in erster Näherung gleich $2\,m\,v_1\,\varDelta w$, oder etwas genauer $2\,m\,v_m\,\varDelta w$ geschrieben werden kann, wobei v_m ein passender Mittelwert ist.

Von diesem Energiegewinn müssen natürlich die Widerstände der Flugbewegung bestritten werden. Diese können wie folgt abgeschätzt werden. Es sei angenommen, daß der Grundriß der Flugbahn ein Kreis vom Halbmesser r sei. Die Aufstieg- und Abstiegwege seien kurz genug, um die Verlängerung der Flugbahn durch sie vernachlässigen zu können, diese habe also die Länge $s = 2\pi r$. Die Gleitzahl sei $= \varepsilon$; die notwendige Schräglage sei $= \beta$, dann ist bekanntermaßen tg $\beta = \dfrac{v^2}{r\,g}$. Eigentlich ist v für den oberen und unteren Halbkreis etwas verschieden, für die Abschätzung werde beide Male mit v_m und einem mittleren β gerechnet. Der Auftrieb ist gleich der Resultierenden aus Schwerkraft und Zentrifugalkraft zu setzen, der Widerstand ist

$$W = \varepsilon \cdot \text{Auftrieb} = \varepsilon\,\frac{m\,g}{\cos\beta}, \text{ die Widerstandsarbeit also}$$

$$W s = \frac{\varepsilon\,m\,g\,2\,\pi\,r}{\cos\beta} \ \ldots\ldots\ldots\ldots (1)$$

Wegen $r = \dfrac{v_m{}^2}{g\,\mathrm{tg}\,\beta}$ wird dies auch

$$W s = \frac{2\,\pi\,\varepsilon}{\sin\beta}\,m\,v_m{}^2 \ .\ \ldots\ldots\ldots (2)$$

Setzt man nun an, daß der Energiegewinn durch das Flugmanöver größer sein muß, als die Widerstandsarbeit auf dem geringsten Weg, der für das Manöver benötigt wird, so erhält man

$$2\,m\,v_m\,\varDelta w > W s,$$

oder mit (1) oder (2) nach einiger Kürzung

$$\frac{v_m\,\varDelta w}{g} > \frac{\pi\,\varepsilon\,r}{\cos\beta} \ \ldots\ldots\ldots\ldots (3)$$

bzw.

$$\frac{\varDelta w}{v_m} > \frac{\pi\,\varepsilon}{\sin\beta} \ \ldots\ldots\ldots\ldots (4)$$

Die letztere Gleichung[7]) ist besonders aufschlußreich. Um den Gewinn möglichst groß zu machen, muß die Gleitzahl möglichst klein und die Schräglage in der Kurve groß gemacht werden. Mit $\beta = 60^0$ (sin $\beta =$ 0,866) und mit $\varepsilon = \frac{1}{20}$ wird $\pi\varepsilon/\sin\beta = 0,181$. Es kann also nur mit $\Delta w > 0,181\, v_m$ in der angegebenen Weise dynamisch gesegelt werden[7]). Bei einem gegebenen Windsprung Δw gibt dies eine obere Schranke für die Fluggeschwindigkeit v_m; diese darf andererseits nicht zu klein gemacht werden, damit die verlangten Höhenunterschiede Δh sicher beherrscht werden.

Beim Albatros ergaben sich nach den Beobachtungen von Idrac die folgenden Zahlen: Gewicht: 9 kg, Fläche: 0,6 m², Spannweite: 3,5 m (also $G/F = 15$ kg/m², $F/b^2 = \frac{1}{20}$). Mit $c_a = 1,2$ wird die Minimalgeschwindigkeit rd. 14 m/s. Idrac gibt an, daß die mittlere Geschwindigkeit in der unteren Kurve 24 m/s und in der oberen Kurve 19 m/s ist. Die mittlere Geschwindigkeit von 21,5 m/s liefert mit dem Wert in der Fußnote 7 ein $\Delta w > 0,13 \cdot 21,5 = 2,8$ m/s, was 5,6 m/s in 1 m und 8,4 m/s in 12 m Höhe als Minimalgeschwindigkeit ergibt, bei der diese Segelmöglichkeit aufhört.

Was ist nun für den menschlichen dynamischen Segelflug daraus zu schließen? Zunächst offenbar das, daß das Gerät für die Ausübung dieser Flugart voll kunstflugtauglich sein muß! Einen genaueren Aufschluß liefert uns die Ähnlichkeitsmechanik. Die das Problem beherrschenden Grundgrößen sind offenbar Trägheit und Schwere, daher ist das Froudesche Ähnlichkeitsgesetz anzuwenden, nach dem die Gewichte wie die dritten Potenzen der Länge und die Geschwindigkeiten wie die Wurzeln aus der Länge zu ändern sind. Über den am zweckmäßigsten anzuwendenden Modellfaktor läßt sich natürlich streiten. Lediglich um ein Beispiel zu geben, mag von einem Gesamtgewicht von 300 kg ausgegangen werden.

Das Längenverhältnis zum Albatros wird dann $= \sqrt[3]{\dfrac{300\ \text{kg}}{9\ \text{kg}}} = 3,22$, also die Spannweite $b = 3,22 \cdot 3,5$ m $= 11,27$ m, die Fläche $F = 3,22^2 \cdot 0,6 = 6,2$ m², die Flächenbelastung ist danach $G/F = 48,3$ kg/m² (!), die Geschwindigkeiten sind mit $\sqrt{3,22} =$ rd. 1,8 zu multiplizieren. Dies gibt eine Minimalgeschwindigkeit von 25,2 m/s, und Geschwindigkeiten von 43 und 34 m/s in der unteren und oberen Kurve; die Windgeschwindigkeit in der größeren Höhe (35 bis 40 m) müßte größer als 15 m/s sein.

Nun ist es ja klar, daß das Vorbild des Vogels hier ebensowenig streng bindend sein muß wie beim gewöhnlichen Segelflugzeug. Immerhin bedeuten die angegebenen Zahlen einen gewissen Anhalt. Für den Flug über ebenes Land kommt als erschwerend hinzu, daß der Vogel bei der unteren Kurve in ein Wellental hinuntergehen kann, ohne sich zu gefährden,

---

[7]) Unter der Annahme einer Wellenlinie als Flugbahn mit dem Zentriwinkel 2 φ der Kreisbögen wird die Sache etwas günstiger. An Stelle von π tritt 2 φ und an Stelle von Δw ist $\Delta w \sin\varphi$ zu setzen. Damit wird die rechte Seite von (4) $\dfrac{2\,\varphi}{\sin\varphi} \cdot \dfrac{\varepsilon}{\sin\beta}$. Bei 2 $\varphi = 90^0$ verkleinert sich die rechte Seite von (3) und (4) auf das $1/\sqrt{2}$-fache, also wird 0,13 statt 0,181 erhalten.

während der Flieger einen Sicherheitsraum zwischen sich und dem Boden lassen muß, was sofort die wirksame Windschwankung Δw herabsetzt (bzw. die erforderliche Windstärke heraufsetzt), da ja die größten Unterschiede der Windgeschwindigkeit gerade in unmittelbarer Bodennähe zu finden sind. Sehr viel besser werden die Dinge, wenn man — wie hinter einem langgestreckten Waldrand — eine wesentlich stärkere Verringerung der Windgeschwindigkeit gegen den Wind in etwa 30 m Höhe ausnutzen kann. Wenn sich die Geschwindigkeit in 10 m Höhe zu der in 30 m Höhe wie 1:2 verhalten und wenn man für eine erste Schätzung annimmt, daß die Minimalgeschwindigkeit gleich der Fallgeschwindigkeit für den zu überwindenden Höhenunterschied (hier 20 m) ist, was auf den Albatros ungefähr zutrifft, so käme man zu einer Minimalgeschwindigkeit von 20 m/s, also zu einem Geschwindigkeitsfaktor gegenüber dem Albatros $\approx \sqrt{2}$, was eine Verdoppelung der Flächenbelastung, also 30 kg/m², bedeuten würde. Aus den übrigen für den Albatros angegebenen Geschwindigkeiten ergäben sich dann 34 und 27 m/s für die untere und obere Kurve. Als untere Grenze für den Kreisflug würde sich $\Delta w = 0{,}181 \cdot 30{,}5 = 5{,}5$ m/s ergeben. für den Wellenflug $0{,}13 \cdot 30{,}5 = 4$ m/s. Das gäbe als untere Grenze der Windgeschwindigkeit in 30 m Höhe 11 bzw. 8 m/s. Noch wirkungsvoller wäre der Flug hinter einem scharfen Bergkamm, wo die Windstärke in Lee bis auf Null heruntergeht und unser Manöver daher schon bei 6 m/s Wind gelingen müßte, wenn die Wirbligkeit in der Leezone nicht zu sehr stört. Am abgerundeten Bergrücken ist weniger zu erhoffen, da hier der Wind leicht kleben bleibt und daher Abwind eintritt. Es werden also nur in recht vereinzelten Fällen die Bedingungen auftreten, die für diese Flugart nötig sind — wenn man von dem Flug über der Ebene bei Sturm von 20—25 m/s Windgeschwindigkeit absieht, zu dem ich seiner Gefährlichkeit wegen nicht aufgefordert haben möchte.

Flügelschwingungen*)

Von R. Kassner**) und H. Fingado***)

Die Flügel eines Flugzeuges zeigen oberhalb einer »kritischen« Geschwindigkeit Schwingungserscheinungen, die zum Bruch des Flugzeuges führen können. Die Kenntnis dieser kritischen Geschwindigkeit für ein gegebenes Flugzeug ist wesentlich zur Verhütung von Unglücksfällen. Daneben ist es wichtig zu wissen, wie man ein Flugzeug bauen muß, damit die kritische Geschwindigkeit und somit die höchste zulässige Geschwindigkeit des Flugzeuges möglichst groß wird. Diese Aufgaben sind durch die Arbeiten von Küßner[1]) grundsätzlich gelöst. Die Anwendung seiner Berechnungsverfahren ist jedoch sehr zeitraubend; daher sind bisher nur wenige Beispiele durchgerechnet worden. Im folgenden wird deshalb ein graphisches Verfahren angegeben, das für einen Flügel ohne Querruder und ohne Baustoffdämpfung die rasche Bestimmung der kritischen Geschwindigkeit gestattet[2]). Ferner werden einige mit diesem Verfahren gewonnene Ergebnisse mitgeteilt, die einen Überblick über den Einfluß der Bauweise auf die kritische Geschwindigkeit geben.

Die Flügel eines Flugzeuges können durch einen äußeren Anstoß, z. B. eine Bö oder Erschütterungen durch den Motor, in Schwingungen versetzt werden. Diese Schwingungen sind bei kleiner Fluggeschwindigkeit durch die Luftkräfte gedämpft. Bei großer Geschwindigkeit werden die Luftkräfte am Flügel durch die Schwingung beeinflußt und beeinflussen ihrerseits wieder die Schwingung. Dadurch kann eine Schwingungsform entstehen, bei der die Luftkräfte anfachend wirken. Bei einer »kritischen« Geschwindigkeit, deren Größe von der Bauweise abhängt, wirken die Luftkräfte weder dämpfend noch anfachend. Ist die Fluggeschwindigkeit größer als die kritische Geschwindigkeit, so werden die Schwingungen des Flügels angefacht, was zum Bruch des Flügels führen kann.

Bezeichnungen.

t	Flügeltiefe (m)
$c = P/f$	Biegefederung (kg m^{-1})
M/φ	Drehfederung (kg m)
m	gesamte schwingende Masse[3]) (kg m^{-1} s^2)

---

*) Bericht aus dem Flugtechnischen Institut der Techn. Hochschule Berlin, Prof. Dr.-Ing. H. Wagner.

**) cand. ing., Flugtechn. Institut der Techn. Hochschule Berlin.
***) Dipl.-Ing., Flugtechn. Institut der Techn. Hochschule Berlin.

[1]) Vgl. H. G. Küßner, Schwingungen von Flugzeugflügeln, Luftf-Forschg, Bd. 4 (1929) Nr. 2.

[2]) Die Ansätze für die Luftkräfte wurden der Arbeit von H. Wagner, »Dynamischer Auftrieb von Tragflügeln« entnommen Z. angew. Math. Mech. Bd. 5 (1925) Nr. 1.

[3]) D. h. unter Berücksichtigung der mitschwingenden Luftmasse. Die für den Flügel allein (ohne mitschwingende Luft) geltenden Größen sind im Text mit dem Index F bezeichnet, z. B. m_F.

μ	Massenverhältnis
$\iota\, t = i$	Trägheitsradius der gesamten schwingenden Masse[3]) (m)
$\eta\, t = \sqrt{\dfrac{M/\varphi}{c}}$	Elastischer Radius (m)
P_v	Vorderer Neutralpunkt (in 25 v. H. der Flügeltiefe)
P_h	Hinterer Neutralpunkt (in 75 v. H. der Flügeltiefe)
$\varepsilon\, t$	Rücklage der elastischen Achse hinter P_v (m)
$\sigma\, t$	Rücklage der Schwerachse[3]) hinter der elastischen Achse (m)
$\nu\, t = \sqrt{\dfrac{M/\varphi}{m\,(\iota\, t)^2}}$ und $\nu_0 = \sqrt{\dfrac{M/\varphi}{m_r\,(\iota_r\, t)^2}}$	ideelle Drehfrequenzen
$\nu_e = \sqrt{\dfrac{M/\varphi}{m\,(\iota^2 + \sigma^2)\,t^2}}$	Kreisfrequenz der Stand-Drehschwingung um die elastische Achse (s^{-1})
$\nu_b = \sqrt{\dfrac{c}{m}}$	Kreisfrequenz der reinen Biegeschwingung im Stand (s^{-1})
ν	Kreisfrequenz im Flug bei der kritischen Geschwindigkeit (s^{-1})
v	Kritische Geschwindigkeit (m s^{-1})
$q = \dfrac{\varrho}{2} \cdot v^2$	Staudruck (kg m^{-2})
$V = v/\nu\, t$	Geschwindigkeitszahl (maßfrei).

Einführende Bemerkungen über die Flügelschwingungen

Im Stand kann ein Flügel Biege- und Drehschwingungen ausführen, wobei die Schwingungsausschläge über die Spannweite veränderlich sind. Der Einfachheit wegen betrachten wir das ebene Problem: Wir ersetzen den Flügel durch eine starre Platte, die an Federn aufgehängt und so geführt ist, daß seine Vorderkante parallel auf und ab schwingt (Abb. 1).

Für die Schwingungsformen dieses Systems sind drei Größen maßgebend:
1. Der Trägheitsradius des Flügels.
2. Der »elastische Radius« der Aufhängung (der halbe Abstand der Federn).
3. Die Rücklage der Schwerachse S gegenüber der elastischen Achse E (der Mitte zwischen den beiden Federn).

Der Flügel hat zwei Eigenschwingungen von verschiedener Frequenz und Schwingungsform: eine »Biegeschwingung«, bei der die Drehachse weit vor der elastischen Achse liegt, und eine »Drehschwingung«, deren Drehachse kurz hinter der Schwerachse liegt (Abb. 2).

Im Flug werden die beiden Eigenschwingungen durch die Luftkräfte beeinflußt. Um den Einfluß der Luftkraft auf die Schwingungsform zu untersuchen, wollen wir zunächst annehmen, die Schwingungsform sei die gleiche wie im Stand (harmonische Bewegung; Biegung und Drehung in

Phase). Von den Feder-, Luft- und Massenkräften haben nur die durch die Schwingung entstehenden Anteile einen Einfluß. Verdrehwinkel, Anstell-

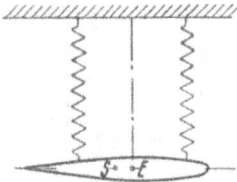

Abb. 1. Anordnung des Flügels beim
ebenen Problem.

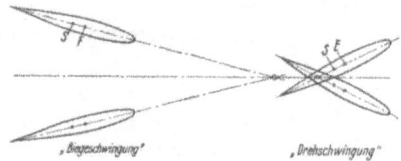

Abb. 2.
Die Standschwingungsformen.

winkel und Bahnneigung im stationären Flug können daher gleich Null gesetzt werden. Zunächst werde die Biegeschwingung untersucht (Abb. 3).

Der Anstellwinkel ergibt sich an jeder Stelle als Unterschied zwischen dem Verdrehwinkel des Flügels und dem Bahnneigungswinkel (Abb. 4).

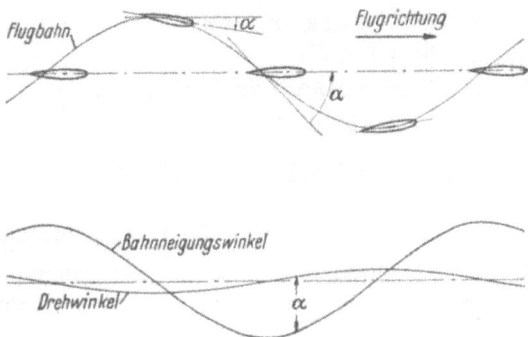

Abb. 3. Erste Annahme für die Form der Flugschwingung: Überlagerung der Stand-Biegeschwingung mit einer Vorwärtsbewegung.

Aus Abb. 3 ist zu ersehen, daß er während des Abwärtsschlagens im Mittel positiv, während des Aufwärtsschlagens negativ ist.

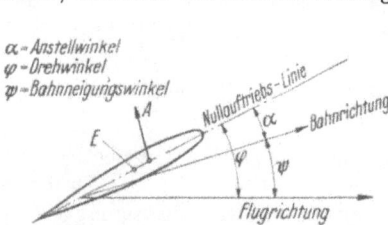

Abb. 4. Bezeichnung der Winkel.

Der Einfachheit wegen lassen wir bei dieser Betrachtung diejenigen Luftkräfte weg, die von der Änderungsgeschwindigkeit der Zirkulation herrühren. Der Auftrieb ist der Biegebewegung entgegengerichtet, s. Abb. 3; er wird also ein Abklingen bewirken, wenn nicht daneben noch erregende Kräfte vorhanden sind.

Die Luftkraft bewirkt während der Abwärtsbewegung ein aufwärts drehendes Moment um die elastische Achse, das dem Flügel eine Drehbeschleunigung erteilt. Der Größtwert der Drehbeschleunigung tritt ungefähr in der Mitte der Abwärtsbewegung auf. Daraus ergibt sich eine harmonische Drehbewegung, die ihre größte Geschwindigkeit am Ende der Abwärtsbewegung und ihren größten Ausschlag in der Mitte der Aufwärtsbewegung hat (Abb. 5). So entsteht durch den Einfluß der Luftkraft eine

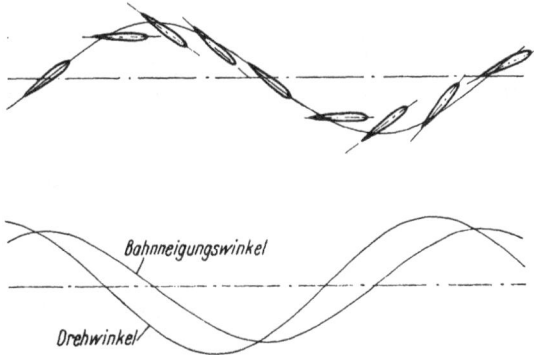

Abb. 5. Die Form der Flugschwingung.

Phasenverschiebung zwischen Biegung und Drehung. Der Drehwinkel wird dadurch während der Aufwärtsbewegung im Mittel positiv, also von gleichem Sinn wie der Bahnneigungswinkel. Ist der Drehwinkel während der Aufwärtsbewegung im Mittel größer als der Bahnneigungswinkel, so ist der Anstellwinkel im Mittel positiv, also die Luftkraft nach oben gerichtet.

Dies ist gleichbedeutend mit einer Energieaufnahme aus der Luft, also Anfachung der Schwingung. Wenn der Anstellwinkel zwischen zwei Umkehrpunkten der Biegeschwingung im Mittel Null ist, so wirken die Luftkräfte weder dämpfend noch anfachend. Diejenige Fluggeschwindigkeit, bei der die Luftanfachung gerade die Dämpfung des Flügels (Luftdämpfung + Baustoffdämpfung) aufhebt, ist die kritische Geschwindigkeit. Oberhalb dieser Geschwindigkeit können angefachte Schwingungen entstehen.

Die Form der Biegeschwingung wird also durch die Luftkraft entscheidend geändert. Nur durch diesen Einfluß kann eine Schwingungsform entstehen, bei der eine Energieaufnahme aus der Luft möglich ist.

In entsprechender Weise wird auch die

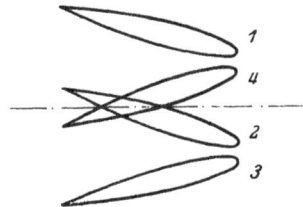

Abb. 6. Flügelstellungen während einer Schwingung.

zweite Standschwingungsform, die Drehschwingung, durch die Luftkräfte beeinflußt; der Drehbewegung überlagert sich eine phasenverschobene Schlagbewegung. Bei der kritischen Geschwindigkeit entsteht wieder die oben geschilderte Schwingungsform.

Die Schwingungsform bei der kritischen Geschwindigkeit ist dadurch gekennzeichnet, daß sie in der obersten und untersten Lage des Flügels annähernd der Stand-Biegeschwingung gleicht, im Null-Durchgang der Stand-

Drehschwingung (Abb. 6). Auch die beiden Frequenzen vereinigen sich bei der kritischen Geschwindigkeit zu einer einzigen Frequenz, die zwischen den beiden Standfrequenzen liegt.

Die Luftkräfte am schwingenden Flügel

In den bisherigen Betrachtungen wurden die Luftkräfte nur so weit berücksichtigt, wie es zu einer Beschreibung des Schwingungsvorganges nötig erschien. Bei der Berechnung der kritischen Geschwindigkeit müssen jedoch alle bei der Schwingung auftretenden Luftkräfte berücksichtigt werden. Die Ansätze für die Luftkräfte werden der Arbeit »Dynamischer Auftrieb von Tragflügeln« von H. Wagner (Z. angew. Math. Mech. Bd. 5 (1925) Nr. 1), entnommen.

An einem schwingenden Flügel von unendlichem Seitenverhältnis wirken folgende Luftkräfte:

a) Bei sehr großer »reduzierter Wellenlänge« wirkt im vorderen Neutral-punkt P_v (in 25 vH der Flügeltiefe) der stationäre Auftrieb von der Größe $2\pi\alpha F q$, wobei der Anstellwinkel α sich aus der Stellung des Flügels und der Bewegungsrichtung des hinteren Neutral-punktes P_h (in 75 vH der Flügeltiefe) ergibt. Bei Schwingungen mit kleiner reduzierter Wellenlänge beeinflussen die bei jeder Änderung der Zirkulation entstehenden Anfahrwirbel die Strömung am Flügel so, daß der Auftrieb etwas kleiner wird und außerdem in der Phase etwas hinter dem Anstellwinkel liegt.

Abb. 7 zeigt für den Fall eines harmonischen Anstellwinkel-verlaufes den Auftrieb des schwingenden Flügels im Vergleich zum

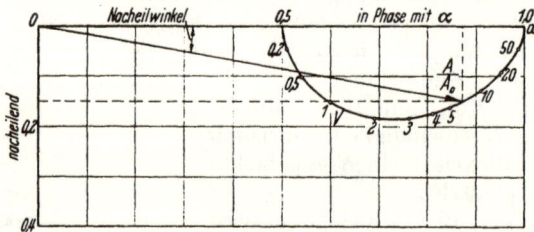

Abb. 7. Abhängigkeit des Auftriebes von der reduzierten Wellenlänge V [1]).

stationären Auftrieb. Die Länge des Pfeiles gibt die Größe des Auftriebes an, und der Winkel gegen die waagerechte Achse zeigt die Phasenverschiebung gegenüber dem Anstellwinkel. Der End-punkt des Auftriebsvektors auf der Kurve ist gegeben durch die reduzierte Wellenlänge $V = \dfrac{v}{v\,l}$.

---

[1]) Die Berechnung der dieser Kurve zugrunde liegenden Integrale hat v. Borbely durchgeführt (s. S. v. Borbely, »Mathematischer Beitrag zur Theorie der Flügelschwingungen« Z. angew. Math. Mech. Bd. 15 (1935).

b) Ein vom Anstellwinkel unabhängiges Moment, das von der Wölbung des Flügelprofils herrührt. Es ist während der Schwingung konstant und daher ohne Einfluß.

c) Ein von der Drehgeschwindigkeit des Flügels herrührender Auftrieb in P_h von der Größe $\frac{\pi}{2} \cdot \dot{\varphi} \cdot \frac{t}{v} \cdot F \cdot q$ [5]). Man kann diese Kraft so ableiten, daß man den sich drehenden Flügel durch einen entsprechend gewölbten Flügel ersetzt.

d) Eine Luftkraft in der Mitte der Flügeltiefe, die der Querbeschleunigung dieses Punktes proportional ist. Diese Kraft entsteht durch die Beschleunigung von mitbewegten Luftmassen und entspricht zahlenmäßig der Trägheitskraft eines Luftzylinders, dessen Durchmesser gleich der Flügeltiefe ist.

e) Ein Moment, das der Winkelbeschleunigung des Flügels proportional ist. Es entsteht ebenfalls durch die Beschleunigung von mitbewegten Luftmassen und entspricht der Drehbeschleunigung eines Luftzylinders von dem Durchmesser der halben Flügeltiefe.

Die Kraft d) und das Moment e) sind von der Geschwindigkeit unabhängig; daher können wir sie dadurch berücksichtigen, daß wir die Masse und das Trägheitsmoment der »mitschwingenden« Luft zum Flügel hinzurechnen.

Entwicklung eines graphischen Verfahrens zur Bestimmung der kritischen Geschwindigkeit

Der Verlauf der Schwingung ist durch vier Kenngrößen bestimmt:

1. Die Frequenz (Kreisfrequenz v).

2. Die Geschwindigkeitszahl oder reduzierte Wellenlänge $V = \frac{v}{v\,t} = \frac{L}{2\,\pi\,t}$, worin L die Wellenlänge.

3. Das Amplitudenverhältnis zwischen Biegung und Drehung.

4. Die Phasenverschiebung zwischen Biegung und Drehung.

Alle diese vier Kenngrößen sind unbekannt. Die zu ihrer Berechnung erforderlichen vier Gleichungen ergeben sich, wenn für zwei Stellen einer Schwingungsperiode die Gleichgewichtsbedingungen für Kräfte und Momente aufgestellt werden.

In diesen Gleichungen treten Luft-, Feder- und Massenkräfte auf, die außer von den vier Kenngrößen der Schwingung noch von folgenden Baugrößen abhängen (vgl. Abb. 8):

1. Flügeltiefe t.

2. Masse m des schwingenden Systems (Masse m_F des Flügels + Masse m_L der mitschwingenden Luft).

3. Der Trägheitsradius $\iota \cdot t$ dieses Systems.

4. Die Federkonstante c.

---

[5]) $\dot{\varphi} =$ Winkelgeschwindigkeit und $q = \varrho/2 \cdot v^2 =$ Staudruck.

5. Der elastische Radius $\eta \cdot t$.
6. Die Rücklage $\varepsilon \cdot t$ der elastischen Achse gegenüber P_v.
7. Die Rücklage $\sigma \cdot t$ der Schwerachse des schwingenden Systems gegenüber der elastischen Achse.

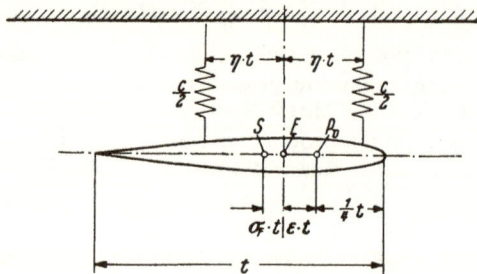

Abb. 8. Bezeichnung der Flügelabmessungen.

Der Einfluß eines mitschwingenden Querruders und die Wirkung der Baustoffdämpfung werden nicht berücksichtigt.

Die Zahl der Baugrößen wird verringert, wenn wir alle Längen auf die Flügeltiefe t und alle Frequenzen auf die Größe $v_t = \sqrt{\dfrac{M/\varphi}{m\,(\iota\,t)^2}}$ beziehen; Ähnlichkeitsbetrachtungen ergeben, daß die kritische Geschwindigkeit diesen beiden Bezugsgrößen proportional ist. Es bleiben dann fünf Baugrößen: ι, η, ε, σ und das Massenverhältnis $\mu = \dfrac{m}{m_L} = \dfrac{m_F + m_L}{m_L}$.

Aus den vier Gleichungen können Amplitudenverhältnis und Phasenverschiebung eliminiert werden; es bleiben dann zwei Gleichungen (entsprechend der Küßnerschen Determinante), die außer den Baugrößen die Unbekannten V und v enthalten. Bei den Luftkräften kommen verwickelte Funktionen der Geschwindigkeitszahl V vor (vgl. Abb. 7). Es ist daher unmöglich, die Gleichungen nach V und v aufzulösen. Auch durch Schaubilder lassen sich die Zusammenhänge nicht hinreichend erfassen, weil man dazu die kritische Geschwindigkeit in Abhängigkeit von allen fünf veränderlichen Baugrößen auftragen müßte.

Eine Möglichkeit, bei gegebenen Baugrößen alle Kenngrößen der Schwingung schnell zu bestimmen, bietet das im folgenden entwickelte graphische Verfahren.

Zunächst wurden in den Gleichungen die von der Geschwindigkeitszahl unabhängigen Feder- und Massenkräfte zusammengefaßt und so drei frequenzabhängige Ausdrücke μ, R, S gebildet, z. B. $\mu' = \dfrac{v^2\,m - c}{v_2\,m_L}$. R und S sind in ähnlicher Weise von der Frequenz v abhängig wie μ'. Wenn für v verschiedene Werte eingesetzt werden, so erhält man für gegebene Baugrößen Punkte im μ'-, R-, S-Raum, die auf einer Geraden liegen. Durch Einsetzen von zwei verschiedenen Werten für v können zwei Punkte A und B der Geraden bestimmt werden.

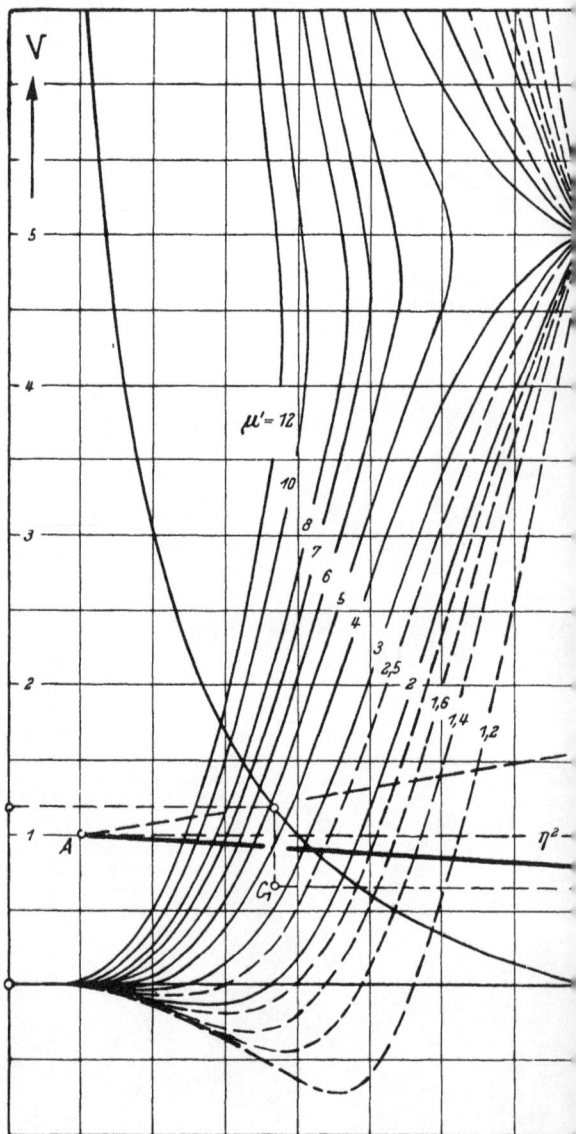

Abb. 10. Tafel zur Bestimm

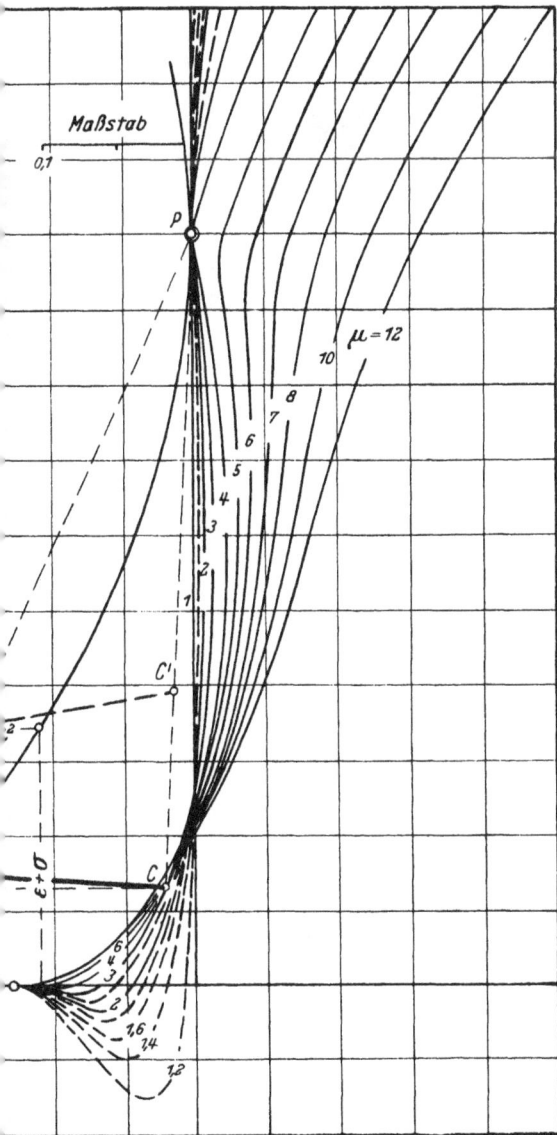

Maßstab

0,1

P

$\mu = 12$

10

8

7

6

5

4

3

2

1

C'

2

$\epsilon + \sigma$

C

6

4

3

2

1,6

1,4

1,2

eschwindigkeit (mit Beispiel).

Die Gleichgewichtsbedingungen (s. oben) liefern zwei Beziehungen zwischen μ', R, S und V. Sie bestimmen im μ'-, R-, S-Raum eine Fläche, der in jedem Punkte ein Wert von V zugeordnet ist.

Im Durchstoßungspunkt C der Geraden mit der Fläche sind alle Beziehungen zwischen μ', R, S und V erfüllt. Daher ist mit der Ermittlung dieses Punktes die Lösung gefunden.

Diese räumliche Aufgabe kann in der R-, S-Ebene gelöst werden. Die Fläche wird in der R-, S-Ebene durch Höhenlinien $\mu' = $ konst. dargestellt. Auch jeder Punkt der Geraden hat eine Höhe μ', die gegebenenfalls in der R-, S-Ebene bezeichnet werden kann. Im gesuchten Punkte C muß dieser

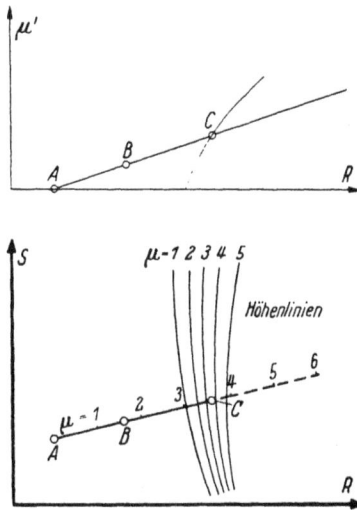

Abb. 9. Die Auffindung des Durchstoßungspunktes in der R-S-Ebene (schematisch).

Wert mit dem Parameter μ' der dort verlaufenden Höhenlinie übereinstimmen (Abb. 9). Mit dem Punkt C sind die Kenngrößen der Schwingung sämtlich bekannt.

Abb. 10 zeigt das auf diese Weise entstandene Kurvenblatt. Die rechte Kurvenschar $\mu' = $ konst. stellt die Fläche dar. Als Koordinaten wurden nicht R und S selbst gewählt, sondern Funktionen von R und S, die die Eigenschaft haben, daß die Kurven nahe zusammenrücken. Dadurch wird die Auffindung des Durchstoßungspunktes erleichtert. Zur Bestimmung der Geschwindigkeitszahl V dient eine zweite Kurvenschar, die in Abb. 10 links eingetragen ist.

Beispiel zur Benutzung der Kurventafel

Gegeben sei folgender Flügel:

Flügeltiefe $t = 2$ m.

Gewicht des Flügels je m Spannweite $G_F = 14$ kg/m.

Trägheitsradius des Flügels $\iota_{F} \cdot t = 0{,}45$ m $(\iota_{F} = 0{,}05)$.

Drehfrequenz um die (als festgehalten betrachtete) elastische Achse. $\nu_{e} = 72$ s^{-1} $(n \approx 720$ min$^{-1})$.

Biegefrequenz ν_{b} (unter der Annahme, daß der Flügel sich nicht verdreht). $\nu_{b} = 25$ s^{-1} $(n \approx 250$ min$^{-1})$.

Entfernung der elastischen Achse von der Vorderkante: 0,7 m $(\varepsilon = \dfrac{0{,}7}{t} - \frac{1}{4} = 0{,}1)$.

Entfernung der Schwerachse des Flügels von der Vorderkante: 0,8 m $(\varepsilon + \sigma_{F} = \dfrac{0{,}8}{t} - \frac{1}{4} = 0{,}15)$.

Daraus ergibt sich

$$\mu = \frac{G_{F} + G_{L}{}^{6)}}{G_{L}} = \frac{G_{F}}{\pi \gamma_{L} \, t^{2}/4} + 1 = \frac{14}{\pi \cdot 1{,}29 \cdot 1} + 1 = 4{,}46.$$

Durch den Einfluß der mitschwingenden Luft wird $\varepsilon + \sigma = 0{,}172$ und $\iota^{2} = 0{,}048$. Ferner ist:

$$\eta^{2} = (\iota^{2} + \sigma^{2}) \cdot \frac{\nu_{e}{}^{2}}{\nu_{b}{}^{2}} = 0{,}053 \cdot \frac{72^{2}}{25^{2}} = 0{,}44.$$

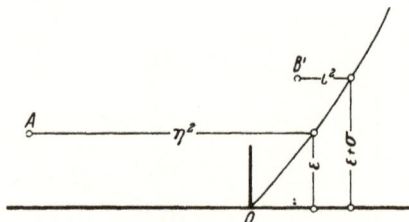

Abb. 11. Bestimmung der Punkte A und B' in der Kurventafel Abb. 10.

Nun trägt man im Kurvenblatt (Abb. 10) die Punkte A und B' ein (Abb. 11).

Die Verbindungslinie von B' mit dem Punkt P der Kurventafel wird über B' hinaus im Verhältnis $\dfrac{\mu}{\mu - 1}$ verlängert, wodurch der Punkt B entsteht. Die Gerade AB durchstösst die rechte Kurvenschar in dem Punkt C, in dem der Parameter μ' der Kurve gleich dem Streckenverhältnis $\dfrac{PC}{C'C}$ ist. Der Punkt C kann durch mehrmaliges Probieren mit beliebiger Genauigkeit bestimmt werden. In unserem Beispiel ist $\mu' = 3{,}38$. Aus der Lage von C ergibt sich die Frequenz $\nu = \nu_{b} \cdot \sqrt{\dfrac{AC'}{B'C'}} = 25 \cdot \sqrt{\dfrac{23{,}1}{7{,}3}} = 51$. Von C aus geht man waagerecht in die linke Kurvenschar bis zu der Kurve mit dem gleichen Parameter μ' (Punkt C_{1}). Die Ordinate des Hyperbelpunktes über C_{1} ist die Geschwindigkeitszahl V, in unserem Beispiel 1,17. Die kritische Geschwindigkeit ist nun $v = \dfrac{v}{\nu \cdot t} \cdot \nu \cdot t = 1{,}17 \cdot 51$ s$^{-1} \cdot 2$ m $= 119{,}3$ m/s $= 430$ km/h.

---

[6] $G_{L} =$ Gewicht des Luftzylinders je m Spannweite.

Der Einfluß der Bauweise auf die kritische Geschwindigkeit

Man kann nun (nach dem Vorbild von Blenk, Küßner u. a.) Beispiele für den Einfluß der einzelnen Baugrößen rechnen und die Ergebnisse in Schaubildern auftragen. Solche Schaubilder sind dazu geeignet, dem Konstrukteur ein Gefühl für die einzelnen Einflüsse zu vermitteln. Sie sind jedoch nicht geeignet zur Bestimmung der kritischen Geschwindigkeit für ein gegebenes Flugzeug, da eine einwandfreie Interpolation infolge der großen Zahl der Veränderlichen nicht möglich ist. Um solche Schaubilder zu zeichnen, wurde eine Reihe von Beispielen mit Hilfe des Kurvenblattes berechnet. Als Bezugsgröße wurde die ideelle Drehfrequenz $\nu_0 = \sqrt{\dfrac{M/\varphi}{m\,\iota_{t}^{2}\,t^{2}}}$ gewählt, da dieser Wert von den Baugrößen, deren Einfluß untersucht werden soll, unabhängig ist. Die kritische Geschwindigkeit ist $V = \nu_0 t \dfrac{v}{\nu_0 t}$ Die Flügeltiefe und die Drehfrequenz sollen also möglichst groß sein. Daraus ergibt sich die bekannte Forderung nach großer Verdrehsteifigkeit.

Daneben dient die Zahl $\dfrac{v}{\nu_0\,t}$ als Maß für den Einfluß der anderen Baugrößen.

Die Ergebnisse gelten zunächst nur für den bei Eindeckern praktisch wichtigen Bereich der Baugrößen und nur für Flügel ohne Querruder und ohne Baustoffdämpfung.

Der Einfluß der Bauweise:
1. Das Massenverhältnis μ.

Der Einfluß von μ ist aus Abb. 12 zu ersehen. Er ist bei allen Beispielen von der gleichen Art. Für jede Zusammenstellung der anderen Baugrößen gibt es ein ungünstigstes Massenverhältnis. Nun hängt aber das Massenverhältnis nicht nur von der Bauweise (Flügelgewicht und Flügeltiefe) ab, sondern auch von der Luftdichte und damit von der Flughöhe. Es zeigt sich, daß das ungünstigste Massenverhältnis bei den meisten Flugzeugen nicht im Betriebsbereich liegt, da es einer negativen Flughöhe entsprechen würde; bei diesen Flugzeugen ist also die kritische Geschwindigkeit am kleinsten in Bodennähe. Nur bei Großflugzeugen liegt das ungünstigste μ im Betriebsbereich oder sogar oberhalb der Gipfelhöhe[7]).

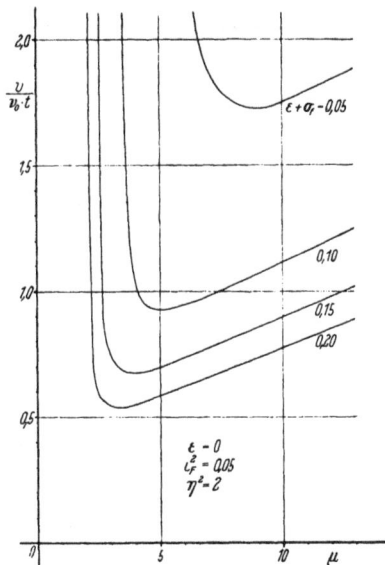

Abb. 12. Einfluß des Massenverhältnisses und der Schwerpunktslage.

---

[7]) Der Staudruck bei der kritischen Geschwindigkeit ist jedoch bei fast allen Flugzeugen am kleinsten beim Flug in der Gipfelhöhe.

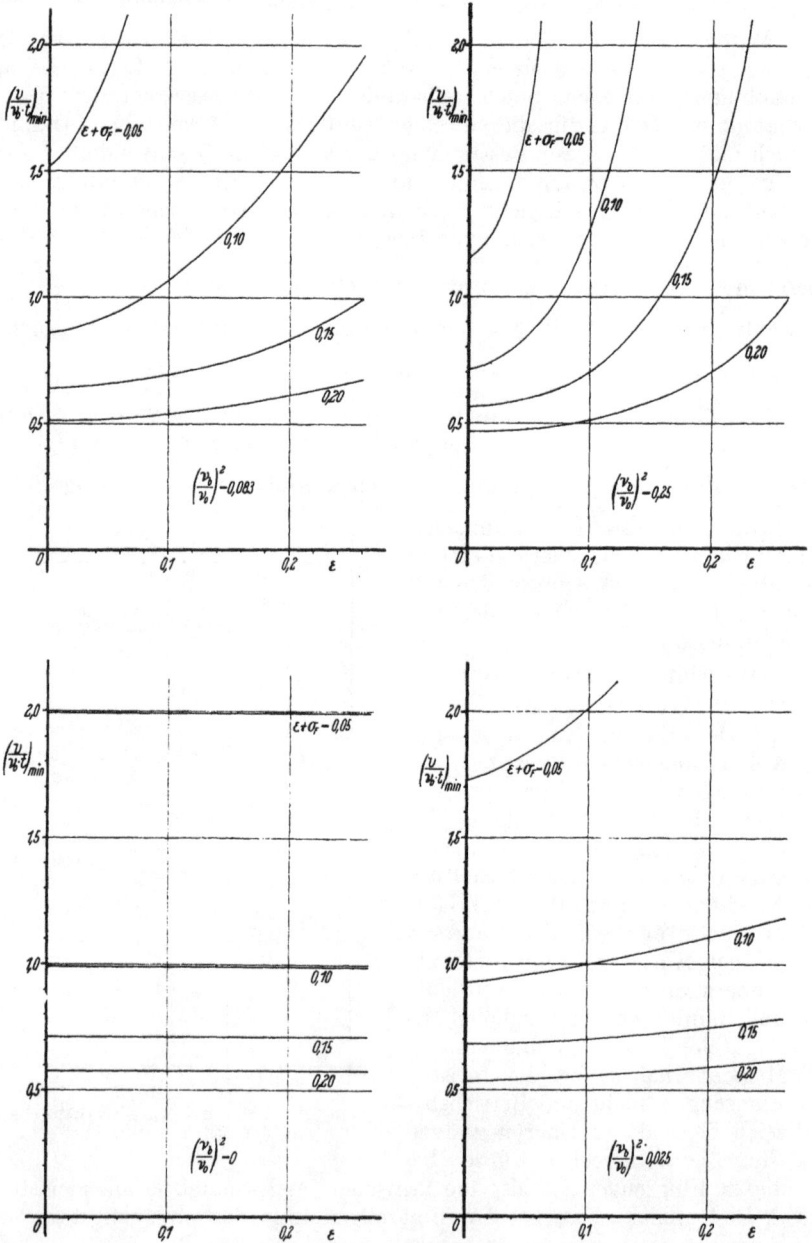

Abb. 13. Einfluß der Lage der elastischen Achse und der Schwerachse bei verschiedener Größe der Biegesteifigkeit.
$\iota_F{}^2 = 0,05$

2. Die Lage der Schwerachse.

Wenn die anderen Baugrößen dabei nicht geändert werden, ist es in allen Fällen günstig, die Schwerachse nach vorn zu verschieben (Abb. 12). Die Wirkung dieser Maßnahme ist am größten, wenn die elastische Achse weit hinten liegt und die Biegesteifigkeit groß ist.

3. Die Lage der elastischen Achse.

Ebenso ist es immer günstig, die elastische Achse nach hinten zu verschieben. Die Wirkung dieser Maßnahme ist am größten bei sehr

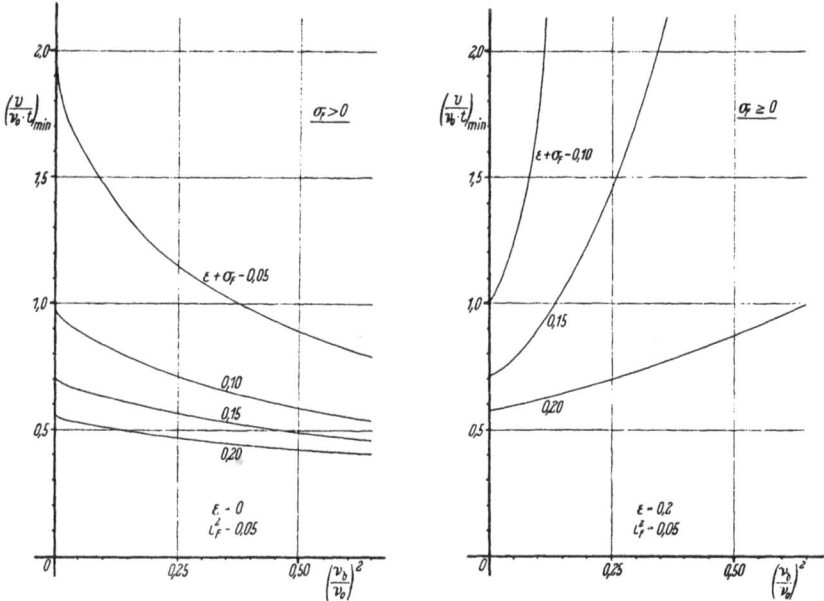

Abb. 14. Einfluß der Biegesteifigkeit bei verschiedener Lage der elastischen Achse zu der Schwerachse.

weit vorn liegendem Schwerpunkt und bei großer Biegesteifigkeit. Abb. 13 zeigt den Einfluß der Lage der elastischen Achse auf die kritische Geschwindigkeit. Als Ordinate wurde der Wert $\left(\dfrac{v}{v_0 t}\right)_{min}$ gewählt, das ist der Wert von $\dfrac{v}{v_0 t}$ bei dem ungünstigsten Massenverhältnis μ und damit bei der ungünstigsten Flughöhe. Die Rücklage der elastischen Achse ist begrenzt durch die Bedingung der statischen Verdrehstabilität.

4. Die Biegesteifigkeit.

Wenn die Schwerachse vor oder nur wenig hinter der elastischen Achse liegt, so ist große Biegesteifigkeit günstig. Liegt sie dagegen weit hinter der elastischen Achse, so ist große Biegesteifigkeit ungünstig. Abb. 14 zeigt diesen Einfluß, wieder bei dem jeweils ungünstigsten

Massenverhältnis. Als Maß für die Biegesteifigkeit wurde das Frequenz-verhältnis $\frac{\nu_b}{\nu_0}$ gewählt.

5. Der reduzierte Trägheitsradius $\iota = \frac{i_F}{t}$.

Der reduzierte Trägheitsradius beeinflußt nicht nur $\frac{\nu}{\nu_0 t}$, sondern auch die Bezugsfrequenz ν_0. Unter Berücksichtigung dieses Einflusses

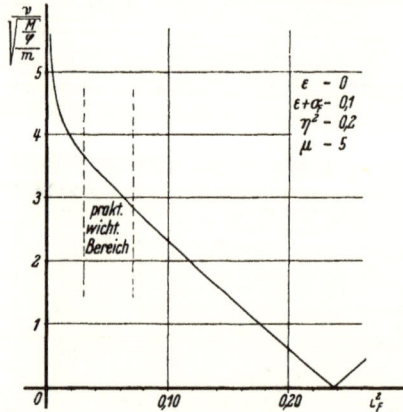

Abb. 15. Einfluß des Trägheitshalbmessers.

ergibt sich, daß im praktisch wichtigen Bereich die kritische Geschwindigkeit desto kleiner ist, je größer der Trägheitsradius ist (Abb. 15).

Zusammenfassung

Nach einer Beschreibung der Vorgänge bei der Flügelschwingung wird ein Verfahren zur Bestimmung der kritischen Geschwindigkeit entwickelt. Der Einfluß der Bauweise auf die kritische Geschwindigkeit wird durch Schaubilder dargestellt, die mit diesem Verfahren gewonnen wurden.

Das Pressen von Flugzeugbauteilen aus Leichtmetall

Von H. Hertel*)

Einleitung

Mit dem Übergang von der Einzelfertigung zum Serienbau werden dem Flugzeugkonstrukteur neue Aufgaben gestellt. Zu einer wirtschaftlichen Serienfertigung ist nicht allein die entsprechende betriebliche Vorbereitung erforderlich, vielmehr muß bereits die Konstruktion auf Serienfertigung abgestellt sein. Neben einer weitgehenden Normalisierung müssen die Einzelteile so konstruiert sein, daß bei der Fertigung keine langwierige Bearbeitung durch verschieden ausgebildete Facharbeiter erforderlich ist und daß in der Herstellung und dem Zusammenbau von Einzelteilen, insbesondere auch durch weniger geübte Arbeitskräfte, keine Ungenauigkeiten auftreten können, die bei der Montage zu Nacharbeiten führen und damit den Fluß der Arbeit und den einwandfreien Austausch der einzelnen Baugruppen gefährden. Derartige Ungenauigkeiten sind beim Nieten und insbesondere beim Schweißen zu befürchten. Im heutigen auf Serien eingestellten Flugzeugbau spielt daher das Gießen, Schmieden, Pressen und Tiefziehen eine wichtige Rolle.

Gußteile aus Leichtmetall und in neuerer Zeit aus hochwertigem Stahl werden im Flugzeugbau bereits in größerem Umfang verwendet, da die Gußmodelle verhältnismäßig billig sind, so daß sich ihre Beschaffung auch bei Einzelfertigung oder kleinen Serien bereits lohnt. Das Ziehen von Leichtmetallblechen im Gesenk oder über eine Streckform für Rippen, Spante, Verkleidungen ist dagegen erst in neuerer Zeit in größerem Maßstab durchgeführt worden, weil sich die Anschaffung der zugehörigen Form-Werkzeuge erst bei größeren Serien lohnt. Die Verformung von Blechen nur im Werkzeug ist für den Kraftwagenbau, der mit Großserien rechnet, eine Selbstverständlichkeit. Für die Herstellung dieser Werkzeuge liegen daher aus dem Kraftwagenbau große Erfahrungen vor. Für den Flugzeugbau waren nur noch die Schwierigkeiten zu überwinden, die sich aus der Umstellung auf Leichtmetallbleche mit ihren besonderen Anforderungen ergeben.

In der Herstellung von Preß- bzw. Schmiedeteilen[1]) aus Leichtmetall lagen bisher nur sehr wenig Erfahrungen vor, da die Preßtechnik sich auf Stahl, Messing und in einigen Fällen auf Aluminium von geringer Festigkeit beschränkte. Daher waren umfangreiche Entwicklungsarbeiten notwendig, um brauchbare Leichtmetall-Preßstücke zu schaffen und es bestehen noch heute Schwierigkeiten, vollständig einwandfreie hochwertige Preßteile von größeren Abmessungen zu erhalten.

---

*) Dr.-Ing., Ernst Heinkel Flugzeugwerk G. m. b. H., Rostock.
[1]) Im folgenden wird nur noch die Bezeichnung »Pressen« verwendet, da zwischen dem »Schmieden« also einer Verformung durch mehrere Schläge von größerer Geschwindigkeit und dem Pressen in einem (oder wenigen) Arbeitsgang mit geringer Verformungsgeschwindigkeit bei hohem Druck keine grundsätzlichen Unterschiede bestehen. Der Einfluß der Verformungsgeschwindigkeit auf die Eigenschaften des Preßstückes wird weiter unten behandelt.

Vorteile der Preßstücke gegenüber geschweißten, genieteten oder gegossenen Teilen

Festigkeit - Gewicht

Ausschlaggebend für die Bewertung einer Konstruktion im Flugzeugbau bleibt auch für die Serienfertigung die Gewichtsersparnis bei gleicher Sicherheit.

Pressen — Gießen

Während für gering beanspruchte und nicht lebenswichtige Teile der Leichtmetallguß wegen der geringeren Werkzeugkosten und der geringeren Herstellungskosten für das Rohteil vorzuziehen ist, ergeben sich für hochbeanspruchte Teile wesentliche gewichtliche Vorteile des Preßstückes, die die Mehrkosten für Werkzeug und Rohteilherstellung übertreffen. Die gewichtlichen Vorteile ergeben sich aus folgender Gegenüberstellung der Festigkeitswerte, mit denen in dem Festigkeitsnachweis gerechnet werden kann:

Zahlentafel 1
Gegenüberstellung von Festigkeitswerten

	Längsbeanspruchung			Querbeanspruchung		
	$\sigma_{0,2}$	σ_{B}	δ_{10}	$\sigma_{0,2}$	σ_{B}	δ_{10}
Elektron A.Z.F. gegossen .	7	12	3	7	12	3
Elektron A.Z.M. gepreßt .	18	28	8	(~ 12)	(~ 25)	(~ 4)
Silumin γ gegossen . . .	18	22	1	18	22	1
Duralumin DM 31 gepreßt .	26	42	8	20	36	3
Magnalium Mg 5 gegossen .	8,5	12	4,5	8,5	12	4,5
Hydronalium Hy 9 gepreßt	18	36	12	(~ 16)	30	(~ 6)

In der Zusammenstellung Zahlentafel 1 sind die Gußlegierungen angegeben, die bei guter Festigkeit noch ausreichende Dehnung aufweisen. In den Listen der Gußerzeuger sind häufig höhere Werte angegeben, die jedoch am gegossenen Prüfstab gewonnen sind und daher auch nach Ansicht der Gußlieferwerke für verwickeltere Gußteile keinesfalls in Rechnung gesetzt werden können. Für die Preßteile wurden die Legierungen eingesetzt, die sich bei höchsten Festigkeitswerten noch verpressen lassen.

Pressen — Schweißen

Die Festigkeit von geschweißten Stahlkonstruktionen ist auch bei der Anwendung von hochwertigem Stahl durch das Ausglühen des Werkstoffes an der Schweißnaht auf etwa $\sigma_{+B} = 60 \text{ kg/mm}^2$ begrenzt, so daß sich unter Berücksichtigung des spezifischen Gewichtes eine Unterlegenheit der Schweißkonstruktion ergibt. Eine wesentliche Erhöhung der Festigkeit der geschweißten Bauteile ist zwar durch nachträgliches Vergüten möglich, doch tritt hierdurch leicht ein Verziehen des Teiles ein, das für die Serienfertigung wegen der Schwierigkeit im Zusammenbau und der erforderlichen Nacharbeit bedenklich ist. Selbstverständlich besteht die Unterlegenheit der Schweißkonstruktion nur für Beschläge und gedrungene Bauteile, bei denen die statischen und dynamischen Festigkeitseigenschaften ausschlaggebend sind, jedoch nicht für schlanke Bauteile, für die die Steifigkeitswerte maßgeblich sind.

Pressen — Nieten oder Gliederbau

Durch die Verbindung von Einzelteilen mittels Nieten oder lösbaren Bolzen oder Schubnippeln ist es möglich, die hohen Festigkeitswerte von vergüteten Stählen oder hochwertigem Duralumin-, Voll- oder Blechmaterial auszunützen. Bei Preßteilen ist jedoch trotzdem ein gewichtlicher Vorteil dadurch zu erzielen, daß alle Verbindungselemente fortfallen und die Spannungen stetig unter Vermeidung der Häufungen an Niet- oder Bolzenanschlüssen verlaufen. Bei der Kräfteüberleitung durch Nieten oder Bolzen ist immer eine Überlappung erforderlich, die an dieser Stelle etwa den doppelten Werkstoffaufwand erfordert.

Pressen — Spanabhebende Verformung

Gepreßte Teile sind den aus Vollmaterial herausgearbeiteten dadurch überlegen, daß der Faserverlauf sich den Hauptspannungsrichtungen besser anschmiegt (nähere Ausführungen weiter unten).

Dauerfestigkeit

An allen Stellen, die auf Dauerfestigkeit beansprucht werden, ist das Preßteil mit seinen gleichmäßigen Spannungsübergängen, bei denen Kerbwirkungen weitgehendst vermieden werden, den genieteten oder geschraubten Konstruktionen weit überlegen. Auch bei Schweißkonstruktionen wirkt sich trotz der verhältnismäßig gleichmäßigen Spannungsüberleitung die Schweißnaht ungünstig aus, da die am Ansatz der Schweißraupe entstehende Kerbwirkung in die ausgeglühte (entfestigte) Zone fällt. Außer der Gefahr eines Dauerbruches, der von den Rändern der Schweißraupe oder den Bohrungen für Niet- und Bolzenanschluß ausgehen könnte, ist zu beachten, daß an Bauteilen, die schlagartigen Beanspruchungen ausgesetzt werden, (Steuerungen infolge Hin- und Herschlagens der Ruder am Stand oder Fahrwerke) die Verbindungen sich lockern können, falls nicht eine entsprechende Überbemessung vorgenommen wird.

Wartung

Die Kontrolle und der Oberflächenschutz der gepreßten Bauteile ist gegenüber einem zusammengesetzten Teil verhältnismäßig einfach.

Eignung für Massenanfertigung

Durch Verwendung von Preßteilen ergibt sich gegenüber zusammengesetzten Konstruktionen eine wesentliche Vereinfachung des Betriebes aus folgenden Gründen:

a) Die Lagerhaltung und die Materialbereitstellung werden vereinfacht.

b) Die Zahl der Werkstätten, die das Bauteil durchläuft, wird verringert, da ein derartiges Teil im Flugzeugwerk nur in der mechanischen Werkstätte fertig gebohrt, gedreht und gefräst werden muß, wobei diese Arbeiten durch geeignete Ausbildung des Rohlings gering gehalten werden können. Bei einer zusammengesetzten Konstruktion sind außer der mechanischen Werkstätte die Zurichterei, Nieterei bzw. Schweißerei, Veredelungsbad in Anspruch zu nehmen.

c) Bei dem Durchlauf durch mehrere Werkstätten ergibt sich eine Erschwerung und Verteuerung der Fertigung durch die kompliziertere Arbeitsvorbereitung (Vorkalkulation, Disposition), durch die einzuschaltenden Kontrollen der Einzelteile, die erforderliche größere Anzahl von Meistern, Arbeitsunterweisern, Schreibern sowie Transportarbeitern und Zwischenlagerplätzen.

Arbeitsaufwand

Außer der im vorigen Abschnitt dargestellten Verminderung des Unkostensatzes ist bei der Verwendung von Preßteilen der reine Arbeitsaufwand wesentlich geringer. Für den in Abb. 1 dargestellten Seitenruderhebel eines Einsitzers ergeben sich etwa die in Zahlentafel 2 zusammengestellten Arbeitsstunden:

Zahlentafel 2

Arbeitsstunden für den Seitenruderhebel nach Abb. 1

Geschweißte Ausführung

	Arbeits-zeit	Einrichten[2])
Anfertigung von 1 Hebelblech, 8 Scheiben, 2 U-Blechen, 2 Versteifungsblechen und 2 Stegblechen	30 min	90 min
Blechteile zusammenpassen, heften nach dem Schweißen richten und befeilen. Löcher anzeichnen, bohren, fluchten und reiben	105 »	50 »
Schweißaufwand	100 »	
	235 min	140 min

Nietausführung in Dural

Anfertigung von 1 Hebelblech, 2 Verbindungsblechen	30 min	100 min
Anfertigung von 2 Flanschen und 1 Doppelflansch	55 »	75 »
Anfertigung von 2 Anschlagstücken	15 »	30 »
Buchsen zum Einziehen anfertigen	4 »	30 »
Hebel richten, befeilen, Löcher anzeichnen, bohren, Gewinde schneiden, Buchsen eindrehen, befeilen und reiben. Anschlag einnieten. Hebel mit Flansche zusammenpassen, bohren und nieten	120 »	50 »
	224 min	285 min

[2]) Die Arbeitszeit gilt hier in der Gesamtsumme jeweils für ein Werkstück. Bei serienmäßiger Herstellung ist immer der gleiche Arbeitsaufwand je Stück erforderlich, während die Zeit für das Einrichten immer nur je Reihe einmal angerechnet wird. Der Vorteil der Preßteile macht sich daher besonders in der Serienfabrikation geltend.

Preßteil-Ausführung	Arbeits-zeit	Einrichten
Nabe bohren	13 min	30 min
Schlitz fräsen	10 »	45 »
Buchsen zum Einziehen anfertigen	5 »	30 »
6 Loch bohren, 4 Loch Gewinde schneiden, entgraten, 4 Buchsen einziehen, aufreiben .	54 »	25 »
	82 min	130 min

Dieses Beispiel zeigt die große Überlegenheit der gepreßten Konstruktion, die wie aus den in der Abb. 1 angegebenen Zahlen hervorgeht, auch gewichtlich weitaus am günstigsten ist.

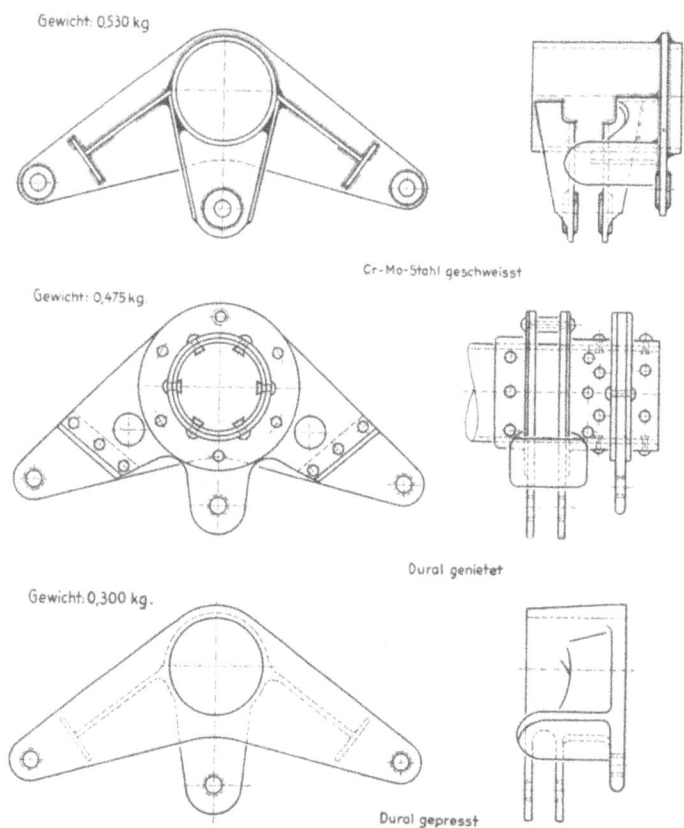

Abb. 1. Seitenruderhebel, Vergleichskonstruktion in geschweißter, genieteter und gepreßter Ausführung.

Genauigkeit der Fertigung

Für die Genauigkeit der Fertigung ist bei Preßteilen nur die Beschaffung der entsprechenden Vorrichtungen für die mechanische Werkstatt erforderlich. Die Präzision dieser Werkstatt ebenso wie die Bereitstellung gut ausgebildeter Mechaniker ist jedoch für die anderen Bauweisen ebenso erforderlich. Es entfällt bei Preßteilen die Ausbildung und der Einsatz von besonderen Facharbeitern für das Zurichten, Verformen und Nieten bzw. Schweißen.

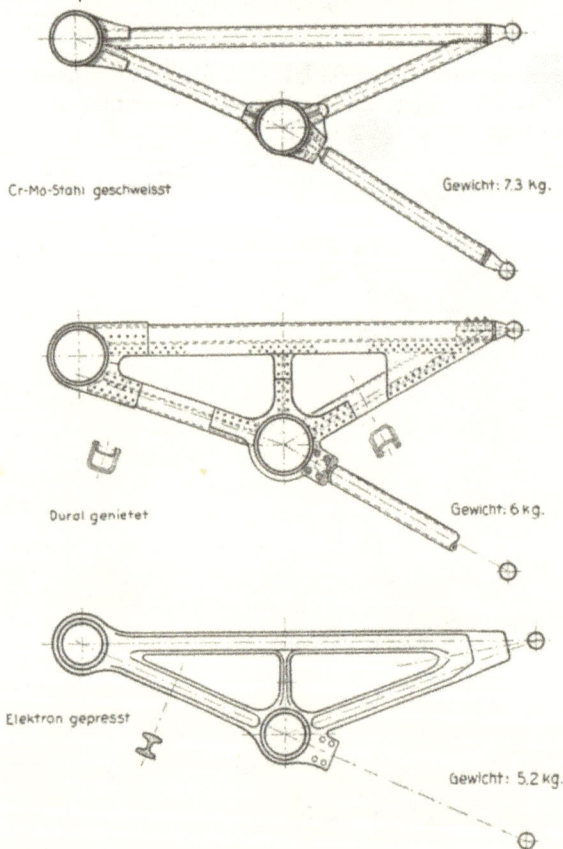

Cr-Mo-Stahl geschweisst

Gewicht: 7.3 kg.

Dural genietet

Gewicht: 6 kg.

Elektron gepresst

Gewicht: 5.2 kg.

Abb. 2. Motorträger, Vergleichskonstruktion in geschweißter, genieteter und gepreßter Ausführung.

Zeichnungswesen

Das Zeichnungswesen erfährt durch die Verwendung von Preßteilen eine ganz beträchtliche Vereinfachung. Es wird nur eine Rohteil- und eine Fertigteil-Zeichnung benötigt. Die Rohteil-Zeichnung gehört ausschließlich in die Warenannahmen-Kontrolle während der Betrieb nur die Fertigteil-Zeichnung erhält. Dagegen müssen für eine zusammengesetzte Konstruktion sämtliche Einzelteile und deren Abwicklungen herausgezeichnet werden, und eine große Zahl von Zeichnungen mit umfangreichen Stücklisten sowie zugehörigen Arbeitskarten in den Betrieb gegeben werden. Gerade die Vereinfachung des Zeichnungswesens ist für eine Serienfertigung von größter Wichtigkeit, insbesondere bei Rüstungsarbeiten, bei denen es schwierig ist, in einem Ernstfall Arbeitskräfte einzusetzen, die in der Lage sind, sich aus den zahlreichen Zeichnungen herauszufinden.

Der in Abb. 2 dargestellte Motorträger gibt ein Beispiel dafür, welche Vereinfachung bei großen Preßteilen erzielt werden kann, denn zu dem genieteten Träger würden nicht weniger als 14 Einzelteil-Zeichnungen erforderlich sein.

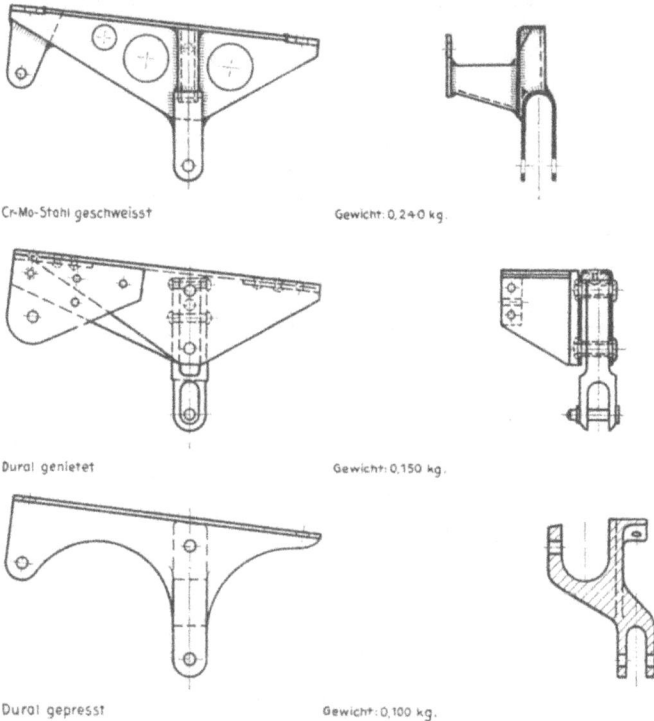

Cr-Mo-Stahl geschweisst   Gewicht: 0,240 kg.

Dural genietet   Gewicht: 0,150 kg.

Dural gepresst   Gewicht: 0,100 kg.

Abb. 3. Untergruppe zur Steuerung in geschweißter, genieteter und gepreßter Ausführung.

Abb. 3 zeigt eine ganze Untergruppe einer Steuerung, die, trotz nur einmaligem Vorkommen in der Maschine, als Preßteil nicht nur eine Vereinfachung, sondern auch eine wesentliche Gewichtsersparnis bringt.

Konstruktionsaufwand

Wie sich eine weitgehende Einführung von Preßteilen auf den Konstruktionsaufwand auswirkt, läßt sich noch nicht sagen. Gegenwärtig entstehen infolge der Neuartigkeit der Materie natürlich noch Mehrkosten in der Typenentwicklung. Diesen werden jedoch wesentliche Ersparnisse

74

beim Serienreifmachen, dem Pausen und Verwalten der Zeichnungen gegenüberstehen.

Anwendungsgebiete für Preßteile

Normteile

Am wirtschaftlichsten werden Preßteile als Normteile verwendet. Abb. 4 zeigt einige Kleinteile, die für Verschlüsse, Annietmuttern in großer Zahl verwendet werden.

Die in Abb. 5 dargestellten Preßteile[3]) sind genormte Anschlußbeschläge für Ruder. Die hohen Stege dienen zum Anschluß der Stege der Ruderlagerrippen, die beiden dazu senkrechten Flansche sind für den Anschluß der Stege der Abschlußholme von Flosse oder Flügel vorgesehen. Die Ruderlager werden in die zylindrischen Stegverdickungen eingeschraubt.

Steuerhebel

In Abb. 6 wird eine Reihe von Steuerhebeln gezeigt, die noch nicht vollständig durchgenormt sind, die jedoch soweit es sich um die einfacheren Formen handelt, als Wiederholungsteile in einem Flugzeug mehrfach vorkommen.

Anschlußbeschläge

Abb. 7 zeigt eine Reihe von Beschlägen mittlerer Größe für Motoren- und Leitwerk-Anschlüsse.

Verzahnungen

Beschläge, bei denen eine Kräfteübertragung durch Verzahnung erfolgt, lassen sich wirtschaftlich im Gesenk pressen, da es möglich ist, die Verzahnung so genau zu erhalten, daß ein Nacharbeiten nicht erforderlich ist. Ähnliche Verzahnungen können für die Rastung von Verstellhebeln von Hilfsruderverstellungen angewendet werden. Abb. 8 gibt hierzu einige Beispiele.

Größere Beschläge

Größere Beschläge für den Anschluß der Tragflügel an den Rumpf sowie für den Anschluß der Außenflügel an das Mittelstück wie sie in Abb. 9 dargestellt sind, haben in der Herstellung des Rohlings noch große Schwierigkeiten gezeigt, die weiter unten beschrieben werden. Es ist jedoch in letzter Zeit nach Versuchen mit verschiedenartigen Gesenken und verschieden vorgeschmiedetem Ausgangsmaterial gelungen, diese Teile einwandfrei zu pressen.

Lagerarme, Fahrwerkteile

Die in Abb. 10 und 11 dargestellten komplizierten großen Bauteile zeigen, wie weitgehend durch die Anwendung der Preßtechnik Teile vorgearbeitet werden können, die sonst sehr viel spanabhebende Verformung erfordern.

---

[3]) Die kleineren und mittleren Teile sind größtenteils von der A.E.G. Metallwerk, Oberspree, die größeren von den Dürener Metallwerken und der I. G. Farbenindustrie, Bitterfeld, hergestellt. Von I. G. Farben sind insbesondere die großen Teile in Abb. 10 hergestellt worden.

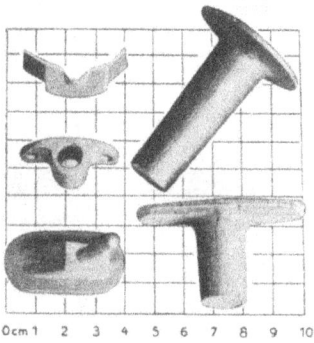

Abb. 4 Kleine Normteile.

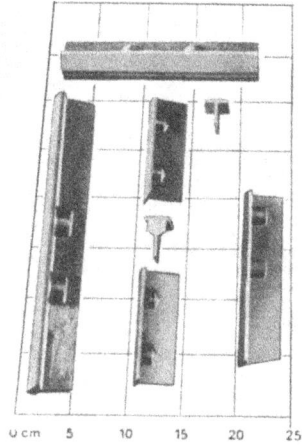

Abb. 5. Leitwerksbeschläge.

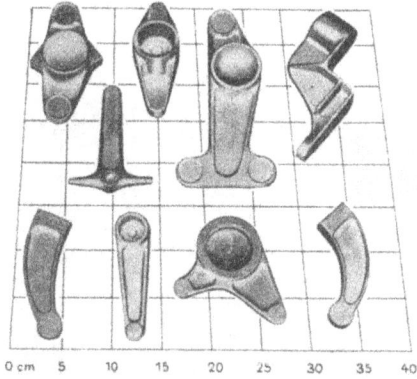

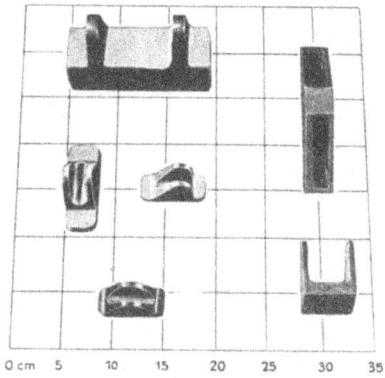

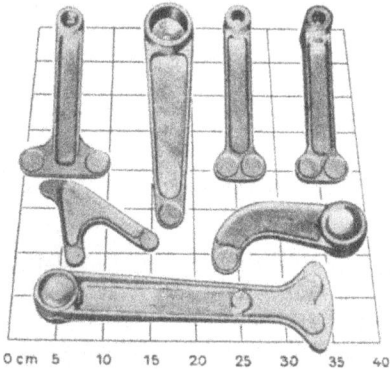

Abb. 6. Steuerhebel aus Dural 681 B,
Aludur 570 und Elektron AZM.

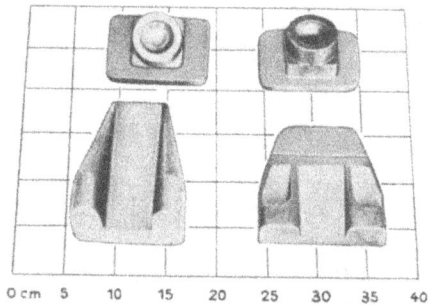

Abb. 7. Lagerböckchen für Leitwerk, Fläche
und Motoranschlußbeschläge aus DM 31
bezw. 17/11V (Bondur).

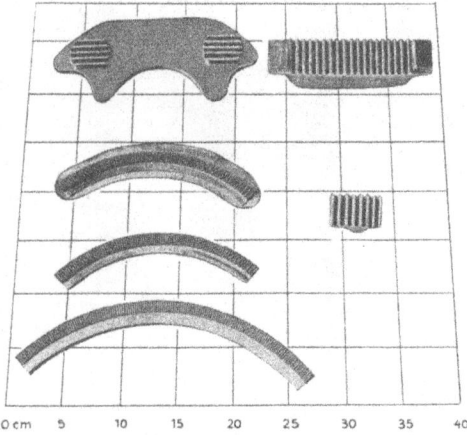

Abb. 8.
Rasten für Leitwerk und Hilfsruderverstellung.

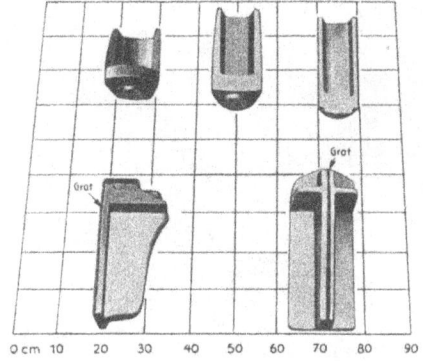

Abb. 9.
Holm- und Flügelanschlußbeschläge.

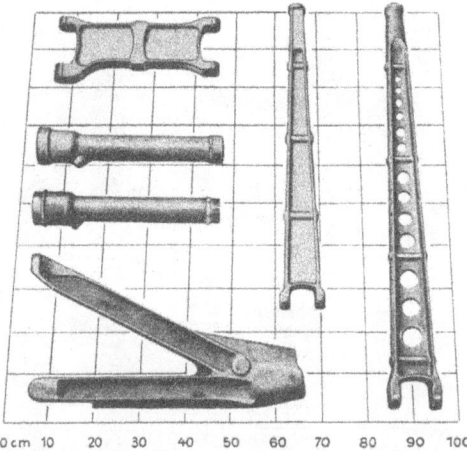

Abb. 10. Große Streben und Verbindungsstücke
aus Igedur 32, unter hydraulischem Druck gepreßt.

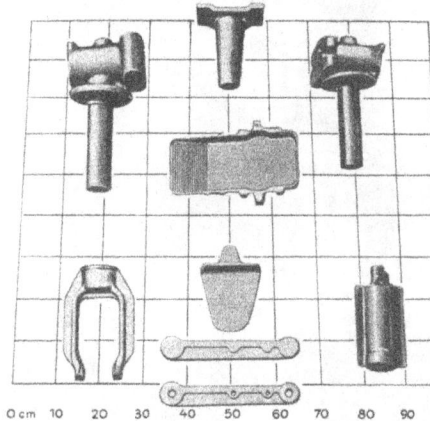

Abb. 11.
Fahrwerksteile aus DM 31.

Die Herstellung von Preßteilen

Der äußere Ablauf des Preßvorganges

Das Pressen erfolgt in einem oder mehreren Arbeitsgängen auf Spindelpressen oder hydraulischen Pressen, die einen Druck von etwa 1000 t bei
mittleren und bis zu 7000 t bei großen Bauteilen ausüben können. Der Werkstoff wird hierbei in ein Stahlgesenk gepreßt, das aus einem Oberteil und
einem Unterteil besteht, in die die Form des Schmiedeteils als Negativ
eingearbeitet ist (vgl. Abb. 13). Werden Ober- und Unterteil so aufeinander-

gelegt, daß dazwischen eine Trennfuge von etwa 1 mm Höhe besteht, so entspricht der Hohlraum der genauen Form des herzustellenden Preßteiles. Die Rohlinge, die in erwärmtem Zustand auf das Unterteil gelegt und dann durch das Zusammendrücken der beiden Gesenkhälften in den Hohlraum gepreßt werden, haben ein größeres Volumen als die fertigen Preßteile. Dieser Überschuß an Werkstoff, der ein sicheres Ausfüllen der ganzen Form gewährleisten soll, tritt zum Schluß als Grat in der Trennfuge heraus.

Die Entfernung des Grates macht, da es sich nur um sehr dünne Platten handelt, keine Schwierigkeit; es werden Abscher- oder Fräswerkzeuge benutzt.

Der innere Preßvorgang

Die Möglichkeit, Preßteile herzustellen, beruht auf der großen Bildsamkeit der Werkstoffe bei hohen Temperaturen, die in folgender Weise zu erklären ist:

Einmal sind die Metallkristalle bei höherer Temperatur an sich wesentlich stärker verformbar, und zum anderen tritt unter dem Einfluß von Verformung und Temperatur eine Rekristallisation ein, die schon während des Preßvorganges zu mehrfacher vollständiger Kornneubildung führt. Hierdurch ist es möglich, daß die Verformung fast unbeschränkt immer weiter getrieben wird, wenn die Bedingungen für den Eintritt einer feinkörnigen Rekristallisation aufrecht erhalten bleiben können. Die Verformungsvorgänge beim Pressen selbst sind grundsätzlich ähnlich denen, die auch beim Kaltverformen angewendet werden, um dem Werkstück seine endgültige Form zu geben. Wir finden also hier ein Nebeneinander von Ausbreitungs-, Biege- und in gewissem Maße auch Tiefziehvorgängen. Wir haben also ein festes, wenn auch sehr plastisches Material, dessen Fließvorgänge grundsätzlich ganz anders als bei einer wirklichen Flüssigkeit ablaufen. Daher sind auch die Bedingungen, die beim Pressen an die Form des Stückes und des Gesenkes gestellt werden, ganz anders als beim Gießen. Während es beim Gießen nur darauf ankommt, daß die einzelnen frei beweglichen Flüssigkeitsteilchen die Form ausfüllen, bleibt beim plastischen Fließvorgang des festen Körpers jedes Materialteilchen mit seinem Nachbarteil fest verbunden; eine Trennung der Materialteile voneinander führt zu einem Riß, der nachträglich nicht oder nur unvollkommen wieder durch »Verschweißen« zuheilen kann. Diesen Verhältnissen muß bei der Festlegung der Gesenkformen Rechnung getragen werden; denn durch die Wahl mehrerer geeigneter Vorgesenke kann der Materialfluß nacheinander auf verschiedene Teile des Werkstückes so verteilt werden, daß jede beliebige Form schrittweise ausgepreßt werden kann. Da man aber aus wirtschaftlichen Gründen insbesondere bei der geringen Stückzahl der größeren Preßstücke im Flugzeugbau anstreben muß, möglichst mit nur einem Fertiggesenk auszukommen, muß schon der Konstrukteur des Preßstückes auf einfache Herstellungsmöglichkeiten besonders Rücksicht nehmen.

Allgemeine Richtlinien für die Konstruktion

Bei der Konstruktion der Preßteile und der Gesenke ist auf folgende Gesichtspunkte zu achten:

a) Die Preßrichtung sowie die Lage der Preßfuge (Grat) sind für ein hochwertiges Schmiedestück von hervorragender Bedeutung (vgl. den Abschnitt »Der Preßgrat«, S. 87).

b) Um ein genaues Preßteil zu erhalten, ist das Schwindmaß zu beachten, das etwa 1,3 bis 1,5 vH beträgt. Kleinere Preßteile können

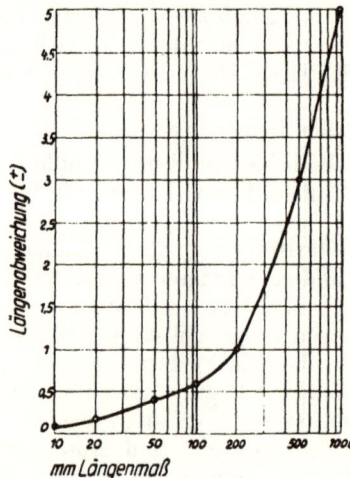

Abb. 12. Diagramm der Längenabweichungen bei größeren Preßteilen.

dann mit einer Dickentoleranz von etwa 0,2 bis 0,3 mm hergestellt werden. Die Längenabweichungen größerer Preßteile sind von der Länge in einem Maße abhängig, wie in Abb. 12 dargestellt. Diese Toleranzen müssen bei der Konstruktion berücksichtigt werden. Eine Bearbeitung der sehr sauberen Oberfläche ist nicht erforderlich, allenfalls erfolgt ein Beizen oder Sandstrahlen zur Entfernung der bei der Erwärmung entstandenen Oxydschicht sowie des durch das Schmieden gebildeten Zunders.

c) Wird auf besonders gute Maßhaltigkeit Wert gelegt, so müssen die entsprechenden Kalibriervorrichtungen am Gesenk angebracht werden. Abb. 13 zeigt unter a) eine einfachste Ausführung des Gesenkes. Bessere Maßhaltigkeit wird erzielt, wenn das Gesenk

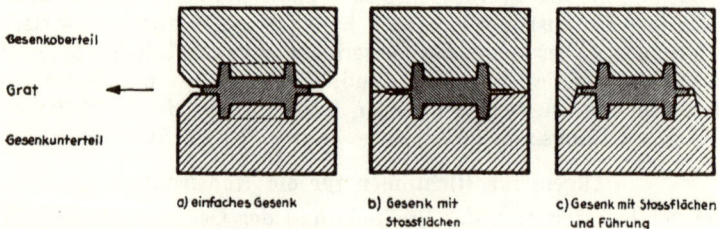

Abb. 13. Gesenkarten.

mit Stoßflächen (Abb. 13b) versehen wird, also nicht die verschieden ausfallende Gratdicke die Maße beeinflußt. Schließlich ist es noch möglich, außer den Stoßflächen konische Führungsflächen anzuordnen.

d) Die Preßteile müssen mit einer Seitenschräge versehen werden, damit sie aus dem Gesenk, in das sie mit sehr großer Kraft hineingepreßt wurden, wieder herausgehoben werden können. Außerdem sind, wie weiter unten näher ausgeführt, die Schrägen erforderlich, damit der Werkstoff beim Verpressen gut in die Form einfließen und alle Ecken und Kanten leicht ausfüllen kann. In Abb. 14 ist für

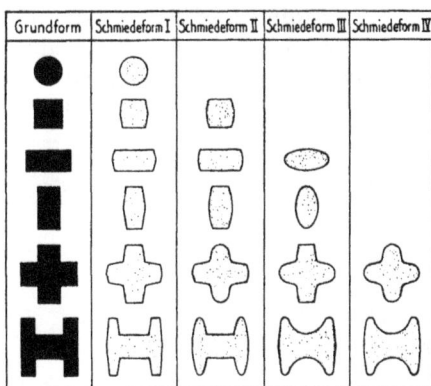

Abb. 14. Zusammenstellung der Preß- u. Schmiede-Grundformen.

verschiedene Grundformen gezeigt, wie diese abgewandelt werden müssen, um gut gepreßt werden zu können, wobei die Formen I bis IV immer günstiger werden.

Als Normalmaß der Seitenschrägen ist anzusehen 1:10 für Außenflächen und 1:6 für Innenflächen. In vielen Fällen insbesondere bei dünnwandigen Bauteilen kann man jedoch auch mit wesentlich geringeren Schrägmaßen auskommen.

e) Von größter Wichtigkeit ist die Anordnung guter Querschnittsübergänge und Abrundungen wie in Abschnitt »Der Faserverlauf« noch eingehend dargelegt wird.

Werkstoffragen beim Pressen von Leichtmetall

Das Vormaterial

Für die Eigenschaften des fertigen Preßstückes ist die Güte des Vorwerkstoffes wichtig. Die Verschmiedung im Fertiggesenk ist an den einzelnen Stellen ungleichmäßig und erreicht oft nur in den Randzonen des Preßteiles, wie aus Abb. 15 gefolgert werden kann, und an Stellen mit großen Formänderungen einen solchen Grad, daß sie für die Überführung einer Gußlegierung in eine Knetlegierung ausreichend wäre. Insbesondere

Abb. 15. Preßteile mit ungenügend durchgeschmiedeter Randzone
(Gußgefüge, Rekristallisation).

an Stellen mit großer Werkstoffanhäufung ist keine hinreichende Durchknetung zu erwarten. Man kann daher bei der Herstellung von Preßstücken
aus Leichtmetall nicht vom Gußblock ausgehen, sondern muß vorgeschmie-
detes oder vorgepreßtes Material (Strangpresse) nehmen. Durch diese Vor-

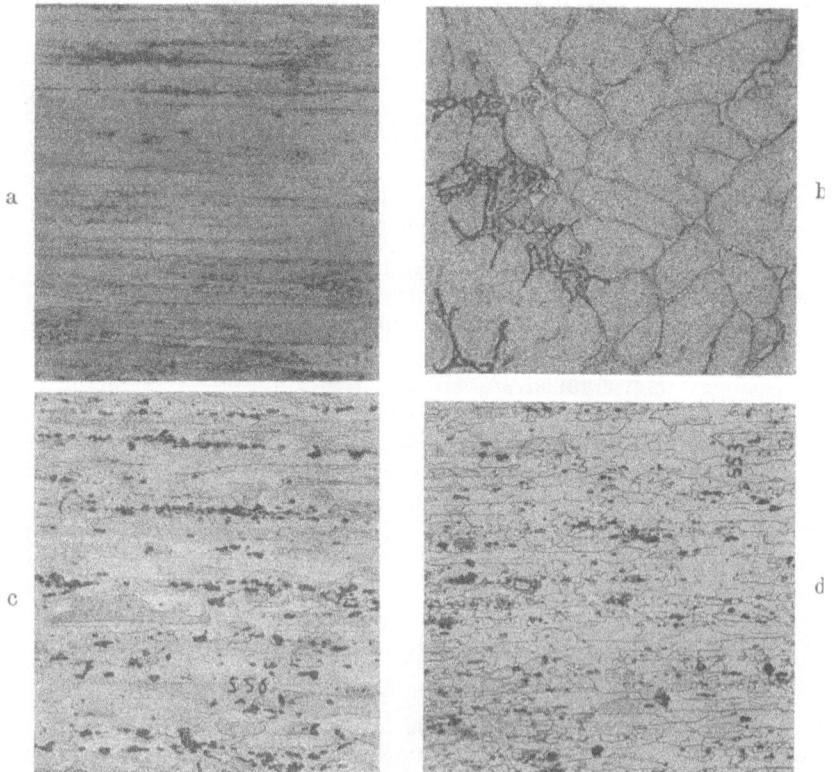

Abb. 16. Umwandlung des Gußgefüges in Preßgefüge.
a) Ausgangswerkstoff (Schmiedestück aus DM 31)
b) Schmelzprobe des Werkstoffes
c) Schmelzprobe unter dem Federhammer von 20 mm auf 3 mm zusammengeschmiedet
d) Schliff eines gewalzten Bleches (DM 31) zum Vergleich.

behandlung wird das grobkörnige Gußgefüge bereits in das feinkörnige hochwertige umgewandelt. Abb. 16 zeigt verschiedene Gefügezustände von Duralumin DM 31. Unter a) ist ein Schliff aus einem Preßteil wiedergegeben, der die weiter unten beschriebene zeilenförmige Struktur zeigt. Aus einem Stück DM 31 wurde eine Schmelzprobe hergestellt, deren Gefüge aus der Abb. 16b zu ersehen ist. Man erkennt die grobkörnige Struktur sowie die Korngrenzenausscheidungen von Cu Al$_2$ (helle Einlagerungen) sowie die Einlagerungen von Mn Fe oder Mg Si (dunkle Einlagerungen). Dieses Gußgefüge wurde durch Behandlung auf einem Federhammer durchgeknetet und dabei die Struktur erzielt, die Abb. 16c zeigt. Hierbei sind

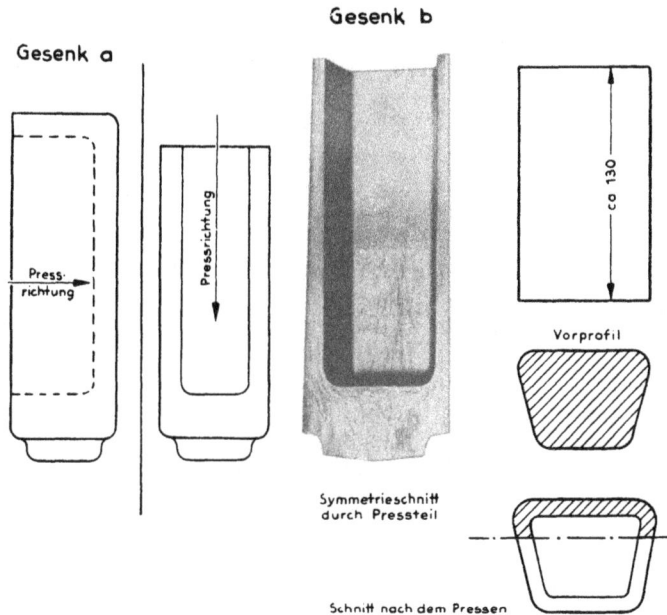

Abb. 17. Flügelanschlußbeschlag. Vergleich zwischen zweckmäßiger und unzweckmäßiger Preßform zur Erzielung hinreichender Materialdurchknetung.

die Korngrenzenausscheidungen von Cu Al$_2$ vollständig verschwunden. Es befinden sich nur noch die dunklen Einlagerungen in etwas zertrümmertem Zustand im Gefüge (Mn Fe oder Mg$_2$ Si). In der Abb. 16d wird der Schliff von einem DM 31-Blech wiedergegeben, das die gleiche Struktur aufweist, wie das nachgeschmiedete Stück der Abb. 16c. Die Minderwertigkeit des Gußgefüges ergibt sich bekanntlich aus der Störung der engen Verbindung der Kristalle durch die Korngrenzenausscheidungen sowie die nicht hinreichend verteilten Einlagerungen, während durch das Durchkneten sowohl bei dem nachgeschmiedeten Stück als auch bei dem gewalzten Blech der enge Zusammenhang des Hauptlegierungsbestandteiles gewährleistet ist. Es ist sogar anzustreben, daß das Vormaterial schon dieselben Festigkeitseigenschaften besitzt, wie sie im Fertigstück erreicht werden sollen. Reichen die Einrichtungen einer Presserei nicht aus, um das Rohmaterial für große Stücke in Form von Preßstangen oder vorgeschmiedeten Blöcken hinreichend durchzuschmieden, so ist es sehr fraglich, ob durch das Fertigpressen im Gesenk sich die erforderlichen Längs- und Querfestigkeiten und Dehnungen noch erreichen lassen. Daß bei kleineren Preßteilen meistens gute Festigkeitseigenschaften, bei großen Teilen jedoch häufig zu geringe Werte erreicht wurden, liegt nicht an besonderen Schwierigkeiten, die sich dem Verpressen großer Teile im Gesenk entgegenstellen, sondern daran, daß der Vorwerkstoff mit zunehmenden Abmessungen infolge unzureichender Durchknetung meistens wesentlich schlechter wird. Immerhin ist beim Pressen ein Vorteil erzielbar, wenn das Gesenk und insbesondere die Preßrichtung so angeordnet werden, daß gerade an den maßgeblichen Stellen noch eine Durchknetung eintritt. Ein hierfür charakteristisches Beispiel ist aus Abb. 17 zu ersehen. Dieser schaufelförmige Beschlag wurde zunächst ohne Gesenk mit Formhämmern geschmiedet. Hierbei wurden jedoch keine ausreichenden Festigkeiten erreicht. Dann wurde ein Gesenk a hergestellt, in dem jedoch für die Stirnwand des Beschlages mit den großen Materialhäufungen keine genügende Durchknetung zu erzielen war, so daß dieser hochbeanspruchte Teil insbesondere bezüglich Querfestigkeit nicht befriedigte. In dem zuletzt angefertigten Gesenk b wurde durch Hinzufügen einer Wand das Preßstück in einen becherförmigen Körper umgewandelt und dieser in Längsrichtung des Beschlages getaucht, so daß insbesondere auf den Stirnteil des Beschlages (Boden des Bechers) wesentlich stärkere Knetkräfte wirken konnten. Mit diesem Gesenk wurden befriedigende Ergebnisse erzielt. Die überflüssige Wand wurde nach dem Fertigpressen abgeschnitten.

Die Prüfung des Vormaterials

Es ist dringend erforderlich, den Vorwerkstoff vor dem Verpressen eingehend zu prüfen. Bei Preßstangen von kleinem Durchmesser als Vorwerkstoff für kleinere Preßstücke ist erfahrungsgemäß die Durchknetung und Umwandlung des Gefüges ausreichend; es genügt daher die Prüfung der Längsfestigkeit durch einen Zerreißversuch und die Prüfung der Homogenität durch Abbrechen eines Stückes, der Preßstange. Beim Brechen ist eine etwa in Längsrichtung übermäßig ausgeprägte Zeilenstruktur zu erkennen. Das Auftreten einer mehr oder weniger stark ausgeprägten Zeilenstruktur ist davon abhängig, wieviel ungelöste Bestandteile sich in dem Gefüge befinden und mit welcher Temperatur die Stangen gepreßt werden. Bei einer Legierung vom Duralumin-Typ ist die Entstehung einer solchen Zeilenstruktur so zu erklären, daß im nicht ausgehärteten Zustand Verbindungen des Al mit Fe, Mn und Cu (Cu Al$_2$) sowie Mg$_2$Si-Kristalle als besondere Bestandteile in der Al-Cu-Mg-Legierung enthalten sind, die beim Pressen nicht mit zerstört wurden, sondern sich in der Preßrichtung als Einschlüsse zeilenförmig anordnen oder zwischen den Korngrenzen in netzartiger Anordnung bestehen bleiben. Da diese besonderen Bestandteile beim Vergüten nicht vollständig gelöst werden, bleibt die Zeilenstruktur bzw. netzartige Anordnung und damit eine unzureichende Querfestigkeit bestehen. Wenn auch beim Verpressen des Werkstoffes im Gesenk eine neue Durchknetung erfolgt, so ist es doch nicht möglich, die Einlagerungen zu beseitigen und diese vollständig mit dem Grundstoff zu verschweißen. Erwärmt man Abschnitte von Preßstangen mit übermäßiger Zeilenstruktur auf Temperaturen über 500⁰, so werden im Werkstoff vorhandene Hohlräume dadurch kenntlich, daß sich auf der Oberfläche stellenweise feine

Abb. 18. Proben schlechten Vormaterials (Preßstangen mit Zeilenstruktur).

oder auch größere Blasen bilden. Liegt bei fertigen Preßstellen der Verdacht vor, daß der Vorwerkstoff nicht einwandfrei ist, so kann an einzelnen Stücken die gleiche Prüfung auf Blasenbildung vorgenommen werden, da die Hohlräume durch das Verpressen nicht beseitigt sind. Durch das Abbrechen von Stangenabschnitten läßt sich außerdem feststellen, ob die Stangen hohlgepreßt sind. Dieser Fehler, bei dem der Kern der Stange nicht fest metallisch mit dem Rand verbunden ist, wird darauf zurückgeführt, daß der Gußrohling vor dem Pressen nicht vollkommen durchgewärmt war, so daß der härter gebliebene Kern unzulässig große Verschiebungen gegenüber dem

Rand erfährt. Bei der Abbrechprobe löst sich wie aus Abb. 18 zu ersehen, der Kern von dem Rand.

Bei Vorwerkstoff von großen Abmessungen für große Preßteile besteht die Gefahr, daß der Werkstoff im Inneren des Rohlings nicht genügend durchgeknetet ist. Dieser Werkstoff muß daher durch Entnahme von Längs- und Querstäben auf seine Festigkeit und Bruchdehnung vor dem Verpressen geprüft werden.

Der Faserverlauf

Die Vorbehandlung des Preßrohlings durch Strangpressen und Schmieden, die von ausschlaggebender Bedeutung für ein einwandfreies Preßstück ist, wird jedoch nur in den seltensten Fällen eine vollständige Homogenität des Werkstoffes ergeben, es bleibt vielmehr eine bezüglich Festigkeit und Bruchdehnung bevorzugte »Längsrichtung« (insbesondere Faserstruktur beim Strangpressen) bestehen. Dieser Tatsache wird in den »Werkstoffanforderungsblättern« Rechnung getragen, indem zum Beispiel für Duralumin DM 31 folgende Festigkeitswerte gefordert werden:

	σ_{+n} kg/mm²	$\sigma_{0,2}$ kg/mm²	δ_{10} vH
längs	42	26	8
quer	36	20	3

Bei günstiger Gesenkausbildung und richtiger Bemessung des Vorwerkstoffes ist es nun möglich, den Faserverlauf in dem Preßteil so zu gestalten, daß die bevorzugte Richtung im Werkstoff mit der Hauptbeanspruchungsrichtung zusammenfällt. Besonders günstig wirkt sich das Verpressen an Querschnittsübergängen aus, an denen die Fasern (bevorzugte Richtung im Werkstoff) sich den Übergängen anschmiegen, so daß die an Kerbstellen auftretenden Spannungshäufungen in der günstigen Werkstoffrichtung wirken. Außerdem werden diese Übergangsstellen, da sie an der Oberfläche des Preßteiles liegen, im Gesenk eine Verfestigung erfahren. Bei der Herstellung von Querschnittsübergängen durch spanabhebende Verformung werden dagegen die bevorzugten Längsfasern angeschnitten und die Spannungshäufungen der Kerbstellen fallen in Richtung geringerer Festigkeit und Dehnung. Will man diese Vorteile des Pressens im Gesenk ausnutzen, so ist es erforderlich, darauf zu achten, daß nicht durch zu schroffe Übergänge oder durch ungünstigen Werkstofffluß an dieser Stelle die Fasern statt sich in dem Übergang anzuschmiegen, zu stark gekrümmt oder gefaltet werden, oder daß sich infolge zu starker Verzerrungen zwischen den einzelnen Fasern Auflockerungen und Trennungen (durch Abschieben) entstehen.

Besonders anschaulich für diese Vorzüge und Gefahren bei der Bildung von Querschnittsübergängen im Gesenk ist der Schliff des Längsschnittes einer Zahnstange (verstellbarer Flossenbeschlag) in Abb. 19. Diese Zähne sind aus der Schiene richtig herausgepreßt. Bei den mittleren Zähnen schmiegen sich die Fasern dem Übergang ganz hervorragend an, da an dieser Stelle aus Symmetriegründen der Werkstoff keine großen Fließgeschwindigkeiten und Wege quer zu den Zähnen hat. Je weiter die Zähne jedoch nach außen liegen, desto größer wird die Fließgeschwindigkeit und der Weg des Werkstoffes, der nach außen in den Kopf und in den Grat gepreßt wird. Dadurch werden die Fasern von der inneren Übergangsstelle weggerissen und es tritt eine Verzerrung, am äußersten Zahn sogar eine Faltung der in die Zähne laufenden Fasern ein.

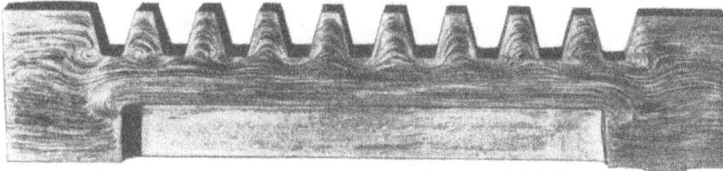

Abb. 19. Zahnstange (Schliffbild mit hervorragender Markierung des Faserverlaufs und der Materialfaltung).

Sind die Zähne einer derartigen Stange hochbeansprucht, so daß der im vorliegenden Fall an den Außenzähnen auftretende Faserverlauf bedenklich wird, so muß vermieden werden, daß in der Schiene quer zu den Zähnen eine Werkstoffverschiebung zugleich mit oder nach dem Herauspressen der Zähne erfolgt. Die zweckmäßigste Abhilfe ist daher, das Rohteil vor dem Fertigpressen in einem Vorgesenk oder unter dem Hammer so vorzuformen, daß in dem Bereich der Verzahnung nur soviel Werkstoff vorhanden ist, wie er für diesen Teil erforderlich ist, und somit keine Verlagerung des Werkstoffes nach außen mehr erfolgt.

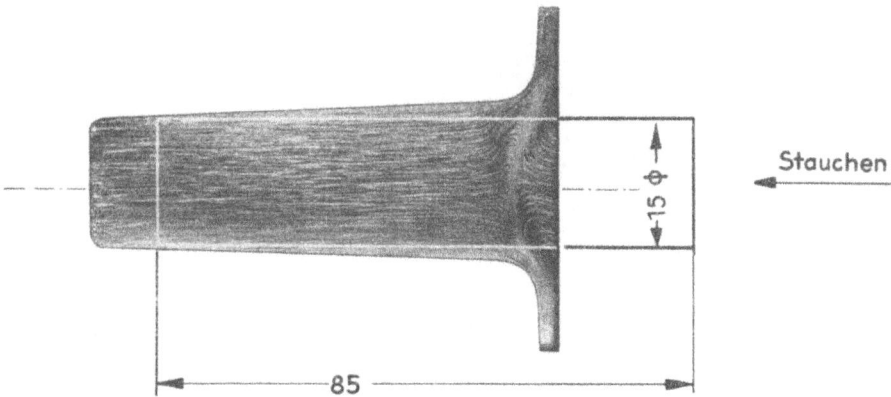

Abb. 20. Tankankerflansch (Schliffbild), Herstellung durch Materialstauchung aus rundem Vormaterial, Werkstoff Hy 9.

Bei dem in Abb. 20 gezeigten Beispiel wird an einem konischen Körper ein dünner Flansch senkrecht zu der vorhandenen Faserorientierung gestaucht. Der Faserverlauf am Übergang in den Flansch ist infolge der Abrundung brauchbar. Man sieht jedoch, daß der Werkstoff an der Außenfläche des Flansches fast in voller Breite des Ausgangsquerschnittes nicht geflossen ist, sondern unter dem Einfluß der Oberflächenreibung am Gesenk

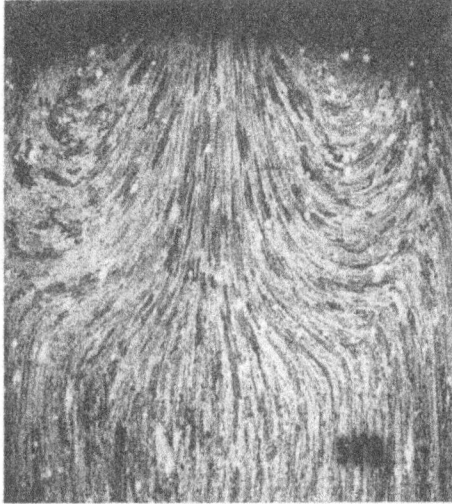

Gelockertes Gefüge

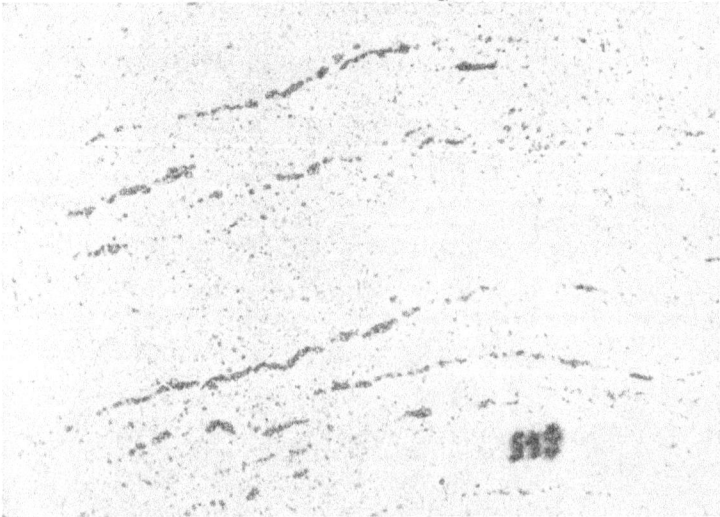

Vergrößerung einer Stelle stärkster Faserkrümmung

Abb. 21. Schliffe eines aus einem dicken Teil herausgepreßten dünnen Steges mit übermäßiger Faserkrümmung und dadurch bedingter Rißbildung.

stehengeblieben ist und erst der etwa 1 mm von der Stirnfläche entfernte Werkstoff in den Flansch gepreßt wurde. Hieraus ergibt sich, daß beim Herauspressen von Stegen an einer Begrenzungsfläche eines größeren Teiles quer zur Preßrichtung für eine besonders gute Abrundung des Übergangs in diesen Steg gesorgt werden muß, wenn die bereits vorhandene Faserrichtung senkrecht zu dem herauszupressenden Steg steht. Wenn die Faserrichtung mit dem herauszupressenden Steg übereinstimmt, so ist auch bei weniger günstigen Übergängen mit brauchbarem Faserverlauf zu rechnen.

Ganz allgemein ist darauf zu achten, daß die Querschnittsübergänge nicht zu scharf sind, und daß nicht mitten aus einem Teil mit großer Werkstoffanhäufung ein hoher dünner Steg herausgepreßt werden muß, hierzu

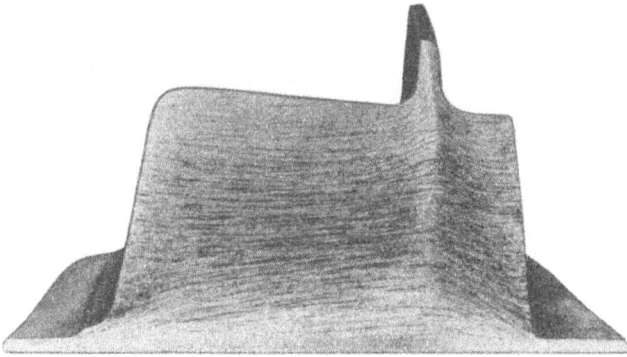

Abb. 22. Schliffbild eines großen Querschnittes mit herausgepreßtem kurzem Steg, Faserkrümmung unbedenklich.

wird näheres bei den Ausführungen über die Anordnung des Grates gesagt. Hier soll nur noch auf Abb. 21 hingewiesen werden, bei der das Herauspressen eines dünnen Steges aus einem dicken Teil zu sehr großen Faserkrümmungen führte, die feine Haarrisse längs der Faser an der Stelle der stärksten Krümmung zur Folge hatten. Die Entstehung derartiger Risse ist demnach auf zu hohe Verformungsgrade beim Pressen zurückzuführen, durch die Körner des Werkstoffes an den Korngrenzen voneinander getrennt werden.

Die Abb. 22 zeigt, daß das Herauspressen von k u r z e n dünnen Stegen aus einem großen Querschnitt wegen der geringen Fließwege unbedenklich ist.

Der Preßgrat

Für die Wahl der Lage der Trennfrage im Gesenk ist von besonderer Wichtigkeit die Tatsache, daß in dem Preßgrat naturgemäß ein besonders starkes Fließen des Werkstoffes mit entsprechend hohen Fließgeschwindigkeiten eintritt. Die Preßnaht ist daher so anzuordnen, daß zwischen dem Werkstoff in Nähe der Preßnaht und dem austretenden Preßgrat keine zu großen Geschwindigkeits- und Wegunterschiede auftreten. Bei großen gegenseitigen Verschiebungen wäre eine Auflockerung des Gefüges und Riß-

bildung im Preßteil durch Abscheren in Fließrichtung des Grates zu befürchten. Es ist daher unzulässig, den dünnen Preßgrat ohne Übergänge
scharf aus einem dicken Querschnitt heraustreten zu lassen. Besonders
ungünstig werden jedoch die Verhältnisse, wenn der Grat so liegt, daß zur
Formgebung des Preßteiles der Werkstoff in Nähe des Grates ungefähr
senkrecht dazu fließen muß.

Abb. 23 zeigt ein Beispiel, in dem der Grat aus einem verhältnismäßig
großen Teil austreten muß. Der Faserverlauf, der den Verformungsvorgang

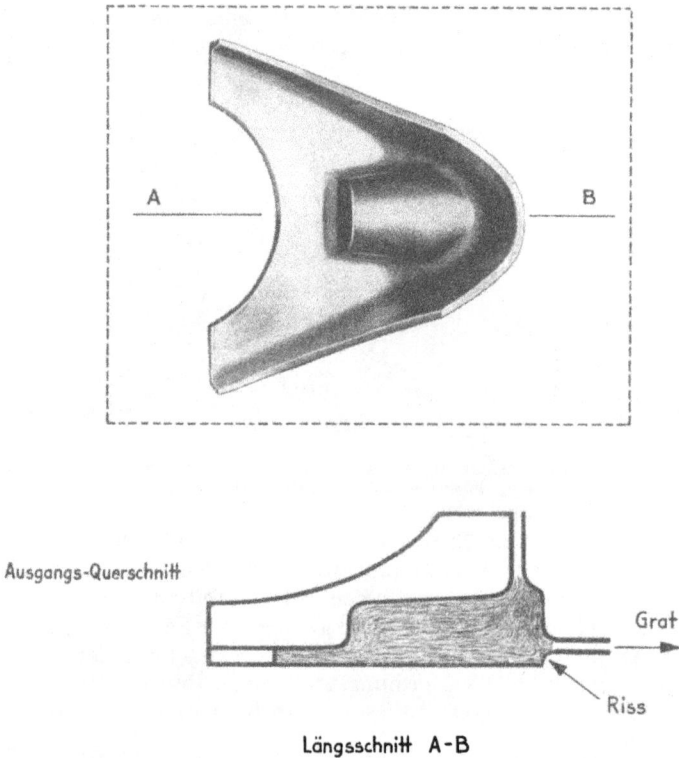

Abb. 23. Beschlag mit dünnen Seitenwänden und ungünstiger Gratanordnung.

kennzeichnet, wird dadurch besonders ungünstig, daß von dem Kern des
Preßteils viel Werkstoff in die dünne Wand senkrecht zum Grat fließen
muß. An einigen Stücken sind an der in der Abbildung gekennzeichneten
Stelle Risse infolge dieses ungünstigen Fließvorganges entstanden.

Der in Abb. 24 dargestellte Beschlag wurde zunächst zur Ersparnis
von Gesenkkosten als Einzelteil gepreßt. Der Werkstofffluß muß sich an
der Stelle, an der der Grat austritt, in drei ungefähr gleiche Verzweigungen
teilen. Da auf beiden Seiten des Grates senkrecht dazu eine Werkstoff-
abzweigung erfolgt, enstanden an fast allen in diesem Gesenk hergestellten

A) Falsche Anordnung   b)Richtige Anordnung

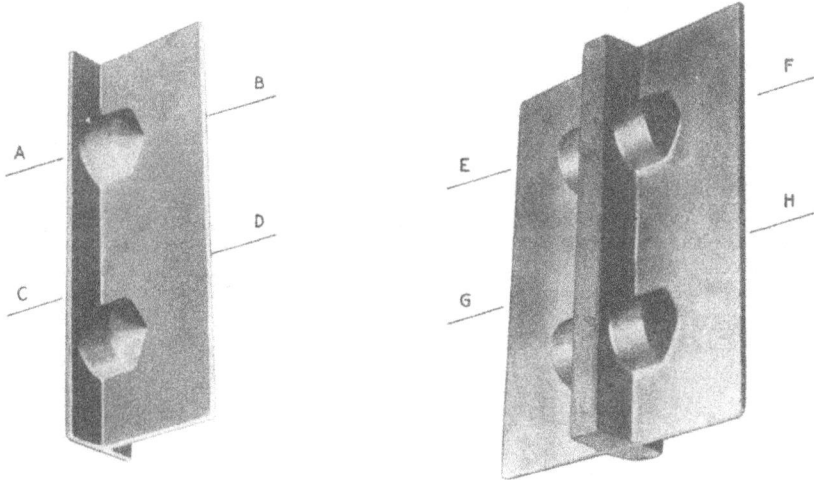

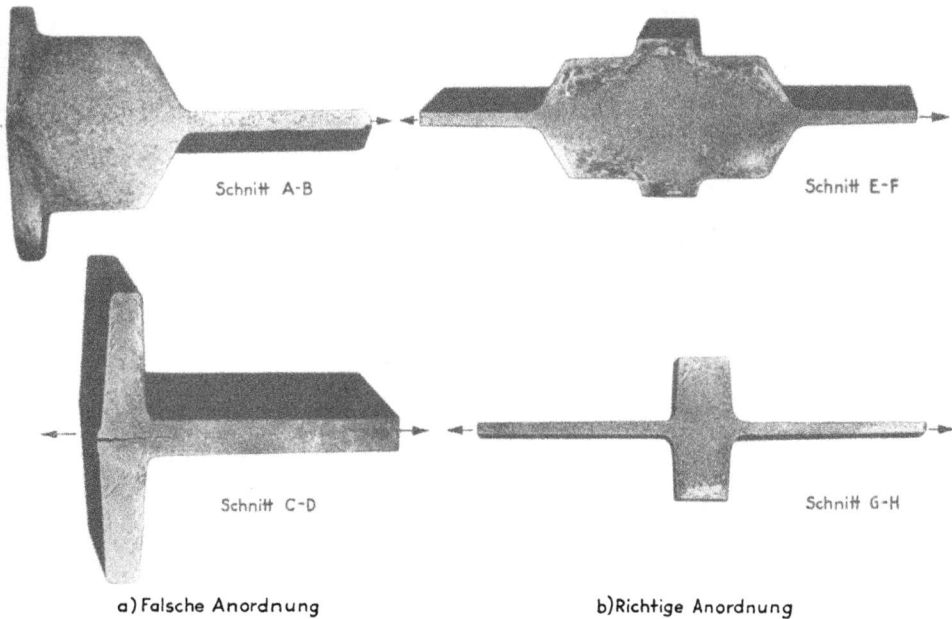

Die Pfeile geben das Austreten des Grates an

Abb. 24. Leitwerksbeschlag als Einzelteil (Erstausführung) und als Doppelstück (zweite und bessere Ausführung) mit Schliffbildern.

90

Teilen Risse, die vom Grat ausgehend sich tief in das Preßteil erstreckten. In dem neuen Gesenk sind zwei gleiche Preßteile vereinigt, so daß die hohen Stege in dem Preßgrat auslaufen. Der Flansch steht durch das Zusammenlegen von zwei Teilen in einem günstigen Dickenverhältnis zu den Stegen. Die Einzelteile können durch einen einfachen Längsschnitt hergestellt werden; es tritt keine Verteuerung der Fertigbearbeitung ein, weil die

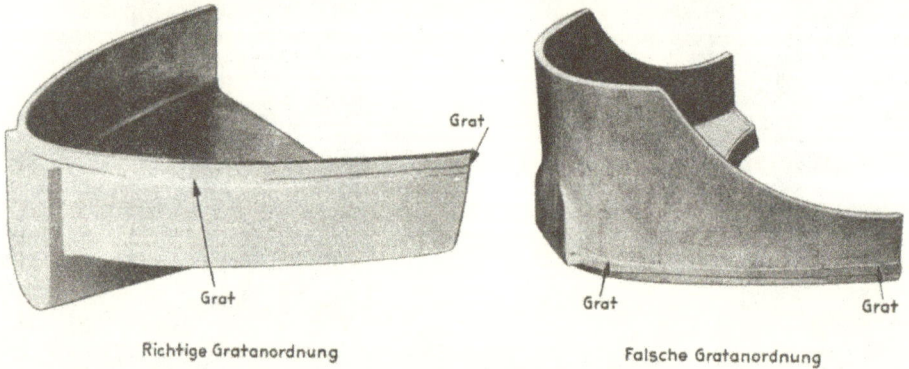

Richtige Gratanordnung — Falsche Gratanordnung

Abb. 25. Höhenleitwerksanschlußbeschlag mit richtiger und falscher Preßgratanordnung. (Erstausführung und verbesserte Zweitausführung.)

Flansche des Einzelpreßteiles auch bearbeitet werden mußten, um die Konizität, die aus preßtechnischen Gründen erforderlich ist, zu entfernen.

Am günstigsten ist die Preßnaht an einer Außenkante des Preßstückes angeordnet, wenn der Preßgrat den Auslauf für den Fließvorgang vorstellt. Die richtige Anordnung des Grates bei einem schwierigen Preßstück ist auf Abb. 25 dargestellt, und zwar im Gegensatz zu dem Beschlag, dessen Fehler in Abb. 23 aufgezeigt wurde.

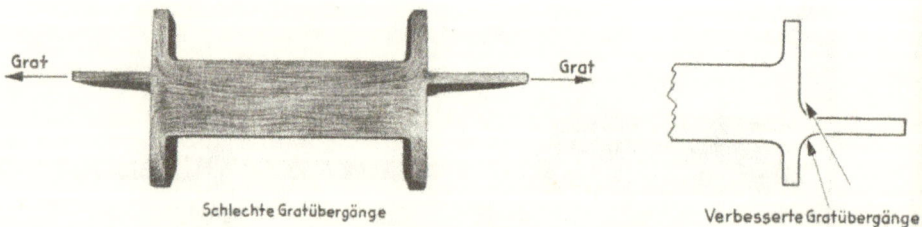

Schlechte Gratübergänge — Verbesserte Gratübergänge

Abb. 26. Leitwerksbeschlag mit schlechtem Preßgratübergang.

In einigen Fällen ist es jedoch kaum möglich, den Preßgrat an die Außenkanten zu verlegen, ohne das Preßteil für die weitere Verarbeitung wesentlich zu verschlechtern. Abb. 26 zeigt ein Beispiel hierfür. Bei der in der Abbildung ersichtlichen Gratanordnung entstehen längs des Grates vorne an den Ecken, wo die Verhältnisse wegen des an drei Seiten aus der Seitenplatte heraustretenden Grates besonders ungünstig werden, Faltungen und Querrisse. Wird der Grat an den unteren Rand gelegt, so müssen die beiden Seitenplatten von der Oberkante bis zum Grat konisch (außen stark, innen schwach) zulaufen und der Verbindungssteg muß bis zum Grat heruntergeführt werden, so daß sich ganz wesentliche Nacharbeiten ergeben. In einem solchen Fall ist es zweckmäßiger, von dem Preßteil zum Grat einen guten Übergang durch große Ausrundungen wie skizziert zu schaffen. Das Abarbeiten des Übergangswulstes ist nicht wesentlich teurer als die Entfernung eines scharf ansetzenden Grates. Schließlich kann bei besonders schwierigen Stücken, bei denen sich eine in jeder Weise bezüglich Werkstoffluß befriedigende Gratanordnung nicht finden läßt, der Grat so gelegt werden, daß die Naht nur unwichtige Teile schneidet, die keinen hohen Beanspruchungen ausgesetzt sind.

Von wesentlichem Einfluß auf einen günstigen zerstörungsfreien Austritt des Grates ist die Orientierung der Faser in den zur Verpressung kommenden Rohteil. Abb. 27 zeigt ein Beispiel, in dem der Grat senkrecht zur ursprünglichen Faserorientierung austritt, wobei starke Faltungen der Faser auftreten.

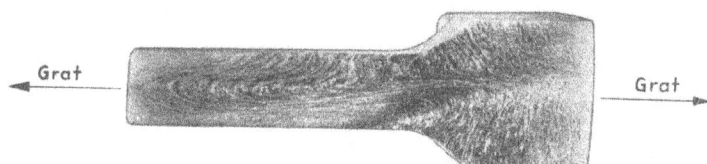

Abb. 27. Faltenbildung der Faser durch senkrechte Gratstellung zur ursprünglichen Faserrichtung (Schliffbild) DM 31.

Schwierige Verformungen

Besonders ungünstig sind die Verhältnisse beim Pressen, wenn T-förmige Ansätze oder Flanschen ausgeschmiedet werden sollen. Derartige Formen sind kaum zu vermeiden; sowohl bei der Konstruktion als auch bei der Gesenkausbildung ist diesen Schwierigkeiten durch Wahl eines großen Übergangshalbmessers und einer geeigneten Schräge am Übergang besonders Rechnung zu tragen. Abb. 28 zeigt einen U-Querschnitt, dessen Übergänge entsprechend gut ausgerundet sind und dessen Stege sich nach unten

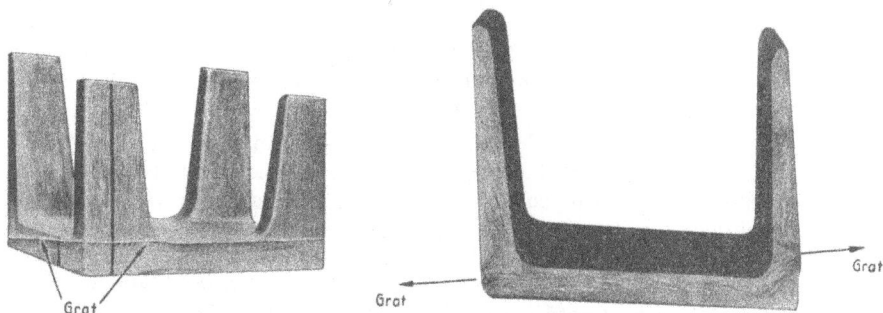

Abb. 28. Beschlag mit hohen Seitenstegen (U-Querschnitt), schräge Gratanordnung.

stark verdicken, so daß der Faserverlauf in der linken Hälfte bei der der Grat ganz unten austritt, ungestört ist. Auf den Faserverlauf in dem rechten Schenkel hat sich der etwas hoch gelegene Grat ungünstig ausgewirkt. Die schräge Anordnung des Grates, die sich auf den rechten Schenkel ungünstig auswirkt, war wegen der Seitenneigung der Flanschen getroffen worden, damit die Flansche senkrecht zur Gratebene stehen.

Falls ein Preßteil sehr lange Stege aufweist, die auch nicht als zum Pressendruck senkrechte Gratflächen ausgebildet werden können, so kann der Rohling nicht unmittelbar als Stangenmaterial, wie meistens möglich, in dem Fertiggesenk verpreßt werden. Der Rohling ist in diesem Fall vor-

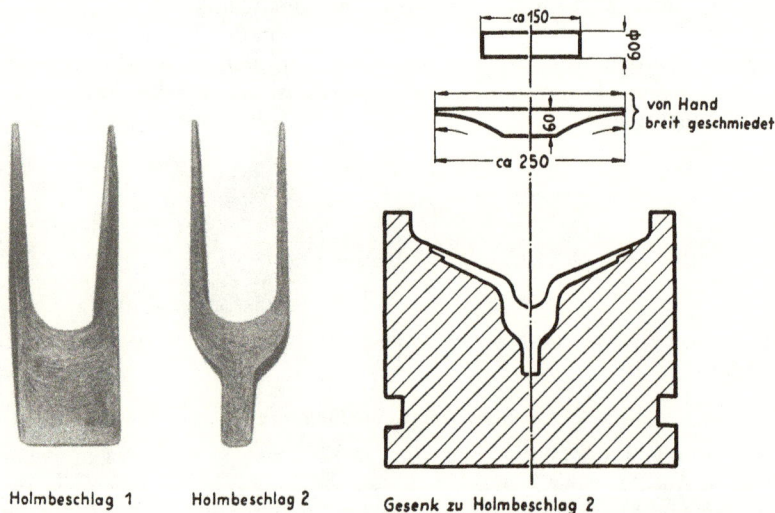

Holmbeschlag 1   Holmbeschlag 2   Gesenk zu Holmbeschlag 2

Abb. 29. Holmbeschlag, gabelförmig, mit Werkstoffvorbereitung und Gesenkanordnung.

zuschmieden, so daß der Werkstoff bereits in Richtung der endgültigen Form ausgebreitet ist. Ein Beispiel hierfür gibt Abb. 29. Bei diesem Gabelbeschlag ist durch das in der Skizze angegebene Vorschmieden ein günstiges Anpassen des Werkstoffes an die endgültige Form erzielt, so daß trotz der schwierigen Endform keine Lockerungen oder Faltungen des Gefüges eingetreten sind. Nach Erzielung der aus der Gesenkskizze ersichtlichen Form wird die endgültige Form durch Heranbiegen der Schenkel erzielt.

Ein anderer Weg zur Erzielung von verhältnismäßig hohen Schenkeln ist in dem U-Stück Abb. 30 eingeschlagen. Das aus einem Rundstab geschnittene Rohteil wurde zu einem U gebogen und dann in das U-förmige Gesenk hineingequetscht. Dieses Verfahren hat im vorliegenden Fall zu keinen Schwierigkeiten bezüglich des Endzustandes des Werkstoffes geführt. In anderen Fällen sind jedoch bei der Verwendung ähnlicher Verformungsverfahren Zerstörungen des Gefüges eingetreten. Als Beispiel wird Abb. 31 angegeben. Bei diesem Teil sind Risse in den Übergangs-

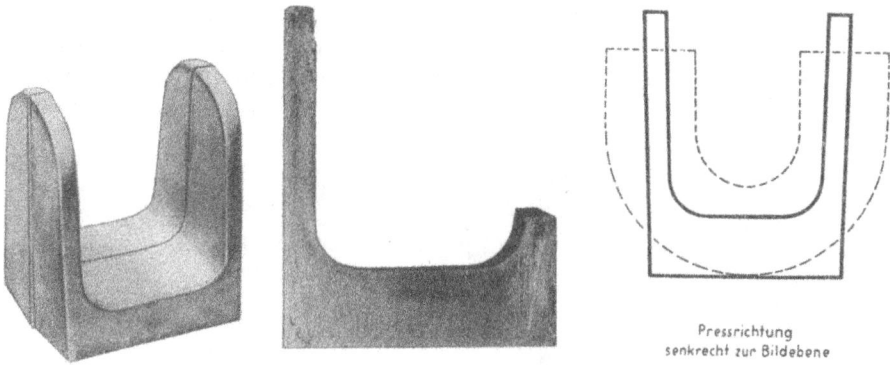

Abb. 30. U-Stück (Teil- und Schliffbild) mit vorgebogenem Rohteil.

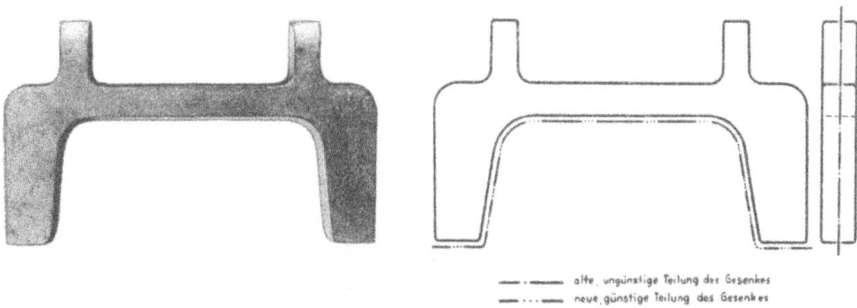

Abb. 31. Beschlag mit Rißbildung durch ungünstige Gesenkanordnung.

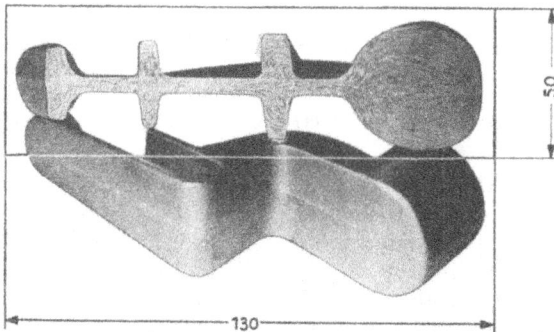

Abb. 32. Landeklappenhebel (Teil- und Schliffbild) aus Aludur 580 (entspr. Duralumin DM 31).

krümmungen durch das Hineinbiegen entstanden, die durch andere Ausbildung des Gesenkes (wie skizziert) vermieden werden können.

Abb. 32 und 33 geben noch einige Schliffe durch zwei schwierige Preßteile.
Bei dem Teil Abb. 32 ist der Faserverlauf durchaus einwandfrei. Bei dem
Teil Abb. 33 treten im Schnitt $A-B$ Störungen dadurch ein, daß ähnlich

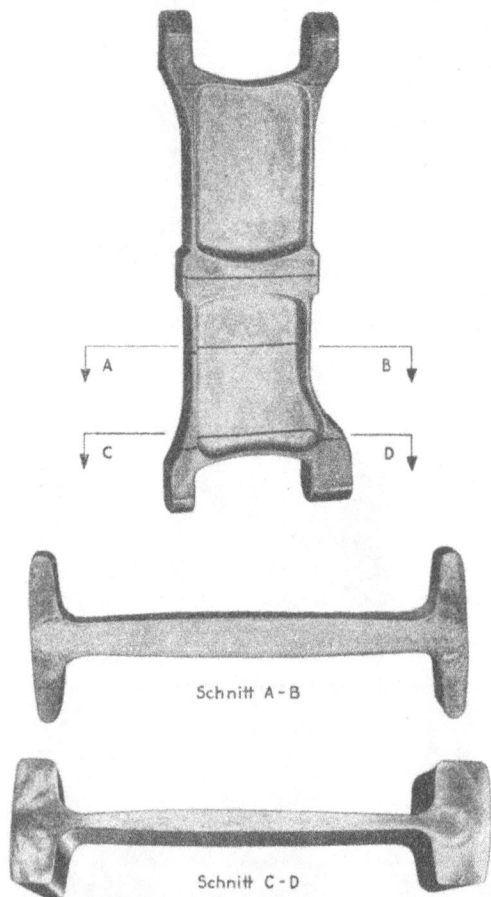

Abb. 33. Holmverbindungsstück (Teil- und 2 Schliffbilder) aus Igedur 32.

wie bei dem Teil Abb. 24 a der Grat senkrecht zu den herauszupressenden
Flanschen herausschießt. Besonders interessant ist in diesem Fall, daß infolge der ungünstigen Strömungs- und Druckverhältnisse in der dem austretenden Grat benachbarten Zone des Flansches grobkörnige Rekristalli-
sationserscheinungen aufgetreten sind. Ähnliche auf einen ungünstigen
Verschmiedungsgrad und ungünstige Verschmiedetemperatur zurück-
zuführende grobkörnige Rekristallisation ist auf Abb. 15 rechts zu erkennen.

In diesem Fall handelt es sich um ein falsch behandeltes Werkstück, das jedoch infolge der klar ausgeprägten Rekristallisationszone ein anschauliches Bild von der bevorzugten Durchknetung der Randzone geben konnte.

Einfluß von Verformungsgeschwindigkeit und Temperatur auf den Preßvorgang

Da es sich beim Pressen um einen plastischen Fließvorgang handelt, liegt die Annahme sehr nahe, daß ein wesentlicher Einfluß von Geschwindigkeit und Temperatur auf den Verformungsvograng vorliegt. Hierüber sind bei dem Verfasser keine eigenen direkten Erfahrungen vorhanden. Diese

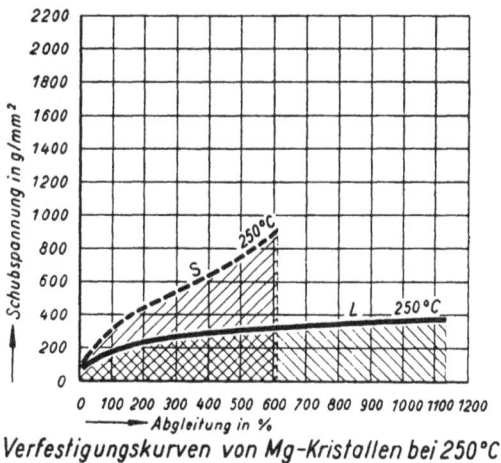

Verfestigungskurven von Mg-Kristallen bei 250°C

Abb. 34. Spannungs-Dehnungs-Diagramm für Magnesium-Einkristalle bei 250° C.

zweifellos wichtigen Fragen können daher nur kurz an Hand von einigen Unterlagen, die die I. G. Farbenindustrie, Bitterfeld, zur Verfügung stellte, gestreift werden.

Ein Anhalt für die zweckmäßigen Geschwindigkeiten beim Pressen von Elektron läßt sich aus dem Verhalten des Magnesium-Einkristalles bei der Verformung gewinnen. In Abb. 34 sind die »Spannungs-Dehnungs-Kurven« für Magnesium-Einkristalle bei 250° C wiedergegeben. Die mit *L* gekennzeichnete untere Kurve wurde bei langsamer Laststeigerung aufgenommen, während die mit *S* bezeichnete einer 100fach schnelleren Laststeigerung (Verformungsgeschwindigkeit) entspricht. Beide Kurven sind bis zu der erreichten Bruchspannung aufgetragen, so daß die von den Kurven eingeschlossenen schraffierten Flächen die Arbeit angeben, die das Einkristall bis zum Bruch aufnehmen kann. Beide Arbeitsflächen sind gleich; die mit dieser Arbeit erreichte Verformung ist jedoch bei der kleinen Verformungsgeschwindigkeit nahezu doppelt so groß. Aus dieser Tatsache kann zunächst für Magnesiumlegierungen der Schluß gezogen werden, daß es

7

zweckmäßiger ist, das Verpressen mit geringer Geschwindigkeit auf hydraulischen Pressen und nicht auf Spindelpressen, die schlagartig wirken, vorzunehmen. Damit soll keineswegs gesagt sein, daß ein Verpressen von Magnesiumlegierungen auf der Spindelpresse nicht möglich sei; es sind nur in einem Arbeitsgang geringere Verformungen zulässig und entsprechend häufigere Zwischenglühungen erforderlich. Bei häufigerem Zwischenglühen muß darauf geachtet werden, ob dieses einen ungünstigen Einfluß auf die durch häufige Rekristallisation im Endzustand herbeigeführte Korngröße ausübt. Beim Magnesium-Einkristall und den Magnesiumlegierungen (Elektron) ist der günstige Einfluß einer geringen Verformungsgeschwindigkeit besonders stark ausgeprägt; wahrscheinlich ist der Einfluß bei Leichtmetallen vom Duralumintyp etwas geringer. Es ist eine in der Preßtechnik bekannte Tatsache, daß unter der Presse in höheren Temperaturgebieten gearbeitet werden kann, als beim Hammer. Die obere Grenze beim Pressen von Duralumin unter dem Hammer liegt bei 450^0. Höhere Temperaturen führen leicht zu Warmbrüchigkeit des Werkstoffes. Beim langsamen Pressen dagegen sind die für Erzielung höherer Festigkeiten günstigen Temperaturgebiete von 490 bis 510^0 ohne Gefährdung des Kristallzusammenhanges möglich, außerdem wird die Verformungsarbeit meistens in einem einzigen Hub geleistet. Die Preßvorgänge unter dem Hammer (auch Reibtriebpresse) sind dagegen, besonders bei größeren Stücken, zeitlich länger ausgedehnt, weil fast immer mit mehreren Schlägen gearbeitet werden muß. Peinlichste Beobachtung der Temperaturverhältnisse ist hierbei unbedingt erforderlich, denn es liegt die Gefahr nahe, daß die Stücke in Temperaturgebiete (unter 400^0) kommen, bei welchen eine evtl. bereits eingetretene Homogenität des Gefüges durch Entmischungserscheinungen wieder rückgängig gemacht werden kann.

Eine eingehende Klärung der Frage, welchen Einfluß Temperatur und Verformungsgeschwindigkeit auf die Güte der gepreßten Teile haben, ist eine wichtige Forschungsaufgabe, deren eingehende Behandlung dringend erwünscht ist.

Wie verbrennt der Brennstoff im Dieselmotor?

Von A. Nägel*)

Mit fortschreitender Entwicklung des Dieselmotors im Sinne hoher Drehzahl und zum Zwecke seiner steigenden Verwendung als Kraftfahrzeug- und schließlich auch als Flugzeugmotor macht sich die Erforschung der Vorgänge immer notwendiger, die sich innerhalb des Zylinders abspielen und sich in ihrem Ablauf der unmittelbaren Beobachtung entziehen. Die hiermit gekennzeichnete experimentelle Aufgabe ist außerordentlich schwierig und wird daher nur schrittweise ihrer Lösung zugeführt werden. Bemerkenswert ist die Tatsache, daß jeder Fortschritt in der Beherrschung dieser Aufgabe den Grund zu neuer Problemstellung legt und das Frage- und Antwortspiel hierdurch auf unabsehbare Zeit in der Schwebe gehalten wird. Jede mühsam errungene Beobachtung läßt die Frage aufkommen, warum der Vorgang den beobachteten Ablauf nehme. So erklärt sich, daß der Forscher oft, wenn ihm ein bis dahin verschlossen gebliebenes Geheimnis zu lüften gelungen ist, für die Verknüpfung von Ursache und Wirkung nachher ratloser dasteht als zuvor. Und trotzdem dürfen wir gerade in Deutschland, das den Dieselmotor in seinen Grenzen entstehen ließ, nicht müde werden, ein Forschungsergebnis an das andere zu reihen, um schließlich einmal die Kette des ursächlichen Zusammenhanges lückenlos der planmäßigen Beherrschung der Vorgänge dienen zu lassen, die den schnellaufenden Dieselmotor betriebssicher mit den Brennstoffen zu arbeiten lehren, deren Grundstoffe unsere heimische Erde hervorbringt.

In diesen Gesamtrahmen der forscherischen Arbeiten im Interesse des Dieselmotors sollen zwei Experimentaluntersuchungen eingereiht werden, die im Maschinenlaboratorium der Sächsischen Technischen Hochschule von O. Holfelder und K. Zinner ausgeführt wurden[1]). Die erzielten Ergebnisse, über die ich im folgenden kurz berichten werde, bedeuten im Ablauf der Verbrennungserscheinungen des Brennstoffs im Dieselmotor nur einen Fingerzeig für weiteres Arbeiten und sind auch in diesem bescheidenen Anteil noch keineswegs abgeschlossen.

Holfelders Arbeit hat in experimenteller Hinsicht die höchsten Ansprüche gestellt. Der zu untersuchende Brennstoff wird von einer normalen von einem Elektromotor mit gewünschter Drehzahl angetriebenen und auf den gewünschten Füllungsgrad eingestellten Brennstoffpumpe durch eine normale Brennstoffdüse in eine Bombe eingespritzt, in der sich atmosphärische Luft vom Drucke und von der Temperatur befindet, wie sie für die Luftfüllung des Verbrennungsraumes eines Dieselmotors im Augenblick der Brennstoffeinspritzung zutreffen. Druck und Temperatur können innerhalb des für den Dieselmotor geltenden Spielraums auf jeden gewünschten Wert eingestellt werden. Die Brennstoffpumpe ist so ge-

*) Dr.-Ing., Professor a. d. Techn. Hochschule Dresden.
[1]) Vergl. Z. VDI Bd. 76 (1932) S. 1241, Bd. 78 (1934) S. 1007 u. VDI-Forschungsheft 374 (1935).

steuert, daß sie während eines einzigen Arbeitsspieles den Brennstoff in die Bombe einspritzt. Diese Bombe hat die Form eines aufrecht stehenden Zylinders und besitzt zwei einander gegenüberliegende senkrechte Fenster von 300 mm Länge und 40 mm Breite. Durch das eine Fenster wurde dem Bombeninnern das Licht einer Bogenlampe zugeführt, nachdem es zwei Kondensatoren passiert hatte. Der Lichtstrahl führte durch das andere Fenster zu einer Zeitlupe, die mittels einer mit acht Schlitzen versehenen umlaufenden Scheibe stroboskopisch auf einem die Zylinderfläche einer umlaufenden Trommel umspannenden Film von jeder Brennstoffzerstäubung und Entflammung etwa 20 bis 25 Bilder entstehen ließ. Die sekundliche Bildfrequenz betrug etwa 500.

Abb. 1 stellt im Vordergrund die Bombe mit dem zweiten Kondensor dar, während im Hintergrunde die Stroboskopscheibe der Zeitlupe er-

Abb. 1. Anordnung der Druckbombe und Zeitlupe auf dem Zylinderdeckel des Dieselverdichters.

scheint. Zum Verständnis dieses Bildes bedarf es noch der Beschreibung des Arbeitsverfahrens, durch das man die Drucksteigerung und die Temperaturerhöhung der Luftladung der Bombe erzielt. Zu diesem Zwecke ist die Bombe auf dem Zylinderdeckel eines langsamlaufenden Einzylinder-Dieselmotors angebracht, den man all seiner Dieselmotor-Eigenschaften entkleidet hat, um ihn nur noch als elektrisch angetriebenen Kompressor für die Luftfüllung der Bombe zu benutzen. Die von dem Dieselmotorkolben in die Bombe hinübergeschobene verdichtete Luft strömt durch ein Drosselorgan solange aus der Bombe wieder aus, um nach Aufheizung durch eine elektrische Heizung vom Dieselmotorkolben erneut angesaugt und verdichtet zu werden, bis dieser Kreislauf der Luft zu der gewünschten Temperatur geführt hat, bei der der Versuch vorgenommen werden soll. Nachdem dieses Ziel erreicht ist, wird der Kreislauf der Luft unterbrochen und die Brennstoff-Einspritzung eingeleitet. Der ganze Vorgang, auf dessen

Festhaltung es ankommt, spielt sich in wenigen Hundertsteln einer Sekunde ab, für welche Zeitspanne alle Einzelfunktionen der Brennstoffpumpe, der Zeitlupe, des Oszillograph für die Aufzeichnung von Druck und Temperatur usw. zusammenstimmen müssen.

Abb. 2 zeigt die Einspritzung, Selbstzündung und die Verbrennung für den Versuch 103, bei dem normales Gasöl eingespritzt wurde. Solange

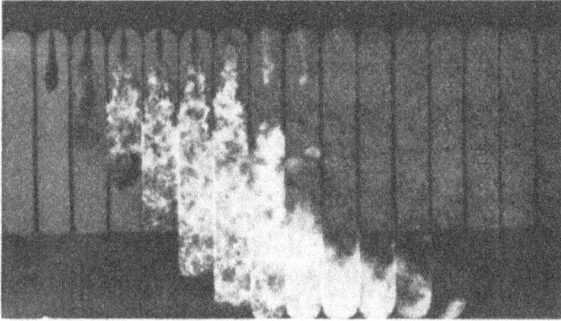

Abb. 2. Zeitlupenaufnahme einer Gasöleinspritzung und -verbrennung

Bildfrequenz 390 Bilder pro Sekunde,
Brennstoffmenge 270 mm³,
Verdichtungsdruck der Luft 40 at,
Lufttemperatur 530° C,
Einspritzdruck 300 at,

Bosch Einloch-Nadeldüse,
Zündverzug 0,0025 Sekunden.
Bildverkleinerung ¹⁄₈ natürlicher Größe.
Die Entflammung ist auf dem 3. Teilbild deutlich zu erkennen.

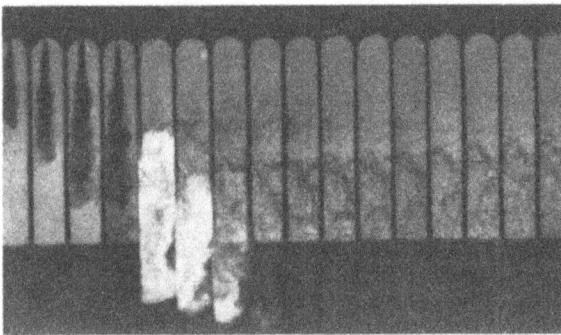

Abb. 3. Einspritzung und Verbrennung eines Gemisches von Steinkohlenteeröl und Gasöl, 1:1

Bildfrequenz 370 Bilder pro Sekunde,
Brennstoffmenge 250 mm³
Verdichtungsdruck der Luft 34 at,
Lufttemperatur 510° C,

Zündverzug 0,012 Sekunden, nach großem Zündverzug plötzliche Entflammung des Gesamtstrahles.

die Einspritzung ohne gleichzeitige Verbrennung erfolgt, erscheint der Brennstoffstrahl als Schattenbild des Bogenlampenlichtes. Die Selbstzündung und Verbrennung des Brennstoffes läßt die davon ergriffenen Teile des Strahles in hellem Eigenlichte erglänzen. Von besonderem Interesse ist beim Versuch 103 das Nachspritzen des Brennstoffes, das im 8. bis 10. Teilbild deutlich sichtbar wird. Die Zeit vom Eindringen des ersten Brennstoffteilchens in den Bombenraum bis zur beginnenden Selbstzündung sprechen wir als den Zündverzug an, der sich aus den photographischen Aufnahmen des Einspritz- und Selbstzündungsvorganges mit großer Schärfe bestimmen läßt. Als besonderes Merkmal des Gasöls ist festzustellen, daß im Anschluß an die verhältnismäßig schnell einsetzende erste Selbstzündung die weitere Verbreitung der Verbrennung auf dem gesamten Strahl mit einem größeren Zeitaufwand vonstatten geht, der sich deutlich an den Einzelbildern ablesen läßt. Im Gegensatz hierzu zeigt Steinkohlenteeröl, das für sich allein

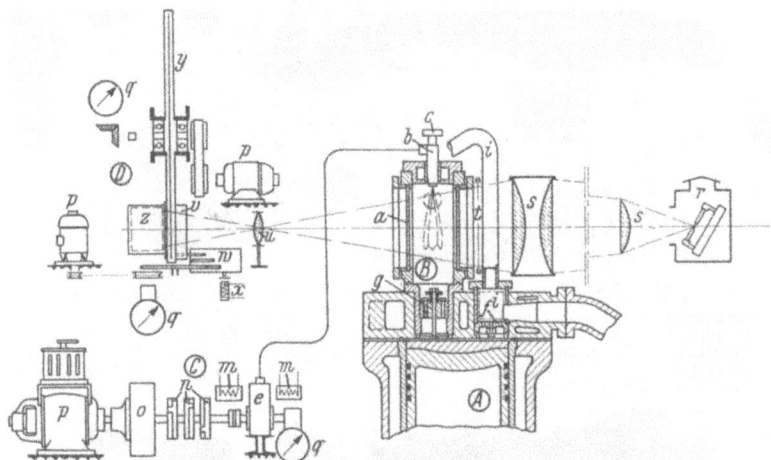

Abb. 4. Schaltbild der Einspritzversuchsanordnung.

a Beobachtungsfenster	i Überströmleitung mit Heizung	r Bogenlampe
b Einspritzventil		s Kondensatoren
c Düsennadelhubmeß- vorrichtung	j Thermoelemente	t Grünfilterscheibe
d Druckmesser	k Quarz-Indikator	u Objektiv
e Brennstoffpumpe	l Sicherheitsventile	v Drehblende
f Saugventil im Verdichter	m Steuermagnete für Brenn- stoffpumpe	w Momentverschluß
g_1 Druckventil im Verdichter	n Hauptschaltwalzen	x Auslösemagnete
g_2 Belüftungsventil	o Schwungrad	y Stroboskopscheibe
h Überströmventil im Ver- dichter	p Antriebmotoren	z Filmtrommelkassette
	q Tachometer	

bisher in der Bombe nicht zur Selbstzündung gebracht werden konnte und daher im Verhältnis 1:1 mit Gasölgemischt wurde, trotz dieses Gasölzusatzes im Versuch 138, dessen Photogramm Abb. 3 wiedergibt, einen viel längeren Zündverzug. Erst das fünfte Teilbild zeigt die Selbstzündung, die jedoch als besondere Eigenschaft des Steinkohlenteeröls den gesamten Strahl in ein und demselben Augenblicke erfaßt und daher im Dieselmotor zur Entstehung eines stoßenden Verbrennungsverlaufs führt.

Diese in ganz kurzen Zügen gegebene Darstellung der Versuche von Holfelder läßt es bereits möglich erscheinen, die Brennstoffeigenschaften im Sinne einer mehr oder minder großen Eignung zum Betriebe des Dieselmotors zu unterscheiden. Es ist keineswegs ausgeschlossen, daß die in der Arbeit Holfelders beschriebene Apparatur für die Normung der

Dieselbrennstoffe zuverlässigere Anhaltspunkte zu gewinnen gestattet, als dies den bisher üblichen Vergleichsversuchen mit einem Norm-Motor möglich ist. Abb. 4 zeigt noch die Versuchsanlage in einer Schnittzeichnung.

Die zu der Arbeit von Zinner gehörigen Versuche wurden an Vorkammer-Dieselmotoren verschiedener Bauart durchgeführt. Aus einer großen Zahl von Versuchsergebnissen leitete Zinner die Maßnahmen ab, deren Befolgung bei den verschiedenen Bauarten der Motoren und vor allem der Vorkammern zu gleich sicherem Erfolge führte. Er erkannte, daß es für den in die Vorkammer eingespritzten Brennstoffstrahl darauf ankommt, daß der Strahl auch mit seinen äußersten Zerstäubungsteilchen auf keine Wandflächen auftrifft, deren Temperatur diejenige Höhe übersteigt, die zur Koksbildung führt. Daher sind diejenigen Wände der Vorkammer, zwischen denen sich der Zerstäubungskegel des Brennstoffstrahls ausbreitet, verhältnismäßig kühl zu halten. Für die verdichtete Luft dagegen, die vom Arbeitszylinder her in die Vorkammer eindringt und die Selbstzündung des Brennstoffstrahles auslöst, ist möglichst hohe Temperatur erwünscht, damit der Zündverzug auch bei schwerentzündlichen Brennstoffen herabgesetzt wird.

Die Temperatur der in die Vorkammer einströmenden Luft ist in erster Linie von dem Wärmeübergang abhängig, dem die Luft beim Einströmen in die Vorkammer seitens der hochtemperierten Vorkammerwände ausgesetzt ist.

Für die Verwendung schwerentzündlicher Brennstoffe zum Betriebe von Vorkammer-Dieselmotoren ergibt sich daher die Konstruktionsregel, der Luft beim Eintritt in die Vorkammer den Weg durch zahlreiche und dafür entsprechend enge Bohrungen von großer Länge vorzuschreiben, der Vorkammer also einen dicken Boden oder statt dessen ein dickes Einsatzstück zu geben, durch dessen Bohrungen die Luft in den Vorkammerraum einströmt. Der Boden oder das Einsatzstück nimmt im Betriebe eine hohe Temperatur an und gibt an der großen Oberfläche, die die zahlreichen Bohrungen von kleinem Querschnitt und großer Länge aufweisen, Wärme unter so hoher Temperatur an die in die Vorkammer eintretende Luft ab, daß diese unter dem zusätzlichen Einfluß der Verdichtung auf bemerkenswert hohe Temperaturen aufgeheizt wird, wie sie auch zur Selbstzündung des unvermischten Steinkohlenteeröls ausreichen. Damit jedoch der Brennstoffstrahl nicht mit der heißen Oberfläche des Bodens oder Einsatzstückes in Berührung kommt, ist der Vorkammerraum durch eine mit wenigen weiten Bohrungen versehene Zwischenwand in zwei Teilräume zerlegt. Die Zwischenwand besitzt ausgiebige Berührungsflächen mit der Außenwand der Vorkammer und stellt daher ihre Temperatur auf ein verhältnismäßig tiefes Niveau ein, das zur Koksabscheidung aus dem Brennstoff noch keine Veranlassung bietet. Abb. 5 zeigt eine ursprüngliche, für Gasöl bestimmte Vorkammerausführung und zum Vergleich daneben (Abb. 6) die auf die Anwendung von Steinkohlenteeröl umgestellte Vorkammer desselben Motors. Daß der Heizdraht der Glühkerze gleichzeitig anders gebogen wurde, sei an Hand der beiden Schnittbilder nur nebenbei erwähnt. Diese Maßnahme hat auch das Anlassen des kalten Motors mit Steinkohlenteeröl ermöglicht, also die Anwendung eines besonderen Anlaßbrennstoffs wie Gasöl entbehrlich gemacht.

Der Erfolg der Arbeit von Zinner lehrt, daß es sich bewahrheitet, daß die Versuche zur Anpassung des Motors an die besonderen Eigenschaften

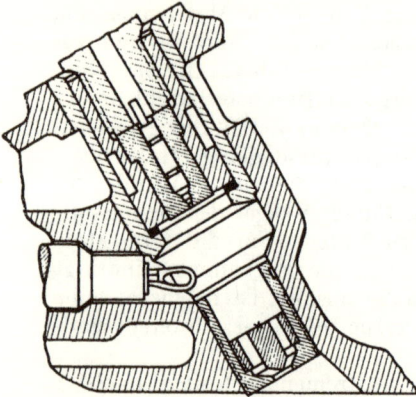

Abb. 5. Vorkammer eines mit Gasöl arbeitenden Fahrzeugdieselmotors.

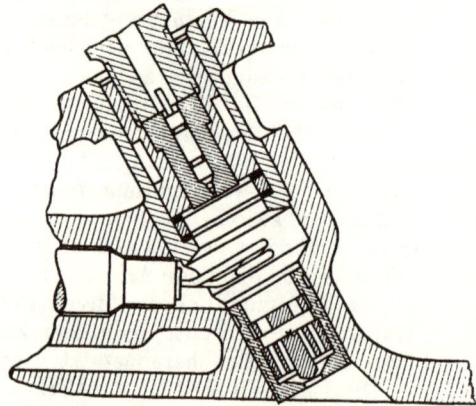

Abb. 6. Umbau der gleichen Vorkammer bei
Betrieb mit Steinkohlenteeröl.

des Brennstoffes wirtschaftlicher sind als das Bemühen, den Brennstoff durch chemische Manipulationen den Betriebsbedingungen einer gegebenen Motorbauart anzupassen. Im ersteren Falle handelt es sich um eine einmalige Maßnahme von sehr geringen Kosten, im zweiten dagegen um die Verteuerung der Gesamtmenge des Brennstoffes, also um eine Belastung der gesamten Betriebszeit.

Die Experimentalarbeit von Holfelder hat bisher die Deutsche Forschungsgemeinschaft durch Bereitstellung der erforderlichen Geldmittel unterstützt. Die Fortsetzung dieser Versuche, die in großem Umfange geplant ist, hat der Herr Reichsminister der Luftfahrt zu unterstützen zugesagt. Die Forschungsarbeit von Zinner wurde im Auftrage und auf Rechnung des Herrn Reichsverkehrsministers durchgeführt.

Instrumentenflug

Von C. A. v. Gablenz*)

Die Durchführung eines Flugdienstes, vor allem im planmäßigen Luftverkehr, ist heute ohne den Instrumentenflug undenkbar. Gerade in den
Breiten, in denen wir den größten Teil des deutschen Flugbetriebes ab-
wickeln, würden Klima und Bodengestaltung einen erheblichen Teil von
Flügen verhindern.

Schon während des Krieges entstanden die ersten Geräte, die es dem
Flugzeugführer möglich machen sollten, ohne äußere Sicht seinen Flug
durchzuführen. Die begonnene Entwicklung ist aber durch die Drosselung
der Luftfahrt in den Nachkriegsjahren zunächst wieder abgerissen. Die
Versuche wurden jedoch schon in den ersten Jahren der Verkehrsluftfahrt
wieder aufgenommen.

Unmittelbar nachdem die erforderlichen Flugzeuge und Flughäfen geschaffen worden waren, wurden die ersten Schritte zur Durchführung von
Flügen in oder über den Wolken unternommen, da der Tiefflug ein sehr
gefährliches Mittel zur Überwindung von Schlechtwettergebieten ist und
hohe Opfer gefordert hat und noch heute dort fordert, wo sich der Instrumentenflug noch nicht genügend durchgesetzt hat. Zunächst war das
Wichtigste, eine einwandfreie Nachrichtenverbindung zwischen Flugzeug
und Erde herzustellen. Dies gelang nach Überwindung der ersten Schwierigkeiten und es wurde bald ein Netz von Funkstationen über Deutschland gelegt, das bald danach durch Peilstationen weiter ausgebaut wurde,
um neben der reinen Nachrichtenverbindung auch eine Navigation ohne
Erdsicht sicherzustellen. Parallel damit wurden Versuche mit Blindflug-
instrumenten durchgeführt, die es dem Flugzeugführer ermöglichen sollten,
in den Wolken zu fliegen oder durch die Wolken hindurchzuziehen.

Es ist bekannt, daß die dem Menschen angeborenen Sinne nicht dazu
ausreichen, ein Flugzeug ohne äußere Sicht zu steuern, vielmehr müssen
Instrumente vorhanden sein, die dem Flugzeugführer die Erkennung der
Lage und der Bewegungen des Flugzeuges möglich machen. Die bereits
in den Anfängen der Fliegerei benutzten Instrumente, Kompaß und Höhenmesser sind in den letzten Jahren verbessert worden, ohne daß es gelungen
ist, ihre grundsätzlichen Fehler zu beseitigen. Bemerkenswert ist, daß die
Flugzeuge nunmehr mit zwei Höhenmessern ausgerüstet worden sind,
wobei der eine die Höhe, bezogen auf den Zielflughafen, der zweite diejenige über dem Meeresspiegel anzeigt. Zu ihnen ist als Hauptblindflug-
instrument der Wendezeiger, der »treue Wächter des Flugzeugführers«,
getreten, der es gestattet, Drehungen des Flugzeuges um die Hochachse
zu erkennen. Der künstliche Horizont gestattet es, Querlagen des Flugzeuges ohne Rücksicht auf vorhandene Beschleunigungen oder Fliehkräfte
festzustellen. Der Richtungskreisel vermeidet die Nachteile des Kompasses,
muß aber nach einer gewissen Zeit mit Hilfe des Magnetkompasses richtig

---

*) Deutsche Lufthansa A.-G., Berlin.

eingestellt werden. Das Variometer zeigt die Steig- bzw. Sinkgeschwindigkeit des Flugzeuges an.

Mit Hilfe dieser Instrumentierung ist der Flugzeugführer imstande, die Lage des Flugzeuges und seine Bewegungszustände zu erkennen und durch entsprechende Steuerbetätigung die richtige Fluglage wieder herzustellen.

Seit längerer Zeit sind außerdem Entwicklungsarbeiten im Gange, von den Instrumenten aus durch automatische Steuerungen die Ruderausschläge ohne Zwischenschaltung des Flugzeugführers herbeizuführen. Die automatischen Steuerungen sind bereits auf einen hohen Grad der Vollkommenheit gebracht worden. Als abgeschlossen ist die Entwicklung aber im Augenblick nicht zu betrachten, insbesondere ist das Verhalten in harten Böen noch nicht bis zur letzten Auswirkung erprobt.

Als die ersten Geräte für die Einführung geeignet waren, wurde durch besondere Blindflugkurse das neue Flugverfahren allen Flugzeugführern übermittelt. Insbesondere die Deutsche Lufthansa hat in ihren regelmäßig wiederkehrenden Winterlehrgängen diese Schulung systematisch vorgenommen, so daß bald kein Flugzeugführer ohne eingehende Blindflugschulung in den Streckenverkehr eingesetzt zu werden brauchte.

Die Grundlage einer Ausbildung im Blindflug ist zunächst eine genaue Kenntnis der Blindfluginstrumente, ihrer Arbeitsweise und ihrer Fehler. Bei der darin anschließenden praktischen Schulung wird der Führersitz des Schülers gegen äußere Sicht abgeschlossen. Ist der Schüler mit Hilfe der Instrumente in der Lage, das Flugzeug auf bestimmtem Kurs und Höhe zu halten, so wird der Kurvenflug geübt. Um das Vertrauen in die Blindfluginstrumente zu heben, werden vom Lehrer besondere Fluglagen hergestellt, aus denen der Schüler das Flugzeug nur nach den Instrumenten in die Normallage zurückbringen muß. Die erworbenen Kenntnisse werden dann auf Streckenflügen angewendet, z. B. erhält der Schüler die Aufgabe, ein vorher festgelegtes Dreieck ohne äußere Sicht auszufliegen und nach der von ihm errechneten Zeit wieder auf dem Flughafen einzutreffen. Den Abschluß der Schulung bildet schließlich die Ausbildung im sog. ZZ-Verfahren. Wenngleich dieses Verfahren nur eine Behelfslösung darstellt, so stellt es doch so hohe Anforderungen an die Sicherheit des Flugzeugführers, daß es als die »Hohe Schule« des Blindfluges stets einen Platz in der Blindflugausbildung behalten wird, auch wenn die in Einführung begriffenen Bakeneinrichtungen eine einfachere Durchführung der Schlechtwetterlandung gestatten. Da die Kunst des Blindfliegens erfahrungsgemäß schnell wieder verlernt wird, ist ein regelmäßiges Training durch planmäßige Wiederholung der Ausbildungskurse ein unbedingtes Erfordernis. Die Deutsche Lufthansa führt daher regelmäßig in jedem Winter Wiederholungs- und Fortbildungskurse für ihre Besatzungen durch, in denen auch die erfahrensten Flugzeugführer ihre Kenntnisse im Blindflug wieder auffrischen können und in denen sie durch Erfahrungsaustausch und durch Vorführung der inzwischen eingetretenen Neuerungen ihre Kenntnisse vertiefen können.

Ebenso wie der Instrumentenflug wesentlich höhere Anforderungen an den Flugzeugführer stellt, so daß er fast noch einmal von Grund auf das

Fliegen erlernen muß, sind auch die Anforderungen an die Flugzeuge von der Blindflugseite her wesentlich gesteigert worden. Wenn die Instrumentierung eines Flugzeuges mit dem Verstand in Parallele gesetzt werden kann, so sind die Flugeigenschaften eines Flugzeuges mit dem Charakter zu vergleichen. Nur bei einer Übereinstimmung zwischen Charakter und Verstand sind die Leistungen zu erreichen, die dem heutigen Stand der Technik entsprechen.

In erster Linie muß das Flugzeug eigenstabil sein. Die Durchführung eines längeren Blindfluges bei unruhiger Atmosphäre erfordert von dem Flugzeugführer einen hohen Grad von Können und Aufmerksamkeit, die durch das Steuern eines schwierigen unstabilen Flugzeuges nicht noch künstlich überspannt werden darf. So soll das Flugzeug auch gegen Verlagerungen der Zuladung möglichst unempfindlich sein, und die Steuerbarkeit muß durch ausgeglichene Ruder einen möglichst geringen Kraftaufwand vom Flugzeugführer erfordern. Auch muß sie bei geringen Geschwindigkeiten ausreichend bleiben. Ferner muß das Flugzeug über gute Starteigenschaften verfügen, trotzdem Flughäfen, die im allgemeinen im regelmäßigen Luftverkehr angeflogen werden, über ausreichende Größe und Hindernisfreiheit verfügen. Im Instrumentenflug können nicht die Fluglagen eingenommen werden, die man z. B. bei Überspringung eines Hindernisses bei Sicht einem modernen Flugzeug ohne weiteres zumuten kann. Eine gute Steigfähigkeit ist außerdem für die Überwindung von Vereisungszonen von außerordentlicher Wichtigkeit; sehr häufig gelingt es, Wolkendecken mit leichter Vereisung mit einer gut steigenden Maschine schnell zu durchstoßen.

Die Landeeigenschaften eines Flugzeuges sollen ebenfalls so gut wie irgend möglich sein. Ein steiler Gleitwinkel und eine geringe Landegeschwindigkeit werden den Landevorgang bei schlechtem Wetter erheblich erleichtern. Es ist selbstverständlich, daß alle Landungen bei schlechter Sicht, die mit Hilfe des ZZ-Verfahrens oder anderer mechanischer Mittel durchgeführt werden müssen, nicht mit der Genauigkeit erfolgen können, wie eine Landung mit Sicht. Aus diesem Grund sind auch die Anforderungen an einen Hafen, der bei schlechtem Wetter angeflogen werden soll, erheblich höher als sie auf Grund der einfachen Start- und Landeeigenschaften der Flugzeuge erforderlich wären.

Wenn bisher nur die Flugzeuge, d. h. das Flugzeug selbst, seine Instrumentierung und die Flugzeugführer in Betracht gezogen worden sind, so ist eine einwandfreie Durchführung von Schlechtwetterflügen nur bei Vorhandensein der entsprechenden Einrichtungen auf dem Boden möglich. Eine Nachrichtenverbindung mit dem Zielflughafen ermöglicht es dem Flugzeugführer, fortlaufend über die Veränderungen der Wetterlage unterrichtet zu sein. Ferner kann er über die Bewegung anderer Flugzeuge zur Verhinderung von Zusammenstoßgefahr unterrichtet werden. Mit Hilfe des bestehenden Netzes von Bodenpeilstellen ist er auch ohne äußere Sicht in der Lage, jeweils seinen Standort und den innezuhaltenden Kurs zu erfahren. Bisher wurde in der Hauptsache in Deutschland mit Hilfe von Fremdpeilungen gearbeitet. Die Überlastung der Bodenfunkstellen macht es jedoch notwendig, den Peilvorgang, wenigstens bei den großen Maschinen, in das Flugzeug zu verlegen, so daß der Flugzeugführer mit Hilfe von Zielpeilungen jederzeit in der Lage ist, den Hafen anzusteuern.

Die Peilstationen auf den Flughäfen sind in den letzten Jahren durch die hohen Anforderungen, die der Flugbetrieb an sie stellt, zu außerordentlich wichtigen Betriebsstellen geworden, in denen alle die für die Durchführung der Flüge notwendigen Hilfseinrichtungen zusammengefaßt sind.

Durch das Fliegen ohne äußere Sicht besteht bei dichtem Luftverkehr die Gefahr des Zusammenstoßens zweier Flugzeuge. Es war also notwendig, eine Bewegungskontrolle einzuführen, um die Flugzeuge von vornherein so zu leiten, daß eine Zusammenstoßgefahr nicht besteht. Da nur der Flugleiter über die notwendigen Kenntnisse von den Flugzeugen, ihre Ausrüstung usw. verfügt, wurde von der Lufthansa für diesen Dienst die Stellung des sog. Peilflugleiters geschaffen, dessen Aufgabe es ist, mit jedem Flugzeug mitzunavigieren und die entsprechenden Anweisungen an die Flugzeuge zu geben. So z. B. erhalten Flugzeuge bei sich kreuzenden Kursen Anweisung über die innezuhaltende Höhe. Da jedes Flugzeug einen Höhenmesser relativ zur Meereshöhe eingestellt hat, ist die Eindeutigkeit der Angaben über die einzuhaltenden Höhen sichergestellt. Fliegen gleichzeitig mehrere Flugzeuge den Hafen an, so ist die Reihenfolge der Landung festzulegen. Hierbei kann es unter Umständen vorkommen, daß ein Flugzeug warten muß, bis es für die Landung an der Reihe ist. Durch planmäßiges Vorausdisponieren muß man diese Wartezeit nach Möglichkeit einschränken, z. B. durch Abrufen auf dem nächsten Hafen oder durch Mitteilungen an das Flugzeug, den Flug so durchzuführen, daß die Maschine zu einer bestimmten Zeit über dem Hafen eintrifft; man muß zu erreichen versuchen, daß die Flugzeuge ungesäumt und planmäßig nacheinander ohne erhebliche Wartezeit hereingeholt werden können.

Bei der hohen Geschwindigkeit der Flugzeuge stellt die Durchführung der Bewegungskontrolle außerordentliche Anforderungen an das Meldewesen, denn es bleiben für die Abwicklung des Funkverkehrs nur wenige Minuten Zeit. Durch Schaffen doppelter Arbeitsplätze, Einführung von Funkfeuern für die Eigenpeilung der Flugzeuge, durch Wetterausstrahlungen zu bestimmten Zeiten und schließlich durch die Einführung der Ultrakurzwellenbaken ist eine Entlastung des Meldewesens herbeigeführt worden, die eine Versorgung der Flugzeuge mit allen erforderlichen Angaben möglich macht und ein schnelles Hereinholen in den Hafen auch bei schlechter Sicht erleichtert.

Auch im Funkverkehr spielen außer den vorhanden Einrichtungen die Menschen, die sie bedienen, eine außerordentliche Rolle. Nur wenn der umfangreiche Verkehr boden- sowie bordseitig mit größter Exaktheit und Schnelligkeit abgewickelt wird, wird man die gegebenen technischen Möglichkeiten voll ausnutzen können.

Die Fortschritte im Instrumentenflug wären nur Teilerfolge, wenn nicht das Problem der Landung bei schlechter Sicht eine Lösung finden würde. Bereits im Jahre 1930 wurde mit den seinerzeit verfügbaren Mitteln eine Behelfslösung in dem sog. ZZ-Verfahren gefunden. Bei ihm wird die beste Flugrichtung eines Hafens als sog. Peilschneise festgelegt, auf welcher am Platzrand das Peilhaus liegt. Ein Flugzeug fliegt mit Hilfe von Zielpeilungen den Hafen an. Das Überfliegen wird vom Boden aus abgehört und dem Flugzeug durch Übermittlung des Zeichens »Platz« heraufgegeben. Der Führer fliegt nun 7 min vom Hafen weg und dreht auf den Hafen zu ein; die Kurve ist so anzulegen, daß er nach ihrer Beendigung möglichst auf den Grundlinien zur Peilschneise steht. Der Anflug an den Hafen, der nun wiederum etwa 7 min dauern wird, wird durch häufig wiederholte Peilungen überwacht. Der Flugzeugführer weiß nun, daß er in einer bestimmten Flughöhe den Hafen in seiner besten Landerichtung anfliegt und daß er nach einer bestimmten Zeit die Platzgrenze erreichen wird. Die tatsächliche Annäherung an den Hafen wird dann durch den Peilflugleiter nach dem Motorengeräusch abgehört. Durch das Zeichen ZZ gibt der Flugleiter vom Boden aus die Mitteilung, daß das Flugzeug aus seinem Standort und seiner Lage heraus zum Hafen durchstoßen kann.

Die Nachteile, die dieses Verfahren besitzt, sind hauptsächlich folgende: es stellt hohe Anforderungen nicht nur an den Flugzeugführer, sondern an alle an ihm Beteiligten und deren Zahl ist nicht gering, so daß ein Übermittlungsfehler in der Kette der Beteiligten schon zu Schwierigkeiten führen kann. Außerdem können bei dem Abhören des Motorengeräusches leicht Irrtümer eintreten. Trotzdem sind nach diesem Verfahren im Verlauf der letzten Jahre zahlreiche Landungen durchgeführt worden. Seit der gleichen Zeit wird aber an einem verbesserten Schlechtwetter-Landeverfahren gearbeitet, das in dem Ultrakurzwellen-Bakensystem gefunden wurde. Bei ihm wird die beste Einflugrichtung des Hafens durch einen Bakenstrahl bezeichnet, der es dem Flugzeugführer gestattet, festzustellen, ob er sich auf dieser Anflugrichtung befindet oder wie er sich zu verhalten hat, um den Strahl zu erreichen. Durch Vor- und Haupteinflugzeichen werden außerdem zwei Punkte, 3 km und 300 m von der Platzgrenze entfernt, bezeichnet, die dem Flugzeugführer die Annäherung an den Platz zu erkennen gestatten. Ultrakurzwellen wurden aus dem Grunde gewählt, weil ihre Ausbreitung angenähert optischen Gesetzen folgt, da sich Luftstörungen in diesem Wellenband verhältnismäßig wenig bemerkbar machen und da neben dem Bakenempfang der planmäßige Funkverkehr auf Langwellen gleichzeitig abgewickelt werden kann. Durch die im Gang befindliche Errichtung von Ultrakurzwellenbaken auf den wichtigsten internationalen Flughäfen und durch den Einbau von Bakenempfängern in fast allen deutschen großen Verkehrsflugzeugen wird eine bedeutende Verbesserung der Schlechtwetterlandungen und auch eine Beschleunigung des Hereinholens der Flugzeuge bei schlechter Sicht erreicht werden.

Die Arbeiten an einem weiteren Problem des Instrumentenfluges, an der Vereisung, stecken leider z. Z. noch in den Anfängen. Arbeiten sowohl über Warn- wie Schutzgeräte sind im Gange, ohne daß es zur Zeit gelungen ist, eine endgültige befriedigende Lösung zu finden.

Vorträge aus den Tagungen
der Ausschüsse und Fachgruppen
der
Vereinigung für Luftfahrtforschung

Was verlangt die Industrie von der aerodynamischen Forschung?

Von H. Focke *)

Vorgetragen am 1. Oktober 1934 in Aachen

Methodik des Zusammenarbeitens

Es besteht ein großer Unterschied darin, ob Rechnungen und Messungen zur Bestätigung aerodynamischer Theorien oder zur Bestimmung von Luftkräften in ganz bestimmten Einzelfällen der Praxis dienen sollen. Wie ein Beispiel einer Messung an einem Leitwerk mit Klappenausgleich zeigte, idealisiert das untersuchende Institut im Modell oft die praktisch wirklich vorliegenden Verhältnisse so weit, daß die Praxis mit den Ergebnissen der Messung nichts anfangen kann.

Das Verwerfen solcher Einzelergebnisse der Forschung seitens der Praxis muß aber notgedrungen für die gesamte Entwicklung hemmend und damit schädlich sein. Die Schuld trifft ebensogut die Forschung, die mangels inniger Fühlung die Wünsche der Praxis nicht kennt, wie die Praxis, die den Ursachen für solche offensichtlichen Fehlmessungen nicht genügend nachgeht.

Eine enge Zusammenarbeit zwischen Forschung und Praxis ist auch notwendig in Anbetracht der im Wesen des aerodynamischen Versuchs liegenden, sehr häufigen Änderungen, die am Modell im Laufe der Messungen vorgenommen werden müssen. Nur wenn diese kleinen Veränderungen ziemlich genau berücksichtigt werden, kann der Windkanalversuch den erhofften Erfolg bringen.

Schließlich gilt es, die Praxis dadurch vor Mißerfolgen zu bewahren, daß man die rezeptemäßige Anwendung von Forschungsergebnissen verhütet. Hier gewährt die richtige Form der Darstellung von Untersuchungsergebnissen wertvolle Hilfe. Die Darstellung von aerodynamischen Meßergebnissen z. B. in der Polare ist übersichtlich und geläufig. Wichtig ist aber, wenn die Forschungsergebnisse unmittelbar im Entwurfsbüro verwertbar sein sollen, daß die physikalischen Zusammenhänge und Vorbedingungen scharf herausgearbeitet werden, so daß nicht nur der durch monatelange Beschäftigung mit diesen Sonderfragen Vertraute, sondern auch die über wenig Zeit verfügenden Praktiker über den Geltungsbereich der Messungen und deren Übertragbarkeit auf andere Verhältnisse unterrichtet sind.

Weiterbildung aerodynamischer Untersuchungsverfahren

Der Wunsch, die Gefahr, daß kleine Maßungenauigkeiten des Modells eine erhebliche Fälschung der Ergebnisse mit sich bringen, möglichst zu vermindern, führt zu Verwendung von Modellen, die für den Windkanal

---

*) Dipl.-Ing., Professor, Focke-Wulf Flugzeugbau A.-G., Bremen.

eigentlich schon zu groß sind. Aufgabe der Forschung muß es daher sein, auch für solche Fälle rechnerische Korrekturverfahren anzugeben, die die grundsätzlichen Fehler infolge Strahlablenkung und Krümmung ausgleichen. Vielleicht ist es auch möglich, versuchsmäßig die genannten Fehler überhaupt auszuschalten, etwa in der Weise, daß man Boden und Decke des Kanals als feste Wände ausbildet, die beiden Seiten dagegen offen läßt und so dem Strahl eine Gegenkrümmung gibt.

Ebenso wichtig sind Verfahren, mit deren Hilfe man Messungen, die an Einzelkörpern vorgenommen wurden, auf Anordnungen übertragen kann, in denen sich mehrere solcher Körper gegenseitig beeinflussen.

Zur anschaulichen Darstellung von Strömungsvorgängen besteht ein dringendes Bedürfnis nach einem verbesserten und vereinfachten Verfahren zur Sichtbarmachung der Strömung, das die Nachteile der bisher benutzten Fadensonde und Salmiaknebel vermeidet.

Wünsche an die Forschung

Große Aufmerksamkeit sollte die Forschung dem Einfluß des Kennwertes zuwenden, wenn auch hier die Schaffung großer Windkanäle schon eine große Verbesserung bedeutet. Diese Frage ist um so wichtiger, als in vielen Fällen, z. B. bei den mit sehr geringen Blattiefen arbeitenden Tragschrauber sehr niedrige Kennwerte auftreten. Strebenprofile in deutscher Normung haben bei kleinen Kennwerten gewisse Kleinstwerte des Widerstandes und bei doppeltem Kennwert (doppelter Geschwindigkeit) auch den doppelten Widerstand gezeigt. Schließlich bedarf der Zusammenhang zwischen Auftriebshöchstwert und Kennwert der Klärung.

Als weitere Aufgaben, denen sich die Forschung zuwenden sollte, sind zu nennen die Verfahren zur Beherrschung der Grenzschicht, (Abblasen, Absaugen, Spaltflügeln).

Die Ermittlung der Strömungsfelder hinter Auftriebskörpern wäre beispielsweise geeignet, die Abwindverhältnisse in der Leitwerkgegend zu klären. Die heute gebräuchlichen Formeln machen zuviel Voraussetzungen.

Viel ungeklärte Fragen liegen auch noch in bezug auf die gegenseitige Beeinflussung vor, wie sie z. B. beim Aufsetzen eines kleinen Körpers auf die Oberfläche eines großen Körpers auftritt. In diesen Rahmen gehören auch Untersuchungen über den Einfluß des Kühlers und schließlich allgemein die Aerodynamik der Durchströmungen; als Zusammenhang mit der Praxis sei auf das Einschließen des Sternmotors in eine NaCa-Haube oder einen Townend-Ring hingewiesen.

Eine wichtige Aufgabe liegt auf dem Gebiete der Reibungsforschung vor; hier gilt es, den Begriff der aerodynamischen Glätte durch Versuche festzulegen.

Ein weites Feld für theoretische Arbeiten, Windkanalmessungen und wissenschaftliche Fluguntersuchungen bietet die Frage nach den Eigenschaften und Einflüssen des Luftschraubenstrahles. Über Staudruck und Richtung des Luftschraubenstrahles fehlt ebenso eine allgemeine

Klarheit wie über dessen Einwirkung auf das Leitwerk, sein Verhalten in der Kurve u. a.

Schließlich gewinnen mit wachsender Fluggeschwindigkeit und erhöhter Schraubendrehzahl die Strömungsvorgänge bei Überschallgeschwindigkeit für die Profile der Luftschraube an Bedeutung.

Zusammenfassung

Auf dem Gebiete der aerodynamischen Forschung im allgemeinen und im besonderen in bezug auf die weitere Durchbildung aerodynamischer Untersuchungsverfahren erscheint also die Inangriffnahme und Lösung folgender Fragen besonders erwünscht:

Untersuchung großer Modelle,
Ausbildung von Korrekturverfahren,
verbesserte und vereinfachte Sichtbarmachung der Strömung,
Klärung der Kennwertfrage,
Beherrschung der Grenzschicht,
Abwindverhältnisse,
gegenseitige Beeinflussungen,
Aerodynamik der Durchströmungen,
Reibungsforschung (aerodynamische Glätte),
Erforschung des Luftschraubenstrahles,
Untersuchung der Strömungsvorgänge bei Überschallgeschwindigkeit.

Wünsche der Industrie für die aerodynamische Forschungstätigkeit der nächsten Zukunft

Von W. Günter*)

Vorgetragen am 1. Oktober 1934 in Aachen

In einzelnen Fällen sind in der Vergangenheit eine Anzahl Schwierigkeiten aufgetreten, die zum Teil erst nach Fertigstellung der Flugzeuge durch längere Versuche behoben werden konnten.

Obwohl es sich hierbei zum großen Teil um gleichartige Schwierigkeiten handelte, ist es uns leider bisher nicht möglich, diese zahlenmäßig voraus zu bestimmen oder sie für die Zukunft zu vermeiden. Es ist daher dringend erforderlich, sie so bald als möglich zu erforschen.

Bei den aufgetretenen Fragen handelt es sich in erster Linie um die Vorausbestimmung der Stabilität und Flugeigenschaften und erst in zweiter Hinsicht um die Leistungsvorausbestimmung und die Luftkraftverteilung für die statische Berechnung.

Fragen der Stabilität

Die erste Schwierigkeit ist die Vergrößerung des Abwindes durch den Schraubenstrahl. Diese bewirkt erstens eine unzulässig große Veränderung der Fluggeschwindigkeit beim Gasgeben und -wegnehmen und weiter eine in einigen Fällen katastrophale Verringerung der Stabilität.

Versuche, die Änderung des Abwindes zu berechnen, sind fehlgeschlagen. Auch mit den von der Engländerin Bradfield veröffentlichten Messungen ist nichts anzufangen, da die Ergebnisse ohne jeden erkennbaren Zusammenhang sind.

Diese Versuche ergeben eine Vergrößerung des Abwindes durch den Schraubenstrahl um 25 bis 280%. Vergegenwärtigt man sich nun, daß schon im Gleitflug ohne Einfluß des Schraubenstrahles die Herabsetzung der Leitwerkswirkung durch den Abwind etwa 50% beträgt, so kann man sich leicht ausrechnen, daß die Wirkung unter Umständen von 50% bis nahezu 0% herabgesetzt werden kann. Dies bedeutet aber eine so enorme Vergrößerung des Leitwerks, wie sie aus technischen Gründen nie in Frage kommt. Derartige Verhältnisse müssen daher unbedingt vermieden werden. Das ist aber mit Sicherheit nur möglich, wenn es gelingt, festzustellen, von welchen Faktoren die Abwindänderung abhängt, und wenn man die Größe rechnerisch vorausbestimmen kann.

Eine weitere Frage, die dringend der Klärung bedarf, ist die des Totwassers und Abwindes hinter Doppeldeckern. Für Eindecker ist dies von Petersohn im Jahre 1928[1]) in genügender Weise geschehen. Für Doppeldecker sind die Verhältnisse aber wesentlich unübersichtlicher.

---

*) Ernst Heinkel Flugzeugwerke G. m. b. H., Rostock.

[1]) Petersohn, Z. Flugtechn. Motorluftsch. Jg. 22 (1931) Nr. 10, S. 289.

Es ist daher zur Zeit nicht möglich, bei Neuentwürfen von vornherein das Leitwerk so anzuordnen, daß Abschattungen durch den Flügel mit Sicherheit vermieden werden. Bei diesen Untersuchungen würde es für die Praxis vielleicht am zweckmäßigsten sein, wenn man den Abwind mit einer Fühlfläche von der ungefähren Größe und Form eines normalen Leitwerks mißt, da man dann gleich den über das Gebiet integrierten Wert erhält. Hierbei müßte zweckmäßigerweise gleich die Verringerung des Leitwerkswirkungsgrades $\dfrac{d\,c\,n\,H}{d\,\beta}$ in Abhängigkeit von den verschiedenen Lagen bestimmt werden, indem man die Änderung der Resultierenden für eine bestimmte Drehung der Fühlfläche bestimmt.

Noch weniger als bei der Stabilität um die Querachse sind die Verhältnisse bei der Stabilität um die Längs- und Hochachse bekannt.

Wieweit wir hier noch zurück sind, sieht man am besten daraus, daß die Deutsche Versuchsanstalt für Luftfahrt und der Deutsche Luftfahrzeug-Ausschuß bisher noch keinerlei rechnerischen Nachweis zu verlangen pflegt. Um hier vorwärts zu kommen, schlagen wir nun vor, sich zunächst einmal mit dem Verhalten der Flugzeugeinzelteile zu beschäftigen, um damit die Grundlagen für eine zahlenmäßige Berechnung zu schaffen. Es müßten also z. B. von einigen typischen Rumpfformen mit luft- und wassergekühlten Motoren die Momentenbeizahlen um die Hochachse sowie die Querkräftebeizahlen bestimmt werden. Auch die Querkräfte von schräg angeblasenen Rädern mit und ohne Verkleidungen sind noch völlig unbekannt.

Gehen wir von der Stabilität weiter zu der Steuerung, so interessiert uns besonders die zweckmäßigste Ausbildung der Quersteuerung für Maschinen mit Landeklappen, wobei natürlich anzustreben ist, die Landeklappen über den ganzen Flügel auszudehnen. Diese Versuche müßten jedoch unbedingt gleichzeitig durch Flugversuche nachgeprüft werden.

Messungen an Luftschrauben

Bei der Vorausbestimmung der Flugleistungen ist der ungenügende Meßbereich der vorhandenen Luftschraubenversuchsreihen einer der größten Mißstände. Die Verwendung von Höhenmotoren mit beträchtlichen Volldruckhöhen, wie sie heute für militärische Zwecke erforderlich sind, macht unbedingt eine genaue Vorausbestimmung des Drehzahlabfalles in Bodenhöhe erforderlich. Durch die ständige Steigerung der Fluggeschwindigkeit hat sich nun, da die Umfanggeschwindigkeit ja nicht über einen bestimmten Wert vergrößert werden kann, der Fortschrittsgrad $v/n\,D$ ständig vergrößert, so daß wir uns bereits jenseits des Meßbereiches der amerikanischen und deutschen Versuchsreihen befinden und uns daher zur Zeit mit einer höchst unsicheren Extrapolation begnügen müssen. Bei der mit Sicherheit zu erwartenden weiteren Steigerung der Flugzeuggeschwindigkeiten wird dies nicht mehr möglich sein. Wir schlagen daher vor, je eine Reihe Metall- und Holzschrauben bis mindestens zum Wert $v/n\,D = 1{,}8$ durchzumessen.

Für die Berechnung des Startes, der bei Schnellflugzeugen mit hohen Schraubensteigungen wegen des schlechten Standschubes dieser Schrauben schwierig ist, ist es unbedingt nötig, den Standschub dieser Schrauben zu bestimmen. Ebenso ist die Kenntnis des Verhaltens der Luftschrauben im Sturzfluge wichtig. Bei allen diesen Messungen würde es zweckmäßig sein, wenn Schraubenformen gewählt würden, die den bei den bisherigen Meßreihen benutzten möglichst ähnlich sind, also z. B. die Helmboldsche Normalform. Der dritte Teil der erforderlichen Messungen würde, wie oben schon erwähnt, die

Fragen der Lastverteilungen

über die einzelnen Flugzeugteile betreffen. Die infolge der Geschwindig-keitserhöhung und der ständig größer werdenden Abmessungen immer schwieriger gewordenen statischen Verhältnisse machen die Ausnutzung jeder Möglichkeit zur Gewichtsverringerung zur Pflicht. Die größte Un-sicherheit ist aber bei der statischen Berechnung zweifellos die ungenügende Kenntnis der aerodynamischen Kräfteverteilung, die ja daher rührt, daß bei den weitaus meisten Messungen immer nur die Summe der wirken-den Kräfte, aber nicht ihre Verteilung gemessen ist. Wichtig ist für die statische Berechnung sowohl die Kenntnis der Verteilung längs der Spann-weite, als auch über die Tiefe.

Als besondere Beispiele, deren weitere Klärung notwendig erscheint, sind zu nennen: die Verteilung der Luftkräfte über Spannweite und Tiefe bei Flügeln mit Landeklappen und Flügelendschlitzen. Die Messung, die bei Flugzeugen mit Pfeilform auch für die Stabilität um die Querachse von grundlegender Bedeutung ist, müßte sich natürlich auch über den Bereich erstrecken, in dem die Strömung im Flügelmittelteil bereits ganz abge-rissen ist. Ebenso ist es unbedingt erforderlich, die Lastverteilung auf Ober- und Unterflügel bei Doppeldeckern systematisch zu untersuchen. Bei Doppeldeckern mit erheblich ungleicher Spannweite, wie sie wegen der besseren Sicht häufig angewandt werden, wäre die Prüfung der Vertei-lung der Luftkräfte über die Spannweite des größeren Flügels infolge der Störung durch den kleineren Flügel erforderlich. Letztere Untersuchung ist auch für die Flugeigenschaften wegen der Möglichkeit des Abreißens der Strömung an den Enden des größeren Flügels wichtig. Für die statische Berechnung von Rudern, Querrudern und Landeklappen ist fast stets nur das Moment um die Drehachse und die Änderung der Luftkraft auf das ganze Profil gemessen, während die Größe der auf die Klappe selbst wir-kenden Querkraft leider noch unbekannt ist. Auch hier ist eine Klärung dringend erforderlich.

Bei allen hier angeführten Problemen muß man sich darüber klar sein, daß Einzelmessungen wenig Wert haben, da die Verhältnisse in der Praxis wegen der zahlreichen Veränderungen doch immer wieder anders liegen. Es ist also nötig, den Einfluß aller Veränderungen durch systematische Meßreihen zu untersuchen. Für selbstverständlich halte ich, daß bei Festlegung des Versuchsprogrammes neben den Erfordernissen der Praxis

die Möglichkeit der theoretischen Auswertung und Klärung, die natürlich mit allen Mitteln versucht werden sollte, berücksichtigt wird.

Ebenso wichtig, wie diese in jedem normalen Windkanal ausführbaren
Versuche, ist aber der weitere Ausbau der Versuche am fliegenden Flugzeug.

Anzustreben ist hier eine möglichst weitgehende zahlenmäßige Festlegung von allem, was man unter guten Flugeigenschaften versteht,
also z. B. Steuerdrücke, Empfindlichkeit usw. Am zweckmäßigsten
würde es sein, wenn man sich zum Bau eines speziellen Versuchs-Flugzeuges
entschließen würde, an dem man z. B. den Einfluß verschiedener Flügel-
formen, Klappenanordnungen, Schlitzen usw. aus Leistungen und Eigenschaften im Fluge prüfen könnte. Ich glaube, daß man so in vielen Dingen
schneller und billiger als mit großen Kanälen vorwärts kommt.

Versuche zur Sichtbarmachung von Stromlinien

Von A. Lippisch*)

Vorgetragen am 28. Mai 1934 in Darmstadt

Die Versuche zur Sichtbarmachung von Stromlinien bilden neben den Kraftmessungen im Windkanal die versuchsmäßige Unterlage zu Erkenntnissen auf dem Gebiete der Aero- und Hydrodynamik.

Bisherige Verfahren

Versuche dieser Art wurden frühzeitig begonnen und werden auch heute noch an den verschiedensten Stellen durchgeführt. Befriedigende Lösungen zur Darstellung der Strömung sind bisher lediglich bei der Verwendung von Wasser oder anderen Flüssigkeiten gelungen. Es sei hierbei nur an die bekannten Arbeiten von Prandtl-Tietjens und Alborn erinnert. Die mit Wasserströmung hergestellten Stromlinienbilder sind zweifellos eine wertvolle Stütze bei der theoretischen Betrachtung ebener Strömungsvorgänge. Es ist weiterhin mit Erfolg gezeigt worden, daß man die reine Potentialströmung durch Flüssigkeitsbewegung bei sehr geringer Geschwindigkeit herstellen kann.

Weitaus schwieriger gestalten sich die Verhältnisse, wenn man es sich zur Aufgabe macht, die Strömungsvorgänge in Luft sichtbar zu machen, und man kann wohl sagen, daß wir auch heute noch keine befriedigende Lösung dieser Aufgabe kennen. Es ist naturgemäß am naheliegendsten, durch Einführung von Rauch eine Sichtbarmachung der Luftströmung zu versuchen. Hierbei treten jedoch grundsätzliche Schwierigkeiten ein, die darin bestehen, daß die durch Rauch kenntlich gemachten Stromlinien sehr schnell zerfallen, also nur auf einen kurzen Bereich sichtbar sind. Infolge Turbulenz der ganzen bewegten Luftmasse tritt eine Vermischung ein, und es ist vielfach gar nicht möglich, Stromlinien an den Stellen zu erhalten, an denen die Untersuchung besonderer Erscheinungen durchgeführt werden soll. Das bekannteste Gerät dieser Art ist die von der Aerodynamischen Versuchsanstalt, Göttingen, entwickelte Rauchfadensonde.

Man hilft sich deshalb vielfach dadurch, daß man einem Beispiel Eiffels folgend am Modell oder auch in der Strömung leichte Seiden- oder Wollfäden anbringt, die sich in die Strömungsrichtung einstellen und es gestatten, gewisse Aufschlüsse über den Strömungsvorgang zu erreichen. Vollständig befriedigend ist dieses Verfahren auch nicht, da man kein zusammenhängendes Stromlinienbild erhält und Rückschlüsse auf die Geschwindigkeitsverteilung und auf den Verlauf einer bestimmten Stromlinie nicht ohne weiteres möglich sind.

Die besten Ergebnisse zur Stromliniendarstellung in Luft sind wohl durch ein in England erprobtes Verfahren erreicht worden. Bei diesem

---

*) Ing., Deutsches Forschungsinstitut f. Segelflug (DFS), Griesheim bei Darmstadt.

werden einzelne Luftschichten durch Hitzdrähte erwärmt und die Strömung durch Ausleuchten mit einer punktförmigen Lichtquelle sichtbar gemacht. Natürlich tritt auch zwischen den Luftschichten mit verschiedener Temperatur eine Durchmischung ein. Im übrigen ist es auch in diesem Falle nur möglich, ebene Strömungsvorgänge zur Darstellung zu bringen. Die Stromfäden selbst werden im einzelnen auch nicht in scharfer Abgrenzung sichtbar, wie man es in vielen Fällen zur Klärung bestimmter Probleme brauchen würde.

Bedeutung der Sichtbarmachung von Stromlinien

Die zahlreichen Versuche zur Sichtbarmachung der Luftströmung zeigen jedoch anderseits, daß es notwendig ist, zur Klärung zahlreicher Probleme eine einwandfreie Sichtbarmachung zu erreichen. In vielen Fällen genügt die Kraftmessung nicht, um die Ursache bestimmter Erscheinungen feststellen zu können. Anderseits muß man bei der theoretischen Behandlung von Strömungsvorgängen notwendigerweise Vereinfachungen einführen, die vielfach nur dann richtig erkannt werden, wenn die Anschauung Wesentliches und Unwesentliches bei der Behandlung des betreffenden Strömungsvorganges zu trennen imstande ist.

Die Stromliniendarstellung ist weiterhin wohl das brauchbarste Lehrmittel zur Einführung in die Gesetze der Aerodynamik. Was weitläufige Erklärungen nur umständlich vermitteln können, läßt sich durch einen einfachen Versuch mit sichtbarer Stromliniendarstellung leicht und anschaulich erläutern und insbesondere die Einführung in die grundlegenden Probleme kann mit Hilfe einer einwandfreien Stromliniendarstellung vermittelt werden. Man kann wohl sagen, daß ein Verfahren zur Sichtbarmachung der Stromlinien ein geradezu unerläßliches Hilfsmittel für den flugtechnischen Unterricht darstellt.

Von diesem letzten Gesichtspunkt ausgehend hat der Verfasser den Versuch gemacht, ein

Gerät zur Sichtbarmachung von Stromlinien

herzustellen und es hat sich bei diesen Versuchen gezeigt, daß der Ausbau der vorgesehenen Einrichtung auch für rein wissenschaftliche Untersuchungen möglich ist. Die Vorrichtung beschränkt sich vorderhand auf die Darstellung ebener Strömungsvorgänge, um damit die Grundlagen für eine Weiterarbeit auf diesem Gebiete zu gewinnen.

Der Windkanal, in dem die Stromlinien sichtbar gemacht werden sollen, ist im Querschnitt ein schmales, hohes Rechteck, dessen Wände aus Glas hergestellt sind. Zwischen diesen Wänden befindet sich das Modell, mit über die Kanalbreite gleichbleibendem Querschnitt. Das Modell schließt dicht gegen die Wände des Kanals ab. Die Luft wird nun durch diesen schmalen, rechteckigen Windkanal durchgesaugt. Da ja in die Strömung, wie später erläutert wird, Rauchfäden eingeführt werden, muß stets frische Luft angesaugt werden, da die Luftmenge sonst nach kurzer Zeit mit Rauch gesättigt ist.

Die Luft tritt durch eine Düse mit starker Querschnittsverengung in den Kanal ein. An Stelle einer üblichen Gleichrichteranlage vor der Düse sind mehrere feine Drahtgazegitter hintereinander angeordnet. Es hat sich auf Grund der Versuche herausgestellt, daß zur Herstellung einer vollkommen gleichförmigen Strömung die übliche Gleichrichterbauweise nicht ausreicht. Die Gazegitter dagegen dämpfen alle von außen kommenden Unregelmäßigkeiten in der Anströmung vollständig ab, so daß die Strömung hinter den Gittern vollständig gleichförmig verläuft. In den konvergenten Teil der Düse wird nun durch feine Röhrchen Rauch eingeführt. Dieser Rauch wird in einer besonderen Anlage erzeugt und mit Hilfe eines Gebläses in die Düse gefördert. Durch Feinregelung des Druckes wird die geförderte Rauchmenge so bemessen, daß beim Ausströmen aus den Röhrchen kein Geschwindigkeitsunterschied zwischen der Luft und dem Rauch entsteht. Es gelingt dadurch, ein Feld von Rauchfäden über die ganze Länge des Kanals zu erhalten. Die Rauchfäden selbst zerfallen nur an denjenigen Stellen des untersuchten Körpers, an denen eine Wirbelbildung durch Ablösungserscheinungen eintritt. Das Prinzip der Anlage besteht also im wesentlichsten darin, daß die Rauchfäden nicht in der Meßstrecke selbst, sondern im konvergenten Teile der Düse in die Strömung eingeführt werden, wobei die Austrittsgeschwindigkeit des Rauches stets so bemessen ist, daß Geschwindigkeitsunterschiede zwischen dem Rauchfaden und der übrigen Luftmenge nicht eintreten. Sehr wesentlich ist hierbei die vollständige Beruhigung der in die Düse eintretenden Luftmenge. In den meisten Windstromanlagen, die für Kraftmessungen gebaut werden, ist diese Vorbedingung nicht erfüllt, weshalb es auch nicht möglich ist, dort auf längeren Strecken Stromlinien sichtbar zu machen. Die von uns gebaute

erste Versuchsanlage

ist aus der Übersichtszeichnung, Abb. 1, zu ersehen. Der in einem Rauchentwickler erzeugte Rauch tritt in einen Sammelbehälter B ein. Von hier aus läuft der Rauch durch Glasröhrchen mit Zwischenschaltung von Gummischläuchen in den Rauchverteiler V, aus dem die Röhrchen frei

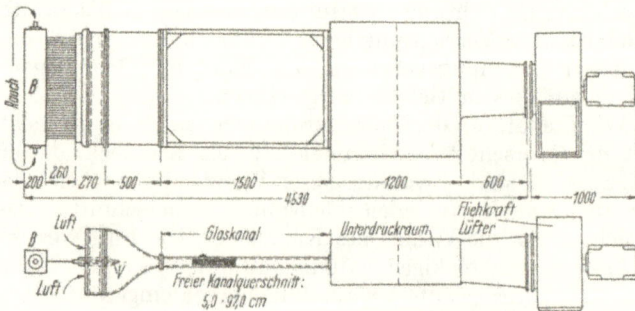

Abb. 1. Skizze der ersten Versuchsanlage.
B Sammelbehälter für den Rauch, V Rauchverteiler.

in die Düse hineinragen. Aus der Schnittzeichnung der Düse, Abb. 2, geht die Bauweise im einzelnen hervor. Der Rauchverteiler ist also in einem in der Mitte der Düse befindlichen Schlitz geführt, so daß die Stellung der Röhrchen durch Klemmschrauben noch nachträglich justiert werden kann. Am Ende des Glaskanals befindet sich ein größerer Unterdruckbehälter, aus dem die Luft durch einen Ventilator abgesaugt wird. In diesem Unterdrucksraum sind ebenfalls Beruhigungsgitter eingebaut, damit die Schwingungen im Ventilator sich nicht auf den Luftstrom übertragen. Der Kanal ist durch Hochklappen der vorderen Glaswand zum Einbau von Modellen zugänglich. Die hintere Glaswand ist durchbohrt und trägt Lager zur Anbringung der Modelle. Mit Hilfe mehrerer konzen-

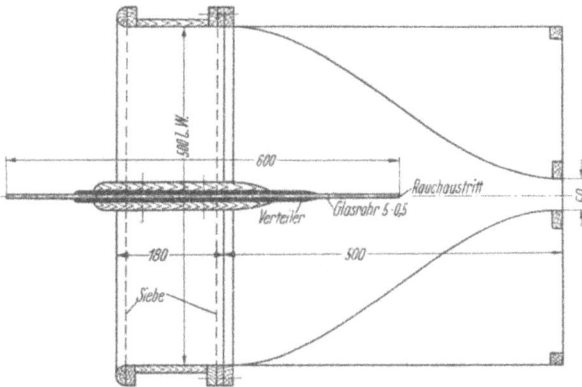

Abb. 2. Schnitt durch die Ansaugdüse.

trischer Rohrwellen können Antriebe für Klappen, Einstellwinkeländerung oder weitere Vorrichtungen angebracht werden. Diese Antriebe sind so beschaffen, daß man während des Betriebs die Einstellungen beliebig verändern kann. Dadurch können auch Beobachtungen über den Strömungsverlauf während der Einstellwinkeländerung oder im Augenblick eines Klappenausschlags beobachtet werden.

Um nun die durch den Kanal laufenden Rauchfäden möglichst gut sichtbar zu machen, ist eine besondere Beleuchtung der Rauchfäden notwendig. Die Beleuchtungseinrichtung ist hinter dem Glaskanal so angebracht, daß sie den Beschauer nicht blendet und das Licht nur auf den Seiten in die Versuchsstrecke wirft. Hinter dem Kanal ist eine schwarze Wand aufgestellt, so daß die nun stark erleuchteten weißen Rauchfäden gegen einen dunklen Hintergrund sichtbar werden.

Durch Regelung des Ventilatormotors kann die Strömungsgeschwindigkeit im Kanal geregelt werden.

Die anfangs größten Schwierigkeiten waren bei der Raucherzeugung zu überwinden. Bei Vorversuchen zur Raucherzeugung wurde die gleiche Methode wie bei der Göttinger Rauchfadensonde angewendet. Der Ammoniakrauch hat jedoch eine Reihe sehr unangenehmer Eigenschaften. Nach kurzer Betriebszeit verstopfen die Zuleitungen, da sich das Salz an den Wänden niederschlägt. Weiterhin werden von dem Rauch alle Metallteile angegriffen und der ätzende Geruch erschwert ein längeres Arbeiten mit solcher Raucherzeugung. Deshalb wurden die Versuche auf Tabaksrauch umgestellt. Aber auch hierbei ist der Geruch auf die Dauer sehr störend und die Röhrchen werden durch Niederschlag der verschiedenen Destillate verstopft. Ein brauchbares Mittel zur Raucherzeugung wurde schließlich in einem Präparat »Euscol« gefunden, welches zur Raucherzeugung in der sog. Imkerpfeife hergestellt wird. Es handelt sich hier um ein aus pflanzlichen Stoffen hergestelltes torfartiges Produkt. Der Euscol-Rauch ist sehr dicht, bei rein weißer Färbung, und der Geruch ist auf die Dauer weniger störend als der Tabakrauch. Im übrigen ist der Betrieb wesentlich billiger als mit Tabak. Ich möchte jedoch hier erwähnen, daß die Verwendung von Euscol auch noch nicht völlig befriedigt, weil das Ver-

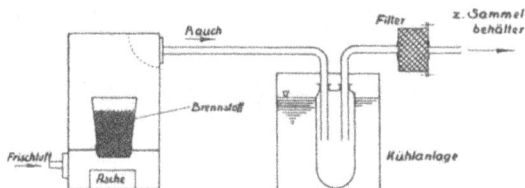

Abb. 3. Raucherzeuger.

stopfen der Röhrchen durch die teerartigen Destillate noch nicht überwunden ist. Man muß also nach längerem Betrieb die Röhrchen stets putzen, was die Arbeiten naturgemäß erheblich verzögert. Es sind deshalb Versuche im Gange, ein anderes organisches Produkt zu finden, welches möglichst wenig Niederschlag in den Zuleitungen erzeugt.

Das Schema der Rauchentwickleranlage ist in Abb. 3 dargestellt. In einem Rauchofen wird das in Glut gebrachte Material verbrannt, von hier aus wird der Rauch in eine Kühlanlage und von da in einen Filter geleitet. Der aus dem Filter austretende Rauch wird dann dem Sammelbehälter (Abb. 1) zugeführt. Bei der ursprünglichen Rauchentwicklung wurde in den Ofen aus einem Ventilator Druckluft eingeblasen. Durch Regelung der eingeblasenen Luftmenge wurde die Austrittsgeschwindigkeit des Rauches in der Düse geregelt. Inzwischen wurde diese Bauweise verlassen und ein zur Zeit in der Erprobung befindlicher Rauchofen konstruiert, in dem sich unten die Verbrennungskammer befindet und in einem darüber befindlichen Behälter die Reinigungs- und Kühleinrichtungen eingebaut sind. Der Rauch wird sodann durch einen Fliehkraftlüfter aus dem Rauchofen abgesaugt und von hier aus dem Sammelbehälter zugeführt. Dadurch arbeitet der Rauchofen mit Unterdruck, so daß geringe Undichtigkeiten keine Störungen verursachen. Bei der ursprünglichen Rauchanlage war nämlich die Abdichtung des Rauchofens nur unvollkommen zu erreichen, so daß meist nebenbei Rauch in den Versuchsraum ausblies. Im übrigen hat sich gezeigt, daß durch die Absaugung und die Art der Verbrennung weniger Teerprodukte destilliert werden.

Versuchsaufnahmen

Im folgenden seien nun einige Lichtbilder gezeigt, die mit der Anlage ausgeführt werden konnten. Die Bildreihe Abb. 4 zeigt verschiedene Phasen der Strömung um eine senkrecht zum Luftstrom angeordnete Platte. Hierbei tritt bekanntlich eine periodische Wirbelablösung in der Form einer Karmanschen Wirbelstraße ein. Die Frequenz der Ablösung ändert sich mit der Anblasgeschwindigkeit, und man kann in einer solchen Anlage mit sichtbaren Stromlinien diese Zusammenhänge besonders gut beobachten. Die Bildreihe der Abb. 4 ist von oben nach unten so angeordnet, daß man die Bildung der sich periodisch an der Ober- und Unterkante der Platte ablösenden Wirbel gut erkennen kann. Man sieht, daß der Einfluß der Wirbelstraße sich auf das ganze dargestellte Strömungsgebiet erstreckt. Auch die Stromlinien vor der Platte schwingen mit der Frequenz der Wirbelstraße, was besonders gut an der Verlagerung des Staupunktes beobachtet werden kann.

Die Aufnahmen wurden bei kleiner Windgeschwindigkeit gemacht, da bei höheren Geschwindigkeiten die noch kürzeren Belichtungszeiten wegen der Beleuchtungsverhältnisse nicht angewendet werden konnten.

Die zweite Bildreihe Abb. 5 zeigt Stromlinienaufnahmen um einen Flügelschnitt bei verschiedenen Anstellwinkeln. Auch bei diesen Aufnahmen ist die Strömungsgeschwindigkeit noch sehr klein, jedoch konnten inzwischen auch Versuche mit größeren Geschwindigkeiten ausgeführt werden, die ebenfalls eine einwandfreie Abbildung der Stromlinien durch Rauchfäden ergaben. Aus dem oben angeführten Grunde konnten Lichtbilder hiervon leider noch nicht hergestellt werden.

Die in der vorliegenden Abbildung erkennbare frühzeitige Ablösung hängt also damit zusammen, daß die Strömung bei einem kleinen Kennwert von etwa $E = 1000$ bis 2000 stattfindet. Bei großen positiven und negativen Anstellwinkeln erkennt man die in diesem Falle unsymmetrische Ablösung einer Wirbelstraße. Die teilweise ungleichen Abstände zwischen den einzelnen Stromlinien rühren davon her, daß Verstopfungen in den Zuleitungen eingetreten waren. Man kann jedoch gerade deshalb bei den vorliegenden Bildern die gleichen Stromlinien bei verschiedenen Anstellwinkeln des Profils gut identifizieren. Das verwendete Flügelstück hat das NACA-Profil Clark-Y. Der auf den Bildern sichtbare senkrechte weiße Strich ist die Antriebsstange zur Anstellwinkelveränderung.

Die nächste Bildreihe Abb. 6 zeigt Aufnahmen der Strömung um einen Kreiszylinder, die als Ausschnitt aus einem Zeitlupenfilm hergestellt wurden. Um die Geschwindigkeitsverteilung im Strömungsquerschnitt besonders deutlich zu machen wurde die Rauchförderung »punktiert«, d. h. die Rauchförderung wurde in kurzen Abständen unterbrochen, so daß lediglich nacheinander kurze Rauchwolken aus den Düsen austreten. Man erhält auf diese Weise gute Aufschlüsse über die Geschwindigkeitsverteilung, was im Hinblick auf den vorliegenden Versuch besonders interessant ist.

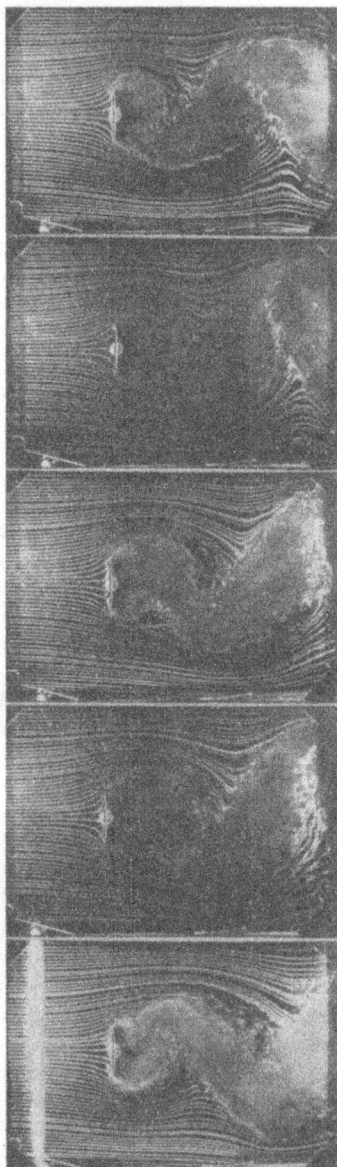

Abb. 4. Strömung um eine senkrechte
Platte.

Abb. 5. Strömung um einen Flügelschnitt bei verschiedenen Anstellwinkeln.

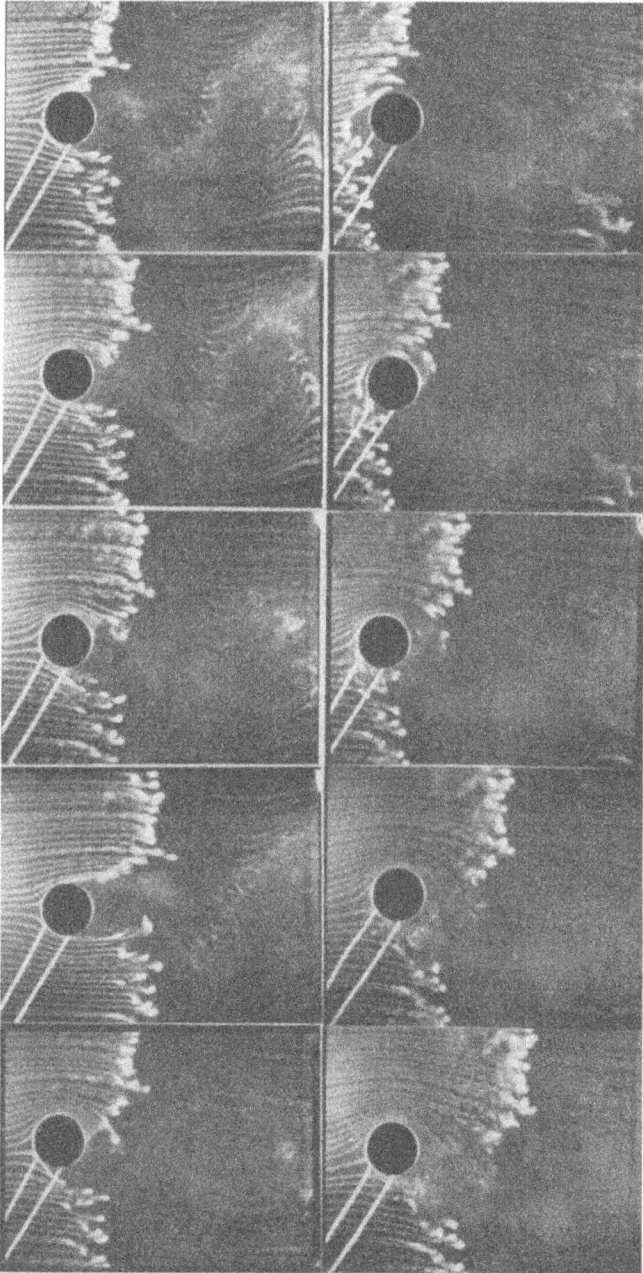

Abb. 6. Strömung um einen umlaufenden Kreiszylinder.

Der Kreiszylinder befindet sich anfangs in Ruhe und wird sodann langsam in Drehung versetzt, so daß sich die bekannte Auftrieb erzeugende Strömung an rotierenden Zylindern einstellt. Man erkennt nun sehr gut die geänderte Geschwindigkeitsverteilung infolge der zusätzlichen Zirkulationsströmung durch das Voreilen der oberen Rauchwolken und das Zurückbleiben der unteren Stromlinien. Das Wirbelfeld hinter dem Zylinder ist infolge der Ablösung sehr breit. Eine Tatsache, die durch den großen Widerstand des rotierenden Zylinders bekannt ist.

Die letzte Bildreihe Abb. 7 stellt ebenfalls einen Ausschnitt aus einem Zeitlupenfilm dar, und zwar wurde in diesem Falle die Strömung um den Tragflügelabschnitt mit Clark-Y-Profil bei schneller periodischer Änderung des Anstellwinkels aufgenommen. Bekanntlich tritt in diesem Falle das Abreißen erst nach der Einstellung des großen Anstellwinkels ein und im ersten Augenblick folgt die Strömung auch auf der Oberseite des Profils noch der Anstellwinkeländerung. Dadurch ist es möglich, daß für ganz kurze Zeit ein wesentlich größerer Auftriebsbeiwert zustande kommt, als dies im stationären Zustand der Strömung möglich war. Aus den Lichtbildern ist der Vorgang deutlich zu verfolgen, und man kann auf diesem Wege einen sehr guten Einblick in diese besonders interessanten Strömungsvorgänge gewinnen. Gerade für solche Untersuchungen eignet sich die von uns ausgeführte Anordnung im hohen Maße, und es gibt wohl keinen anderen Weg, zu eindeutigeren Erkenntnissen über die Vorgänge zu gelangen.

Wie bereits erwähnt, sind eine Reihe von Verbesserungen an der geschilderten Einrichtung zur Zeit in Erprobung. Einmal wurde die Raucherzeugung auf Unterdruckbetrieb umgestellt, wobei sich zeigte, daß die Verstopfung der Glasröhrchen beträchtlich vermindert wird. Weiterhin wurde bereits festgestellt, daß an Stelle des Rauchmittels Euscol zur Raucherzeugung sog. faules Holz vorteilhaft Verwendung findet. Dieser Rauch enthält weniger Teerdestillate und hat ebenfalls eine weiße, gut sichtbar zu machende Farbe. Die weiteren Versuche bezwecken die Vergrößerung der Strömungsgeschwindigkeit in der vorhandenen Anlage. Es wurde festgestellt, daß ein Zerfallen der Rauchfäden auch bei größeren Geschwindigkeiten über 10 m/s nicht eintritt, allerdings muß sehr sorgfältig jede Störung in der Anströmung vermieden werden.

Eine Anlage zur Sichtbarmachung der Strömung in einem Kanal von quadratischem Querschnitt ist in Angriff genommen.

Die vorliegenden Arbeiten wurden von der Gruppe Aerodynamik der Techn. Abteilung des DFS ausgeführt, und zwar von den Herren Dipl.-Ing. Hubert und Dipl.-Ing. Hamburger, denen für das Zustandekommen der Versuche mein besonderer Dank gebührt.

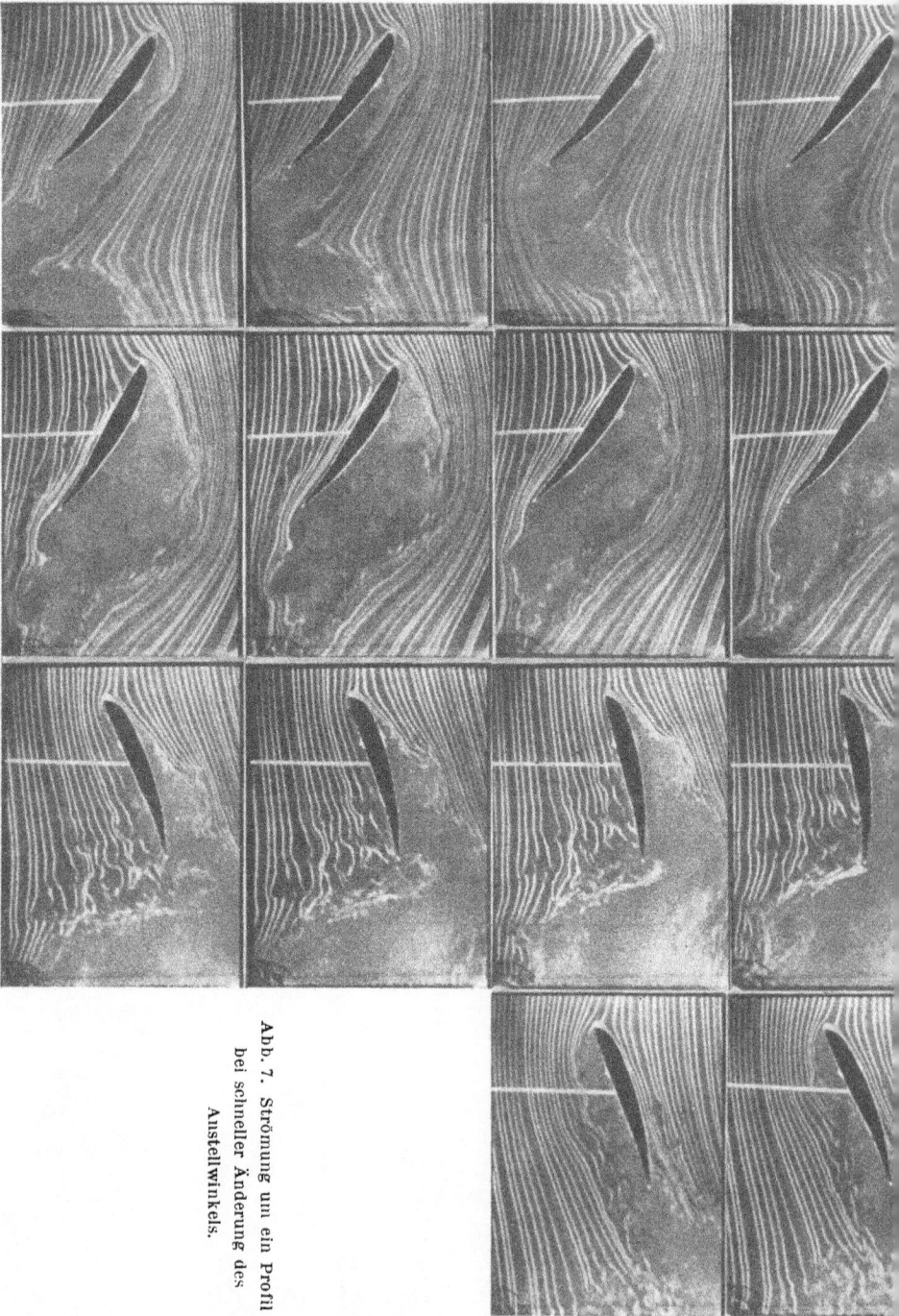

Abb. 7. Strömung um ein Profil
bei schneller Änderung des
Anstellwinkels.

Über die Auswertung von Gleitflächenversuchen

Von A. Sambraus*)

Vorgetragen am 13. Dezember 1934 in Hamburg

Die Startfähigkeit von Flugbooten ist abhängig von der Ausbildung des Bodens sowohl vor wie hinter der Stufe. Systematische, meist von der Industrie durchgeführte Versuche ermöglichten es, schon lange bevor man einen theoretischen Einblick in die Strömungsverhältnisse gewonnen hatte, dem Bootsboden schon beim Entwurf eine günstige Form zu geben. Die theoretische Fassung des Problems bot erhebliche Schwierigkeiten und führte, obwohl sie sich nur auf die Vorgänge im Bereich des Gleitbodens bis zur Stufe beschränkt, fürs erste zu wenig übersichtliche Lösungen.

Bisherige Untersuchungen

Um den Fall schnellen Gleitens zu klären, vernachlässigte H. Wagner[1]) die Erdschwere. Er zeigte uns, daß beim schnellen Gleiten bei sehr (unendlich) kleinen Anstellwinkeln die Auftriebskraft auf eine Gleitfläche genau halb so groß ist wie die auf einen gleichgeformten unendlich dünnen Tragflügel, dessen Grundriß der Kontur der benetzten Fläche (Druckfläche) entspricht (Tragflügelvergleich).

Der Versuch, die Wagnersche Theorie durch die von Sottorf mitgeteilten Ergebnisse von Versuchen mit ebenen Gleitflächen zu bestätigen, hatte bei k u r z e n Platten sowohl bei kleinen wie bei großen Anstellwinkeln im ganzen Bereich der im Sottorfschen Programm enthaltenen Froudeschen Zahlen ein befriedigendes Ergebnis. Bei l a n g e n Platten jedoch war die Übereinstimmung sehr unbefriedigend. Dies konnte zu einem Teil auf den mit großer Plattenlänge wachsenden Einfluß der E r d s c h w e r e zurückzuführen sein. Zum anderen Teil ist zu beachten, daß die Wagnersche Theorie für den Fall langer Gleitflächen nur für sehr (unendlich) kleine A n s t e l l w i n k e l gilt. Die Unterschiede zwischen Theorie und Versuch konnten also auch darauf zurückzuführen sein, daß die Annahme unendlich kleiner Anstellwinkel für den Sottorschen Versuchsbereich keine hinreichende Annäherung darstellte.

Bezeichnungen

Gleitfläche	Tragflügel	
	v	Plattengeschwindigkeit
	b	Plattenbreite (senkrecht zu v)
	l	Plattenlänge (in Richtung v) (bei Gleitfläche = Fläche der Druckfläche, geteilt durch b)

---

*) Dr.-Ing., Flugtechn. Institut d. Techn. Hochschule Berlin.

[1]) Vortrag auf der Tagung der Schiffsbautechnischen Gesellschaft im Jahre 1932 (Jahrb. d. Schiffbautechn. Gesellsch. 1933, S. 205).

Gleitfläche | Tragflügel

β — Anstellwinkel

$t = l\,\beta$ — Eintauchtiefe

g — Erdbeschleunigung

$\varrho = \dfrac{\gamma}{g}$ — Dichte

$\mathfrak{F} = \dfrac{v}{\sqrt{b\,g}}$ — Froudesche Zahl

G_v — Vordere Plattenbelastung

G_h — Hintere Plattenbelastung

$v_i = v\,\beta$ — Abwärtsgeschwindigkeit der Flüssigkeit an der Platte

B | B' — Bewegungsgröße der abwärts bewegten Flüssigkeitsmasse

$m_0 = \dfrac{\varrho}{2}\,\dfrac{\pi\,b^2}{4}$ | $m_0' = \varrho\,\dfrac{\pi\,b^2}{2}$ — Auf v_i reduzierte, pro Länge »Eins« abwärts bewegte Masse bei u n e n d - l i c h k l e i n e m Anstellwinkel

m | m' — Auf v_i reduzierte, pro Länge »Eins« abwärts bewegte Masse bei e n d - l i c h e m Anstellwinkel

R_0 | R_0' — Platten-Normalkraft bei u n e n d l i c h k l e i n e m Anstellwinkel

R | R' — Platten-Normalkraft bei e n d l i c h e m Anstellwinkel

$A_0 = R_0 \cos\beta$ | $A_0' = R_0' \cos\beta$ — Auftriebskraft bei u n e n d l i c h k l e i - n e m Anstellwinkel

$A = R \cos\beta$ | $A' = R' \cos\beta$ — Auftriebskraft bei e n d l i c h e m Anstellwinkel

$\mu = \dfrac{m}{m_0} = \dfrac{A}{A_0}$ | $\mu' = \dfrac{m'}{m_0'} = \dfrac{A'}{A_0'}$ — Verhältniszahl

$W = R \sin\beta$ — Widerstand.

Durchführung der Versuche

Zweck der Versuche war nun, diese Unterschiede zwischen Theorie und Versuch bei großen Plattenlängen zu klären, also den Einfluß der Erdschwere und den des endlichen Anstellwinkels soweit als möglich zu trennen.

Zu diesem Zwecke wurden in der »Versuchsanstalt für Wasserbau und Schiffbau in Berlin« mit dem Schnellwagen Versuche mit möglichst großer Froudescher Zahl, also mit möglichst großer Versuchsgeschwindigkeit und möglichst schmalen ebenen Platten durchgeführt (Abb. 1).

Die Geschwindigkeit wurde gegenüber den Sottorfschen Versuchen auf etwa das Doppelte gesteigert (von 9,5 auf 16 m/s). Die Plattenbreite wurde von 30 cm auf 15 cm erniedrigt. Dadurch wurde die Froudesche

Zahl $\mathfrak{F} = \dfrac{v}{\sqrt{bg}}$ auf den 2,35 fachen Wert gesteigert. Besonders weitgehend ist die Ergänzung bei den Versuchen mit langen Platten und großem
Belastungsgrad, die Sottorf nur bis 6 m/s Geschwindigkeit untersucht hat.

Auf die Versuchseinrichtung, die im wesentlichen der von Sottorf
entspricht, gehe ich der Kürze halber nicht näher ein. Ich erwähne nur,
daß großer Wert darauf gelegt wurde, die Kontur der vom Wasser gedrückten Fläche möglichst genau festzustellen. Zu diesem Zwecke wurde
die aus Glas bestehende Platte während jedes Versuches mehrfach photographiert. Die Platten waren beim Versuch frei einstellbar gelagert und

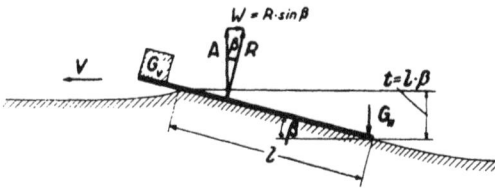

G_v und G_n = Vordere und hintere
Gleitflächen-Belastung.

Abb. 1. Meßgrößen bei der Versuchsdurchführung.

wurden durch Gewichte belastet; die Größe und Schwerpunktslage des
Gewichtes wurden verändert. Als Versuchsergebnis wurden wie bei Sottorf

1. die sich einstellende Länge l der Druckfläche,
2. der sich einstellende Anstellwinkel β der Gleitfläche und
3. der Widerstand der Gleitfläche

festgestellt. Die Größe der Gewichtsbelastung wurde so gewählt, daß für
jede Geschwindigkeit (für jede Froudesche Zahl $\mathfrak{F}$) je eine Versuchsreihe
für die drei Belastungsgrade $\dfrac{R}{\dfrac{\varrho}{2}\,v^2\,b^2} = 0{,}218;\ 0{,}109;\ 0{,}0545$ vorlagen[2]).

Versuchsergebnisse

Abb. 2 bis 4 zeigt das Ergebnis der Versuche. Als Abszisse ist $1/\mathfrak{F}^2$, der
Kehrwert des Quadrates der Froudeschen Zahl $\mathfrak{F}$ gewählt. Die rechte
Seite jeder der drei Schaubilder entspricht also kleinen Geschwindigkeiten
(großer Schwereeinfluß), während die linke Begrenzung $\left(\dfrac{1}{\mathfrak{F}^2} = 0\right)$ dem
Grenzfall unendlich großer Geschwindigkeit, also dem schwerefreien
Problem entsprechen würde. Als Ordinate ist der sich beim Versuch ein-

---

[2]) Diese Belastungsgrade entsprechen den Sottorfschen »Belastungsgraden« $C_B = 0{,}218;\ 0{,}109$ und $0{,}0545$ (Werft Red. Haf. Jg. 10 (1929) Nr. 21).

stellende Anstellwinkel β aufgetragen. Die die einzelnen β-Werte verbindenden Kurven geben den Verlauf des Anstellwinkels für gegebene Länge l der Gleitfläche $\left(\text{für gegebenes } \dfrac{l}{b}\right)$ an.

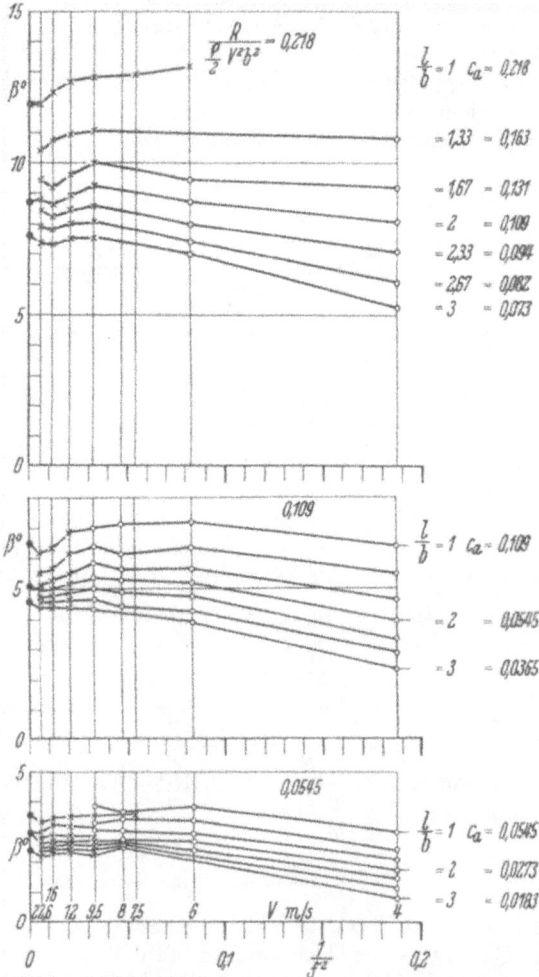

Abb. 2 bis 4. Versuchsergebnisse für verschiedene Belastungsgrade.

In Abb. 2 sind die Versuchsergebnisse für die großen Belastungsgrade (also die großen Anstellwinkel), in Abb. 4 die für die kleinen Belastungsgrade (also die kleinen Anstellwinkel) dargestellt. Die von Sottorf erhaltenen Versuchswerte sind durch einen Kreis gekennzeichnet, die Ergänzungsversuche durch ein Kreuz. Beide Versuchsreihen gehen gut ineinander über. Ferner sind bei $\frac{1}{\mathfrak{F}^2} = 0$ die Anstellwinkel ebener Tragflächen bei doppelten Auftriebsbeiwerten $c_a = \dfrac{R}{\frac{\varrho}{2} v^2 \cdot b\,l}$ der Gleitflächen für $\frac{l}{b} = 1,\ 2$ und 3 eingetragen[3]).

Würde die Erdschwere (Froudesche Zahl) keinen Einfluß auf den Vorgang ausüben, so wäre nach dem allgemeinen dynamischen Ähnlichkeitsgesetz jede der gezeichneten Kurven eine Gerade $\beta = $ const; denn für jede dieser Kurven würde unter sonst gleichen Verhältnissen die Belastung der Platte mit dem Quadrat der Geschwindigkeit geändert. Die Neigung der Kurven gibt also ein Maß für den tatsächlichen vorhandenen Einfluß der Erdschwere. Bei diesen ebenen Gleitflächen ist der Widerstand W bei gegebener Belastung R durch den Anstellwinkel gegeben: $W = R \sin \beta$ (vgl. Abb. 1). Abb. 2 bis 4 zeigt, daß Anstellwinkel und Widerstand mit abnehmbarer Froudescher Zahl, also mit wachsendem Schwereeinfluß unter sonst gleichen Verhältnissen zum Teil wachsen, zum Teil fallen.

Nach den theoretischen Überlegungen von Wagner nimmt bei breiten und k u r z e n Platten und gegebener Belastung der Widerstand (Anstellwinkel) mit wachsendem Schwereeinfluß (abnehmender Froudescher Zahl) zu (Schwerewiderstand). Die Versuche zeigten tatsächlich bei kurzen Platten diesen Einfluß. Auch bei den größten im Versuch erreichten Froudeschen Zahlen tritt bei diesen kurzen Platten immer noch eine Änderung des Anstellwinkels (Widerstandes) mit der Froudeschen Zahl auf.

Bei sehr l a n g e n Platten hat die Erdschwere im Gegensatz zu kurzen Platten widerstandsvermindernden Einfluß. Dies gilt zumindest bis zu den höchsten im Versuch erreichten Froudeschen Zahlen. Das gleiche zeigten auch schon die Sottorfschen Versuche. Bei sehr kleinen Geschwindigkeiten wird ja schließlich die Belastung der Gleitflächen durch den Deplacementsauftrieb widerstandslos getragen.

Bei den langen Platten ändert sich bei den größten im Versuch erreichten Froudeschen Zahlen der Widerstand kaum mehr mit der Froudeschen Zahl. Gerade aber bei langen Platten muß es im Hinblick darauf, daß bei den kurzen Platten bei der gleichen Froudeschen Zahl der Schwereeinfluß noch nicht verschwindet, fraglich erscheinen, ob die Versuche tatsächlich bereits dem schwerefreien Problem entsprechen.

Entsprechend habe ich nun in Abb. 5 die Auftriebsbeiwerte $c_a = \dfrac{R}{1/2\,\varrho\,v^2\,b\,l}$ für die höchste im Versuch erreichte Froudesche Zahl ($\mathfrak{F} = 13{,}05$) über dem Anstellwinkel β aufgetragen. Ferner habe ich in diesem Bild den Bereich schraffiert, der dem Bereich der Froudeschen Zahl

---

[3]) Die Tragflächenversuche sind von H. W i n t e r im Windkanal der Danziger Technischen Hochschule (Lehrstuhl Prof. F l ü g e l) durchgeführt. Sie sind sehr viel genauer als die bisher bekannten Versuche mit langen Flächen von E i f f e l. Veröffentlicht VDI-Forschung 1935, Heft 1 u. 2.

$\mathfrak{F} = 13,05$ bis $\mathfrak{F} = 3,47$ entspricht. Ferner sind in dieses Bild die halben Auftriebsbeiwerte von ebenen Tragflächen über dem zugehörigen Anstellwinkel eingetragen. Man erkennt, daß auch bei diesen langen Platten und auch bei großen Anstellwinkeln überraschend gute Übereinstimmung zwischen Tragflügel und Gleitfläche besteht. Diese Übereinstimmung geht also weit über die von Wagner vorausgesagte Übereinstimmung bei

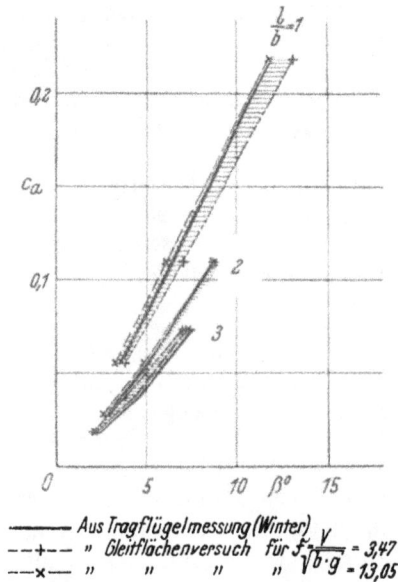

Abb. 5. Auftriebsbeiwerte c_a in Abhängigkeit vom Anstellwinkel β für verschiedene Froudesche Zahlen verglichen mit den Tragflügelergebnissen.

unendlich kleinen Anstellwinkeln hinaus und umfaßt sogar einen erheblichen Bereich Froudescher Zahlen.

An diese Übereinstimmung zwischen Gleitfläche und Tragflügel will ich noch eine theoretische Betrachtung knüpfen.

Nach den Erkenntnissen der Strömungslehre darf der Auftrieb eines Tragflügels als Gegenwert einer hinter dem Tragflügel in der Flüssigkeit zurückbleibenden Abwärtsbewegung angesehen werden (Abb. 6). Entsprechendes gilt für den Gleitvorgang beim schwerefreien Problem.

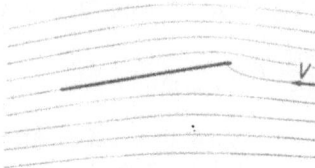

Abb. 6. Strömung bei einem ebenen Tragflügel.

Bei einer langen schmalen Platte kann nun angenommen werden, daß im hinteren Bereich der Platte in den Ebenen senkrecht zur Strömungsrichtung eine ebene Strömung besteht.

Die nach abwärts gerichtete Bewegungsgröße B der zwischen zwei solchen Ebenen vom Abstand »Eins« liegenden Wassermasse ist nun $B = v_i m$, wobei $v_i = v\beta$ die Abwärtsgeschwindigkeit des Wassers an der Platte ist, und m die mitgenommene (auf v_i reduzierte) Wassermasse bedeutet. Da nun bei einer langen Platte angenommen werden kann, daß dieser Impuls der ebenen Strömung auch hinter der Platte in unveränderter Größe bestehen bleibt, läßt sich der Auftrieb R der Platte aus dem Impulssatz berechnen:

$$R = B v = v^2 \beta m.$$

Die mitgenommene Wassermasse m hängt von der Form der Strömung ab. Bei unendlich kleinem Anstellwinkel der Platte entspricht die mit-

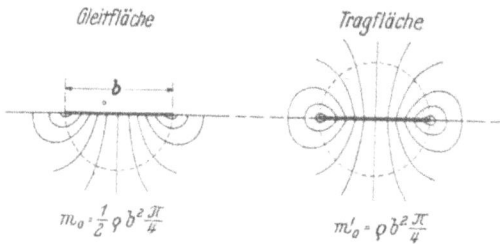

Abb. 7. Strömungsbild senkrecht zur Bewegungsrichtung bei langer Trag- und Gleitfläche.

genommene Masse $m = m_0$ bzw. m_0' der halben bzw. ganzen Masse des Kreiszylinders vom Durchmesser der Plattenbreite b und beträgt (Abb. 7); also bei der Gleitfläche

$$m_0 = \frac{1}{2} \varrho \, b^2 \frac{\pi}{4},$$

beim Tragflügel

$$m_0' = \varrho \, b^2 \frac{\pi}{4}.$$

Beim endlichen Anstellwinkel entspricht die mitgenommene Wassermasse bei der Gleitfläche bzw. beim Tragflügel den Strombildern in Abb. 8.

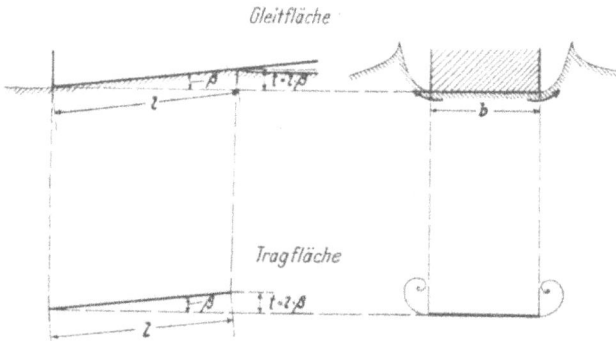

Abb. 8. Wasserkontur bei Gleitfläche und Wirbelfläche bei Tragflügel in einem Schnitt senkrecht zur Bewegungsrichtung.

Die Form dieser Strombilder wird nun durch eine einzige unabhängige Variable, nämlich durch $\frac{t}{b}$ bestimmt, wobei $t = l\beta$ bei der Gleitfläche die Eintauchtiefe der Hinterkante, beim Tragflügel die Höhe der angestellten Platte (senkrecht zur Strömungsrichtung gesehen) bedeutet. Die beim Tragflügel von den Seitenkanten ausgehenden Wirbelzöpfe stellen sich bei der ebenen Strömung im hinteren Bereich des Tragflügels als spiralförmige Wirbelflächen dar.

Bezeichnen wir mit μ bzw. μ' das Verhältnis der beim endlichen Anstellwinkel mitgenommenen Wassermasse bzw. Luftmasse zu der bei unendlich kleinem Anstellwinkel mitgenommen, also

bei der Gleitfläche $\quad m = \mu\, m_0,$
beim Tragflügel $\quad m' = \mu'\, m_0',$

so kann μ bzw. μ' nur von $\frac{t}{b}$ abhängen.

Für den Auftrieb dieser langen Platte muß folglich gelten:

bei der Gleitfläche	beim Tragflügel
$R = \mu\, R_0$	$R' = \mu'\, R_0'$
$R = \mu\, m_0\, v^2\, \beta$	$R' = \mu'\, m_0'\, v^2\, \beta$
$R = \mu\, \dfrac{1}{2}\, \varrho\, \dfrac{\pi\, b^2}{4}\, v^2\, \beta$	$R' = \mu'\, \varrho\, \dfrac{\pi\, b^2}{4}\, v^2\, \beta,$

wobei R_0 und R_0' die entsprechend der Theorie für unendlich kleine Anstellwinkel, also nach den obigen Gleichungen berechneten Auftriebswerte sind.

Die von Winter durchgeführten Versuche gestatten die Prüfung dieser Überlegung beim Tragflügel in zweifacher Hinsicht:

1. Ist μ' tatsächlich nur von $\frac{t}{b}$ abhängig?

2. Stimmt das Ergebnis der Tragflügelversuche für den Fall sehr kleiner Eintauchtiefe (also kleiner Anstellwinkel) mit $\mu' = 1$ mit der Gleichung

$$R' = \varrho\, \frac{\pi\, b^2}{4}\, v^2\, \beta$$

überein?

Zu 1. In Abb. 9 ist das Auftriebsverhältnis $\mu' = \dfrac{A'}{A_0'} = \dfrac{m'}{m_0'}$ für verschiedene Tragflügellängen (Parameter) und für verschiedene Anstellwinkel ($\beta = 5^0$; 10^0; 15^0) über $\frac{t}{b}$ aufgetragen. Diese Kurve wurde ermittelt aus:

$$\mu'\left(\frac{t}{b}\right)\varrho\, \frac{\pi\, b^2}{4}\, v^2\, \beta = c_a\, \frac{\varrho}{2}\, v^2\, b\, l$$

$$\mu'\left(\frac{t}{b}\right) = \frac{2}{\pi}\, \frac{l}{b}\, \frac{c_a}{\beta}.$$

wobei $\mu'\left(\dfrac{l}{b}\right)$ bedeutet, daß μ' nur eine Funktion von $\left(\dfrac{l}{b}\right)$ ist. Man erkennt, daß alle diese Versuchspunkte recht gut auf einer Kurve liegen, daß also tatsächlich das Auftriebsverhältnis $\dfrac{A'}{A_0'}$, nur von $\dfrac{l}{b}$ abhängt.

Zu 2. Die durch die Versuchspunkte gelegte ausmittelnde Kurve läßt sich nach links bis $\dfrac{t}{b} = 0$ verlängern und unschwer zum Punkt $\mu' = 1$ führen. Die die einzelnen Versuchsreihen mit bestimmter Plattenlänge $\left(\text{bzw. } \dfrac{l}{b}\right)$ zusammenfassenden Kurven liegen nun nicht genau auf der ausmittelnden Kurve. Ihre Verlängerung zur Ordinatenachse $\dfrac{t}{b} = 0$ hin würde einen

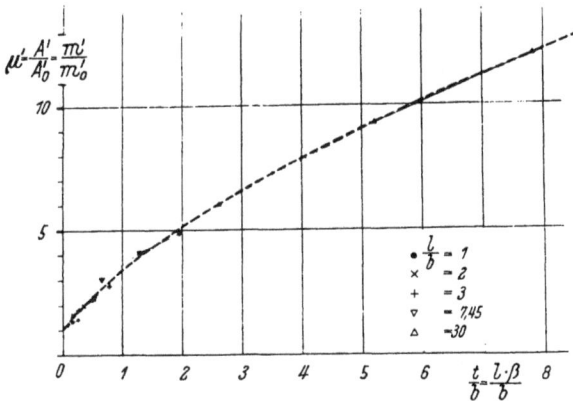

Abb. 9. Auftriebsverhältnis μ' in Abhängigkeit von t/b für verschiedene Tragflügellängen und verschiedene Anstellwinkel.

etwas über $\mu' = 1$ liegenden Schnitt ergeben. Diese Abweichungen sind bei kurzen Platten zum Teil darauf zurückzuführen, daß die Voraussetzung einer ebenen Strömung im Bereich der Hinterkante nicht ganz erfüllt ist. Es ist aber auch zu bemerken, daß die Winterschen Versuche leider kein ganz vollständiges Bild für die Kraftverhältnisse bei ebenen Tragflächen geben. Die Versuchsplatten waren nämlich an der Vorder- und Hinterkante leicht gewölbt, so daß sich bei sehr kleinen Anstellwinkeln ein störender Einfluß bemerkbar macht.

Wir haben nun gesehen, daß bei großen Froudeschen Zahlen die Versuche für den Gleitflächenauftrieb den halben Wert des Tragflügelauftriebs geben. Als Ergebnis der Versuche kann also festgestellt werden, daß innerhalb der Genauigkeitsgrenze der Versuche die reduzierten Massen bei der Gleitfläche halb so groß sind wie beim Tragflügel.

Dieses Ergebnis läßt einen Schluß zu auf die Größe des Auftriebes bei langen in Längsrichtung gekrümmten Gleitflächen. Auch bei diesen gekrümmten Gleitflächen herrscht im Bereich der Gleitkante ebene Strömung, die von jener der ebenen Gleitfläche nur wenig abweichen dürfte (Abb. 10). Der Gesamtauftrieb einer solchen Gleitfläche müßte also etwa ebenso groß sein wie der einer ebenen Gleitfläche mit gleichem $\frac{t}{b}$, und zwar müßte diese Beziehung nicht nur für unendlich kleine, sondern auch für

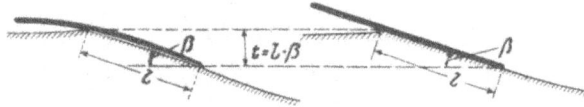

Abb. 10. Strömung bei ebener und gekrümmter Gleitfläche.

endliche Anstellwinkel gelten. Leider gestatten es die Versuche von Sottorf nicht, diese Beziehungen zu prüfen, da bei den Versuchen mit krummen Platten die Froudesche Zahl zu gering ist.

In Abb. 11 bis 13 sind die ebene Gleitfläche betreffenden Ergebnisse nochmals in bisher üblicher Form (vergl. Wagner u. Sottorf) dargestellt, und zwar sind für die drei Belastungsgrade $\frac{R}{1/2 \, \varrho \, v^2 \, b^2}$ die sich einstellenden Anstellwinkel über l/b aufgetragen. Die einzelnen Kurven sind durch Verbinden der Meßpunkte für die einzelnen Froudeschen Zahlen erhalten.

Die Kurve A stellt in Annäherung an das schwerefreie Problem die Versuchsergebnisse für die höchsten im Versuch erreichten Froudeschen Zahlen dar. Diese Kurve schließt sich selbstverständlich den Versuchsergebnissen an.

Die Kurve B ist aus den Winterschen Tragflügelversuchen erhalten (Abb. 2 bis 4, bei $\frac{1}{\delta^2} = 0$). Sie fällt gut mit der Kurve A zusammen.

Die Kurve C ergibt sich aus der Umrechnung nach der Prandtlschen für den unendlich kurzen Flügel geltenden Tragflügeltheorie. Daß sich diese Kurve bei gewissen Belastungsgraden mit den Versuchsergebnissen bei langen Platten deckt, muß als Zufall bezeichnet werden. Bei noch kleinerem Belastungsgrad würden die Versuchswerte über dieser Kurve liegen.

Die Kurve D erhält man, wenn man die Ergebnisse der für den Grenzfall unendlich kleiner Anstellwinkel geltenden Theorie ohne weiteres auf endliche Anstellwinkel anwendet. Die Kurve weicht bei langen Platten erheblich von den Versuchsergebnissen ab. Diese Unterschiede zu klären war Zweck meiner Arbeit, und zwar beruhen sie nicht auf dem Einfluß der Erdschwere, sondern darauf, daß sich die Auftriebsverhältnisse nicht linear mit dem Anstellwinkel ändern.

Zusammenfassung

Aus den Ergänzungsversuchen und theoretischen Schlußfolgerungen ergab sich für lange Platten

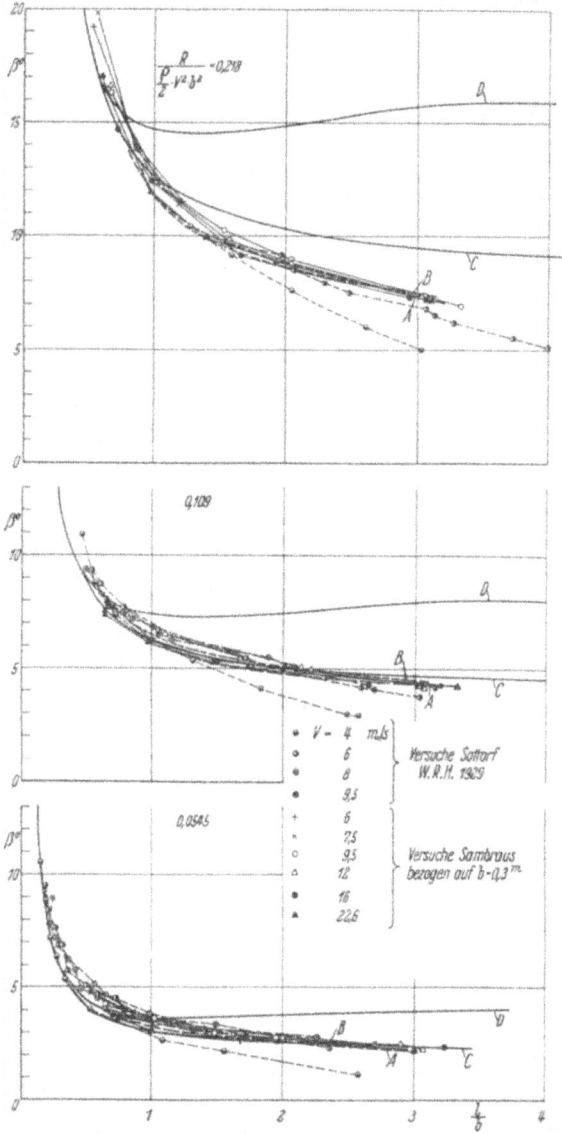

Abb. 11 bis 13. Versuchsergebnisse für verschiedene Belastungsgrade
in Abhängigkeit von l/b.

1. daß bei großen Froudeschen Zahlen der Tragflügelvergleich entgegen den ursprünglichen Erwartungen auch bei größeren Anstellwinkeln gültig bleibt,

2. daß die Auftriebsverhältnisse sich nicht linear mit dem Anstellwinkel ändern.

Ferner zeigten die Versuche das theoretisch zu erwartende Ergebnis,
daß die Erdschwere bei kurzen Platten widerstandsvermehrenden Einfluß
ergibt.

Nachdem nun das schwerefreie Problem einigermaßen geklärt er-
scheint, kann der Schwereeinfluß klarer herausgeschält und studiert werden.
Dies könnte für zukünftige experimentelle und theoretische Arbeiten von
Bedeutung sein.

Die Stoßkräfte an Seeflugzeugen bei Starts und Landungen

Von E. Mewes*)

Vorgetragen am 13. Dezember 1934 in Hamburg

Allgemeines

Vom Wasser werden Kräfte auf die Seeflugzeuge ausgeübt, solange diese mit dem Wasser in Berührung stehen. Die wesentlichsten Kräfte sind Reaktionskräfte des inkompressiblen Wassers gegen Eindringbewegungen des Flugzeuges. Sie sind verhältnismäßig groß und treten sehr kurzzeitig — stoßartig — auf.

Stoßkräfte kommen an den Seeflugzeugen nicht nur bei der Landung, sondern auch beim Start vom Wasser aus, beim Rollen und beim Manövrieren im Seegang vor. Bei den verschiedenen Operationen liegen Stoßvorgänge von ganz verschiedener Art vor. So werden beim Rollen andere Anforderungen an das Verhalten der Flugzeuge, sowie an die Festigkeit der Konstruktion gestellt als bei einer Landung. Wenn z. B. von einem Flugzeug verlangt wird, daß es in hohem Seegang noch landen kann, dagegen nicht mehr vom Wasser zu starten braucht, so kann bei einem derartigen Flugzeug mit geringeren Kräften gerechnet werden als bei einem Flugzeug, das in demselben Seegang auch noch Starts ausführen soll. Auf diese Unterschiede nehmen die bisherigen Lastannahmen für Seeflugzeuge noch keine Rücksicht.

Nach den Festigkeitsvorschriften ist nur mit verschiedenen Lastfällen für verschiedenartige Landungen zu rechnen, z. B. mit Stufenstoß, Bugstoß und Heckstoß für symmetrische und unsymmetrische Landefälle. Lastfälle für Starts od. dgl. sind nicht gesondert aufgeführt. Dabei ist der Bugstoß ein Fall, der im wesentlichen beim Rollen vorkommt, bei der Landung dagegen im allgemeinen in nicht gleich hohem Maße. Ein Ziel ist, getrennt für die verschiedenen Operationen auf See die Festigkeitsanforderungen angeben zu können. Hierfür sind Beanspruchungsmessungen an Seeflugzeugen im Betrieb auf See in großer Zahl anzustellen und auszuwerten.

Stand der Erkenntnis

Wenn man heute die hydrodynamischen Stoßkräfte bei Festigkeitsberechnungen an Seeflugzeugen einsetzen will, so rechnet man mit den »Festigkeitsvorschriften für Flugzeuge« [1]. In diesen sind einige Angaben für Lastannahmen von Schwimmwerken an Seeflugzeugen gemacht. Sie beruhen im wesentlichen auf den bisherigen Erfahrungen. 1920 hat Lewe [2] Vorschläge für Berechnungsvorschriften von Seeflugzeugunterbauten gemacht. Mit diesen Lastannahmen ist lange Zeit hindurch gerechnet

---

*) Dipl.-Ing., Deutsche Versuchsanstalt f. Luftfahrt, E.V., Abteilung Hydrodynamik, Hamburg.

worden. Später sind einige Änderungen daran vorgenommen worden. Jedoch sind die derzeitigen Erkenntnisse über die Art der Stoßkräfte noch nicht berücksichtigt. 1926 sind von Seewald [3] die ersten Betrachtungen mit richtiger Angabe der Stoßvorgänge angestellt worden. Danach sind die theoretischen Arbeiten von v. Karman [4], Pabst [5] und Wagner [6] herausgekommen. Sie sind jedoch auf die Lastannahmen noch nicht angewendet worden. Zuletzt hat Pabst einen neuen Vorschlag für die Lastannahmen von Schwimmwerken gemacht, wobei verschiedene theoretische und experimentelle Untersuchungen Anwendung gefunden haben. Dieser Vorschlag wird ebenso wie die Lastannahmen in den Festigkeitsvorschriften im folgenden erörtert.

Bisherige Vorschriften für die Lastannahmen

Nach den geltenden deutschen Festigkeitsbestimmungen sind die Normalstoßkräfte bei symmetrischen und einseitigen Landefällen in den durch die Formel

$$P = e \, \tau \, G$$

angegebenen Größen anzusetzen, wobei G das Fluggewicht und τ der Massenreduktionsfaktor für exzentrische Stöße ist. e ist das sog. Stoßvielfache.

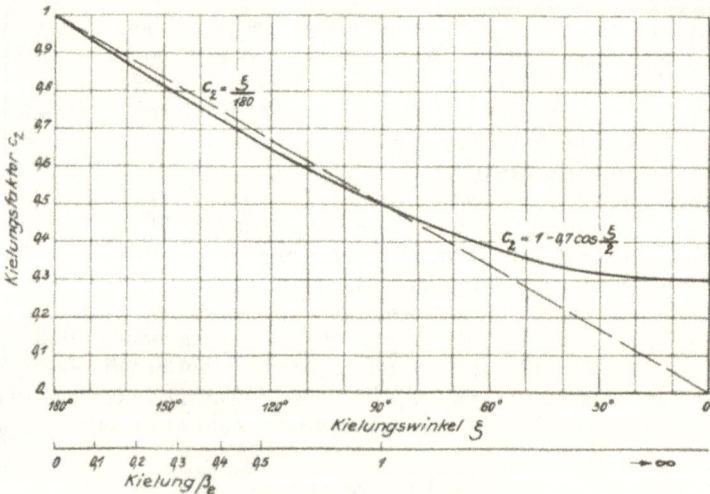

Abb. 1. Kielungsfaktor nach Lastannahmen.

Für dieses Stoßvielfache wird nun eine Formel zugrunde gelegt, in der die Einflüsse von Seegang, Kielung, Flugzeuggröße und Landegeschwindigkeit enthalten sind. Es ist

$$e = c_1 \cdot c_2 \frac{1 + h}{1 + h + h^2} \, v_i^{1,5}$$

und

$$h = \left(\frac{G}{1000} \right)^{0,25} \quad (G \ in \ kg)$$

Die linearen Abmessungen des Schwimmerbodens, z. B. der Schwimmerbreite oder der Aufschlaglänge, kommen in der Formel für das Stoßvielfache nicht vor. Bei den Festigkeitsvorschriften ist also die Stoßkraft
unabhängig von der Schwimmerbreite angesetzt. Die Abhängigkeit des
Stoßvielfachen von der Kielung wird durch den sog. Kielungsfaktor, c_2,
vgl. Abb. 1, berücksichtigt:

$$c_2 = 1 - 0,7 \cos \xi/2.$$

In dem Diagramm ist auch die Gerade, die durch das Gesetz

$$c_2 = \frac{\xi}{180}$$

dargestellt wird, gestrichelt eingetragen. Dieses Gesetz weicht im Bereich
der praktisch vorkommenden Kielungswinkel ($\xi > 90^\circ$) von dem Gesetz
der Festigkeitsvorschriften um weniger als 2 vH ab. Bei außerordentlich
scharfen Kielungen treten größere Abweichungen ein. Hier hat aber das

Gesetz $c_2 = \frac{\xi}{180}$, das für $\xi \to 0$ auch $c_2 \to 0$ ergibt, größere Wahrschein-

lichkeit. Das Geradengesetz läßt sich leichter handhaben als das bisher
angegebene Gesetz. Der Kielungswinkel ξ ist der Winkel am Kiel des
Schwimmers, wenn der Schwimmerboden
geradlinig gekielt ist; wenn der Schwimmerboden dagegen gekrümmt ist, sind die in
Abb. 2 eingetragenen Verbindungslinien von
Kiel und Kimm einzusetzen. Man rechnet
also bei gekrümmten Schwimmerböden mit
einem geradlinig gekielten Ersatzboden, unabhängig davon, wie der Boden darüber
aussieht.

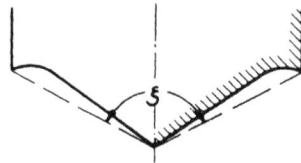

Abb. 2. Kielungswinkel.

Nach diesen Ansätzen sind viele Seeflugzeuge berechnet worden.
Unbekannt ist, inwieweit die Lastannahmen bei Beschädigungen der
Flugzeuge zur Verantwortung zu ziehen sind oder ob es sich um Unglücks-
fälle oder Einzelfälle durch zufälliges Zusammentreffen mehrerer unglück-
licher Ereignisse handelte. Dieser Unkenntnis kann in Zukunft dadurch
abgeholfen werden, daß durch Großzahlmessungen an Seeflugzeugen im
Betrieb Häufigkeits- und Wahrscheinlichkeitsuntersuchungen durchgeführt
werden.

Einzelmessungen haben gezeigt, daß wesentliche Unterschiede zwischen den Beanspruchungen, die mit den vorgeschriebenen Lastannahmen
errechnet werden, und den bei den Versuchen aufgetretenen Beanspruchungen bestehen. Zur Kontrolle werden von der DVL solche Messungen
an den verschiedenen Baumustern durchgeführt.

Anwendung der verschiedenen Theorien
Grenzen der theoretischen Arbeiten

Es soll nun versucht werden, die verschiedenen Theorien auf die
Stoßkraftberechnung an Seeflugzeugen anzuwenden. Dazu gehört, daß

verglichen wird, ob die Gesetzmäßigkeiten, die die einzelnen Arbeiten liefern, die gleichen sind wie die in den Lastannahmen angegebenen, und ob die Ergebnisse von Messungen an Flugzeugen mit den Ergebnissen der Lastannahmen übereinstimmen. Es ist jedoch zu bedenken, daß in den Theorien stets Voraussetzungen gemacht werden, die in der Praxis nicht immer erfüllt sind, und deren Auswirkungen nicht immer von vornherein ganz zu übersehen sind. Es müssen daher noch Versuche angestellt werden, um festzustellen, inwieweit die Ergebnisse der theoretischen Arbeiten stimmen bzw. in welcher Hinsicht sie zu verbessern sind. Dabei bestehen insbesondere Bedenken, ob die Strömungsvorgänge um die in das Wasser eindringenden Schwimmkörper richtig angesetzt sind. Nachrechnungen

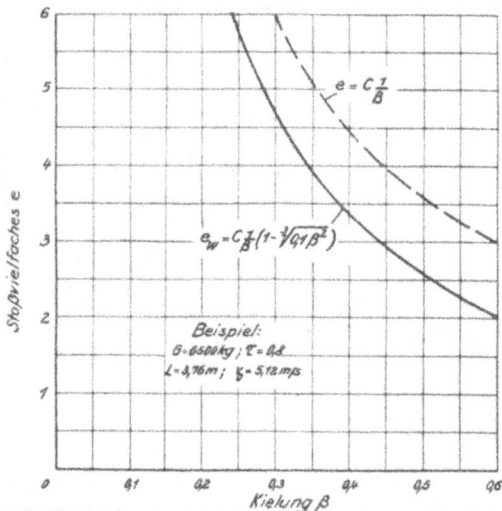

Abb. 3. Abhängigkeit des Stoßvielfachen von der Kielung bei Vernachlässigung der Elastizität.

haben gezeigt, daß Änderungen in den Annahmen hinsichtlich der Größe des Staues an der Wasseroberfläche und hinsichtlich der mitbeschleunigten Wassermasse eine erhebliche Änderung der Ergebnisse für die Stoßkräfte nach sich ziehen können. Mit derartigen Abweichungen in den genannten Größen muß gerechnet werden. Aus diesem Grunde sollen noch Versuche angestellt werden, mit denen die wirklichen Zusammenhänge ermittelt werden können. Die Versuche sind in Vorbereitung und sollen an der kleinen Fallbahn der Deutschen Versuchsanstalt für Luftfahrt ausgeführt werden. Hiermit können die Zusammenhänge zwischen Stoßkraft und Bodenform nachgeprüft werden.

Einstweilen wird bei den Betrachtungen vorausgesetzt, daß die bisher aufgestellten Theorien angewendet werden können. Unter diesen Voraussetzungen werden die Gesetze für die Normalstoßkräfte aufgestellt.

Kielungseinfluß bei geradlinig gekielten Böden

Die umfassendsten Ergebnisse hinsichtlich der Stoßkräfte an Seeflugzeugen liefert wohl die Theorie von Wagner. Nach dieser Theorie erhält man beim geradlinig gekielten Boden für das zur größten Stoßkraft gehörende Stoßvielfache in erster Näherung

$$e = 1{,}015 \, \frac{v_0^2}{g} \, \sqrt{\frac{\varrho_w}{\tau} \, \frac{L}{M} \, \frac{1}{\beta}},$$

wobei $e = \dfrac{P_{max}}{G_{red}}$, v_0 die Aufschlaggeschwindigkeit des Bodens, L die größte Aufschlaglänge, M die Masse des Flugzeuges ist; ferner beträgt $\varrho_w = \dfrac{\gamma_w}{g}$ $= 102 \, \mathrm{kg/m^{-4}s^2}$. Die Abhängigkeit des Stoßvielfachen von der Kielung nach dieser Formel ist für ein Beispiel in Abb. 3 dargestellt. Nach Wagner

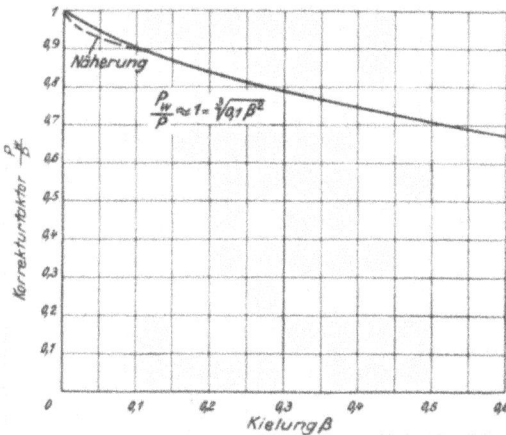

Abb. 4. Korrekturfaktor für endliche Kielung.

ist für endliche Kielung ein Korrekturfaktor einzusetzen, der in Abb. 4 dargestellt ist. Dieser Korrekturfaktor kann für geradlinige Kielung näherungsweise durch die Beziehung

$$\frac{P_w}{P} = 1 - \sqrt[3]{0{,}1 \, \beta^2}$$

ersetzt werden. Die Gleichung für das Stoßvielfache lautet dann

$$e = 1{,}015 \, \frac{v_0^2}{g} \, \sqrt{\frac{\varrho_w}{\tau} \, \frac{L}{M} \, \frac{1}{\beta}} \left(1 - \sqrt[3]{0{,}1 \, \beta^2}\right).$$

Diese Abhängigkeit von der Kielung ist ebenfalls in Abb. 3 eingetragen.

Formeinfluß bei gekrümmten Böden

Bei gekrümmten Böden mit der sog. Wellenbinderform wird in Anwendung der Theorie von Wagner eine andere Formel für das größte Stoßvielfache erhalten. In erster Näherung ist

$$e = 0{,}6 \frac{v^2_0}{g} \frac{1}{B} \frac{1}{u_a}.$$

Darin ist B die Breite des Bodens. Der Faktor $\frac{1}{u_a}$ gibt den Einfluß der

Form wieder. Der Formbeiwert u_a entspricht im Prinzip der Kielung β des geradlinig gekielten Bodens. Die Abhängigkeit des Stoßvielfachen von dem Formbeiwert beim krummen Boden ist von gleicher Art wie die

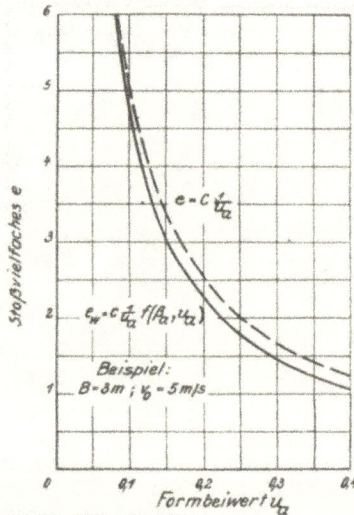

Abb. 5. Abhängigkeit des Stoßvielfachen von der Form bei Vernachlässigung der Elastizität.

von der Kielung beim ebenen Boden. Für ein Beispiel ist diese Abhängigkeit in Abb. 5 eingezeichnet. Auch hier ist der Korrekturfaktor für endliche Kielung zuzusetzen. Dieser ist für den Sonderfall, daß der Boden an der Kimm horizontal ausläuft, in Abb. 6 gezeichnet.

Im praktisch vorkommenden Bereich der Formbeiwerte kann der Korrekturfaktor dann durch folgende Näherungsformel bestimmt werden:

$$\frac{P_w}{P} = 1 - \sqrt{0{,}06\, u_a}.$$

Im allgemeinen gilt

$$\frac{P_w}{P} = 1 - \frac{\beta_a}{\pi} - \sqrt{0{,}06\, u_a},$$

wenn β_a die Neigung des Bodens an der Kimm ist. Man erhält dann

$$e = 0{,}6 \frac{v_0{}^2}{g} \frac{1}{B} \frac{1}{u_a} \left(1 - \frac{\beta_a}{\pi} - \sqrt{0{,}06\, u_a}\right).$$

Diese Abhängigkeit ist für $\beta_a \approx 0$ ebenfalls in Abb. 5 eingetragen.

Der in den Arbeiten von Wagner vorkommende Wert u stellt das umgekehrte Verhältnis der halben Verbreiterungsgeschwindigkeit der benetzten Fläche zur Sinkgeschwindigkeit dar. Für den Sonderfall der geradlinigen Kielung ist er proportional der Kielung selbst, also

$$u = \frac{2}{\pi}\beta,$$

und während des ganzen Tauchvorganges gleichbleibend. Der Index a kennzeichnet die Außenkante des Bodens, also die Stelle der Kimm, auf die der Formeinflußwert bezogen ist.

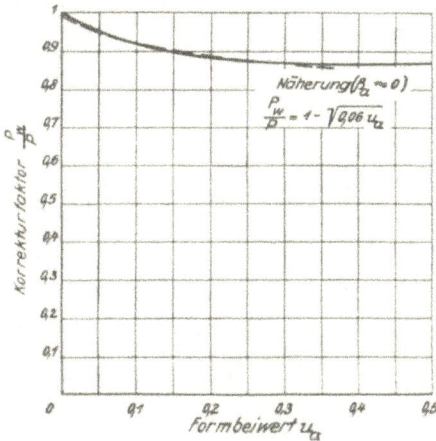

Abb. 6. Korrekturfaktor beim gekrümmten Boden mit waagerechtem Auslauf.

Die Formel hat nur so lange Gültigkeit, als die größte Stoßkraft nicht während des Tauchvorganges, sondern im Augenblick des vollen Eintauchens des Bodens bis zur Kimm auftritt. Diese Voraussetzung ist nur für einen bestimmten Bereich erfüllt, in dem die Bodenbreiten gewisse Grenzwerte nicht überschreiten. Der untere Grenzwert der Breite ist durch eine einfache Formel

$$B_l = 2\sqrt{\frac{M_r}{\pi \varrho_w L}}$$

leicht anzugeben. Diese Grenze wird praktisch kaum unterschritten. Dagegen gelang es noch nicht, für die obere Grenze der Gültigkeit des aufgestellten Gesetzes eine einfache, brauchbare Formel zu finden. Deshalb wurden vorerst nur Beispiele durchgerechnet. Diese Beispiele zeigten nun, daß selbst für verhältnismäßig schwach gekrümmte Böden bei mittlerer Breite und mittlerer Belastung der Höchstwert der Stoßkraft am Ende des Tauchvorganges, also bei vollbenetztem Boden, auftrat. Man müßte schon sehr geringe Belastungen und dabei sehr große Bootsbreiten, wie sie praktisch nicht vorkommen, annehmen, um Abweichungen hiervon festzustellen. Je stärker nun die Krümmung ist, desto größer ist die Wahrscheinlichkeit, daß der Höchstwert der Stoßkraft am Ende des Eintauchens auftritt, wenn das Wasser den Boden bis zur Kimm hin benetzt. Es lassen sich also kaum praktische Fälle finden, bei denen — Wellen-

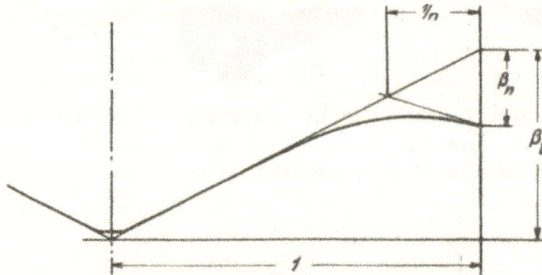

Abb. 7. Skizze zur Bestimmung des Formkoeffizienten.

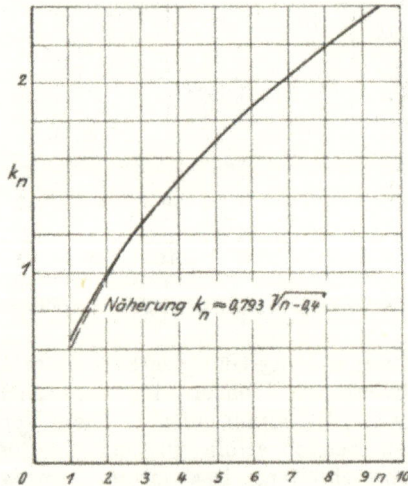

Abb. 8. Abhängigkeit von k_n und n.

binderform vorausgesetzt — das Stoßkraftmaximum nicht bei voll benetztem Boden auftritt.

Im folgenden soll nun ein Schema angegeben werden, womit der Formfaktor u_a bestimmt werden kann. Dabei ist eine Arbeit von Weinig benutzt, der die Wellenbinderform durch eine einfache Gleichung näherungsweise erfaßt. Die Näherung

$$\eta = \beta_i \, \xi - \beta_n \, \xi^n$$

erfaßt die wesentlichsten Einflüsse, nämlich die Kielung am Kiel, das Herabziehen des Bodens und die Endtangente an der Kimm. Wenn eine bestimmte Bodenform gegeben oder angenommen worden ist (vgl. Abb. 7), dann ziehe man am Kiel die Tangente an den Boden und messe die Werte β_i und β_n ab. Ferner ziehe man noch die Tangente an den Boden außen und messe auch noch die Strecke $1/n$ ab. Ist die halbe Bodenbreite nicht gleich der Einheit, so sind die abgegriffenen Längen durch $B/2$ zu teilen. Dann ist aus diesen Größen das Kielungsmaß durch die Beziehung

$$u_a = \frac{2}{\pi} \beta_i - k_n \beta_n$$

zu bestimmen, wobei k_n aus dem Diagramm in Abb. 8 abgelesen oder durch eine einfache Näherungsgleichung

$$k_n = 0{,}793 \sqrt{n - 0{,}4}$$

errechnet wird.

Das Herabziehen des Bodens nahe der Kimm macht den Einfluß der Kielung am Kiel teilweise oder ganz rückgängig. Die bisherigen Vor-

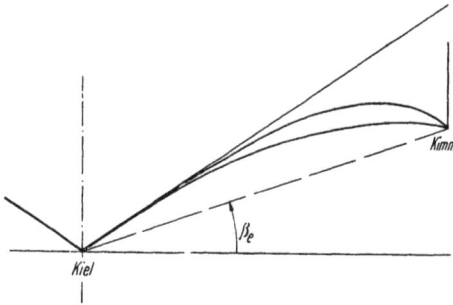

Abb. 9. Verschiedene Bodenformen mit gleichem Ersatzboden nach den Lastannahmen.

schriften wollten dieser Tatsache dadurch Rechnung tragen, daß sie an Stelle der Kielung am Kiel die Kielung β_e eines gradlinig gekielten Ersatzbodens einsetzen, der durch Verbindung von Kiel und Kimm erhalten wird. Dies reicht jedoch nicht aus. Bei gleichem Ersatzboden (und auch gleicher Anfangskielung) lassen sich entsprechend Abb. 9 verschiedene Bodenformen bilden, die ganz verschiedene Formfaktoren u_a liefern.

Verhältnisse bei geringer Kielung

Nun ist noch festzustellen, daß nach der Theorie für geringe Kielungen sehr große Kräfte erhalten werden. Im Grenzfall wird für verschwindende Kielung, also für den Flachboden, eine unendlich große Stoßkraft errechnet. Daraus ist zu schließen, daß diese Theorie gewissen Beschränkungen unterliegt, und daß sie für sehr kleine Kielungen nicht mehr gelten kann. In diesem Bereich spielt nämlich die Elastizität, die bei der Theorie von Wagner nicht berücksichtigt worden ist, eine erhebliche Rolle. Es ist nun bisher noch nicht gelungen, gleichzeitig den Einfluß von

Kielung und Elastizität genau zu erfassen. Der Bereich kleiner Kielungen, in dem die Elastizität eine Rolle spielt, ist noch zu erforschen.

Vorläufig [5] wird mit einem linearen Abnehmen der Stoßkräfte von dem Wert des Flachbodens bis auf die Werte der starken Kielung gerechnet. Diese Zusammenhänge sind durch die geraden Linien in Abb. 10 angedeutet. Um die geraden Linien zeichnen zu können, muß sowohl der Anfangspunkt als auch die theoretisch abgeleitete Hyperbelkurve gegeben sein.

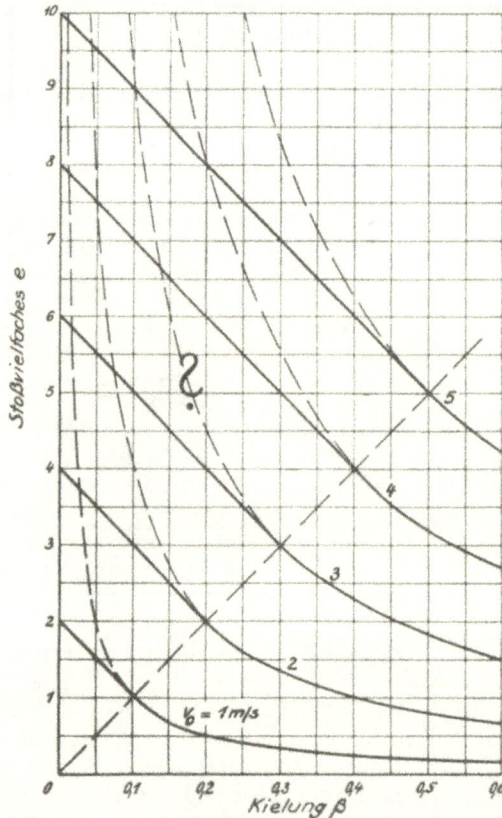

Abb. 10. Abhängigkeit des Stoßvielfachen von der Kielung bei verschiedenen Aufschlag-geschwindigkeiten.

Abb. 11 zeigt noch die Abhängigkeit des Stoßvielfachen von der Auf-schlaggeschwindigkeit v_0 für verschiedene Kielungen β. Beim Flachboden nimmt das Stoßvielfache linear mit der Kielung zu. Bei gekielten Böden nimmt das Stoßvielfache zunächst mit v_0 parabolisch zu, da e proportional v_0^2 eingesetzt wird. Für größere Aufschlaggeschwindigkeiten gehen die Kurven nach den besprochenen Näherungsansätzen in Gerade über. Im allgemeinen befindet man sich in diesem Bereich. Dann kann man für die

Stoßvielfachen auch die Gesetzmäßigkeit aufschreiben:

$$e = A v_0 - B \beta \quad (v_0 > C \beta).$$

Die gleichen Verhältnisse, die hier für geradlinige Kielung bei geringen Kielungswinkeln aufgestellt sind, können — solange keine weitergehenden Untersuchungen angestellt sind — auch für gekrümmte Bodenformen bei kleinen Formfaktoren angenommen werden. Bei gekrümmten Böden

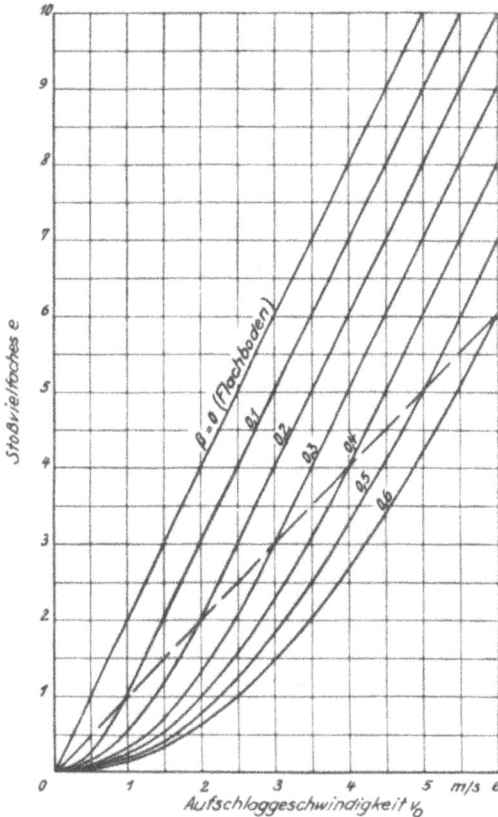

Abb. 11. Abhängigkeit des Stoßvielfachen von der Aufschlaggeschwindigkeit bei verschiedenen Kielungen.

mit Wellenbinderform werden die Formfaktoren in Wirklichkeit fast immer so gering sein, daß die Nachgiebigkeit der Konstruktion eine Rolle spielt.

Vergleich der Ergebnisse

Nach den Lastannahmen und nach der Theorie für geradlinig gekielte Böden und für Böden in Wellenbinderform gelten also ganz verschiedenartige Gesetzmäßigkeiten, die für starke Kielungen aufgestellt sind (vgl. Abb. 12 und 13).

Von der Bootsbreite ist das Stoßvielfache des geradlinig gekielten Bodens unabhängig. Dagegen fällt das Stoßvielfache des gekrümmten Bodens mit der Breite. Vom Fluggewicht ist dagegen das Stoßvielfache bei Wellenbinderform unabhängig und bei geradliniger Kielung verschieden. Die gestrichelte Kurve in Abb. 12 gilt für den geradlinig gekielten Bo-

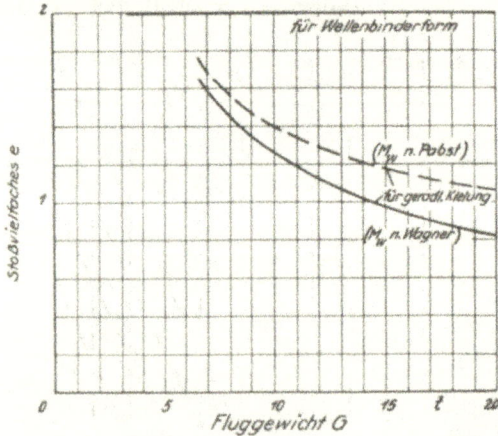

Abb. 12. Abhängigkeit des Stoßvielfachen vom Fluggewicht.

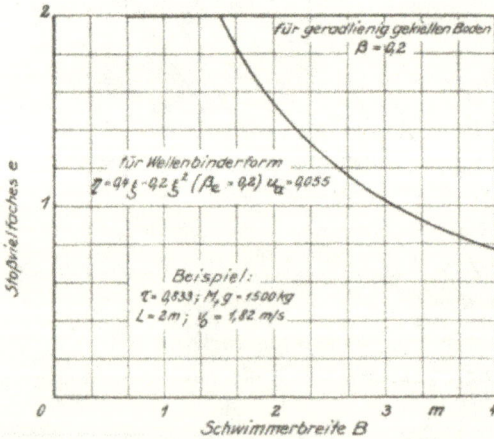

Abb. 13. Abhängigkeit des Stoßvielfachen von der Schwimmerbreite.

den, wenn die von Pabst [5] experimentell für Platten gefundenen Werte für die beschleunigte Wassermasse eingeführt werden. Für diese Fälle würde man

$$e \sim c_s \, v_0{}^2 \, \frac{L^{0,8}}{\sqrt[3]{G^2}} \, \frac{1}{\beta}$$

erhalten. Der Unterschied zeigt den Einfluß der angenommenen Gesetzmäßigkeit für die mitbeschleunigte Wassermasse bei endlichen und sehr großen Aufschlaglängen von ebenen Platten. Bei gekielten Böden kann die Gesetzmäßigkeit wiederum anders sein. Sie ist noch zu bestimmen. Die ausgezogenen Kurven gelten für solche Fälle, bei denen die beschleunigten Wassermassen in gleicher Weise wie in der Theorie von Wagner angesetzt werden können.

Aus den Diagrammen ist zu ersehen, daß man Fehler macht, wenn man die Ergebnisse für die Stoßkräfte von einem Flugboot größerer Breite auf ein Flugboot geringerer Breite nach der Gesetzmäßigkeit des geradlinig gekielten Bodens umrechnet, sofern die Boote Böden mit Wellenbinderform haben. Das gleiche gilt bei Umrechnung auf ein anderes Fluggewicht.

Da grundsätzlich andere Gesetzmäßigkeiten für Böden mit geradliniger Kielung und Böden mit Wellenbinderform bestehen, können geradlinig gekielte Ersatzböden für Wellenbinderformen im allgemeinen nicht angenommen werden, wie dieses bisher durchgeführt worden ist.

Ergebnisse

Angestrebt wird, einen Vorschlag für die Berechnung der Stoßkräfte in den Festigkeitsvorschriften aufzustellen, wobei die neuen Erkenntnisse mitverwertet werden. Dabei wird geltend gemacht, daß diese Zusammenhänge noch durch Erfahrungen belegt werden müssen. Auf Grund der theoretischen Untersuchungen lassen sich zur Zeit für die Berechnung der Stoßkräfte bei symmetrischen Landefällen von Seeflugzeugen folgende Gesetzmäßigkeiten bilden:

für Flachboden

$$P_0 = 350 \sqrt{M_r}\, v_0,$$

für Wellenbinderform

$$P = 350 \sqrt{M_r}\, v_0 - 57000\, B_s\, u_a \quad (> 140 \sqrt{M_r}\, v_0),$$

für geradlinige Kielung, die bei Hinterschiffen des öfteren verwendet wird,

$$P = 350 \sqrt{M_r}\, v_0 - 3500 \sqrt{\frac{M_r}{L_{max}}}\, \beta \quad (> 140 \sqrt{M_r}\, v_0).$$

Sämtliche Werte sind im kg/m/s-Maßsystem einzusetzen. Die Zahlenwerte wurden durch Annahme von mittleren Werten für die Elastizität usw. erhalten.

Bei dieser Fassung wurde die Gesetzmäßigkeit für die schwach gekielten Böden vorangestellt, da die Untersuchungen gezeigt haben, daß dieser Bereich in der Praxis fast immer vorliegt. Die Gesetzmäßigkeit soll auch für stark gekielte Böden angewendet werden, jedoch mit der Maßgabe, daß der Kielungsabzug 60 vH des Stoßkraftwertes des Flachbodens nicht überschreitet. Der übermäßig stark gekielte Boden wird nach diesem Vorschlag absichtlich nicht so günstig behandelt wie nach den theoretischen

Ergebnissen. Sonst ist jedoch eine weitgehendst gute Übereinstimmung erzielt, vgl. Abb. 14.

Bestimmung der Aufschlaggeschwindigkeit aus Messungen

Über die Werte, die für die Aufschlaggeschwindigkeit v_0 einzusetzen sind, herrscht noch große Unklarheit. Man könnte die Aufschlaggeschwindigkeit zur Landegeschwindigkeit, der Sinkgeschwindigkeit oder dem Gleitwinkel und dem Längsneigungswinkel in Beziehung setzen. Der Landevorgang ist aber im allgemeinen ein instationärer Vorgang, so daß die Aufschlaggeschwindigkeit stark von Zufälligkeiten abhängt. Mit jedem Flugzeug müßte eine Vielzahl von Starts und Landungen durchgeführt werden, wenn man die aufzunehmenden ungünstigen Verhältnisse herausschälen wollte; auch wären an verschiedenen Flugzeugmustern Messungen anzustellen. Man könnte versuchen, die Aufschlaggeschwindigkeiten unmittelbar zu messen. Das wird jedoch noch einige meßtechnische Schwierigkeiten bereiten. Einfacher ist es, die Stoßkräfte oder am besten die Beanspruchungen zu messen und zu vergleichen und daraus Rückschlüsse auf die Aufschlaggeschwindigkeiten zu ziehen.

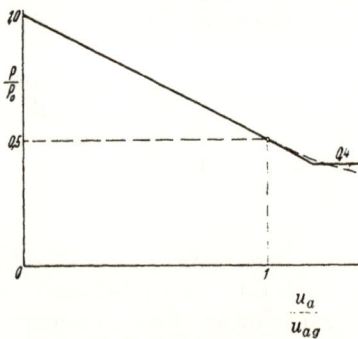

Abb. 14. Kielungsfaktoren (neuer Vorschlag nach theoretischen Ergebnissen).

Festigkeitsrechnungen sollen in erster Linie dafür Sorge tragen, daß alle Konstruktionsteile gleich stark durchgebildet sind. Wie hoch die Festigkeit der Konstruktion sonst ist, hängt davon ab, wie man sich innerhalb der Anforderungen für hohe Leistungen durch geringes Baugewicht und für hohe Sicherheit durch große Festigkeit entscheidet. Die Vorschriften können nur Anhaltspunkte für die Festigkeitsberechnungen geben. Es wird jedoch immer noch möglich sein, ein nach den Vorschriften gebautes Seeflugzeug durch schlechte Landung zu Bruch zu bringen. Daher ist die Angabe der Größe von v_0 innerhalb dieser Untersuchungen von sekundärer Bedeutung; die Größe wird nach Übereinkunft noch festzulegen sein.

In diesem Zusammenhang wird darauf hingewiesen, daß aus Messungen an Seeflugzeugen nicht immer eine eindeutige Abhängigkeit von der Stärke des Seegangs festzustellen ist (vgl. das in Abb. 15 dargestellte Beispiel). Die Bedingungen sind derartig vielfältig, so daß sie nicht so leicht insgesamt zu erfassen sind. Daraus ist zu schließen, daß bei einer weitgehenden Unterteilung der Flugzeuge nach Beanspruchungsgruppen in den Vorschriften nicht auf die unbedingten Seefähigkeiten geschlossen werden darf.

Es ist noch nicht möglich, den Einfluß der Eigenschaften der Flugzeuge, der Leistungsbelastung, die sich nicht nur auf die Startdauer, son-

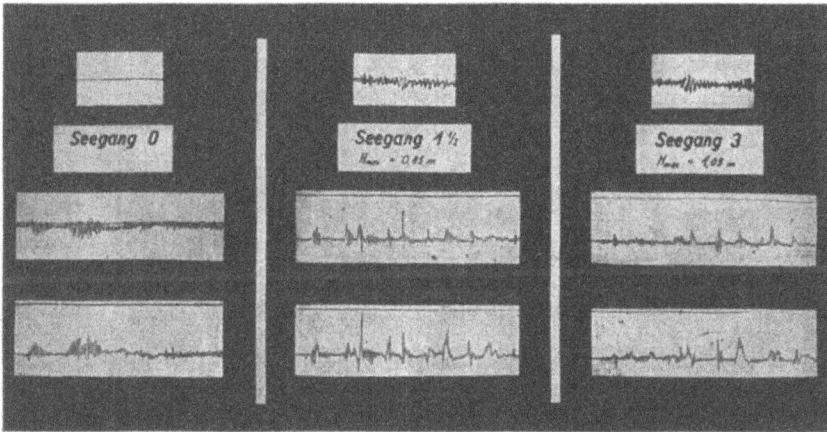

Abb. 15. Seegangsaufzeichnungen eines DVL-Seegangsmeßgeräts an 3 verschiedenen Tagen und gleichzeitig aufgenommene Registrierungen von DVL-Dehnungsmessern an 2 einander gegenüberliegenden Meßstellen auf einer Schwimmergestellstrebe bei Landungen eines Zweischwimmerflugzeugs. — Aus ihnen ist erkennbar, daß mit einer Vergrößerung der Wellenhöhen nicht immer eine Erhöhung der Beanspruchungen verbunden ist.

dern auch auf die Beanspruchungen beim Start auswirkt, ferner den Einfluß besonderer Einrichtungen, z. B. Landeklappen, aufzustellen. Dies soll später noch geklärt werden.

Mit gleichen Aufschlaggeschwindigkeiten v_0 für alle Flugzeuge mit gleicher Seefähigkeit zu rechnen, erscheint nicht richtig. Zwar zeigt sich oft, daß während der Landungen die größten Beanspruchungen nicht beim ersten Aufsetzen entstehen und daher von dem Verhalten der Flugzeuge abhängen. Die größten Beanspruchungen treten oft bei den Starts im Seegang auf. Dabei werden die Aufschlaggeschwindigkeiten um so größer werden, je höher die Startgeschwindigkeit oder Mindestschwebegeschwindigkeit oder die sog. Landegeschwindigkeit liegt. Richtiger, als mit konstantem v_0 zu rechnen, ist es wohl, mit konstanten Verhältniswerten $\dfrac{v_0}{v_L}$ zu rechnen. Wenn man mit $\dfrac{v_0}{v_L}$ = const. rechnet und zwar mit verschiedenen Konstanten entsprechend verschiedenen Anforderungen — z. B. Einsatz in Binnengewässern oder Einsatz im Seegang —, d. h. die Flugzeuge entsprechend den angenommenen Verhältniswerten $\dfrac{v_0}{v_L}$ klassifiziert, so ist dies wohl eine erste Näherung. Wie groß die Klassifikationskonstanten $\dfrac{v_0}{v_L}$ anzunehmen sind, muß aus Messungen noch ausgewertet werden. Möglich sind die Werte 0 bis 1. Schon Unterschiede zwischen 1:10 und 1:5 machen sehr viel für die Stoßkräfte aus. Pabst hat in einem Vorschlag $\dfrac{v_0}{v_L} = 0,20$ $= \dfrac{1}{5}$ angegeben.

Um die Verhältniswerte $\frac{v_0}{v_L}$ angeben zu können, die bei Festigkeits-
vorausberechnungen einzusetzen sind, sind die Ergebnisse früherer Messungen, die bisher nur mit den Berechnungen nach den geltenden Vorschriften verglichen worden sind, mit Rechnungen nach diesen Vorschlägen
zu vergleichen. Dabei ist derjenige Wert $\frac{v_0}{v_L}$ zu ermitteln, der Übereinstimmung der Ergebnisse von Messungen und Rechnung liefert. Darauf
aufbauend kann mit Hilfe der angegebenen Gesetzmäßigkeiten auf andere
Baumuster geschlossen werden.

Zusammenfassung

Die Stoßkräfte an Seeflugzeugen wurden bisher nach den Lastannahmen aus den »Festigkeitsvorschriften für Flugzeuge« in den Festigkeitsberechnungen angesetzt. Als weitere Unterlagen für die Berechnung
der Stoßkräfte gibt es verschiedene theoretische Rechnungen. Zwischen
diesen und den Gesetzmäßigkeiten der geltenden deutschen Festigkeitsvorschriften bestehen grundsätzliche Unterschiede. Das Ziel ist, die verschiedenen Erkenntnisse in den Lastannahmen mit aufzunehmen. Hierfür
werden neue Vorschläge gemacht. Angedeutet wird, welche Untersuchungen
noch anzustellen sind, um sichere und vollständige Angaben für die Bestimmung der Stoßkräfte an Seeflugzeugen zu erhalten, insbesondere wie
Messungen an Flugzeugen ausgewertet werden müssen.

Schrifttum

[1] DLA, Bauvorschriften für Flugzeuge (April 1933).
[2] Lewe, Form und Festigkeit der Seeflugzeugunterbauten mit besonderer Berücksichtigung der Seefähigkeit (II. Teil Festigkeit) ZFM
Bd. 11 (1920) S. 124.
[3] Seewald, Aussprachebemerkung zum Vortrag von Diemer »Flugboot und Seegang« Jahrbuch der WGL (1926) S. 111.
[4] v. Karman, The Impact on Seaplane Floats during Landing, NACA
Techn. Note Nr. 321.
[5] Pabst, Theorie des Landestoßes an Seeflugzeugen ZFM Bd. 21 (1930)
S. 217.
[6] Wagner, Über die Landung von Seeflugzeugen ZFM Bd. 22 (1931)
S. 1.

Überblick über die Forschungsziele auf dem Gebiet des Seeflugwesens, unter Berücksichtigung der Arbeiten der Deutschen Versuchsanstalt für Luftfahrt

Von H. Croseck*)

Vorgetragen am 13. Dezember 1934 in Hamburg

Bei allen Arbeiten auf dem Gebiet des Seeflugwesens darf ein Gesichtspunkt nicht außer acht gelassen werden, nämlich daß auch das See-flugzeug immer und in erster Linie ein Flugzeug ist. Der zum Teil irreführende Vergleich mit dem Schiff sollte deshalb tunlichst vermieden werden.

Man wird um so geneigter sein, ein Seeflugzeug für bestimmte Aufgaben einzusetzen, je weniger die Erzielung einer dem Verwendungszweck entsprechenden Seefähigkeit zu zwangsweisen Konzessionen bei der Erfüllung der reinen Flugaufgabe führt.

Die Schwimmwerksgestaltung zusammen mit dem Gesamtaufbau des Flugzeuges ist deshalb so vorzunehmen, daß ein aerodynamisch hochwertiges Flugzeug entsteht.

Da die Einsatzmöglichkeiten der Seeflugzeuge infolge ihrer immer begrenzt bleibenden Seefähigkeit beschränkt sind, ist es vor allem wichtig, sich bei Neuaufgaben ausreichende Klarheit über die Aufgabenstellung im Zusammenhang mit dem Verwendungszweck zu schaffen.

Die Bauaufgabe des Seeflugzeuges kann etwa so definiert werden:

Man braucht einen Schwimmkörper, der das Gewicht des Flugzeuges auf dem Wasser tragen und aus Gründen der Stabilität und ausreichenden Sicherheit ein gewisses Maß an Reserveverdrängung aufweisen muß.

Die Ausführung ist möglich:

1. als eigenstabiles Boot,
2. als Flugzeug mit zentralem Schwimmkörper und seitlichen Stützorganen (Stummel oder Stützschwimmer),
3. als Zweischwimmerflugzeug bzw. Doppelboot.

Diese rein äußerliche Formgebung der Seeflugzeuge ist also ausschließlich durch die Maßnahmen zur Erzielung ausreichender Stabilität auf dem Wasser und hinreichender See-Eigenschaften bedingt, überhaupt nicht durch die Anforderungen des Fluges.

Die Flügelspitzen müssen ein gewisses Mindestmaß über Wasser liegen.

Die Schwierigkeit der Formgebung besteht in der Hauptsache darin, eine aerodynamisch gute Verbindung zwischen Flugwerk und Schwimmwerk zu erzielen. Schwierigkeiten ergeben sich durch die verhältnismäßig hohe Lage der Luftschrauben, die unbedingt gegen Seeschlag geschützt werden müssen. Günstigere Gestaltungen führen zu Knickflügelformen.

---

*) Dr.-Ing., Deutsche Versuchsanstalt für Luftfahrt, E. V., Abt. Hydrodynamik, Hamburg.

Beim Doppelboot erscheint noch die unsymmetrisch gekielte Bodenfläche verfolgenswert, wodurch bewirkt wird, daß das Spritzwasser nur
nach außen abgeht und der zwischen den Schwimmern befindliche Raum
spritzwasserfrei bleibt.

Eine erstrebenswerte Endlösung dürfte das schwanzlose Flugzeug
sein. Bei Anwendung einer ausreichenden Pfeilstellung kann hierbei die
Flügelrumpfverbindung sehr weit nach vorn gerückt werden, so daß das
an der Stufe austretende Spritzwasser selbst bei sehr tiefer Lage des Flügel-
ansatzes nur noch geringe Teile des Flügels benetzen kann.

Ungelöst ist das Problem des eigenstabilen Bootes. Bei bisher vorge-
schlagenen Formen war es nicht möglich, die sich seitlich verhältnismäßig
flach und sehr breit erstreckende Bodenfläche ausreichend spritzwasserfrei
zu bekommen.

Die sonstigen Forschungsziele und Aufgaben seien in Anlehnung an
die Unterteilung der Abteilung Hydrodynamik besprochen:

See-Eigenschaften

Hierzu gehören die Fragen der Schwimmfähigkeit und Stabilität und
der Untersuchung der Vorgänge beim Manövrieren, Treiben und Schleppen.

Die Fragen der Schwimmfähigkeit und Stabilität von rein statischen
Gesichtspunkten aus sind bereits ausführlich in der Arbeit »Beitrag zur
Frage der Schwimmstabilität der Wasserflugzeuge«[1]) besprochen worden.
Die Verhältnisse sind bei Flugzeugen und Schiffen grundsätzlich verschiedenartig gelagert, insbesondere weil der Neigungsbereich von 10 bis 12°,
bei dem die Flügel schon ins Wasser kommen, wesentlich geringer ist als
beim Schiff.

Das Maß der erforderlichen Anfangsstabilität muß deshalb sehr groß
sein. Die Bemessung erfolgt zur Zeit lediglich nach Erfahrungswerten, insbesondere sind keine Unterlagen über die Größe der auftretenden Roll-
momente bei Schräganströmung durch Wind vorhanden.

Rechnungen über das dynamische Verhalten sind nur unter gewissen
vereinfachenden Annahmen möglich, z. B. unter der Annahme regelmäßigen
Seeganges. Arbeiten auf diesem Gebiet sind in Vorbereitung.

Auch bestehen grundsätzliche Unterschiede im dynamischen Verhalten
zwischen den verschiedenen Seeflugzeugtypen. Insbesondere sind die Fragen
der Resonanzmöglichkeit und der Dämpfung wichtig.

Zur Feststellung der in die Rechnung einzusetzenden Massen, insbesondere der Größenordnung der zusätzlichen scheinbaren Maße, sind
systematische Modellversuche in Vorbereitung und Großversuche geplant.

Da beim Flugzeug bereits bei verhältnismäßig geringer Geschwindigkeit wesentliche hydrodynamische Kräfte auftreten, sind für die Untersuchungen der Stabilitätsverhältnisse in der Bewegung, insbesondere, wenn
Schräganströmungen auftreten, besondere Versuche notwendig.

Die Frage der Manövrierfähigkeit durch Modellversuche zu klären,
erscheint zu umfangreich im Verhältnis zum möglichen Nutzen. Man wird

---

[1]) Croseck, 359. DVL-Bericht, DVL-Jahrb. 1933.

sich hier wohl mit Großversuchen begnügen und auf die Untersuchung des unbedingt erforderlichen stabilen Treibens im Wind beschränken.

Seeleistungen

Diese Aufgabe umfaßt alle Fragen des Startvorganges, insbesondere des Startwiderstandes. Ausgehend von der einfachen Platte, über deren Verhältnisse beim Gleiten durch den Vortrag von Sambraus[2]) und durch die Versuchsergebnisse von Sottorf bereits ein guter Überblick gegeben ist, ist der Schwimmkörper als ganzes mit Vorschiff und Hinterschiff zu formen. Verschiedene Gesichtspunkte sind hierbei zu beachten, um zu verhindern, daß die mit einfachen Platten erzielten Ergebnisse erheblich verschlechtert werden.

Die Modelluntersuchungen von Flugbooten und Schwimmern werden möglichst nach der sog. »vollständigen Schleppmethode« durchgeführt, auf einen derzeitigen Vorschlag von Seewald zurückgehend, Schwimmwerksentwicklung unabhängig von einem gegebenen Flugzeugentwurf zu betreiben und die Messungen in einem solchen Umfange durchzuführen, daß eine für brauchbar erkannte Schwimmerbauart auf Grund der vorliegenden Meßergebnisse einem beliebigen Flugwerk optimal zugeordnet werden kann.

Seefestigkeit

Dazu gehört die Feststellung der Sicherheit von Seeflugzeugen auf dem Wasser, beim Rollen, Starten und Landen, insbesondere die Feststellung der äußeren Stoßkräfte auf das Schwimmwerk.

Diese Fragen wurden von Mewes[3]) insbesondere mit Hinblick auf die Lastannahmen bereits ausführlich behandelt.

Um unnötig hohe Konstruktionsgewichte zu vermeiden, ist gerade auf diesem Gebiete eine ganz klare Aufgabenstellung, was von dem Flugzeug verlangt wird, unter welchen Bedingungen und Seegangsverhältnissen Start und Landung vor sich gehen sollen, wichtig. Im Durchschnitt scheinen die Anforderungen, die man in Deutschland stellt, zu hoch zu sein, und schaden damit der Flugaufgabe. Eine eingehende Diskussion aller beteiligten Stellen vor Auftragserteilung ist unbedingt notwendig.

Zum Schluß wurde im Zusammenhang mit den Arbeiten der Hydrodynamischen Abteilung der Deutschen Versuchsanstalt auf die einzelnen Fragen näher eingegangen.

---

[2]) Vgl. S. 127.
[3]) Vgl. S. 139.

158

Verdrehungsknickung von offenen Profilen

Von B. v. Schlippe*)

Vorgetragen am 9. Februar 1934 in Berlin

Das Wesen der Verdrehungsknickung dürfte heutzutage im Flugzeugbau wohl allgemein bekannt sein. Die mathematische Erfassung des
Problems stammt von Wagner, der die Gleichung für die Knickspannung
angegeben hat[1]. Um die theoretisch gefundenen Werte nachzuprüfen
und Unterlagen für einige gebräuchliche Profilarten zu erlangen, wurden
Versuche durchgeführt, über deren Ergebnisse kurz berichtet werden soll.
Die Arbeit ist nicht als Ergebnis abgeschlossener Untersuchungen zu werten,
sie soll vielmehr nur als ein Bericht über den
Anfang einer Versuchsreihe aufgefaßt werden.

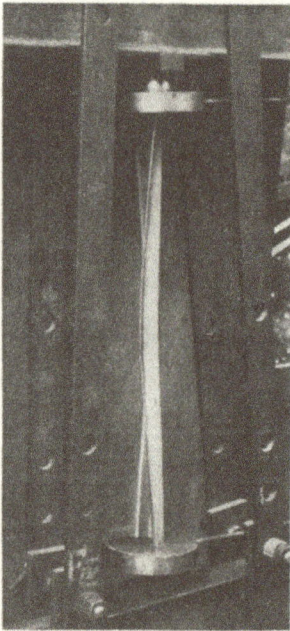

Abb. 1. Ausknicken des Hut-
profils.

Theorie der Verdrehungsknickung

Das Wesen jeder Knickung ist, daß ein
unter Druckbeanspruchung stehender Stab
bei einer bestimmten Last, der Knicklast,
seine ursprüngliche Form verläßt, um in eine
andere überzugehen, welche ihm gestattet,
eine kleinere potentielle Energie aufzunehmen. Je komplizierter der Stab in seinem
Aufbau ist, desto mehr Möglichkeiten hat
er, sich durch Ausknicken der Wirkung der
Last zu entziehen.

Bei einem Vollstabe besteht nur eine Möglichkeit des Knickens, und zwar in Form von
Ausbiegen (Euler-Tetmajer); bei einem Rohr
tritt dazu die Form des örtlichen Ausknickens,
die je nach Wandstärke verschieden sein kann,
hinzu; bei offenen Profilen kann man außer
diesen beiden noch die Form der Verdrehungsknickung, bei der das Profil sich verwindet,
unterscheiden. Die ursprünglich geraden Fasern gehen dabei, wie auch beim Verbiegen, in
Bögen über. An den Enden des Profiles entsteht eine Querschnittswölbung (s. Abb. 1 u. 6).

Es tritt stets diejenige Knickform ein, welche bei gegebenen Randbedingungen der Belastung den kleinsten Widerstand entgegenzubringen
vermag bzw. welche zur kleinsten Formänderungsarbeit führt. Unter gewissen Bedingungen tritt bei offenen Profilen die bereits erwähnte Verdrehungsknickung auf. Die Bedingungen sind in der Hauptsache folgende:

---

*) Dipl.-Ing., Junkers Flugzeugwerke A.G., Dessau.

[1] H. Wagner, Verdrehung und Knickung von offenen Profilen, Fest-
schrift 25 Jahr T. H. Danzig (1929).

1. Unbehinderte oder nur teilweise behinderte Querschnittswölbung (sonst Ausknicken nach Euler),
2. größeres Schlankheitsverhältnis (sonst örtliche Knickung),
3. keine oder nur geringe elastische Stützung für Verdrehung, wobei auch Stege, welche die Schenkel des Profils verbinden, elastische Stützung ergeben.

Für die genannten Bedingungen lautet die Gleichung für die Knicklast:

$$P_{kd} = \frac{1}{i_{SP}^2} \left(G\,J_T + \frac{\pi^2}{l^2}\,E\,C_{bd} \right),$$

worin i_{SP} den auf den Schubmittelpunkt bezogenen Trägheitshalbmesser, $G\,J_T$ die Drillungssteifigkeit, l die Stablänge und C_{bd} den Biegungsverdrehungswiderstand des Profiles bedeutet. C_{bd} ist ein Flächenmoment vierter Ordnung, ist von der Profilform abhängig und der Wandstärke proportional. Das erste Glied ist nur von der Drillungssteifigkeit des Querschnittes abhängig und wird von der Stablänge nicht beeinflußt. Das zweite Glied ist dem Aufbau nach dem Eulerschen Ausdruck eng verwandt. Die kritische Last der Verdrehungsknickung ist bei mittleren Stablängen geringer als die Last nach Euler, überholt diese aber wegen des konstanten Gliedes bei größeren Werten von l.

Formt man die Gleichung etwas um, so erhält man für die Knickspannung den Ausdruck

$$\sigma_{kd} = E\left(0{,}385\, \frac{J_D}{J_P} + \frac{\pi^2}{l^2} \cdot \frac{C_{bd}}{J_P} \right),$$

wobei für

$$\frac{G}{E} = 0{,}385$$

gesetzt worden ist.

Die Werte $\dfrac{J_D}{J_P}$ und $\dfrac{C_{bd}}{J_P}$ sind von Bock für Winkel-, C- und Hut-Profile kurvenmäßig zusammengestellt worden, vgl. Abb. 2 bis 4.

Mit gewisser Näherung läßt sich wahrscheinlich die Knick-Gleichung auch für den unelastischen Bereich anwenden, indem man statt E den Karmanschen Modul der gesamten Formänderung T in die Gleichung einsetzt, der jedoch mit dem auf der Euler-Karman-Gleichung nicht identisch ist und für die Verdrehungsknickung für die einzelnen Querschnittformen ermittelt werden müßte.

Versuche

Um die auf Grund der Theorie gewonnenen Gleichungen zu erhärten und auch auf andere Randbedingungen übertragen zu können, wurden bei Junkers Knickversuche vorgenommen.

Als Versuchskörper wurden C- und Hut-Profile 40/30/1,2 von verschiedener Länge gewählt. Es wurden insgesamt drei Versuchsreihen durchgeführt. In der ersten Versuchsreihe wurden Profile mit unbehinderter Querschnittswölbung zum unmittelbaren Vergleich mit den theoretischen Ergebnissen geprüft.

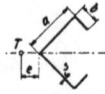

160

Abb. 2. Winkel-Profile.

T = Schubmittelpunkt.

$A = 2(a+b)$ = Abwicklung des Querschnittes.

l = Knicklänge.

E = Elastizitätsmodul.

$G = \frac{m}{2(m+1)} \cdot E = 0,385 \cdot E$ = Gleitmodul $(m = \frac{10}{3})$

J_{pol} = polares Trägheitsmoment bezogen auf Schubmittelpunkt.

$J_D \sim \frac{1}{3} A s^3$ = Drillungswiderstand.

C_{bd} = Biegungsverdrehungswiderstand.

Knickspannung:

$$\sigma_{kd} = E \left(0,385 \frac{J_D}{J_{pol}} + \frac{\pi^2}{l^2} \cdot \frac{C_{bd}}{J_{pol}} \right)$$

Im unelastischen Bereich ist statt E der Kármánsche Knickmodul T zu setzen.

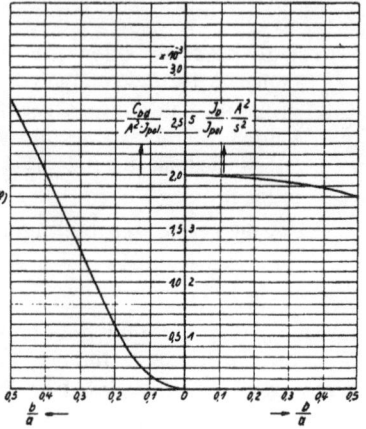

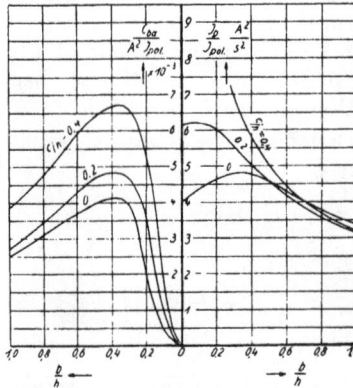

Abb. 3. C-Profile.

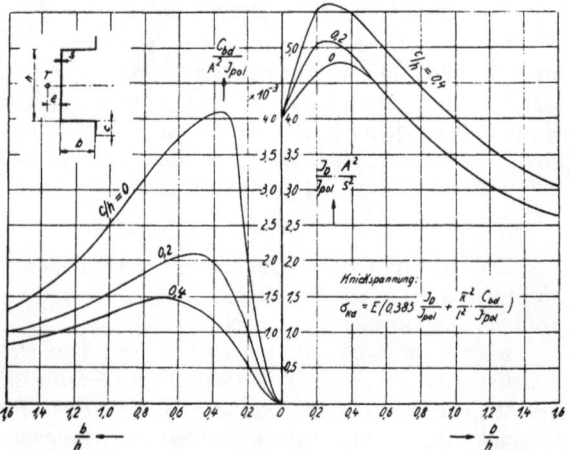

T = Schubmittelpunkt.

$A = n \cdot 2(b \cdot c)$ = Abwicklung des Querschnittes.

l = Knicklänge

E = Elastizitätsmodul

$G = \frac{m}{2(m+1)} \cdot E = 0,385 \cdot E$ = Gleitmodul $(m = \frac{10}{3})$.

J_{pol} = polares Trägheitsmoment bezogen auf Schubmittelpunkt.

$J_D \sim \frac{1}{3} \cdot A s^3$ = Drillungswiderstand.

C_{bd} = Biegungsverdrehungswiderstand

Knickspannung:

$$\sigma_{kd} = E \left(0,385 \frac{J_D}{J_{pol}} + \frac{\pi^2}{l^2} \cdot \frac{C_{bd}}{J_{pol}} \right)$$

Im unelastischen Bereich ist statt E der Kármánsche Knickmodul T zu setzen

Abb. 4. Hut-Profile.

Knickspannung:

$$\sigma_{kd} = E \left(0,385 \frac{J_D}{J_{pol}} + \frac{\pi^2}{l^2} \cdot \frac{C_{bd}}{J_{pol}} \right)$$

Abb. 2 bis 4. Verdrehungsknickung. Werte des Biegeverdrehungswiderstandes C_{bd} und des Drillungswiderstandse J_D.

Abb. 5 (links).
Kardanschneiden-
Lagerung
(Rückansicht).

Abb. 6 (rechts).
Kardanschneiden-
Lagerung
(Seitenansicht).

Um eine freie Verwölbmöglichkeit zu erzielen, wurde eine Kardan-
schneiden-Vorrichtung angefertigt, die gleichzeitig ein freies Ausbiegen der
Profile gestattete (Abb. 5 und 6). Die Schneiden lagerten auf Stahl-
reiterchen derart, daß der Kraftangriff zentrisch war.

Dann folgte eine Versuchsreihe mit zwischen Platten geknickten
Profilen, um den Einfluß von teilweise behinderter Wölbung zu veranschau-

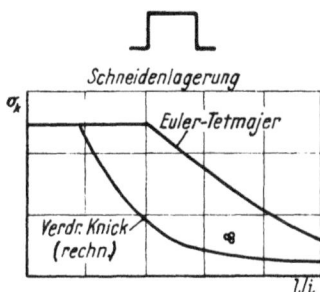

Abb. 7.

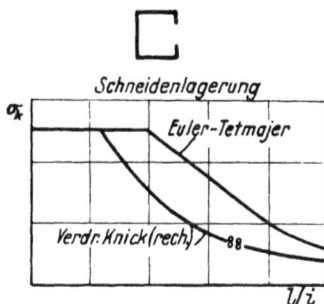

Abb. 9.

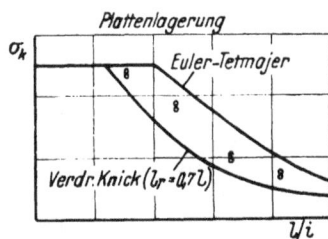

Abb. 8.

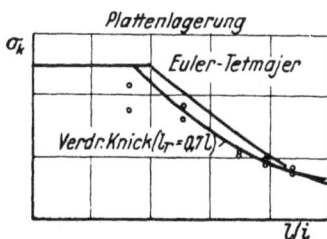

Abb. 10.

Abb. 7 bis 10. Verdrehungsknickung von C- und Hut-Profilen.
Rechnerische Kurven im Vergleich mit den Versuchsergebnissen bei Schneidenlagerung für
Hut-Profile (Abb. 7) und C-Profile (Abb. 9) und bei Plattenlagerung für Hut-Profile (Abb. 8)
und C-Profile (Abb. 10).

lichen. Schließlich wurde der Einfluß von verschiedenen Stegarten untersucht, wobei auf die Profile vier Stege in Abständen von 200 mm aufge-
nietet wurden.

Ergebnisse

Abb. 7 und 9 zeigt die rechnerischen Kurven für C- und Hut-Profile mit
den eingetragenen Versuchspunkten der Versuchsreihe mit unbehinderter
Querschnittswölbung. Die Übereinstimmung ist bei den C-Profilen eine voll-
kommene. Bei den Hut-Profilen ist dagegen eine erhebliche Abweichung zu
verzeichnen, deren Ursache vermutlich in dem nicht ganz zentrischen Kraftangriff begründet lag. Die Kraftachse war vielleicht etwas nach dem Profil-
rücken gewandert, wodurch sich eine wesentliche Erhöhung der Knicklast
bemerkbar machen kann.

Zum Vergleich sind in den Abbildungen stets die Euler-Tetmajer-
Kurven eingetragen worden.

In Abb. 8 und 10 sind die Ergebnisse der Versuchsreihe mit zwischen
Platten gedrückten Profilen dargestellt. Die Behinderung der Querschnittswölbung wirkt sich bei C-Profilen so aus, daß statt mit der wahren Stablänge mit einer reduzierten Länge gleich etwa $0,7\,l$ gerechnet werden kann.

Ist eine vollständige Behinderung der Querschnittswölbung vorhanden,
wie es z. B. bei allseitig eingenieteten Profilen der Fall ist, so ist mit einer
reduzierten Länge von $0,5\,l$ zu rechnen.

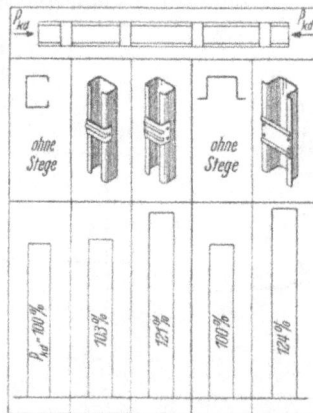

Abb. 11. Vergleich des Verhaltens verschiedener Profile bei der Verdrehungsknickung.
Auswirkung von Stegen.

Die Ergebnisse der letzten Versuchsreihe sind aus Abb. 11 ersichtlich.
Die Knicklasten der Profile ohne Stege sind zu 100 vH angenommen. Wie
sich voraussagen läßt, haben die Stege nur dann eine wesentliche Erhöhung
der Knicklast zur Folge, wenn sie in der Lage sind, dem Verschieben der
beiden Profilflansche gegeneinander einen Widerstand entgegenzusetzen,
also Stege, die mindestens mit zwei Nieten je Flansch angeschlossen sind.

Die Erhöhung der Knicklast durch richtig ausgebildete Stege ist immerhin ganz beträchtlich.

Beanspruchungen des Tragwerks und Leitwerks beim Hochreißen

Von H. W. Kaul*)

Vorgetragen am 8. November 1934 in Friedrichshafen

Bei solchen neueren Schnell-Flugzeugen mit großer Geschwindigkeitsspanne, die nicht kunstflugfähig zu sein brauchen, sind für die Bemessung des Tragwerks und Leitwerks im wesentlichen zwei Arten von Beanspruchungen maßgebend:

1. Die Beanspruchung durch Böen,
2. die Beanspruchung durch harte Ruderbetätigung in besonders ungünstigen Fluglagen.

Aus der zweiten Gruppe behandelt der vorliegende Bericht die beim »Hochreißen«, d. h. beim schnellstmöglichen Ausschlagen des Höhenruders bis zum Anschlag auftretenden Beanspruchungen. Zu dieser Frage können noch nicht die Ergebnisse einer abgeschlossenen Forschungsaufgabe vorgelegt werden, sondern es wird lediglich eine Übersicht über die bisher erzielten Meßergebnisse gegeben.

Tragwerksbeanspruchungen

Allgemeines

Die Tragwerksbeanspruchungen beim Hochreißen sind in erster Linie von dem Verhältnis des Staudrucks, aus dem das Flugzeug hochgerissen wird, zu dem der Geringstgeschwindigkeit des Flugzeugs entsprechenden Staudruck abhängig. Aus der Gleichgewichtsbedingung:

$$n \cdot G = c_{a_{\max}} \cdot q \cdot F$$

folgt mit der für den Flug mit Geringstgeschwindigkeit geltenden Gleichung

$$1 \cdot G = c_{a_{\max}} \cdot q_{\min} \cdot F$$

die bekannte Beziehung $n = q_a/q_{\min} = v_A{}^2/v_{\min}{}^2$. Bei Aufstellung dieser Gleichung ist aber vernachlässigt, daß bei rascher Anstellwinkeländerung, wie Kramer[1]) nachgewiesen hat, eine Erhöhung des erreichbaren Höchstauftriebsbeiwertes $c_{a\,\max}$ gegenüber dem in stationärer Strömung gemessenen Wert auftritt. Daß diese Erhöhung sehr beträchtlich und zudem mit dem Ausgangsstaudruck stark veränderlich sein kann, und daß demzufolge bei Flugversuchen wesentliche Abweichungen von der eben genannten Näherungsbeziehung $n = q/q_{\min}$ auftreten, werden die Ergebnisse einer Reihe von Beanspruchungsmessungen beim Hochreißen zeigen.

---

*) Dipl.-Ing., Deutsche Versuchsanstalt für Luftfahrt, E. V., Berlin-Adlershof.

[1]) M. Kramer: Die Zunahme des Maximalauftriebs von Tragflügeln bei plötzlicher Anstellwinkelvergrößerung. Z. Flugtechn. Motorluftsch. Jg. 23 (1932) Nr. 7, S. 185/189.

Die ersten Messungen dieser Art sind in Amerika von Doolittle an einem Kampfeinsitzer vom Muster Fokker D—XII durchgeführt worden. Bei den Versuchen wurde nacheinander aus verschiedenen Ausgangs- geschwindigkeiten v_A der Steuerknüppel mit größtmöglicher Schaltgeschwin- digkeit bis zum Anschlag durchgerissen und dort festgehalten, bis das Flugzeug über den Flügel bzw. auf den Kopf ging. Gemessen wurde dabei die Beschleunigungskomponente in Richtung der Flugzeug-Hochachse mit einem NACA-Beschleunigungsschreiber; die Ausgangsgeschwindigkeit v_A vor dem Hochreißen wurde jeweils von dem Bordstaudruckmeßgerät abgelesen.

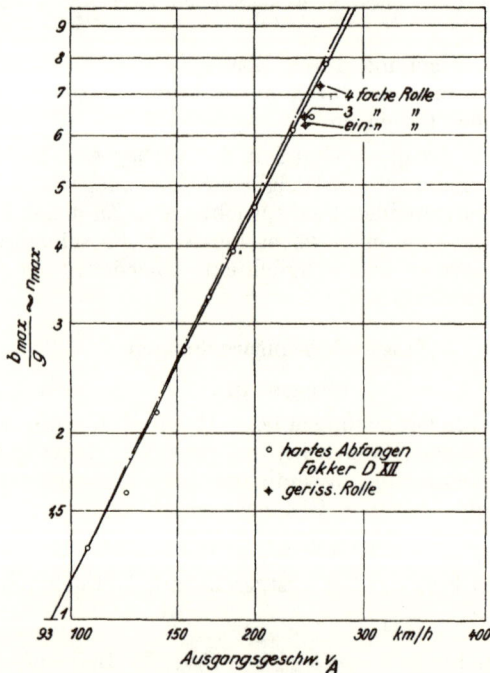

Abb. 1. Beanspruchungen beim Hochreißen des Musters Focker D XII.

Abb. 1 zeigt das Ergebnis dieser Versuche. Es sind die jeweils ge- messenen Höchstwerte der Beschleunigung in doppelt logarithmischem Maßstab über der Ausgangsgeschwindigkeit v_A aufgetragen. Diese Auf- tragung entspricht ungefähr der Abhängigkeit der Beschleunigungshöchst- werte vom Ausgangsstaudruck q_A in linearem Maßstab.

Man erkennt, daß das Lastvielfache im ganzen durchgemessenen Ge- schwindigkeitsbereich vom Ausgangsstaudruck geradlinig abhängig ist. Die Gerade durch die Meßpunkte schneidet die dem Lastvielfachen 1 ent- sprechende Linie in einem Punkt, der der Ausgangsgeschwindigkeit 93 km/h entspricht. Dieser Wert ist hier ungefähr gleich der Landegeschwindigkeit des Flugzeugmusters.

Setzt man diesen Wert in die oben angegebene Näherungsgleichung $n = v_A{}^2/v_{\min}{}^2$ ein, so erhält man die in Abb. 1 strichpunktierte Gerade, die hier von den Meßwerten nur unwesentlich abweicht. — Einige in das Bild gleichfalls eingetragene, in gerissenen Rollen gemessene Höchstwerte der Beschleunigung zeigen, daß die beim Hochreißen gemessenen Beanspruchungen auch in anderen Flugfiguren, bei denen das Höhenruder mit gleich großer Schaltgeschwindigkeit voll ausgeschlagen wird, auftreten.

Abb. 2 zeigt in gleicher Weise aufgetragene Meßergebnisse von Rhode bei Flugmessungen mit dem Kampfeinsitzer Boeing PW—9. Das Hoch-

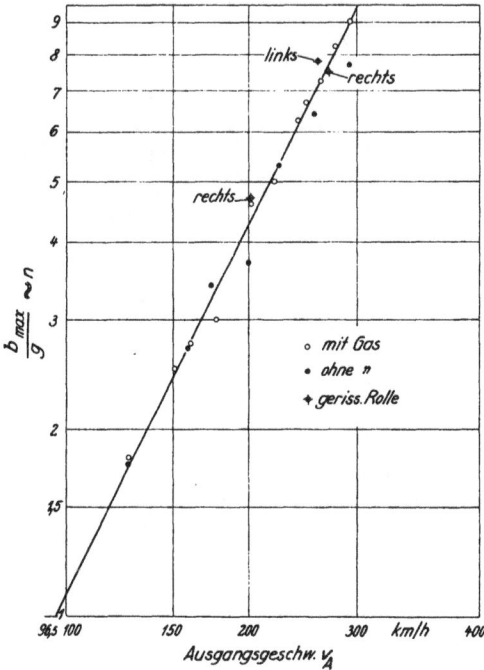

Abb. 2. Beanspruchungen beim Hochreißen des Musters Boeing PW 9.

reißen ist sowohl aus dem Vollgasflug als auch aus dem Flug mit auf Leerlauf gedrosseltem Motor ausgeführt worden. Die in beiden Fällen erreichten Höchstlastvielfachen streuen hier um dieselbe Gerade. Daß und warum dies nicht bei allen Flugzeugmustern der Fall ist, wird später noch erläutert. Die Gerade durch die Meßpunkte schneidet auf der lg-Linie die Ausgangsgeschwindigkeit $v_{\min} = 96{,}5$ km/h ab, die auch bei diesem Muster ungefähr der Landegeschwindigkeit entspricht. Die der Näherungsbeziehung $n = v_A{}^2/v_{\min}{}^2$ entsprechende Gerade fällt hier mit der mittleren Geraden durch die Meßpunkte zusammen. Einige bei gerissenen Rollen erreichte Meßwerte liegen auch hier ebenso hoch wie die beim Hochreißen ermittelten.

Messungen an weiteren Flugzeugmustern bestätigten zwar im wesentlichen die geradlinige Abhängigkeit des Lastvielfachen vom Ausgangsstaudruck, zeigen aber, daß zum Teil wesentliche Abweichungen von der Näherungsbeziehung $n = v_A{}^2/v_{\min}{}^2$ auftreten.

In Abb. 3 sind die mit 7 verschiedenen Flugzeugmustern beim Hochreißen erreichten Lastvielfachen über dem Verhältnis $v_A/v_{\min}$ in logarithmischem Maßstab aufgetragen; das Bild veranschaulicht die Größe dieser Abweichungen von der Beziehung $n = (v_A/v_{\min})^2$ (vgl. die dick ausgezogene Gerade). Die hier dargestellten Flugzeugmuster sind sämtlich voll kunst-

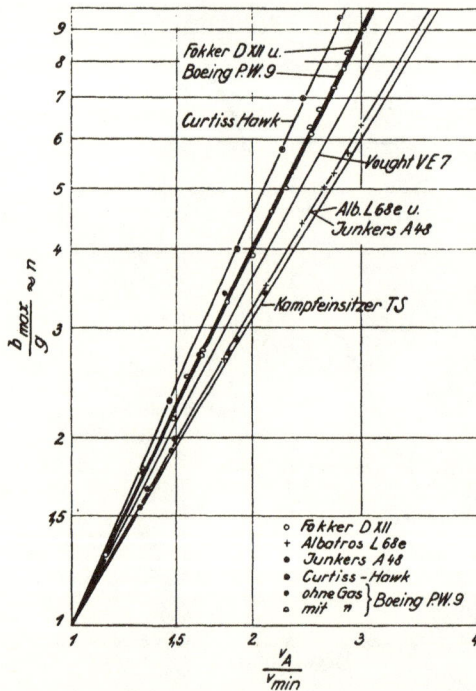

Abb. 3. Vergleich der Beanspruchungen beim Hochreißen für sieben verschiedene Flugzeugmuster.

flugtaugliche Ein- und Zweisitzer. Die Werte entstammen Messungen von Doolittle, Crowley, Rhode, Scheubel und der Deutschen Versuchsanstalt für Luftfahrt (DVL). Die dick ausgezogene Gerade, die gleichzeitig die in den Abb. 1 und 2 aufgetragenen Meßwerte wiedergibt, entspricht der Näherungsgleichung $n = v_A{}^2/v_{\min}{}^2$. Man erkennt, daß die Neigungen der Geraden durch die Meßpunkte hiervon bei den anderen Flugzeugmustern abweichen, und zwar in einem Falle — beim Curtiss Hawk — nach oben, in den anderen Fällen nach unten.

Die Ursache für das verschiedenartige Verhalten der einzelnen Flugzeugmuster liegt vor allem darin, daß im allgemeinen der beim Hochreißen

erreichte Höchstauftriebsbeiwert $c_{a\,max}$ längs des untersuchten Geschwindigkeitsbereiches nicht konstant ist. Kramer hat an Hand von Windkanalversuchen nachgewiesen, daß die Größe des erreichbaren Höchstauftriebsbeiwertes $c_{a\,max}$ von der relativen Fluggeschwindigkeit v/t_F und von der
Geschwindigkeit der Anstellwinkeländerung $d\alpha/dt$ durch folgende Beziehung abhängt:

$$c_{a_{max}} = c_{a_{M\,stat}} + 0{,}36 \cdot \frac{t_F}{v} \cdot \frac{d\,\alpha}{d\,t} = c_{a_{M\,stat}} + \varDelta\,c_a.$$

In dieser Gleichung ändern sich längs des Geschwindigkeitsbereiches so-

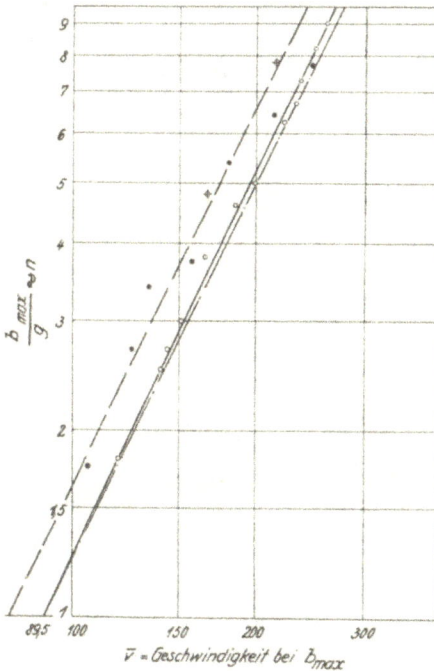

Abb. 4. Hochreißen mit Boeing PW 9.

wohl das Verhältnis t_F/v als auch im allgemeinen die erreichte Geschwindigkeit der Anstellwinkeländerung $d\alpha/dt$.

Die hier in Rechnung zu setzende Geschwindigkeit v ist die Geschwindigkeit im Augenblick des Erreichens der Höchstbeanspruchung und
damit streng genommen nicht mehr gleich der Ausgangsgeschwindigkeit v_A, sondern bereits etwas kleiner als dieser Wert. Bei einigen der
bisher behandelten Messungen ist der Staudruckverlauf während des
Hochreißens mit aufgezeichnet worden, so daß mit einiger Annäherung
daraus die Geschwindigkeit im Augenblick des Erreichens der Höchstbeanspruchung entnommen werden kann. Diese Werte sind allerdings

mit einigem Vorbehalt zu betrachten, da bei der raschen Anstellwinkeländerung infolge von Schräganblasung der Düsen bzw. Staurohre und
infolge von Beschleunigungsempfindlichkeit der Druckweiterführung in den
Leitungen sowie der Meßgeräte selbst erhebliche Fehlermöglichkeiten vorhanden sind.

Über der so gemessenen Geschwindigkeit $\overline{v}$ im Augenblick des Erreichens der Höchstbeschleunigung sind in Abb. 4 die beim Hochreißen
erreichten Höchstbeschleunigungen für Hochreißen aus dem Vollgas- und

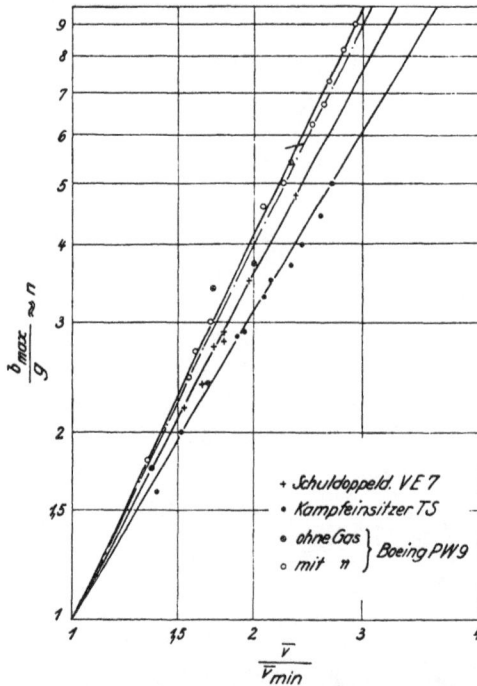

Abb. 5. Vergleich dreier Flugzeugmuster.

Leerlaufflug mit dem Muster Boeing PW-9 aufgetragen. Auch hier zeigt
sich eine annähernd geradlinige Abhängigkeit zwischen Beschleunigung
und Staudruck, wenn auch die Ergebnisse der Leerlaufmessungen stark
streuen. Ähnliches ergibt sich bei zwei weiteren Flugzeugmustern. Wenn
man wiederum die gemessenen Beschleunigungen über dem Verhältnis
$\overline{v}/\overline{v}_{min}$ aufträgt — wobei für $\overline{v}_{min}$ jeweils der durch den Schnittpunkt der
Geraden durch die Meßpunkte mit der lg-Linie bezeichnete Wert $\overline{v}_{min}$ in
Rechnung gestellt wird — so ergibt sich die Darstellung der Abb. 5, die
wieder einen ähnlich großen Streubereich zeigt wie die in Abb. 3 gezeigte
Abhängigkeit der Höchstbeschleunigungen vom Ausgangsstaudruck.

Wenn man von den Meßfehlern bei der Ermittlung von $\overline{v}$ absieht,
kann dieser Streubereich nur durch Änderung des Höchstauftriebsbeiwertes

$c_{a\,\text{max}}$ im untersuchten Geschwindigkeitsbereich erklärt werden, wie sich einfach zeigen läßt. Die den einzelnen Flugzeugmustern zugehörigen Geraden $n = f\,(\overline{q}/\overline{q}_{\text{min}})$ lassen sich durch eine Gleichung von folgender Form darstellen:

$$n = \overline{c}\left(\frac{\overline{q}}{\overline{q}_{\text{min}}} - 1\right) + 1.$$

Aus der Beziehung

$$n = \frac{c_{a\,\text{max}} \cdot \overline{q}}{c^0_{a\,\text{max}} \cdot \overline{q}_{\text{min}}},$$

in der $c^0_{a\,\text{max}}$ den zu $\overline{q}_{\text{min}}$ gehörigen Höchstauftriebsbeiwert bezeichnet, folgt dann für $\overline{c}$

$$\overline{c} = \frac{\dfrac{c_{a\,\text{max}}}{c^0_{a\,\text{max}}} \cdot \dfrac{\overline{q}}{\overline{q}_{\text{min}}} - 1}{\dfrac{\overline{q}}{\overline{q}_{\text{min}}} - 1}.$$

Die durch die Größe $\overline{c}$ angegebene Neigung der einzelnen Geraden ist also nur von dem Verhältnis $c_{a\,\text{max}}/c^0_{a\,\text{max}}$ abhängig. Legt man die von Kramer aus seinen Windkanalversuchen abgeleitete Beziehung zugrunde, so erhält man für das Verhältnis $c_{a\,\text{max}}/c^0_{a\,\text{max}}$ die Gleichung

$$\frac{c_{a\,\text{max}}}{c^0_{a\,\text{max}}} = \frac{c_{a\,\text{stat}} + 0{,}36\,t_F \cdot \dfrac{\omega}{\overline{v}}}{c_{a\,\text{stat}} + 0{,}36\,t_F \cdot \dfrac{\omega_0}{\overline{v}_{\text{min}}}},$$

nach der der Verhältniswert lediglich von dem Unterschied zwischen den Quotienten $\omega/\overline{v}$ und $\omega_0/\overline{v}_{\text{min}}$ abhängt, d. h. die im Augenblick des Erreichens der Höchstbeschleunigung vorhandene Geschwindigkeit der Anstellwinkeländerung $\omega = \dfrac{d\,\alpha}{d\,t}$ bzw. ihre Änderung im untersuchten Geschwindigkeitsbereich ist für die Neigung der Geraden $n = f\,(\overline{q}/\overline{q}_{\text{min}})$ und damit für die Abweichungen der Meßwerte von der Näherungsbeziehung $n = \overline{q}/\overline{q}_{\text{min}}$ maßgebend. Bleibt der erreichbare Höchstauftriebsbeiwert $c_{a\,\text{max}}$ im ganzen Geschwindigkeitsbereich konstant, so ist $\overline{c} = 1$ und der Anstieg der Geraden entspricht der Näherungsbeziehung; wächst der erreichbare Höchstauftriebsbeiwert mit wachsendem Ausgangsstaudruck an, so weicht die Neigung von der der Näherungsgleichung entsprechenden nach oben, im anderen Falle nach unten ab. Von den Flugzeugabmessungen und -eigenschaften sind für diese Abweichungen also lediglich Längsstabilität, Höhenruderwirkung und Dämpfung von Drehbewegungen um die Querachse maßgebend. Alle übrigen Größen, wie vor allem Flächenbelastung und mittlere Flügeltiefe für sich allein beeinflussen lediglich die Größe des Wertes $\overline{v}_{\text{min}}$, der sich für ein bestimmtes Flugzeugmuster als Schnittpunkt der Geraden $n = f\,(\overline{q})$ mit der Geraden $n = 1$ ergibt. Dieser Wert hat bei den bisher behandelten Flugzeugmustern ungefähr die Größe des Landestaudrucks. Er ist auf Grund seiner Ermittlungsart nicht mit dem im stationären Flug erreichbaren Geringststaudruck identisch, sondern entspricht dem Staudruck, der erreicht wird, wenn man das Flugzeug aus einem solchen Staudruck $q < q_{\mathrm{min\,stat}}$ und einem entsprechenden Lastvielfachen $n < 1$ hochreißt, aus dem dadurch gerade das Lastvielfache $n = 1$ erreicht wird. Vorstellen kann man sich diesen Ausgangszustand etwa so, daß das Flugzeug während des Fahrtaufnehmens nach einem kräftigen Abfangen nochmals so hochgerissen wird, daß dabei gerade das Lastvielfache 1 erreicht wird. Die ungefähre Übereinstimmung zwischen q_{min} und dem Landestaudruck hat ihren Grund darin, daß auch bei der Landung gewöhnlich höhere $c_{a\,\mathrm{max}}$-Werte als im stationären Flug auftreten.

Wegen der bei Messung des Staudruckverlaufs während eines harten Abfangens im allgemeinen auftretenden beträchtlichen Meßfehler ist die Betrachtung der eingangs gewählten Abhängigkeit des Lastvielfachen vom Ausgangsstaudruck vor dem Hochreißen zweckmäßiger, da hier zwei einwandfrei meßbare Größen zueinander in Beziehung gesetzt werden. Die dabei zwischen verschiedenen Flugzeugmustern beobachteten Abweichungen (vgl. Abb. 3) sind zum Teil auf die eben behandelte verschiedenartige Änderung des Höchstauftriebsbeiwertes, zum anderen Teil auf verschieden starkes Absinken des Staudrucks vom Ausgangsstaudruck bis zu dem im Augenblick der Höchstbeanspruchung erreichten zurückzuführen, und diese beiden Einflüsse lassen sich nicht mehr trennen. Es soll aber noch kurz darauf eingegangen werden, in welcher Form das Absinken des Staudrucks sich auswirkt. Setzt man wieder wie oben die Gleichung für die Geraden $n = f\,(q_A/q_{\mathrm{min}})$ in der Form an:

$$n = c\,(q_A/q_{\mathrm{min}} - 1) + 1,$$

so besteht zwischen der Steigung c der Geraden $n = f\,(q_A/q_{\mathrm{min}})$ und der Steigung $\overline{c}$ der Geraden $n = f\,(\overline{q}/q_{\mathrm{min}})$ die einfache Beziehung:

$$c = \overline{c} \cdot \frac{\left(\dfrac{\overline{q}}{q_{\mathrm{min}}} - 1\right)}{\left(\dfrac{q_A}{q_{\mathrm{min}}} - 1\right)}.$$

Insgesamt zeigen die bisherigen Betrachtungen, daß es für eine genaue Vorausberechnung der an einem bestimmten Flugzeugmuster beim Hochreißen auftretenden Beanspruchungen erforderlich ist, den Staudruck $\overline{q}$ und den erreichbaren Höchstauftriebsbeiwert, d. h. die Geschwindigkeit der Anstellwinkeländerung $\dfrac{d\,\alpha}{d\,t}$ im Augenblick des Erreichens der Höchstbeanspruchung genügend genau zu bestimmen. Da sich beide Größen bisher aber weder mit befriedigender Genauigkeit berechnen noch messen lassen, bleibt gegenwärtig die Bestimmung der Beanspruchung durch Flugversuche das geeignete Mittel. Theoretische Untersuchungen werden gleichzeitig durchgeführt.

Wegen der geradlinigen Abhängigkeit des Lastvielfachen vom Ausgangsstaudruck, die sich bei allen bisherigen Messungen gezeigt hat, können die Flugversuche auf einen Staudruckbereich beschränkt bleiben, innerhalb dessen das sichere Lastvielfache des untersuchten Flugzeugs noch nicht überschritten wird. Durch Extrapolation können dann die bei höheren Staudrücken zu erwartenden Beanspruchungen bestimmt werden. Das ist vorerst das wichtigste Ergebnis.

Voraussetzung hierbei ist allerdings, daß die Steuerkräfte nicht mit dem Ausgangsstaudruck so stark anwachsen, daß dadurch die mögliche Ruderschaltgeschwindigkeit und der erreichbare Ruderausschlag sehr stark beschränkt werden. Bei Flugzeugen mit gut ausgeglichenen Höhenrudern ist dies insbesondere dann nicht der Fall, wenn das Flugzeug für den Ausgangsstaudruck zum mindesten ausgeglichen, d. h. so getrimmt wird, daß im Ausgangsstaudruck die Steuerkraft Null vorhanden ist. Bei einem der im Verlauf des Sommers 1934 bei der DVL untersuchten Flugzeuge, nämlich dem Muster Boeing 247, lagen die Verhältnisse anders, da schon beim Abfangen aus verhältnismäßig kleinen Ausgangsstaudrücken trotz ausgeglichener Trimmung im Ausgangszustand so große Steuerkräfte beim Ruderlegen auftraten, daß der Flugzeugführer physisch nicht mehr in der Lage war, das Flugzeug hochzureißen; denn bereits im Staudruckbereich unterhalb 100 kg/m² entsprechend einer Geschwindigkeit in Bodennähe von 140 km/h traten Steuerkräfte bis zu 30 kg bei kleinen Ruderausschlägen ($\sim 5^0$) auf. Ob man dieses Verfahren, die Ruder nur schwach auszugleichen und dadurch Ruderausschlag und Ruderlegegeschwindigkeit auch bei kleinen Staudrücken sehr weitgehend zu begrenzen, in Deutschland ebenfalls anwenden soll, erscheint mit Rücksicht auf die Flug- und Lande-Eigenschaften sehr zweifelhaft, da ein rascher Übergang von einer Fluglage in eine andere damit auch bei kleinen Staudrücken, bei denen dies aus Festigkeitsgründen zulässig wäre, praktisch unmöglich gemacht ist.

Sondermessungen

Nach dem allgemeinen Überblick über die wichtigsten Ergebnisse früherer Versuche sollen im folgenden noch die Ergebnisse einiger Sonderversuche mitgeteilt werden, die von der DVL in den letzten Monaten durchgeführt worden sind.

Als erstes wurde an zwei Verkehrsflugzeugen der Einfluß der Gasdrosselstellung auf die beim Hochreißen erreichbaren Beanspruchungen untersucht. Bei zwei amerikanischen Kampfflugzeugen wurden beim Hochreißen aus dem Vollgas- bzw. Leerlaufflug bei gleichem Ausgangsstaudruck dieselben Beanspruchungshöchstwerte erreicht (vgl. Abb. 2). Bei den Messungen mit den beiden Verkehrsflugzeugen Albatros L 83 und Heinkel He 70, zwei Tiefdeckern sehr verschiedener Leistung und Flächenbelastung, wurden hiervon abweichende Ergebnisse erzielt, und zwar wurden in beiden Fällen beim Hochreißen aus dem Leerlaufflug geringere Beanspruchungen erreicht als beim Hochreißen aus dem Flug mit Vollgas. Abb. 6 zeigt die Ergebnisse der Messungen am Muster Albatros L 83, Abb. 7 die entsprechenden für das Muster He 70.

Im allgemeinen sind beim Hochreißen aus dem Leerlaufflug insofern geringere Beanspruchungen zu erwarten, als der Staudruckabfall vom Beginn des Hochreißens bis zum Erreichen der Höchstbeanspruchung beim

Leerlaufflug naturgemäß wesentlich größer ist als beim Flug mit Vollgas. Andererseits ist natürlich, sofern das Leitwerk im Schraubenstrahl liegt, die Dämpfung der Drehbewegung um die Querachse beim Vollgasflug größer als im Leerlauf, so daß zuweilen höhere Geschwindigkeiten der Anstellwinkeländerung $\dfrac{d\alpha}{dt}$ und damit höhere Werte $c_{a\,\text{max}}$ bei Leerlauf als bei Vollgas erreicht werden. Daß dies z. B. bei dem Muster Boeing PW 9 der Fall war, zeigt Abb. 4, in der das jeweils erreichte Höchstlastvielfache über der abgesunkenen Geschwindigkeit im Augenblick des Erreichens der Höchstbeanspruchung aufgetragen ist. In der Abbildung ist auch ohne weiteres erkennbar, daß beim Hochreißen aus dem Leerlaufflug

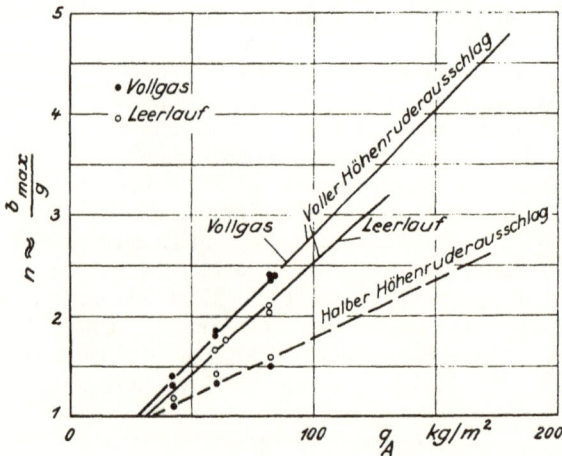

Abb. 6. Lastvielfache beim Hochreißen des Flugzeugmusters Albatros L 83.

der Staudruck stärker absinkt; denn gleichen Höchstlastvielfachen gehören gleiche Ausgangsstaudrücke zu, so daß der Abstand der beiden eingezeichneten Geraden unmittelbar die Differenz des Staudruckabfalls angibt. Beim Muster Boeing PW 9 haben sich die beiden eben behandelten entgegengesetzt gerichteten Einflüsse gerade aufgehoben, so daß bei demselben Ausgangsstaudruck beim Hochreißen aus dem Flug mit Vollgas und Leerlauf das gleiche Lastvielfache erreicht wird. In Vorbereitung befindliche Versuche an einem deutschen Doppeldecker werden zeigen, wie weit der Unterschied zwischen den amerikanischen Messungen an kunstflugfähigen Doppeldeckern und den deutschen Versuchsergebnissen an Verkehrstiefdeckern durch die Bauweise bedingt ist[2]).

An dem Flugzeugmuster He 70 wurden noch einige Versuche über den Einfluß von Flosseneinstellung und Trimmung durchgeführt. Das Muster

---

[2]) Inzwischen ausgewertete Messungen am Muster FW 44 »Stieglitz« haben ebenfalls bei Leerlauf kleinere Lastvielfache ergeben als bei Vollgas.

hat eine am Boden verstellbare Höhenflosse und ein im Fluge verstellbares Hilfsruder (Trimmruder). Abb. 8 zeigt, daß sowohl der Einfluß der Flosseneinstellung als auch der verschiedener Trimmung im Ausgangszustand auf das erreichbare Höchstlastvielfache nicht meßbar sind. Bei Betrachtung der Leitwerksbeanspruchungen werden wir später hiervon abweichende Ergebnisse finden.

Den Schluß des Abschnittes Tragwerksbeanspruchungen sollen einige Angaben über den Einfluß der Abfangtechnik bilden: Bei den Versuchen mit dem Muster He 70 wurde unter sonst gleichen Bedingungen eine

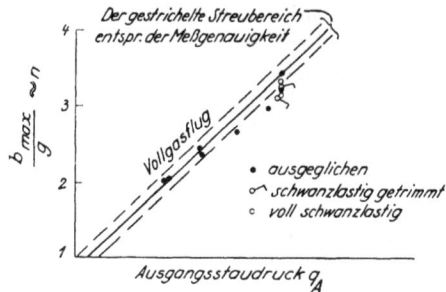

Einfluß von Flossen- u. Trimmruderstellung auf das Lastvielfache beim Hochreißen

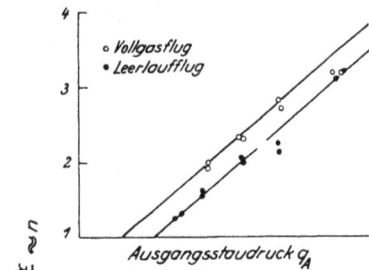

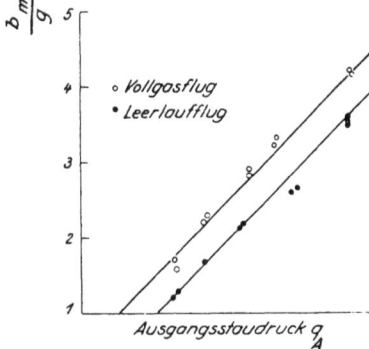

Abb. 7. Lastvielfache beim Hochreißen des Musters He 70.

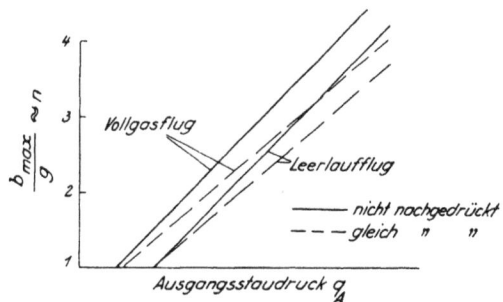

Einfluß der Abfangtechnik auf die Beanspruchung beim Hochreißen

Abb. 8. Sondermessungen He 70.

Meßreihe in der Weise durchgeführt, daß die Steuersäule mit größtmöglicher Geschwindigkeit bis zum Anschlag angerissen und dann sofort wieder losgelassen bzw. nach vorn gedrückt wurde. Ich bezeichne diese Abfangtechnik, bei der das Flugzeug voll steuerfähig bleibt, und bei der durch die gesamte Flugbewegung ein Höhengewinn erzielt wird, als »schulgerechtes« Hochreißen. Bei einer zweiten Meßreihe wurde die Steuersäule in gleicher Weise angerissen, aber am Anschlag solange festgehalten, bis die Strömung am Flügel abzureißen begann. Den Unterschied zwischen den bei beiden Arten des Hochreißens erreichten Beanspruchungen lassen die Abb. 7 und 8 erkennen.

174

Bei dem Muster L 83 wurde ein Vergleich zwischen den überhaupt erreichbaren (Abfangtechnik 2) und denjenigen Beanspruchungen gezogen, die beim Anreißen des Knüppels bis zum halben Ruderausschlag mit darauffolgendem sofortigen Nachgeben auftreten. Die dem Flugzeug dabei zum Aufbäumen zur Verfügung stehende wesentlich kürzere Zeit bewirkt eine nennenswerte Herabsetzung der Beanspruchungen, wie in Abb. 6 erkennbar ist.

Bei der Festsetzung der für den Flug bei unsichtigem Wetter in Bodennähe noch zulässigen Geschwindigkeit werden bisher die bei schulgerechtem Hochreißen mit vollem Höhenruderausschlag erreichten Beanspruchungen zugrunde gelegt, sofern für das betreffende Flugzeugmuster das Verhalten beim Hochreißen durch Flugversuche bekannt ist. Im anderen Falle muß die Geschwindigkeitsbegrenzung an Hand einer Näherungsrechnung erfolgen, die gemäß der oberen Grenze des bisherigen Erfahrungsbereichs angesetzt wird.

Leitwerksbeanspruchungen

Hierzu kann nur eine kurze Übersicht über die wenigen Meßergebnisse gegeben werden, die einen Schluß auf die beim Hochreißen auftretenden Beanspruchungen des Höhenleitwerks zulassen. Die ersten veröffentlichten Messungen dieser Art stammen von Rhode, der bei den oben bereits er-

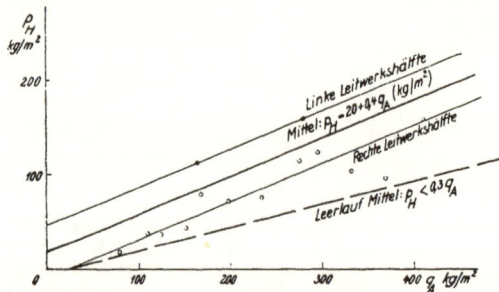

Abb. 9. Größte Leitwerksflächenbelastung beim Hochreißen des Musters Boeing PW 9 (Anreißen).

wähnten Flugversuchen mit dem Muster Boeing PW 9 Druckverteilungsmessungen am Höhenleitwerk durchgeführt hat. Die dabei gemessene mittlere Flächenbelastung des Höhenleitwerks ist in Abb. 9 über dem Ausgangsstaudruck aufgetragen. Aus den stark streuenden Meßwerten ergibt sich im Mittel eine Flächenbelastung von rund $p_H \sim 10 + 0,4 q_A$ (kg/m²) bei Vollgas und $p_H \sim 0,3 q_A$ bei auf Leerlauf gedrosseltem Motor. Infolge des Schraubenstrahl-Einflusses sind die rechte und linke Hälfte des Höhenleitwerks verschieden hoch belastet, wie in der Abbildung gleichfalls zu erkennen ist.

Bei den von der DVL durchgeführten Beanspruchungsmessungen beim Hochreißen wurde außer der Beschleunigungskomponente senkrecht zur Flügelsehne im Schwerpunkt auch noch die entsprechende Komponente im Rumpfende gemessen. Aus der Differenz zeitlich zueinander gehöriger Meßwerte kann dann die Winkelbeschleunigung um die Querachse während des Hochreißens ermittelt werden. Hierbei zeigt sich, daß bei sehr vielen Flugzeugmustern der erste beim Anreißen des Ruders in Richtung »Ziehen« auftretende Spitzenwert der Drehbeschleunigung bereits zu einem Zeitpunkt auftritt, zu dem die Beschleunigung im Flugzeugschwerpunkt noch praktisch gleich lg ist, d. h. bei dem sich der Flügelanstellwinkel noch nicht nennenswert geändert hat. In der Gleichgewichtsbedingung

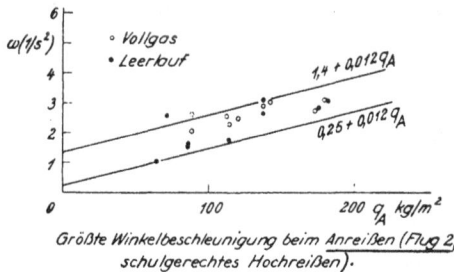

Größte Winkelbeschleunigung beim Anreißen (Flug 2, schulgerechtes Hochreißen).

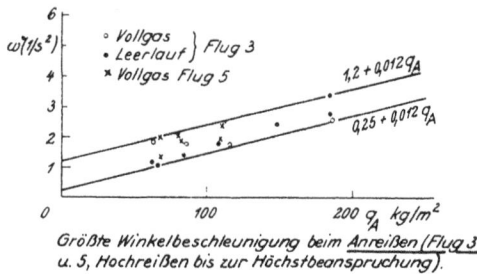

Größte Winkelbeschleunigung beim Anreißen (Flug 3 u. 5, Hochreißen bis zur Höchstbeanspruchung).

Abb. 10. Drehbeschleunigungen um die Querachse beim Muster IIe 70 mit ,,normaler'' Höhenflossenstellung.

zwischen den bei der Gleichgewichtsstörung infolge Ruderausschlags auftretenden Momenten

$$J \cdot \dot{\omega} + \varDelta M_{\text{Flügel}} + \varDelta M_{\text{Leitwerk}} = 0$$

kann dann, wenn die kleine Staudruckabnahme unberücksichtigt bleibt, angenähert gesetzt werden:

$$\varDelta M_{\text{Flügel}} = 0.$$

Dann erhält man

$$\varDelta M_{\text{Leitwerk}} = F_H \cdot l_H \cdot q_H \cdot \varDelta c_{nH} = - J \dot{\omega},$$

und die größte Höhenleitwerksflächenbelastung beim Anreißen wird

$$p_{H\,\text{max}} = q_H \cdot \varDelta c_{nH} = - \frac{J \cdot \dot{\omega}_{\text{min}}}{F_H \cdot l_H}.$$

Die Meßwerte für die Spitzenwerte der Drehbeschleunigung $\dot{\omega}$ streuen allerdings ziemlich stark, wie die Abb. 10 und 11 zeigen, in denen die am

12

Muster He 70 erzielten Ergebnisse aufgetragen sind. Diese Streuungen sind einerseits dadurch bedingt, daß die Genauigkeit der aus Beschleunigungsdifferenzen errechneten Drehbeschleunigungswerte geringer ist als bei unmittelbar gemessenen Größen, andererseits dadurch, daß die Spitzenwerte der beim Anreißen auftretenden Drehbeschleunigung sehr stark von der Ruderschaltgeschwindigkeit abhängig sind, während z. B. die Spitzen der Schwerpunktsbeschleunigung gegen Änderungen der Ruderlegegeschwindigkeit sehr viel weniger empfindlich sind.

Ähnliche Ergebnisse, wenn auch mit etwas geringerem Streubereich, erhält man für die Muster Albatros L 83 und Junkers A 48.

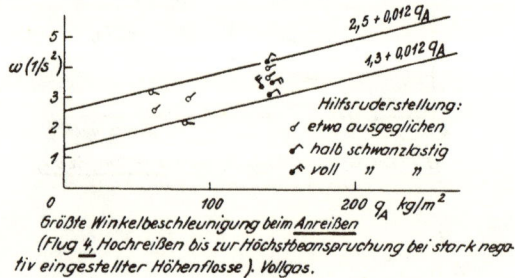

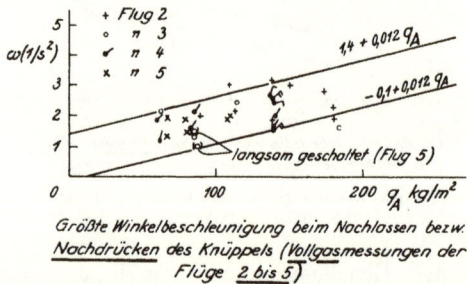

Abb. 11. Drehbeschleunigungen um die Querachse beim Muster He 70.

Ermittelt man aus den Winkelbeschleunigungen mit Hilfe der Größen: Trägheitsmoment J um die Querachse, Höhenleitwerksfläche F_H und Abstand l_H vom Druckmittel des Höhenleitwerks bis zum Flugzeugschwerpunkt die größte Leitwerksflächenbelastung beim Anreißen nach der oben angegebenen Näherungsformel, so ergeben sich für die einzelnen Muster die in Tafel 1 zusammengestellten Werte.

Die durch das Hochreißen auftretenden zusätzlichen Höhenleitwerkslasten sind bei den Mustern Junkers A 48 und Heinkel He 70 etwas größer als die Hälfte des Ausgangsstaudrucks, beim Muster Albatros L 83 ergeben sich etwas kleinere Werte. Diesen Beträgen überlagert sich die Grundlast des Höhenleitwerks, die im allgemeinen im Vergleich zu diesen Werten klein sein dürfte.

Tafel 1.

Muster		q_{II} (kg/m²)
Boeing PW 9	Vollgas	$20 + 0{,}40\ q_{A}$
,, ,, ,,	Leerlauf	$0{,}30\ q_{A}$
Junkers A 48	Vollgas	$40 + 0{,}50\ q_{A}$
Albatros L 83	Vollgas und	$15 + 0{,}43\ q_{A}$
Heinkel He 70	Leerlauf	$35 + 0{,}50\ q_{A}$
Heinkel He 70	Flosse stark negativ eingestellt	$80 + 0{,}50\ q_{A}$
		q_{A} in kg/m²

Es sei aber betont, daß die vorstehend angegebenen Leitwerkslasten sich nur auf den Augenblick des Anreißens beziehen; über die Größe der nach Vorzeichenumkehr der Leitwerkslast infolge der Dämpfung um die Querachse auftretenden Belastungen können aus den vorliegenden Messungen Schlüsse noch nicht gezogen werden. Es werden bei der DVL zurzeit Versuche mit einem Flugzeugmuster begonnen, dessen Höhenleitwerk vollständig in DVL-Kraftschreibern aufgehängt ist, so daß gleichzeitig mit den Beschleunigungen die tatsächliche Leitwerksbelastung gemessen wird. Nach Abschluß dieser Versuche wird es möglich sein, den Verlauf der Größe der Leitwerkslasten während des ganzen Hochreißvorganges zu verfolgen und ferner die Genauigkeit der aus gemessenen Drehbeschleunigungen angenähert errechneten Leitwerkslast beim Anreißen zu beurteilen. Gleichzeitig wird bei den unmittelbaren Leitwerkskraftmessungen sich auch die Lage des Druckmittels angeben lassen. Ebenso werden bei diesen Messungen die Steuerkräfte und damit die Rudermomente durch einen in die Höhenruderstoßstange eingebauten Kraftschreiber gemessen.

Plan für die nächsten Versuche

Gleichzeitig mit den oben beschriebenen genaueren Leitwerkskraftmessungen sollen mit einer Reihe weiterer deutscher Flugzeugmuster Beanspruchungsmessungen beim Hochreißen durchgeführt werden, bei denen die Beschleunigung in Richtung der Hochachse, Drehbeschleunigung um die Querachse, Staudruck und nach Fertigstellung geeigneter Meßgeräte die Steuerkraft am Knüppel bzw. der Steuersäule gemessen werden. Daneben ist die theoretische Verarbeitung der laufend gewonnenen Meßergebnisse beabsichtigt, so daß zu hoffen ist, daß in absehbarer Zeit auch die Vorausberechnung der beim Hochreißen auftretenden Tragwerks- und Leitwerks-Beanspruchungen mit einer für den Konstrukteur ausreichend genauen Näherung möglich sein wird.

12*

Akustische Bestimmung der Stabkräfte räumlicher Fachwerke an Modellen

Von H. Ebner*)

Vorgetragen am 8. November 1934 in Friedrichshafen[1])

Zweck statischer Versuche mit Fachwerkmodellen

Die Berechnung der Stabkräfte vielfach statisch unbestimmter Raumfachwerke, wie sie besonders im Flugzeug- und Luftschiffbau vorkommen, verlangt meistens einen großen Aufwand an Rechenarbeit, wenn man sich nicht mit Näherungswerten begnügt. In manchen Fällen, z. B. bei Luftschiffgerippen, ist eine genaue Rechnung überhaupt praktisch undurchführbar, so daß man zur Anwendung von Näherungsverfahren gezwungen ist. Es ist daher erwünscht, die Zulässigkeit solcher Näherungsverfahren durch Versuche nachzuweisen.

Die Nachprüfung der Stabkräfte durch Messungen am fertigen Bauwerk gibt natürlich das beste Bild, sie ist jedoch umständlich und kostspielig. Außerdem sind dann nachträglich notwendige Änderungen mit großem Kostenaufwand verbunden. Diese Nachteile fallen bei Vornahme der Messungen an Modellen von räumlichen Fachwerken fort. Außer der Nachprüfung von Näherungsverfahren kann durch solche Modellmessungen unter Umständen die statische Berechnung der Stabkräfte ganz oder teilweise ersetzt werden. Schließlich können Fragen über den zweckmäßigsten statischen Aufbau, über die Wirksamkeit einzelner Bauglieder od. dgl. leicht durch Messungen an solchen Modellen geklärt werden. Die folgenden Ausführungen sollen zeigen, in welcher Weise Messungen der Stabkräfte an räumlichen Fachwerkmodellen vorgenommen werden können.

Akustisches Meßverfahren für statische Modellversuche

Wahl des Meßverfahrens

Statische Versuche mit Fachwerkmodellen sind bereits von englischen und amerikanischen Forschern durchgeführt worden. So hat Pippard[2]) ein Verfahren zur Stabkraftbestimmung in Modellen von Luftschiffgerippen entwickelt. Hierbei werden die Längenänderungen der steifen Modellstäbe zwischen zwei Meßmarken durch mikroskopische Ablesung festgestellt. Ferner hat in neuerer Zeit Beggs[3]) statische Modellversuche zur Bestimmung der Spannungen in den Hängestangen von Hängebrücken angestellt. Hierbei werden die Eigenschwingungszahlen der aus Drähten nachgebildeten Hängestangen durch Resonanz in einem elektro-magnetischen Feld

---

*) Dr.-Ing., Deutsche Versuchsanstalt f. Luftfahrt, E. V., Berlin-Adlershof.

[1]) An der Ausarbeitung des Berichtes und der Durchführung der Versuche haben die Herren Lücker, Rutz und Tonski mitgewirkt.

[2]) A.R.C. Rep Mem. Nr. 948 (1924).

[3]) Engng. News-Rec. Bd. 108 (1934) S. 828.

von veränderbarer Frequenz bestimmt, womit dann deren Spannung berechnet werden kann. In ähnlicher Weise wird dieses Verfahren bei dem elektro-akustischen Dehnungsmesser von Maihak-Schäfer angewandt, bei dem die Spannungsänderung in einem Bauteil aus der Tonänderung einer aufgespannten geeichten Meßsaite bestimmt wird.

Auf dem Grundgedanken, die Spannung eines Drahtes aus seiner Eigenschwingungszahl zu bestimmen, beruht auch das Meßverfahren bei den nachstehenden Modellversuchen. Bei der Herstellung von Raumfachwerkmodellen kann man den Verkleinerungsmaßstab so wählen, daß man die Diagonalen des Modells als Stahldrähte erhält, die bei geeigneter Vorbelastung oder Vorspannung Töne in einem zum Abhören günstigen Bereich (300 bis 1000 Hz) liefern. Es ist dann möglich, durch unmittelbaren Hörvergleich mit einer verstellbaren geeichten Saite die Schwingungszahlen der Drahtdiagonalen in kurzer Zeit zu bestimmen, ohne irgendwelche Meßgeräte am Modell anbringen zu müssen.

Bei bekannter Beziehung zwischen Spannung und Eigenschwingungszahl lassen sich die Diagonalkräfte ohne weiteres berechnen. Die Bestimmung der Stabkräfte in den Randstäben der Felder des Modellfachwerks kann dann ohne irgendeine statisch unbestimmte Rechnung aus einfachen Gleichgewichtsbedingungen erfolgen. Dabei stehen im allgemeinen mehr Gleichgewichtsbedingungen als statisch notwendig zur Verfügung, so daß ein Ausgleich oder eine Ausschaltung zweifelhafter Messungen vorgenommen werden kann.

Um die Spannung von Drähten aus ihrer Schwingungszahl zu bestimmen, wird zunächst der theoretische Zusammenhang zwischen diesen Werten für zwei Grenzfälle geklärt. Dann wird dieser Zusammenhang für verschiedene Drahtbefestigungen, die beim Einbau in Fachwerkmodelle eine bequeme Auswechslung und zuverlässige Anspannung der Drähte gestatten, versuchsmäßig festgestellt. Für die zum Tonvergleich vorgesehene Vergleichssaite mit verstellbarer Anspannung wird eine Eichkurve aufgenommen, welche die Beziehung zwischen der Ablesung an der Spannvorrichtung der Vergleichssaite und ihrer Schwingungszahl angibt.

Theoretische Beziehung zwischen Spannung und Schwingungszahl

Bei der folgenden Ableitung wird ein Stab mit der Länge l, konstantem Querschnitt F, konstanter Biegesteifigkeit EJ und unveränderlicher Dichte ϱ vorausgesetzt. Bedeutet x die Längenkoordinate und y die Ausbiegung des Stabes, dann lautet die Differentialgleichung für die ungedämpfte Schwingung eines Stabes mit konstanter Längskraft S (als Zugkraft positiv)

$$E\,J\,\frac{\partial^4 y}{\partial x^4} - S\,\frac{\partial^2 y}{\partial x^2} + \varrho\,F\,\frac{\partial^2 y}{\partial t^2} = 0.$$

Mit dem Lösungsansatz:

$$y = e^{\frac{\beta\,x}{l}} \sin \nu t$$

erhält man aus der zugehörigen charakteristischen Gleichung:

$$\frac{E\,J}{l^4}\,\beta^4 - \frac{S}{l^2}\,\beta^2 - \nu^2\,\varrho\,F = 0$$

folgende Beziehungen zwischen den vier Wurzeln $\pm\,\beta_1$ und $\pm\,i\beta_2$ dieser Gleichung und der Kreisfrequenz ν:

$$\beta_1\,\beta_2 = \nu\,\sqrt{\frac{\varrho\,F\,l^4}{E\,J}} = \nu\,\sqrt{\frac{\varrho}{E}}\,\frac{l^2}{i}\quad\dots\dots\quad(1)$$

$$\beta_1{}^2 - \beta_2{}^2 = \frac{S\,l^2}{E\,J} = \frac{\sigma}{E}\left(\frac{l}{i}\right)^2 = \alpha^2\quad\dots\dots\quad(2)$$

Darin ist $i = \sqrt{\dfrac{J}{F}}$ der Trägheitsradius.

Führt man in die mit vier Konstanten behaftete Lösung der homogenen Differentialgleichung die Randbedingungen ein, so erhält man für die Konstanten ein homogenes Gleichungssystem. Aus der Bedingung, daß die Determinante dieses Gleichungssystems verschwinden muß, wenn endliche Schwingungsausschläge entstehen sollen, erhält man eine weitere Beziehung zwischen β_1 und β_2.

Für den an beiden Enden gelenkig angeschlossenen biegesteifen Stab lautet diese Beziehung:

$$(\beta_1{}^2 + \beta_2{}^2)\,\mathfrak{Sin}\,\beta_1\,\sin\beta_2 = 0.$$

Die einzige in Betracht kommende Lösung dieser Gleichung ist:

$$\pm\,\beta_2 = \pi,\ 2\,\pi\,\dots\,k\,\pi\,\dots\,(k = \text{ganze Zahl}).$$

Aus (2) ergibt sich:

$$\beta_1{}^2 = \alpha^2 + \beta_2{}^2 = \frac{\sigma}{E}\left(\frac{l}{i}\right)^2 + (k\,\pi)^2.$$

Damit wird nach (1) die Kreisfrequenz der Grundschwingung ($k = 1$):

$$\nu = \frac{\pi}{l}\,\sqrt{\frac{\sigma + \sigma_k}{\varrho}},$$

wobei $\sigma_k = E\,\pi^2\left(\dfrac{i}{l}\right)^2$ die Euler-Knickspannung darstellt.

Führt man die Schwingungszahl $n = \dfrac{\nu}{2\,\pi}$ ein, so wird

$$n = \frac{1}{2\,l}\,\sqrt{1 + \frac{\pi^2}{\alpha^2}}\,\sqrt{\frac{\sigma}{\varrho}}\quad\dots\dots\quad(3)$$

Für den Stab ohne Biegesteifigkeit, also für die reine Saite ergibt sich daraus die bekannte Beziehung:

$$n = \frac{1}{2\,l}\,\sqrt{\frac{\sigma}{\varrho}}\quad\dots\dots\dots\quad(4)$$

Für den an beiden Enden eingespannten Stab ergibt sich aus dem Verschwinden der Nennerdeterminante zwischen β_1 und β_2, bzw. β und $\varkappa$ die Beziehung:

$$2\,\beta\,\sqrt{\alpha^2+\beta^2}\;\frac{\cos\beta\,\mathfrak{Cof}\,\sqrt{\alpha^2+\beta^2}-1}{\sin\beta\,\mathfrak{Sin}\,\sqrt{\alpha^2+\beta^2}}=\varkappa^2.$$

Hierbei ist: $\beta_2 = \beta$ und $\beta_1 = \sqrt{\alpha^2+\beta^2}$ entsprechend (2) eingeführt.

Bei Zugstäben mit großer Spannung und geringer Biegesteifigkeit (Drähte), bei welchen α^2 große positive Werte annimmt, kann der vorstehende Ausdruck vereinfacht werden, indem im Zähler 1 vernachlässigt und $\mathfrak{Sin} = \mathfrak{Cof}$ gesetzt wird:

$$\frac{2\,\beta\,\sqrt{\alpha^2+\beta^2}}{\operatorname{tg}\beta}=\varkappa^2\ldots\ldots\ldots\ldots(5)$$

Hiernach läßt sich α^2 als Funktion von β auftragen. Da nach Voraussetzung α^2 nur positive Werte annehmen kann, haben nur die Kurvenäste mit positiven $\operatorname{tg}\beta$, also die von $\beta = \pi$ bis $3/2\,\pi$, $\beta = 2\,\pi$ bis $5/2\,\pi$ usw. Bedeutung. (Für den Bereich $\beta = 0$ bis $\pi/2$, zu dem Werte für $\varkappa^2$ zwischen 0 und 4 gehören, ist die vorgenommene Vereinfachung ungültig.) Bei akustisch geeigneten Drähten ist stets mit Werten $\alpha^2 > 100$ zu rechnen. Bei $\varkappa^2 = 100$ beträgt der durch die Vereinfachung begangene Fehler nur noch 0,006 vH.

Mit der Beziehung (5) zwischen α und β ergibt sich aus (1) und (2) mit $\beta_2 = \beta$ und $\nu = 2\,\pi\,n$ die Schwingungszahl des beiderseits eingespannten dünnen Zugstabes:

$$n=\frac{1}{2\,l}\cdot\frac{\beta}{\pi}\sqrt{1+\left(\frac{\beta}{\alpha}\right)^2}\sqrt{\frac{\sigma}{\varrho}}\quad\ldots\ldots\ldots(6)$$

Die Schwingungszahlen aus (3) und (6) lassen sich aus der Formel (4) für die reine Saite bestimmen, wenn man die Schwinglänge beim gelenkig angeschlossenen Stab mit dem Abminderungsfaktor:

$$\varphi_g=\frac{1}{\sqrt{1+\left(\dfrac{\pi}{\alpha}\right)^2}}\cdot\ldots\ldots\ldots\ldots(7\,\mathrm{a})$$

und beim eingespannten Zugstab mit:

$$\varphi_e=\frac{1}{\dfrac{\beta}{\pi}\sqrt{1+\left(\dfrac{\beta}{\alpha}\right)^2}}\cdot\ldots\ldots\ldots\ldots(7\,\mathrm{b})$$

einführt. Der Verlauf dieser Werte $\varphi\,(\alpha^2)$ in Abhängigkeit von $\varkappa^2 = \dfrac{\sigma}{E}\left(\dfrac{l}{i}\right)^2$ ist in Abb. 1 gestrichelt aufgetragen. Damit kann jetzt bei gegebener Spannung σ sofort die zugehörige Schwingungszahl bestimmt werden.

Für die akustische Spannungsbestimmung ist jedoch die umgekehrte Aufgabe zu lösen. Aus (3) bzw. (6) ergibt sich:

$$\sigma=4\,\varrho\,(\varphi\,l)^2\,n^2=\varphi^2\,\sigma_0\qquad\qquad(8)$$

worin σ_0 die zur gleichen Schwingungszahl n gehörende Spannung der reinen Saite bedeutet. Die Beiwerte φ_g und φ_e lassen sich nun auch unter Benutzung der gestrichelten Kurven $\varphi\,(x^2)$ in Abhängigkeit von:

$$x_0{}^2 = \frac{\alpha^2}{\varphi^2} = \frac{\sigma_0}{E}\left(\frac{l}{i}\right)^2 = \frac{4\,\varrho\,l^2\,n^2}{E}\left(\frac{l}{i}\right)^2 \quad \ldots \ldots \ldots \quad (9)$$

angeben. Ihr Verlauf ist in Abb. 1 durch die ausgezogenen Kurven $\varphi\,(x_0{}^2)$ dargestellt.

Man geht also bei der Spannungsbestimmung folgendermaßen vor: Man bestimmt mit der gemessenen Schwingungszahl n aus (9) den Wert $\alpha_0{}^2$,

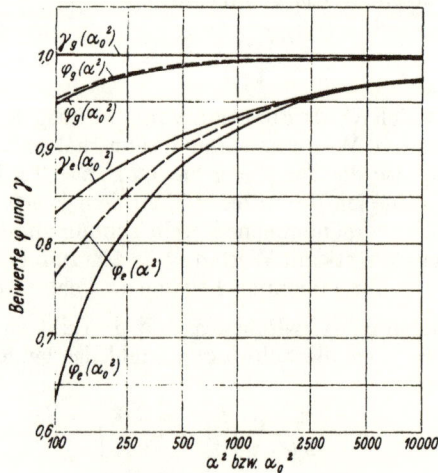

φ_e, φ_g in Abhängigkeit von $\alpha_0{}^2$ und α^2,

γ_e, γ_g " " " " $\alpha_0{}^2$

für eingespannte, bzw. gelenkig befestigte Zugstäbe

Abb. 1. Beiwerte φ und γ zur akustischen
Stabkraftbestimmung.

entnimmt aus Abb. 1 entsprechend der Endbefestigung die zugehörigen Werte $\varphi_g\,(\alpha_0{}^2)$ bzw. $\varphi_e\,(\alpha_0{}^2)$ und berechnet damit σ nach (8).

Aus (8) läßt sich ableiten:

$$\frac{d\,\sigma}{d\,(n^2)} = 4\,\varrho\,l^2\left[\varphi^2 + n^2\,\frac{d\,(\varphi^2)}{d\,(n^2)}\right].$$

Der Klammerwert:

$$\gamma = \varphi^2 + n^2\,\frac{d\,(\varphi^2)}{d\,(n^2)} = \varphi^2 + x_0{}^2\,\frac{d\,(\varphi^2)}{d\,(\alpha_0{}^2)}$$

ist für den eingespannten Zugstab als γ_e in Abb. 1 in Abhängigkeit von $x_0{}^2$ eingetragen. Für den gelenkig angeschlossenen Stab ergibt sich $\gamma_g = 1$. Die Spannungsunterschiede zwischen zwei Zuständen mit den Schwingungszahlen n_1 und n_2 werden dann

$$\varDelta\,\sigma = \sigma_2 - \sigma_1 = 4\,\varrho\,l^2 \int\limits_1^2 \gamma\,d\,(n^2).$$

Beim gelenkig angeschlossenen Stab hat man sofort:

$$\varDelta\,\sigma_g = 4\,\varrho\,l^2\,(n_2{}^2 - n_1{}^2) = 4\,\varrho\,l^2\,\varDelta\,(n^2) \quad \ldots \ldots (10)$$

Beim eingespannten Zugstab kann man in einem nicht zu großen Meßbereich γ_e geradlinig annehmen. Dann wird:

$$\varDelta\,\sigma_e = 4\,\varrho\,l^2\,\gamma_m\,\varDelta\,(n^2) \quad \ldots \ldots \ldots \ldots (11)$$

Darin ist das zum Mittelwert:

$$x_{0\,m}^2 = \frac{4\,\varrho\,l^2}{E}\;\frac{n_1{}^2 + n_2{}^2}{2}\left(\frac{l}{i}\right)^2$$

gehörende γ_m aus Abb. 1 einzusetzen.

Beschreibung und Eichung der Vergleichssaite

Bei der akustischen Spannungsbestimmung wird zur Messung der
Schwingungszahlen eine verstellbare Vergleichssaite verwendet, wie sie in
dem elektro-akustischen Dehnungsmesser von Maihak-Schäfer zur Verfügung steht.[4]) Die Vergleichssaite ist ein Stahldraht von 0,4 mm Dmr.,
der mittels Einspannkloben in Stahlschneiden gelagert ist. Das Anzupfen
der Vergleichssaite geschieht durch einen Elektromagneten, der einen per-
manenten Magnetkern besitzt. Der durch die Schwingung der Saite im Feld
des Magneten hervorgerufene Wechselstrom wird durch eine Verstärker-
anlage zu einem Telefon geleitet und erzeugt hier einen Ton, dessen
Schwingungszahl mit dem der Vergleichssaite übereinstimmt. Die Veränderung der Schwingungszahl der Vergleichssaite erfolgt durch eine Spannvorrichtung, die eine gleichmäßige Teilung besitzt. Ihre Einheiten werden als
»Tongrade T« bezeichnet. Sie sind proportional zur Längenänderung der
Vergleichssaite und damit auch zur ihrer Spannung, da die Beanspruchungen stets unterhalb der Proportionalitätsgrenze bleiben. Der Nullpunkt
der Teilung läßt sich durch eine zweite Spannvorrichtung verschiedenen
Spannungen zuordnen.

Die Eichung der Vergleichssaite wird mit Hilfe eines Siemens-Meß-
schleifen-Oszillographen durchgeführt, dem der Wechselstrom der Magnet-
wicklung zugeleitet wird. Die Eichkurve der Vergleichssaite wird aus einer
Reihe von Oszillogrammen für Schwingungszahlen von $n = 380$ bis 830 Hz
bestimmt. Sie zeigt für den untersuchten Bereich einen linearen Zusammenhang zwischen n^2 und T. Dies Ergebnis besagt, daß die Vergleichssaite
wie ein vollkommen gelenkig befestigter Stab wirkt. Die infolge Temperaturänderung oder sonstiger Einflüsse veränderliche Lage des Nullpunkts der
Meßteilung wird durch Tonvergleich mit einer unveränderlichen Stimm-
gabel bei jedem Versuch festgelegt.

---

[4]) Über die praktische Durchführung des Tonvergleichs zwischen Meßsaite und Vergleichssaite s. O. Schäfer, Die schwingende Saite als Dehnungsmesser, Z. f. Techn. Phys., 3. Jahrg. (1922), Nr. 9, S. 305.

Versuche mit verschiedenen Drahtbefestigungen

Nach den obigen theoretischen Untersuchungen kann die Spannung aus der Eigenschwingungszahl für die beiden Grenzfälle des vollkommen gelenkig angeschlossenen und vollkommen eingespannten Drahtes bestimmt werden. In allen praktischen Fällen wird die Spannung zwischen diesen beiden Grenzfällen liegen. Wie weit sich die wirkliche Spannung dem einen oder anderen Grenzwert annähert, hängt von der Ausbildung der Drahtbefestigung ab und wird durch Versuche mit verschiedenen Drahtbefestigungen geklärt. Im Hinblick auf den Einbau der Drähte in Fachwerkmodelle ist die Drahtbefestigung so auszubilden, daß eine einfache Auswechslung und zuverlässige Anspannung der Drähte möglich ist. Eine größere Reihe von Drähten mit verschiedener Länge und Dicke, deren Endbefestigung den gestellten Anforderungen genügte, wurde in einem Belastungsgerät untersucht. Hierbei wurden in den Drähten durch Gewichte bekannte Spannungen erzeugt und durch Tonvergleich mit der geeichten Vergleichssaite die zugehörigen Schwingungszahlen festgestellt. Für diese wurden mit Hilfe der Beiwerte φ_g und φ_e in Abb. 1 aus Gleichung (8) die Spannungen für die beiden Grenzfälle und außerdem für den Fall der reinen

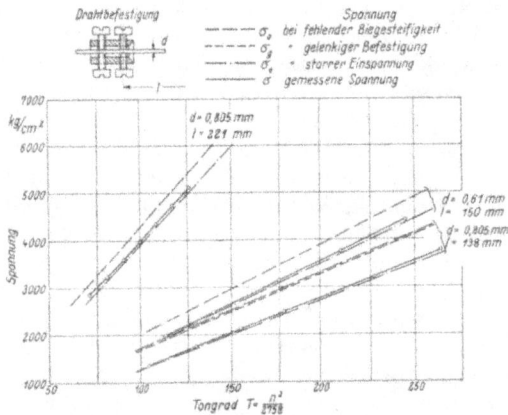

Abb. 2. Vergleich der akustisch bestimmten Spannungen mit den wirklichen.

Saite bestimmt. In Abb. 2 sind für die links oben angedeutete Drahtbefestigung bei einigen der untersuchten Drähte die aus den Schwingungszahlen n berechneten Spannungen σ_0, σ_g und σ_e der unmittelbar im Belastungsgerät erzeugten Spannung σ gegenübergestellt. Man erkennt, daß die wirklichen Spannungen gut mit den für den Grenzfall des eingespannten Drahtes berechneten übereinstimmen. Bei in Zelluloidstücken eingebetteten Drahtenden ergaben sich größere Abweichungen der Spannungen σ von dem unteren Grenzwert σ_e. Ebenso rücken bei noch schlankeren Drähten die Spannungen σ mehr zu dem oberen Grenzwert $\sigma_g = \sigma_0 - \sigma_k \approx \sigma_0$ hin. Bei diesen Drähten ist jedoch der Unterschied zwischen den Grenzwerten σ_g und σ_e überhaupt gering.

Entwurf von Fachwerkmodellen

Statische Ähnlichkeit

Die an einem Modell für eine bestimmte Belastung gemessenen Verschiebungen, Dehnungen oder Spannungen lassen sich auf ein Bauwerk unter ähnlicher Belastung im allgemeinen nur übertragen, wenn Modell (M) und Bauwerk (B) geometrisch ähnlich und aus gleichem Werkstoff geformt sind. Bestehen Modell und Bauwerk aus verschiedenen Werkstoffen, dann ist eine Übertragung nur möglich, wenn beide Werkstoffe dem Hookeschen Gesetz gehorchen. Darf der Gleichgewichtszustand zwischen inneren und äußeren Kräften am unverformten System betrachtet werden, so ist bei Gültigkeit des Hookeschen Gesetzes infolge der dann linearen Abhängigkeit der Verschiebungen von der Belastung das Verhältnis $\varkappa$ zwischen den Kräften P_B am Bauwerk und P_M am Modell beliebig. Bedeutet λ das Verhältnis entsprechender Längen, η das Verhältnis der elastischen Konstanten (E und G) des Bauwerks und des Modells, so bestehen zwischen den Verschiebungen δ, Dehnungen ε und Spannungen σ des Bauwerks und Modells die Beziehungen:

$$\frac{\delta_B}{\delta_M} = \frac{\varkappa}{\eta\,\lambda}; \qquad \frac{\varepsilon_B}{\varepsilon_M} = \frac{\varkappa}{\eta\,\lambda^2}; \qquad \frac{\sigma_B}{\sigma_M} = \frac{\varkappa}{\lambda^2}.$$

Ist die Vernachlässigung der Formänderung auf den Gleichgewichtszustand nicht zulässig, dann müssen die verformten Systeme im Verhältnis λ geometrisch ähnlich sein; es muß also $\delta_B = \lambda\,\delta_M$ sein. Dies ist aber nur der Fall, wenn die Kräfte P_B und P_M in dem bestimmten Verhältnis $\varkappa = \eta\,\lambda^2$ stehen. Die Dehnungen beider Systeme sind dann gleich, und die Spannungen stehen im Verhältnis η.

Bei Stabwerken (Fachwerk oder Rahmenwerk), bei denen nur die in den Stabquerschnitten übertragenen resultierenden Längs- und Querkräfte, Biege- und Drillmomente aus dem Modellversuch bestimmt werden sollen, brauchen die Stabquerschnitte des Bauwerks und Modells nicht geometrisch ähnlich zu sein. Dann ist entweder das Verhältnis der Längssteifigkeiten $\varphi = \dfrac{(E\,F)_B}{(E\,F)_M}$ oder das der Biege- und Drillsteifigkeiten $\psi = \dfrac{(E\,J)_B}{(E\,J)_M} = \dfrac{(G\,J_T)_B}{(G\,J_T)_M}$ frei wählbar. Sind die Systemliniennetze im Verhältnis λ ähnlich, dann sind die Querschnitte im Modell so zu gestalten, daß die Beziehung: $\psi = \varphi\lambda^2$ eingehalten ist. Unter den Voraussetzungen der technischen Festigkeitslehre sind dann bei der üblichen Vernachlässigung des Querkrafteinflusses auf die Biegelinien die verformten Systemliniennetze des Bauwerks und Modells ähnlich, wenn die äußeren Kräfte im Verhältnis $\varkappa = \varphi$ stehen. Darf der Einfluß der Formänderung auf den Gleichgewichtszustand zwischen inneren und äußeren Kräften vernachlässigt werden, dann ist das Verhältnis $\varkappa$ der entsprechenden Kräfte am Bauwerk und Modell im Gültigkeitsbereich des Hookeschen Gesetzes wieder beliebig. Zwischen den Verschiebungen δ der Systemlinien, den Stablängs- und Stabquerkräften S und Q, den Biege- und Drillmomenten B

und T gelten dann die Beziehungen:

$$\frac{\delta_{_R}}{\delta_{_M}} = \frac{\varkappa\,\lambda}{\varphi}; \qquad \frac{S_{_R}}{S_{_M}} = \frac{Q_{_R}}{Q_{_M}} = \varkappa; \qquad \frac{B_{_R}}{B_{_M}} = \frac{T_{_R}}{T_{_M}} = \varkappa\,\lambda.$$

Bei Berücksichtigung des Querkrafteinflusses auf die Verformung des Systemliniennetzes müßten auch die Schubsteifigkeiten GF' im Verhältnis φ der Längssteifigkeiten stehen. Da die Schubsteifigkeit jedoch von der Querschnittsform abhängt, ist die Einhaltung dieser Bedingung nur bei geometrisch ähnlicher Nachbildung der Querschnitte, d. h. bei $\varphi = \eta\,\lambda^2$, möglich.

Bei ebenen Stabwerken wird im allgemeinen die Bedingung: $\psi = \varphi\lambda^2$ zwischen der Längs- und der Biegesteifigkeit in der Systemebene ohne Schwierigkeit erfüllbar sein; bei räumlichen Stabwerken, insbesondere bei solchen mit weitgehend aufgelösten Querschnitten, wie sie z. B. im Luftschiffbau üblich sind, wird dagegen die verlangte Beziehung zwischen der Längssteifigkeit und den übrigen drei Steifigkeiten im Modell praktisch schwer einzuhalten sein.

Dies wird aber unwesentlich, wenn man bei räumlichen Fachwerken mit steifen Knoten durch den Modellversuch nur die Stabkräfte, aber nicht die durch die steifen Knoten bedingten Nebenspannungen bestimmen will; denn bei diesen Stabwerken ist bekanntlich der Einfluß der in den Knotenpunkten biege- und drillsteif verbundenen Stäbe auf die Stablängskräfte und Knotenpunktsverschiebungen im allgemeinen gering. Die Biege- und Drillsteifigkeit wird im Vergleich zur Längssteifigkeit bei den Stäben im Modell meistens geringer sein als im Bauwerk. Daher liegen die vom Modell übertragenen Stabkräfte und Knotenpunktsverschiebungen zwischen den Werten des Fachwerks mit steifen und den des Fachwerks mit gelenkigen Knoten. Bei der üblichen Näherungsberechnung der Nebenspannungen infolge steifer Knoten werden statt der Knotenpunktsverschiebungen des Fachwerks mit steifen Knoten die gerechneten Knotenpunktsverschiebungen des Fachwerks mit gelenkigen Knoten eingeführt. Diese Rechnung wird also einfacher und genauer, wenn sie mit den im Modellversuch gemessenen Knotenpunktsverschiebungen durchgeführt wird. Werden nur die Stabkräfte im Modell gemessen, dann können die Nebenspannungen natürlich auch mit Hilfe dieser Werte berechnet werden.

Querschnittsausbildung und Werkstoffauswahl

Nach den vorhergehenden Untersuchungen sind beim Entwurf von Fachwerkmodellen die Verhältnisse $\lambda = \dfrac{l_{_R}}{l_{_M}}$ und $\varphi = \dfrac{(E\,F)_{_R}}{(E\,F)_{_M}}$ der Systemlängen und Längssteifigkeiten zunächst in praktischen Grenzen willkürlich wählbar. Für das vorgeschlagene akustische Meßverfahren erwiesen sich Stahldrähte (Klaviersaiten) mit Längen von 100 bis 300 mm und Durchmessern von 0,4 bis 1,0 mm als akustisch besonders geeignet. Hierdurch sind die Diagonalen des Fachwerkmodells, die als Meßdrähte verwendet werden sollen und damit auch die Verhältnisse λ und φ in gewissen Grenzen festgelegt. Der akustisch geeignete Bereich der Drahtquerschnitte genügt im allgemeinen, um die im Bauwerk vorhandenen Unterschiede in den Längssteifigkeiten der Diagonalen im Modell nachzubilden. Das Verhältnis der Längssteifigkeit der übrigen Stäbe zu dem der Diagonalen schwankt nun bei den Systemen des Flugzeug- und Luftschiffbaus in ziemlich weiten Grenzen. Die untere Grenze, die besonders im Hinblick auf die praktische Ausführung der Modellstäbe interessiert, liegt bei Rumpffachwerken mit gekreuzten Drahtdiagonalen in der Nähe von 5, dagegen sinkt sie bei Flugzeugrümpfen mit Stabdiagonalen auf annähernd 1, während sie bei Flügeltragwerken und Luftschiffgerippen zwischen diesen Werten liegt. Solange die Verhältnisse der Längssteifigkeiten in der Nähe des oberen Wertes liegen, können die steifen Modellstäbe noch als dünnwandige Metallröhrchen ausgebildet werden, bei dem unteren Wert würde man dagegen bei dieser Ausbildung Querschnitte erhalten, die sich praktisch nicht mehr ausbilden und verbinden lassen. Abgesehen davon würde die Knickfestigkeit solcher Stäbe schon bei der im allgemeinen notwendigen Vorbelastung oder Vorspannung des Modellfachwerks nicht mehr ausreichend sein. Man ist daher gezwungen, für die steifen Modellstäbe einen Werkstoff mit niedrigerem Elastizitätsmaß zu wählen. Auf diese Weise erreicht man bei gleichbleibender Längssteifigkeit EF ausführbare größere Querschnitte und die zur Knickfestigkeit notwendige größere Biegesteifigkeit EJ.

Wesentlich niedrigere Elastizitätsmaße als bei Metallen liegen bei organischen Baustoffen, z. B. bei Holz, Kunstharzen, Zelluloid oder Zellon vor. Bei guter Auswahl und Verarbeitung dürfte Holz für den gedachten Zweck wegen seiner elastischen Eigenschaften den anderen organischen Baustoffen überlegen sein. Es wurde jedoch bei den entworfenen Modellen zunächst nicht verwendet, da sein Elastizitätsmaß immer noch zu groß ist, um die Querschnitte der Modellstäbe als einfache Vollquerschnitte ausführen zu können.

Werkstoffeigenschaften des Zelluloids

Ein auch bei Ausführung von Vollquerschnitten noch genügend niedriges Elastizitätsmaß besitzt Zelluloid. Außerdem sprachen für seine Verwendung leichte Bearbeitbarkeit und gute Klebefähigkeit mittels Zelluloseazeton. Nachteilig bei diesem Werkstoff ist aber seine Temperatur- und Feuchtigkeitsempfindlichkeit. Der letztere Einfluß läßt sich durch Lackieren der Zelluloidstäbe einschränken. Aus bisher veröffentlichten Versuchen[5]) mit Zelluloidmodellen ist bekannt, daß dieser Werkstoff bei niedriger Spannung genügend genau dem Hookeschen Gesetz folgt; jedoch schwanken die im Schrifttum angegebenen Elastizitätsmaße zwischen $E = 18000$ und 28000 kg/cm^2. Dies liegt zunächst daran, daß die verschiedenen Zelluloiderzeugnisse tatsächlich sehr verschiedene elastische Eigenschaften zeigen, die außerdem von Alter und Form des Versuchsstückes abhängig sind. Ferner ist aber zu beachten, daß bei Zelluloid unter Last eine mit steigender Spannung immer stärkere elastische Nachwirkung (Kriechen) eintritt, d. h. eine mit der Zeit weiter anwachsende Verformung bei konstanter Belastung. Die gemessenen Dehnungen sind

---

[5]) Vgl. z. B. Bollenrath, Luftf.-Forsch., Bd. 6 (1929), Nr. 1, S. 6/7 (1929), ferner Abd Elwahed, Die Gelenkmethode, Springer, Berlin 1931.

damit von der Versuchsdauer (Belastungs- und Meßgeschwindigkeit) und den Laststufen zwischen den einzelnen Messungen abhängig.

Wegen dieser verschiedenen Einflüsse mußten vor dem Bau der Modelle mit den in Betracht kommenden Zelluloiderzeugnissen eingehende Versuche zur Feststellung der elastischen Eigenschaften durchgeführt werden. Hierzu wurden mehrere Versuchsstäbe aus zwei verschiedenen Sorten Zelluloid und aus Hartzellon Zugversuchen unterworfen. Die Ablesung der Dehnungen erfolgte immer 3 min nach Aufbringen der Belastung.

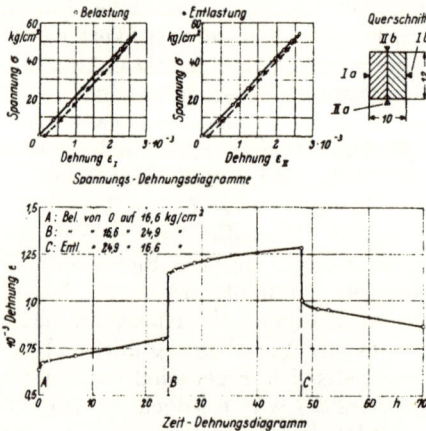

Abb. 3. Spannungs-Dehnungs- und Zeitdehnungsdiagramme für Zugstäbe aus bernsteinfarbigem Zelluloid.

Das Ergebnis von zwei Versuchen ist in Abb. 3, oben, dargestellt. Man erkennt, daß bis zu rd. 50 kg/cm² das Hookesche Gesetz gilt. Die Versuchsstäbe waren bis zu 100 kg/cm² vorbelastet. Bei noch größerer Vorbelastung läßt sich der Gültigkeitsbereich des Hookeschen Gesetzes noch erweitern. Die Mittelwerte der aus einer Reihe von Versuchen gefundenen Elastizitätsmaße betragen:

$E = 20000$ kg/cm² bei bernsteinfarbigem Zelluloid,
$E = 16000$ kg/cm² bei elfenbeinfarbigem Zelluloid,
$E = 17000$ kg/cm² bei Hartzellon.

Die aus Biegeversuchen festgestellten Elastizitätsmaße waren praktisch dieselben wie bei den Zugversuchen.

Um den Zeiteinfluß zu klären, wurden Belastungsversuche in größeren Zeiträumen (rd. 70 h) vorgenommen. Das Ergebnis für einen Zugversuch ist in Abb. 3 unten, dargestellt. Man ersieht daraus die in den ersten Minuten sehr starke und dann erst allmählich abklingende Zunahme der Dehnung mit der Belastungsdauer. Daraus folgt, daß zweckmäßig vor der Ablesung die elastische Nachwirkung in den ersten Minuten abgewartet wird. Bei stufenweise in Zeitabständen aufgebrachter Belastung ergeben sich andere Dehnungen, als wenn gleich die ganze Last aufgebracht wird.

Außer den Elastizitätsversuchen wurden Wärmedehnungsmessungen durchgeführt. Der Ausdehnungskoeffizient α ergab sich in der Nähe der in Frage kommenden Versuchstemperaturen (10 bis 20⁰) zu:

$\alpha = 0,00013$ bei bernsteinfarbigem Zelluloid,

$\alpha = 0,00014$ bei elfenbeinfarbigem Zelluloid,

$\alpha = 0,00011$ bei Hartzellon,

also rd. zehnmal so hoch wie bei Stahl.[6])

Die ausgeführten Modelle

Zur Erprobung des Meßverfahrens und des Verhaltens der Werkstoffe wurden zwei ebene Fachwerkmodelle, das eine mit Stahlrohrstäben, das

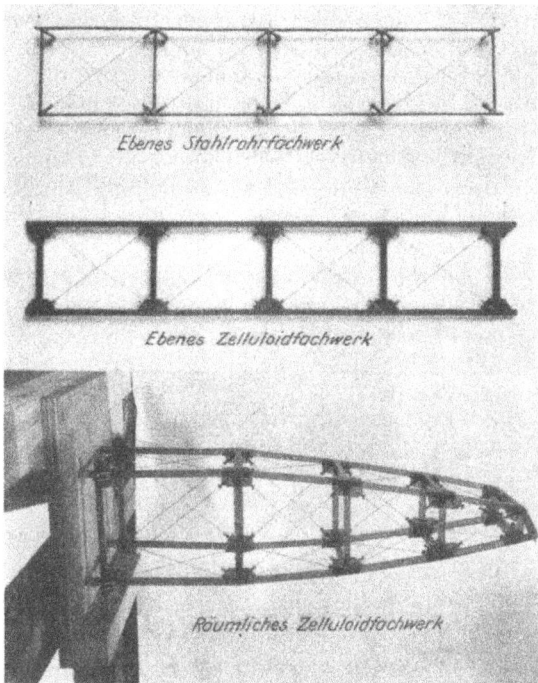

Abb. 4. Fachwerkmodelle.

andere mit Zelluloidstäben, und ein räumliches Fachwerkmodell mit Zelluloidstäben hergestellt, vgl. Abb. 4. Die Modelle wurden so gewählt, daß ein Vergleich der gemessenen Stabkräfte mit den gerechneten Werten ohne

---

[6]) Um den Einfluß der Alterung festzustellen, wurden die Wärmedehnungsmessungen nach längerer Zeit wiederholt. Dabei ergab sich eine starke Abminderung der Ausdehnungskoeffizienten (bei bernsteinf. Zelluloid um 25 vH, bei dem vorher nicht abgelagerten elfenbeinf. Zelluloid und dem Hartzellon um rd. 50 vH). Ebenso ergaben spätere Zugdehnungsmessungen mit bernsteinf. Zelluloid um rd. 20 vH höhere Elastizitätsmaße.

zu großen Zeitaufwand möglich ist. Die ebenen Fachwerke wurden beide als Parallelträger mit vier gleichlangen Feldern von 15 cm Höhe und 20 cm Länge ausgeführt. Die Felder können mit einfachen und gekreuzten Diagonalen versehen werden. Die Stäbe des Stahlrohrmodells sind Röhrchen 5/0,3 mm aus Chrom-Molybdän-Stahl, die in den Knotenpunkten verschweißt sind. Die Drahtdiagonalen von 0,5 und 0,7 mm Dmr. sind in angeschweißten Stahlröhrchen durch Schrauben festgeklemmt, vgl. Abb. 2. Die Stäbe des Zelluloidmodells haben rechteckigen Querschnitt (10/12 mm) und sind in den Knotenpunkten stumpf gestoßen und miteinander verklebt. Die Diagonaldrähte sind an den Enden in Schrauben eingelötet. Diese sind in konische Messinghülsen mit Innengewinde eingeschraubt, die ihrerseits in dreieckige Eckstücke aus Zelluloid eingelassen sind.

Das räumliche Zelluloidmodell ist einem Flugzeugrumpfende nachgebildet. Es hat vier Zellen bei einer Gesamtlänge von 65 cm; die Abmessungen der rechteckigen Endquerwände sind 17/20 bzw. 5/13 cm. Die Stäbe haben wieder rechteckigen Querschnitt (9/9 und 10/10 mm). Die Längs- und Querwände können durch einfache oder gekreuzte Drahtdiagonalen ausgesteift werden, die wie beim ebenen Zelluloidmodell befestigt sind. Am niedrigen Ende sind zur Einleitung von Drehmomenten dreieckige Kragarme, am hohen Ende zur Aufnahme der Lagerkräfte kleine Stahlbeschläge vorgesehen.

Die Lagerung der Fachwerkmodelle erfolgte als Kragträger in einem hölzernen Versuchsgerüst. Die ebenen Modelle wurden durch Schnüre am seitlichen Kippen verhindert. Die Stützung des räumlichen Modells erfolgte an der größeren Endquerwand durch zwei unten angebrachte vertikale Pendelstützen und durch drei bzw. vier Längsstäbchen in den Eckpunkten senkrecht zur Querwand. Bei einigen Versuchen war das Modell mit einer 4 mm starken Stahlplatte zur Erzielung einer festen Einspannung fest verschraubt.

Versuche mit den Fachwerkmodellen

Versuche mit dem ebenen Stahlrohrmodell

Die Versuche am Stahlrohrmodell wurden in der ersten Versuchsreihe mit gekreuzten, in der zweiten mit einfachen Drahtdiagonalen durchgeführt. In einer dritten Versuchsreihe wurde noch der Einfluß außermittig angeschlossener Drahtdiagonalen untersucht. Die Belastung wurde in 6 Stufen von je 1 oder in 3 Stufen von je 2 kg als Einzellast im unteren Endknoten oder verteilt als Einzellasten in allen unteren Knoten aufgebracht. Bei dem System mit gekreuzten Diagonalen wurden die Diagonalen auf etwa 2500 bis 4000 kg/cm² vorgespannt, so daß ihre Ausgangsschwingungszahlen in der Nähe von 500 Hz lagen. Die bei der Belastung in den Diagonalen auftretenden Spannungen bewegten sich dann zwischen 1000 und 6000 kg/cm² und entsprachen Schwingungszahlen zwischen 300 und 800 Hz. Bei dem System mit einfachen Diagonalen wurde eine Vorspannung in den Drahtdiagonalen durch eine Ausgangslast erzeugt. Die Schwingungszahlen liegen hier zwischen 400 und 600 Hz. Vor Beginn der Messungen wurde das Modell mehrere Male be- und entlastet, um etwa vorhandene Nachgiebigkeiten der Drahtbefestigungen auszuschalten.

Die Schwingungen der gespannten Drahtdiagonalen wurden durch einen Elektromagneten, der an einem beweglichen Arm befestigt war, angeregt. Später wurde die Erregung der Schwingungen durch Anzupfen von Hand vorgenommen, was die Genauigkeit nicht beeinträchtigte. Das Quadrat der Schwingungszahlen (n^2) wurde durch Tonvergleich mit der geeichten Vergleichssaite als Tongrad T bzw. ihr Unterschied $\Delta (n^2)$ als Tongradunterschiede ΔT an der Meßteilung abgelesen. Die Bestimmung der Spannungen bzw. Spannungsdifferenzen erfolgte dann aus den oben angegebenen Formeln (8) und (11) mit dem in Abb. 1 aufgetragenen Werten φ bzw. γ. Bei der Versuchsauswertung wurden die Versuchsergebnisse

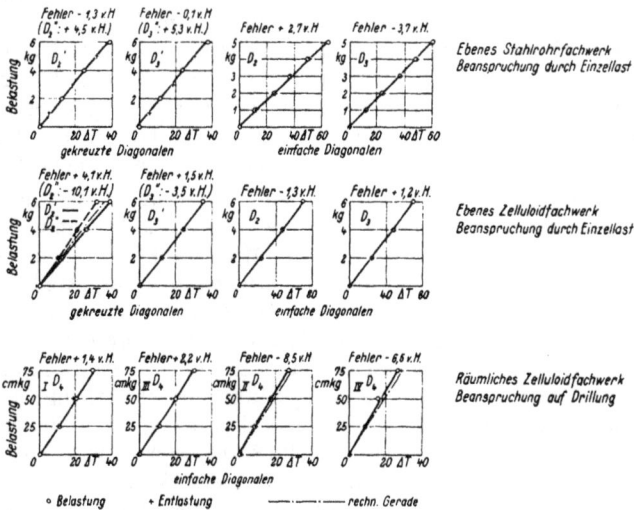

Abb. 5. Akustische Stabkraftbestimmung.
Tongradänderung in Abhängigkeit von der Belastung.

mit den verschiedenen Drahtbefestigungen durch sinngemäße Einschaltung der Werte φ bzw. γ zwischen den theoretischen Grenzwerten berücksichtigt.

Die im Modellversuch gemessenen Stabkräfte der Diagonalen wurden mit gerechneten Stabkräften verglichen, die unter Berücksichtigung der statischen Unbestimmtheit infolge gekreuzter Diagonalen und der Rahmensteifigkeit des Modells ermittelt wurden. Der Einfluß der Rahmensteifigkeit auf die Stabkräfte beträgt jedoch beim Stahlrohrmodell nur 1 vH beim System mit gekreuzten und 2 vH beim System mit einfachen Diagonalen. Von den zahlreichen Versuchsergebnissen sind in Abb. 5 oben einige für das ebene Stahlrohrfachwerk mit gekreuzten und einfachen Diagonalen dargestellt. Die gemessenen Tongradunterschiede sind in Abhängigkeit von der Belastung aufgetragen. Der sich beim Versuch gegenüber der Rechnung ergebende Fehler ist über den Diagrammen eingetragen. Bei den gekreuzten Diagonalen wurden außerdem die prozentualen Fehler für die Gegendiagonale (D'') angegeben. Die größten bei den Versuchen mit dem Stahlrohrmodell festgestellten Fehler betrugen 8 bis 9 vH der als richtig angenommenen rechnerischen Werte, die durchschnittlichen Abweichungen lagen bei 3 bis 4 vH. Diese Fehler gelten sowohl für das System mit gekreuzten als auch für das mit einfachen Diagonalen.

Versuche mit dem ebenen Zelluloidmodell

Die Versuche am ebenen Zelluloidmodell wurden ebenfalls mit einfachen und mit gekreuzten Diagonalen vorgenommen. Die Belastung wurde als Einzellast im unteren Endknoten in drei Stufen von je 2 kg aufgebracht. Der Bereich der Vor- und Lastspannungen in den Drahtdiagonalen war ungefähr der gleiche wie beim Stahlrohrmodell. Um den Einfluß der elastischen Nachwirkung möglichst einzuschränken, erfolgten Belastung und Messung bei den einzelnen Laststufen in möglichst gleichen Zeitabständen. Nach Aufbringen der Last wurde bis zur Messung 4 min gewartet, das Abhören sämtlicher Spanndrähte in einer Laststufe dauerte rd. 2 min. Die Lufttemperatur des Versuchsraumes wurde möglichst konstant gehalten.

Die Messung der Schwingungszahlen der Drähte wurde in derselben Weise durchgeführt und ausgewertet wie beim Stahlrohrmodell. Einige der Versuchsergebnisse sind in Abb. 5 (Mitte) für das ebene Zelluloidfachwerk mit gekreuzten und einfachen Diagonalen dargestellt. Der Vergleich der gemessenen Stabkräften der Diagonalen mit den gerechneten Werten ergibt für das ebene Zelluloidfachwerk mit gekreuzten Diagonalen bei den einzelnen Stabkräfte höhere Fehler (größte Fehler rd. 15 vH, durchschnittliche Fehler rd. 6 vH) als beim Stahlrohrfachwerk mit gekreuzten Diagonalen, während beim Zelluloidfachwerk mit einfachen Diagonalen die Fehler (größte Fehler rd. 4 vH, durchschnittliche Fehler rd. 1,5 vH) kleiner sind als beim entsprechenden Stahlrohrfachwerk. Vergleicht man dagegen bei dem Zelluloidfachwerk mit gekreuzten Diagonalen die Summen der Diagonalstabkräfte in den einzelnen Feldern mit den entsprechenden rechnerischen Werten, so werden die Fehler wieder ungefähr von derselben Größe wie beim Stahlrohrmodell. Daraus folgt, daß die größeren Fehler beim ebenen Zelluloidfachwerk mit gekreuzten Diagonalen nicht auf das akustische Meßverfahren, sondern auf zufällige Formänderungen des Modells zurückzuführen sind, die insbesondere durch Temperaturänderungen und elastische Nachwirkung des Zelluloids entstehen; daß bei einfachen Diagonalen die Fehler beim Zelluloidmodell sogar kleiner als beim Stahlrohrmodell sind, ist auf die bessere Befestigung der Drahtenden zurückzuführen.

Der starke Temperatureinfluß auf die Meßergebnisse des Zelluloidfachwerks mit gekreuzten Diagonalen wurde in einem besonderen Versuch festgestellt. Hierbei zeigte sich in Übereinstimmung mit der Rechnung, daß bei einer Temperaturzunahme von 1^0 C schon Zusatzspannungen in den Diagonalen von rd. 170 kg/cm² entstehen. Bei Versuchen mit Zelluloidmodellen ist also besonders auf gleichmäßige Temperatur während der

Versuchsdurchführung zu achten; zufällige Temperaturänderungen z. B. durch die Ausstrahlung der Körperwärme des Beobachters sind möglichst einzuschränken.

Versuche mit dem räumlichen Zelluloidmodell

Die Belastung des räumlichen Zelluloidmodells bestand bei allen Versuchen aus einem Moment um die Längsachse, das an der Endquerwand eingeleitet wurde; das Moment wurde im allgemeinen in drei Stufen von je 25 cmkg aufgebracht. Auch beim räumlichen Zelluloidfachwerk wurden die Versuche mit einfachen und gekreuzten Diagonalen durchgeführt. Die Drähte des Fachwerkmodells mit einfachen Diagonalen wurden durch ein Anfangsmoment von rd. 80 cmkg vorgespannt. Der Bereich der Schwingungszahlen der Längsdiagonalen lag dann zwischen 250 und 1700 Hz. Die Drähte des Fachwerks mit gekreuzten Diagonalen wurden so vorgespannt, daß sich die Schwingungszahlen ungefähr im gleichen Bereich befanden. Um den Einfluß der elastischen Nachwirkung des Zelluloids einzuschränken, wurde in allen Versuchen nach dem Belasten bis zum Beginn der Messung 8 bis 10 min gewartet. Zum Abhören sämtlicher Spanndrähte waren bei einfachen Diagonalen für jede Laststufe ungefähr 10 min erforderlich. Die Schwankung der Lufttemperatur betrug während der Dauer eines ganzen Versuches nicht mehr als 1° C.

Die Schwingungszahlen der Drahtdiagonalen wurden wie bei den ebenen Modellen durch unmittelbaren Tonvergleich mit der Vergleichs saite bestimmt. Nur bei den Diagonalen der Endzellen, die besonders hohe und niedrige Schwingungszahlen aufweisen, erfolgte der Tonvergleich durch Abstimmen auf die untere bzw. obere Oktave der Vergleichssaite. Die Auswertung der Messungen erfolgte in derselben Weise wie bei den ebenen Modellen. Einige Versuchsergebnisse für das räumliche Zelluloidfachwerk mit einfachen Diagonalen sind in Abb. 5 (unten) dargestellt.

Die im Modellversuch gemessenen Stabkräfte wurden mit den gerechneten Stabkräften des Raumfachwerks mit gelenkigen Knoten verglichen. Hierbei zeigen sich bei dem räumlichen Zelluloidfachwerk größere Fehler als beim ebenen Zelluloidfachwerk. Besonders große Fehler treten in der kleineren Randzelle des räumlichen Modells auf. Dies ist jedoch zum großen Teil auf die bedeutende Rahmensteifigkeit dieser gedrungenen Randzelle zurückzuführen, die nach einer Überschlagrechnung die Stabkräfte gegenüber den Werten bei gelenkigen Knotenpunkten um rd. 15 vH herabsetzt. Dieses Ergebnis bedeutet, daß der Modellmaßstab im Hinblick auf die kleinere Randzelle zu klein gewählt wurde.

Schaltet man diese Zelle aus, dann liegen bei dem räumlichen Zelluloidfachwerk mit einfachen Diagonalen bei den einzelnen Versuchen die größten Fehler zwischen 10 und 18 vH und die durchschnittlichen Fehler zwischen 4 und 7 vH. Bei dem räumlichen Zelluloidfachwerk mit gekreuzten Diagonalen macht sich der Einfluß der elastischen Nachwirkung und der Temperaturänderung wieder stärker bemerkbar. Bei den einzelnen Versuchen liegen hier die größten Fehler zwischen 17 und 35 vH, die durchschnittlichen Fehler zwischen 6 und 14 vH. Der durchschnittliche Fehler bei Berücksichtigung aller Versuche beträgt rd. 10 vH.

Folgerungen aus den Modellversuchen

Die durchgeführten Modellversuche haben die Brauchbarkeit des akustischen Meßverfahrens nachgewiesen. Zur Beurteilung der Meßgenauigkeit sind die Versuche am ebenen Zelluloidmodell mit einfachen Diagonalen heranzuziehen, da bei den übrigen Versuchen teils infolge mangelhafter Drahtbefestigung, teils infolge Temperaturänderung und elastischer Nachwirkung Störungen entstanden sind, so daß kein einwandfreier Vergleich mit den rechnerischen Stabkräften möglich ist. Für die im ebenen Zelluloidfachwerk verwirklichten Versuchsverhältnisse beträgt somit der durchschnittliche Fehler des akustischen Meßverfahrens 1,5 vH, während als größter Fehler etwa 5 vH zu erwarten ist. Bei veränderten Versuchsbedingungen entstehen jedoch andere Grenzen für die möglichen Meßfehler.

Wie sich bei den Versuchen gezeigt hat, sind zur Durchführung einwandfreier akustischer Messungen Stahldrähte erforderlich, die beim Anzupfen einen reinen Ton geben. Bei unrein klingenden Drähten sind Obertöne mit Schwingungszahlen vorhanden, die mit der Schwingungszahl des Grundtones im Gegensatz zu einer Saite ohne Biegesteifigkeit keine ganzzahligen Verhältnisse bilden. Die Abweichungen verringern sich mit wachsendem Wert $\alpha^2 = \dfrac{\sigma}{E}\left(\dfrac{l}{i}\right)^2$. Im allgemeinen empfiehlt es sich, in einem Bereich von $\alpha^2 > 500$ zu bleiben. Besonders ungünstig scheinen sich Drähte zu verhalten, bei denen der niedrige Wert von α^2 durch eine niedrige Spannung bzw. Schwingungszahl bedingt ist. Da andererseits die Versuche zeigen, daß die Genauigkeit einer akustischen Messung mit zunehmender Schwingungszahl sinkt, entsteht somit für jeden Draht ein günstigster Hörbereich, der anscheinend bei den Drähten der beiden ebenen Modelle und den mittleren Zellen des räumlichen Modells erreicht worden ist.

Die akustische Brauchbarkeit eines Drahtes hängt außerdem von der Art der Drahtbefestigung ab. Als solche hat sich die bei den beiden Zelluloidmodellen gewählte Ausführungsart bewährt. Die Befestigung durch einfaches Anklemmen der Drähte, wie sie im Stahlrohrfachwerk angewendet wurde, ist nicht zu empfehlen.

Bezüglich der Wahl des Werkstoffes für die steifen Stäbe eines Modellfachwerkes haben die Versuche ergeben, daß Zelluloid trotz seiner einfachen Bearbeitungs- und Verbindungsmöglichkeit wenig geeignet ist, falls innerlich hochgradig statisch unbestimmte Systeme nachgebildet werden sollen. Man wird zwar durch geeignete Versuchsanordnung Temperaturänderungen weitgehend vermeiden können, jedoch scheint es unmöglich, den störenden Einfluß der elastischen Nachwirkung des Zelluloids auszuschalten.

Für die Herstellung des Modells kommen deshalb zunächst metallische Werkstoffe in Betracht. Stahlröhrchen, die besonders wegen ihrer elastischen Eigenschaften geeignet sind, sind nur so lange brauchbar, als die im

Bauwerk vorhandenen Querschnittsverhältnisse der Diagonalen zu den übrigen Stäben im Modell nachgebildet werden können. Darüber hinaus bleibt im wesentlichen die Verwendung von dünnwandigen Leichtmetall-röhrchen möglich, wobei aus Herstellungsgründen schweißbare Leicht-metalle den Vorzug verdienen.

Schließlich ist noch vergütetes Holz in Rohrform als Werkstoff für die steifen Stäbe eines Fachwerkmodells in Erwägung zu ziehen. Da Holz eine sehr kleine Wärmeausdehnungszahl besitzt, sind im Gegensatz zu Zelluloid nur geringe Störungen durch Temperaturänderungen zu erwarten. Der Einfluß der Luftfeuchtigkeit kann durch entsprechende Vorbehandlung oder Oberflächenschutz ausgeschaltet werden. Vor dem Bau eines Modells aus Holzröhrchen sind jedoch noch Vorversuche notwendig, um die zweck-mäßige Herstellung und Verbindung sowie die elastischen Eigenschaften solcher Holzröhrchen zu klären.

Röntgenologische Untersuchungsverfahren und ihre Anwendung auf das Fluggerät

Von R. Glocker[*]

Vorgetragen am 9. November 1934 in Stuttgart

Die überragende Bedeutung der Röntgenprüfung gegenüber den anderen in der Luftfahrt angewandten Werkstoffprüfverfahren liegt in ihrer Eigenschaft, eine zerstörungsfreie Prüfung des betreffenden für den Einbau bestimmten Werkstückes zu ermöglichen und damit eine bis an 100 v H heranreichende Sicherheit zu gewähren.

Von den drei Verfahren der Röntgenprüfung: Grobstrukturuntersuchung, Spektralanalyse, Feinstrukturuntersuchung kommt das erste und letzte vorzugsweise für das Fluggerät in Betracht.

Grobstrukturuntersuchung

Die Grobstrukturuntersuchung beruht auf der in den verschiedenen Stoffen verschieden großen Schwächung der Strahlung. Besonders günstige Anwendungsmöglichkeiten bieten Gußstücke, insbesondere solche aus Leichtmetall. Die Stücke üblicher Stärke können mit dem Leuchtschirm untersucht werden, so daß die Untersuchung rasch durchführbar ist und wenig Kosten verursacht (10 bis 15 v H der Herstellungswerte des

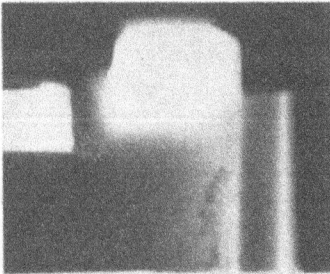

Abb. 1. Gußblasen und Lunker im Röntgenbild.

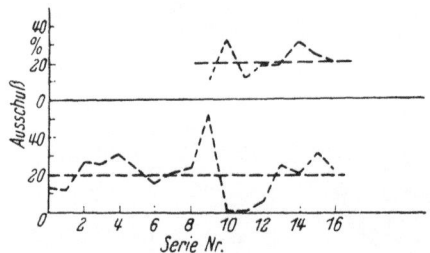

Abb. 2. Statistik über den Ausschuß bei 3485 Leichtmetallgußteilen.

fertigen Gußstückes). Eine Aufnahme, Abb. 1, zeigt die besonders an Stellen von Querschnittsänderung auftretenden Gußblasen und Lunker.

Eine im Institut der technischen Hochschule Stuttgart geführte Statistik über 3500 durchleuchtete Leichtmetallgußteile für den Flugzeugbau läßt erkennen, daß beim gleichen Hersteller auf verhältnismäßig gute Lieferungen immer wieder schlechte mit einer mittleren Ausschußziffer von 20 v H folgen (Abb. 2). Es ist daher dringend zu wünschen, daß in den Bauvorschriften des Deutschen Luftfahrzeugaus-

---

[*] Dr. phil., Professor a. d. Technischen Hochschule Stuttgart.

schusses eine Bestimmung aufgenommen wird, wonach lebenswichtige Gußteile aus Leichtmetallen, z. B. Steuerungsteile, mit Röntgenstrahlen durchleuchtet und mit einer Kennmarke zum Zeichen der erfolgten Röntgenprüfung versehen werden müssen.

Während bei Leichtmetallgußteilen die Anwendung des Leuchtschirmes eine laufende, serienmäßige Prüfung gestattet, wird bei der Prüfung von Schweißverbindungen, insbesondere bei Eisenblechen und Rohren, meist eine photographische Röntgenaufnahme notwendig werden. Man wird die Prüfung auf besonders stark beanspruchte oder besonders schwierig herzustellende Schweißungen beschränken und, abgesehen von Neukonstruktionen, hauptsächlich Stichproben vornehmen. Bei Nachschweißungen, die häufig schlecht ausfallen, sollte jedoch bei wichtigen Verbindungen immer eine

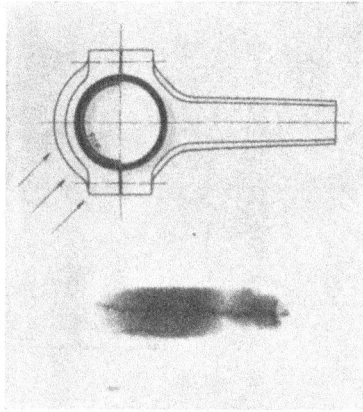

Abb. 3. Röntgenprüfung einer bleihaltigen Lagerschale. Schwundrisse infolge ungleichmäßiger Abkühlung.

Röntgenprüfung vorgenommen werden. Die Röntgenaufnahme zeigt Gasblasen, Lunkerstellen und Bindungsfehler an der Grenzfläche zwischen Schweiße und Grundstoff. Voraussetzung für die Nachweisbarkeit der die Schwingungsfestigkeit stark beeinträchtigenden Bindungsfehler ist die richtige Wahl der Durchstrahlungsrichtung; sie muß in der Grenzfläche verlaufen. Bei V- und X-Nähten sind von jeder Schweißnaht somit zwei Röntgenaufnahmen mit verschiedener Richtung herzustellen.

Günstige Ergebnisse liefert die Röntgenprüfung bei bleihaltigen Lagerschalen, wie eigene Erfahrungen an rd. 400 Lagern ergeben haben. Außer Schwundrissen (Abb. 3) infolge ungleichmäßiger Abkühlung sind Bleiseigerungen (Abb. 5) und Porenbildungen, die auf eine schlechte Bindung des Lagermetalles mit dem Grundstoff hinweisen, erkennbar (Abb. 4).

Die für die Luftfahrt so wichtigen Schweißstellen der Knotenpunkte bildeten infolge ihrer schweren Zugänglichkeit und der Überdeckung der verschiedenen Teile das Schmerzenskind der Röntgenuntersuchung. Erforderlich ist offenbar eine sehr kleine Strahlungsquelle, welche ein beliebig nahes Herangehen an die Schweißstelle ermöglicht. Dann wird nur die dem Film zugewandte Seite des Stückes scharf gezeichnet. Günstig wären in diesem Sinne die γ-Strahlungen von Radium und Mesothorium, die bei der Untersuchung dicker Metallstücke schon mit Erfolg angewandt worden sind. Leider ist aber für die hier in Frage kommenden dünnen Blechstärken (2 mm) der Kontrast dieser sehr durchdringenden γ-Strahlen zu gering. Nach kürzlich angestellten Untersuchungen von Wiest*), im Zusammenwirken mit der Auergesellschaft, lassen sich aber

---

*) Dr.-Ing., Technische Hochschule Stuttgart.

198

weniger durchdringungsfähige γ-Strahlen finden, die wesentlich stärkere Kontraste liefern. In Abb. 6 und 7 ist die Aufnahme einer Messingtreppe mit Stufen verschiedener Dicke (bis maximal 2 mm) zu sehen, einmal mit

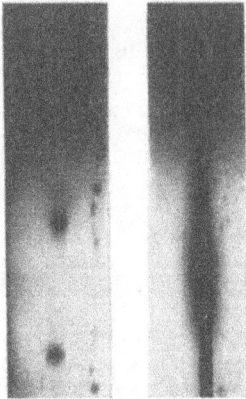

Abb. 4. Porenbildung. Abb. 5. Bleiseigerungen.
Abb. 4 und 5. Röntgenprüfung bleihaltiger Lagerschalen.

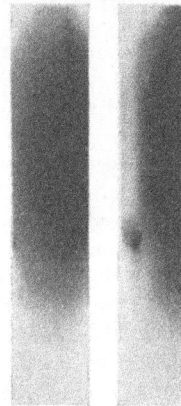

γ-Strahlen von Mesothorium, das andere Mal mit der weichen γ-Strahlung des neuen Präparates. Der Unterschied in der Bildgüte ist recht erheblich.

Bei 2 mm dicken Blechen liegt die Grenze der Nachweisbarkeit von Dickenunterschieden bei der weichen γ-Strahlung zwischen 3 und 5 v H der Gesamtdicke. Die Verhältnisse sind also nicht ganz so günstig wie bei

Abb. 6. Mit γ-Strahlen Abb. 7. Mit weicher γ-Strahlung
durchleuchtet. durchleuchtet.
Abb. 6 und 7. Durchleuchtung einer Messingtreppe mit Stufen verschiedener Dicke mittels γ-Strahlen.

Röntgenaufnahmen, bei denen der Minimalkontrast etwa 1 v H beträgt, aber die Kontrastempfindlichkeit ist ausreichend für die praktischen Bedürfnisse der Schweißnahtprüfungen, vgl. Abb. 8 und 9. Auf der Aufnahme einer Schweißung von 2 mm Eisenblechen sind bei Mesothorium-γ-Strahlen (Abb. 8) die Einzelheiten kaum zu erkennen, während bei der weichen γ-Strahlung (Abb. 9) die Bindungsfehler deutlich hervortreten. Durch

Verwendung von Emulsionen mit besonders steiler Gradation und, im Falle
einer Vorführung vor einem größeren Kreis, durch Umkopieren auf photo-
mechanischen Platten lassen sich die Kontraste noch weiter steigern.
Abb. 10 enthält eine Aufnahme einer Kehlnahtschweißung eines Knoten-
punktmodelles. Das Klaffen der nicht verschweißten Stoßfuge, das die
Schwingungsfestigkeit außerordentlich herabsetzt, erzeugt den mit einem
Pfeil bezeichneten, scharf begrenzten schwarzen Strich. Zur Prüfung des
Verfahrens wurden auch Nähte untersucht, die vergleichsweise mit Röntgen-
strahlen photographiert wurden. Es wird sich nun darum handeln, das
Verfahren am Fluggerät selbst praktisch zu erproben.

Abb. 8. Mit Mesothorium durchleuchtet.

Abb. 9. Mit weicher γ-Strahlung durchleuchtet.

Abb. 8 und 9. Aufnahme einer Schweißung
von 2 mm dicken Eisenblechen.

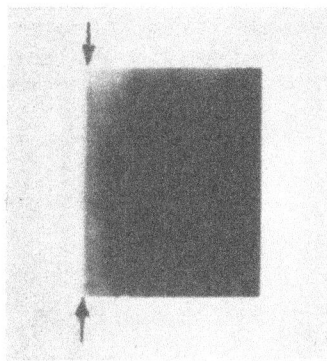

Abb. 10. Aufnahme einer Kehlnahtschweißung an einem Knotenpunkt-
modell.

Nun zu der negativen Seite der Röntgenprüfung: Wenig aussichtsreich sind Röntgenuntersuchungen zum Nachweis von Rissen in Schmiedestücken, z. B. Kurbelwellen, und zum Nachweis der Dopplung von Duraluminblechen infolge des Auswalzens einer Lunkerstelle. Diese Fehl-
stellen erstrecken sich meist quer zur Strahlrichtung und sind wegen eines
zu geringen Absorptionsunterschiedes nicht mehr erkennbar. Ebensowenig
ist eine Röntgendurchstrahlung von Duraluminblechen zum Nachweis
einer beginnenden interkristallinen Korrosion zu empfehlen. Bei Zylinder-
köpfen von Motoren war bisher die schwierige Zugänglichkeit der einzelnen
Stellen sehr hinderlich für eine Röntgenprüfung. Die oben erwähnte
Untersuchungstechnik mit radioaktiven Strahlungen wird hier ohne Zweifel
größere Anwendungsmöglichkeiten schaffen.

Die wichtige Frage der Erkennung von Walz- und Schmiedestücken
aus Duralumin und ähnlichen Legierungen mit ausgewalzten Lunkern läßt
sich aber auf folgende Weise einfach lösen: Die Strahlenprüfung erfolgt
schon beim Gußblock vor der Weiterverarbeitung, also z. B. vor dem Aus-
schmieden zu einem Propeller. Eine Durchführung dieser Maßnahme wird
eine ganz erhebliche Steigerung der Sicherheit zur Folge haben.

Aus dem bisher Gesagten geht schon hervor, daß die Röntgen-prüfung bei Fluggeräten in erster Linie beim Hersteller zu erfolgen hat. Weniger groß sind die Anwendungsgebiete im Betrieb von Flug-zeugen. Hier ist zu nennen die Durchleuchtung eines Flügels, um sich z. B. nach einer Bruchlandung von der Unversehrtheit der tragenden Teile überzeugen zu können, ohne daß eine Demontierung notwendig wird. Von praktischer Bedeutung wird auch die Prüfung wichtiger Schweißstellen am Flugzeug bei einer Überholung sein, nachdem die bisher einer Röntgen-prüfung entgegenstehenden Hindernisse großenteils durch die Verwendung von radioaktiven Präparaten als Strahlungsquelle überwunden werden können.

Feinstrukturuntersuchungen

Die Feinstrukturuntersuchung mit Röntgenstrahlen beruht auf der Beugung der Strahlen an den gesetzmäßig angeordneten Atomen eines Kristalles und ist daher beschränkt auf kristalline Stoffe. Eine Aufnahme-

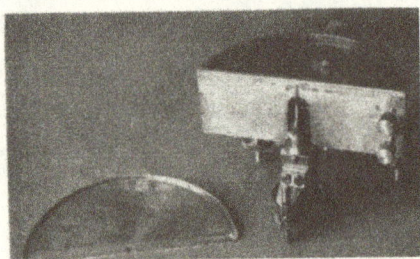

Abb. 11. Kammer zur Aufnahme von Debye-Scherrer-Diagrammn.

Abb. 12. Feinstrukturröntgenaufnahme.

kammer für Debye-Scherrer-Diagramme zeigt Abb. 11. Bei Präzisions-messungen werden vorzugsweise die entgegen der Primärstrahlrichtung rückwärtsgestrahlten Interferenzstrahlen benützt. Jedes Kristallgitter entwirft ein bestimmtes Liniensystem (Abb. 12). Bei Ausscheidungs- und Vergütungsvorgängen ändert sich der Abstand der Linien und nach er-folgter Ausscheidung treten neue Linien auf. Von den Feinstrukturver-fahren, die für die Legierungsforschung von größter Bedeutung geworden sind, kann wegen der Kürze der Zeit hier nur ein Verfahren, das für die Luftfahrt unmittelbare praktische Bedeutung zu erlangen verspricht, näher besprochen werden, nämlich die röntgenographische Bestim-mung von elastischen Spannungen.

Es gibt hier zwei Möglichkeiten: die Beobachtung der Linienverbrei-terung und die der Linienverschiebung. Trotz aller Bemühungen, allgemeine Beziehungen zwischen Linienverbreiterung und Bruchgefahr aufzufinden, ist dies bisher nicht gelungen, weil die Vorgeschichte des Werkstoffes von Bedeutung ist (Ludwik). In einzelnen Fällen, bei Werkstoffen mit genau bekannter und stets gleichbleibender Vorbehandlung kann wohl aus der Linienverbreiterung auf die Bruchgefahr geschlossen werden (Untersuchungen von Regler an Ventilfedern)[1]).

Während die Linienverbreiterung sowohl bei elastischer als auch plastischer Verformung auftreten kann, wird eine Linienverschiebung nur durch elastische Spannungen verursacht. Sie gestattet also auch bei plastisch verformten Werkstoffen etwa vorhandene elastische Eigenspannungen zu messen. Die Grundlage dieses von Sachs und Weerts angegebenen und von Wever und Mitarbeitern weiter entwickelten Verfahrens bildet folgende Überlegung: Wird an die Platte in Abb. 13 in Richtung X und Y ein Zug angelegt, so findet in Richtung Z eine Querverkürzung statt. Infolgedessen wird der Abstand der parallel zur XY-Ebene gelegenen Atomebenen des Kristallgitters kleiner. Diese Änderung kann mit Hilfe von Röntgenstrahlen, die nahe der Z-Richtung einfallen und ebenso zurückgebeugt werden, sehr genau gemessen werden. Man benötigt zur Auswertung noch die Werte des Elastizitätsmoduls und der Querkontraktion des betreffenden Werkstoffes. Gemessen wird die Summe der Hauptspannung,

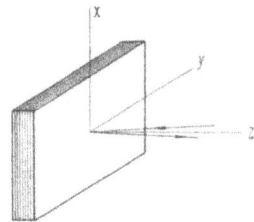

Abb. 13. Prinzip der röntgenographischen Spannungsbestimmung.

nicht ihre Einzelwerte und nicht ihre Richtungen. Ferner ist zu beachten, daß nur der Spannungszustand an der Oberfläche ermittelt werden kann.

Das Ergebnis einer solchen Bestimmung nach Wever und Möller zeigt Abb. 14. Aufgetragen ist als Abszisse der gemessene Abstand der Atomebenen (Gitterkonstante) und darunter die hieraus berechnete Spannung in kg/mm². Ein Stahlstab wurde auf Zug elastisch beansprucht; solange die Elastizitätsgrenze nicht überschritten wird, ändert sich die Gitterkonstante linear mit der angelegten Spannung. Abb. 15 enthält das Schaubild eines Versuches an einem zuerst gebogenen und dann in der Zugmaschine wieder gerade gerichteten Stahlstab. Bei etwa 3 kg/mm² Mittelwert der angelegten Spannung wird aer Stab gerade. Die tatsächlich vorhandene Spannung beträgt aber auf der konkaven Seite + 27 kg/mm², auf der konvexen Seite − 22 kg/mm². Der Spannungsverlauf mit zunehmender Zugbeanspruchung ist auch fernerhin auf beiden Seiten verschieden, weil auf der einen Seite eine Zug-, auf der anderen Seite eine Druckspannung als Folge des Biegens vorhanden ist. Ein vertikaler Verlauf der Kurve in Abb. 15 zeigt den Beginn des Fließens an; der Atomebenenabstand ändert sich nun nicht mehr. Das Verfahren ermöglicht es z. B. an einer Schweißnaht von Ort zu Ort die Größe der inneren Spannungen zu messen; der von einer Aufnahme erfaßte Flächenbezirk umfaßt

---

[1]) Vgl. hierzu jedoch Wever und Möller, Arch. Eisenhüttenwesen, Jg. 9 (1935) Nr. 1.

nur einige mm². Auf diese Weise wurde festgestellt, daß lokale Über-schreitungen der Streckgrenze um 50 vH ohne Beeinträchtigung der Gesamt-festigkeit des Werkstoffes auftreten können. Es muß nun die nächste Auf-gabe sein, das Verfahren dahin auszubauen, daß auch Größe und Rich-

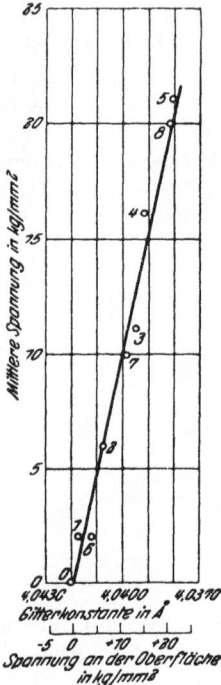

Abb. 14. Spannungsmessung an einem
elastisch beanspruchten Stahlstab
(nach Wever und Möller).

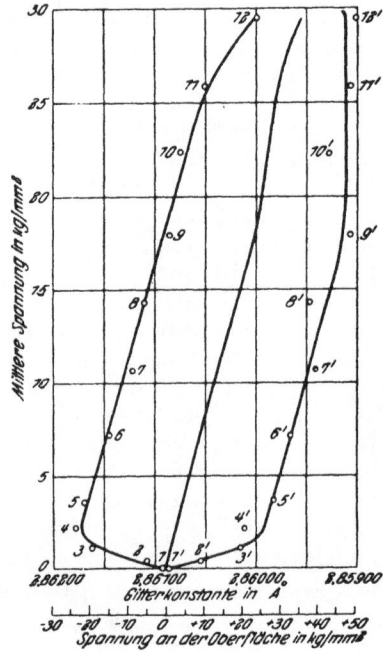

Abb. 15. Messung an einem zuvor gebogenen
und dann wieder gerade gerichteten Stahlstab
(nach Wever und Möller).

tung der Hauptspannungen bestimmt werden können[2]), um z. B. an einer im Torsionsdauerversuch befindlichen Kurbelwelle die Lage der Span-nungsspitzen und ihre Größe bestimmen zu können.

Zusammenfassend ist zu sagen, daß die Verfahren der Werkstoff-prüfung mit Röntgen- und γ-Strahlen in ihrem derzeitigen Entwicklungs-zustand schon wichtige Anwendungen beim Bau von Fluggeräten finden können, daß aber die Ausschöpfung ihrer vollen Leistungsfähigkeit häufig eine eingehende Vertrautheit des Prüfers mit diesen Verfahren zur Vor-aussetzung hat.

[2]) Ein allgemeines Verfahren zur Einzelbestimmung von Spannungen mit Röntgenstrahlen ist von Glocker und Osswald inzwischen angegeben worden (Z. Techn. Physik Jg. 16 (1935) Nr. 8, S. 237).

Neuere Probleme der Festigkeitsforschung

Von E. Siebel*)

Vorgetragen am 9. November 1934 in Stuttgart

Die Aufgabe der Festigkeitsforschung

ist es, die Zusammenhänge klarzustellen, welche zwischen den versuchsmäßig bestimmten Festigkeitseigenschaften der Werkstoffe und deren Festigkeitsverhalten in einem unter bestimmter Beanspruchung stehenden Werkstück bestehen. Für die Ermittlung der Spannungsverteilung in dem betreffenden Werkstück, die naturgemäß die erste Stufe jeder Festigkeitsrechnung bildet, stehen außer den elastizitätstheoretischen Verfahren die verschiedenartigsten meßtechnischen Verfahren zur Verfügung, die gerade im letzten Jahrzehnt eine außerordentliche Entwicklung erfahren haben. Wie ist nun das Werkstück beim Vorliegen bestimmter Beanspruchungsverhältnisse, die als bekannt vorausgesetzt werden können, und eines bestimmten Werkstoffes, dessen Festigkeitseigenschaften ebenfalls bekannt sind, zu bemessen? Eine befriedigende Beantwortung dieser Frage ist nur möglich, wenn eine Reihe von Grundproblemen gelöst sind, welche zur Zeit noch die Festigkeitsforschung beschäftigen.

Zu diesen Problemen gehören:

1. die Festigkeitshypothesen,
2. die Abhängigkeit des Fließbeginns von Spannungsverteilung und Werkstoff,
3. der Spannungsausgleich bei statischer Beanspruchung,
4. die Stützwirkungen bei dynamischer Beanspruchung.

Im folgenden sollen einige Beiträge zu diesen Problemen gegeben werden.

Die Festigkeitshypothesen

dienen dazu, um aus dem Festigkeitsverhalten der Werkstoffe bei der Prüfung im Zugversuch Rückschlüsse auf ihr Verhalten unter mehrachsigen Beanspruchungen, wie sie in den Werkstücken meist vorhanden sind, zu ziehen. Während früher in der Hauptsache die von C. Bach vertretene Dehnungshypothese Verwendung fand, hat sich in den letzten Jahren immer mehr die Schubspannungshypothese sowie die Gestaltänderungsenergiehypothese für die Beurteilung des Verhaltens der metallischen Werkstoffe bei mehrachsiger Beanspruchung durchgesetzt. Zurückzuführen ist dies auf die Arbeiten von W. Lode[1]), M. Roš und A. Eichinger[2]) u. a., welche die Unhaltbarkeit der Dehnungshypothese für

---

*) Dr.-Ing., Professor a. d. Techn. Hochschule Stuttgart.

[1]) W. Lode, Versuche über den Einfluß der mittleren Hauptspannung auf das Fließen der Metalle, Z. angew. Math. u. Mech. Bd. 5 (1926) S. 142.

[2]) M. Roš und A. Eichinger, Versuche zur Klärung der Bruchgefahr. Eidgen. Mat. Pr. Anst. a. d. Eidgen. techn. Hochschule Zürich 1926.

Festigkeitsrechnungen gegen Verformen zeigten. Als Ergänzung hierzu seien im folgenden die Ergebnisse einiger Versuche geschildert, welche zur Ermittlung der Abhängigkeit des Fließbeginnes von Spannungsverteilung und Werkstoff durchgeführt wurden.

In Zahlentafel 1 sind die Werte für die untere Fließgrenze dargestellt, welche von E. Siebel und F. H. Vieregge[3]) an vier verschiedenen Stählen beim Zugversuch, beim Biegeversuch, beim Verdrehungsversuch und beim Außendruckversuch ermittelt wurden. Außerdem ist der Verhältniswert, der bei den verschiedenartigsten Versuchen bestimmten Fließgrenze zur unteren Fließgrenze beim Zugversuch eingetragen. Wie zu erwarten, liegt dieser Verhältniswert beim Biegeversuch nahezu bei 1, beim Verdrehungs-

Zahlentafel 1
Vergleich der unteren Fließgrenzen bei verschiedenartiger Beanspruchung

Werkstoff	KW 0,04 % C	A 0,24 % C	B 0,55 % C	N VCN 15 verg.
Zugversuch				
Untere Streckgrenze σ_{Fu} kg/mm²	18,9	25,2	37,7	54,6
Biegeversuch				
Untere Streckgrenze σ'_{Fu} kg/mm²	19,3	25,8	—	—
$\sigma'_{Fu} : \varsigma_{Fu}$	1,02	1,02	—	—
Verdrehversuch				
Untere Streckgrenze τ_{Fu} kg/mm²	9,6	13,6	20,0	30,9
$\tau_{Fu} : \sigma_{Fu}$	0,51	0,54	0,53	0,57
Außendruckversuch				
Hauptspannungsunterschied im Fließzustand σ^*_{Fu} kg/mm²	17,6	27,9	41,0	—
$\sigma^*_{Fu} : \sigma_{Fu}$	0,93	1,11	1,09	—

versuch scheint der Verhältniswert der unteren Schubfließgrenze zur Fließgrenze beim Zugversuch zwischen 0,505 und 0,565 zu liegen, während nach der Schubspannungshypothese der Wert 0,5 nach der Gestaltänderungsenergiehypothese aber der Wert 0,57 zu erwarten steht. Beim Außendruckversuch schließlich erreicht der Hauptspannungsunterschied im Fließzustand das 0,94- bis 1,09fache der unteren Fließgrenze beim Zugversuch. Nach der Schubspannungshypothese würde hier ein Verhältniswert 1 nach der Gestaltänderungsenergiehypothese aber ein Wert 1,15 zu erwarten stehen.

³) E. Siebel und F. H. Vieregge, Abhängigkeit des Fließbeginns von Spannungsverteilung und Werkstoff. Arch. Eisenhüttenwes. Bd. 7 (1933/34) S. 679.

Die Versuche zeigen, daß das Verhalten der Werkstoffe zu Beginn des Fließens bei Stählen mit ausgeprägtem Fließbereich am besten durch die Schubspannungshypothese, bei solchen mit weniger ausgeprägtem Fließbereich aber besser durch die Gestaltänderungsenergiehypothese gekennzeichnet werden. Bei Leichtmetallen muß, da der ausgeprägte Fließbereich hier fehlt, mit einem ähnlichen Verhalten, wie bei den letztgenannten Stählen gerechnet werden.

Abhängigkeit des Fließbeginns von Spannungsverteilung und Werkstoff

In den letzten Jahrzehnten ist es immer mehr gelungen, genauen Einblick in die Spannungsverteilung zu gewinnen, welche in den Bauteilen herrscht. Dabei zeigt sich, daß in vielen Fällen insbesondere an Bohrungen, Querschnittsübergängen, Kerben u. dgl. Spannungsspitzen von erschreckender Höhe auftreten. Es ist selbstverständlich, daß der Konstrukteur danach streben muß, durch entsprechende Maßnahmen derartige örtliche Überbeanspruchungen soweit wie möglich zu vermeiden oder doch zu mindestens zu mildern. Des weiteren ergibt sich aber die Frage, wie solche Spannungsspitzen bei den Festigkeitsrechnungen zu berücksichtigen sind. Es ist zunächst naheliegend, diese Spannungsspitzen mit ihrem vollen Wert in die Rechnung einzusetzen. Es hat sich jedoch gezeigt, daß dies keinesfalls notwendig ist, da einmal das Fließen bei ungleichförmiger Spannungsverteilung meist viel später eintritt, als nach der vorliegenden Beanspruchungsspitze zu erwarten steht, und da anderseits sowohl bei statischer als bei dynamischer Beanspruchung meist ein Spannungsausgleich auftritt, welcher die Gefährdung des Bauteils durch örtliche Überbeanspruchungen vermindert, wenn größere Formänderungen durch die Stützwirkung der geringer beanspruchten Gebiete verhindert werden.

Die Fließverzögerung

bei ungleichförmiger Spannungsverteilung ist bei statisch beanspruchten Bauteilen von großer praktischer Bedeutung. So wurden z. B. bei Mannlochböden in der Umgebung des Mannlochs Spannungen ermittelt, welche das 3- bis 4fache der Spannungen in der ebenfalls hoch beanspruchten Bodenkrempe betragen[5]). Dagegen verhalten sich die Innendrücke, bei welchen Fließerscheinungen am Mannlochrand bzw. an der Bodenkrempe beobachtet werden, nur wie 32,5:55 at Überdruck, also wie 1:1,6. Entsprechend genügt es, die Wandstärke bei tief gewölbten Mannlochböden etwa 1,6 mal so groß zu wählen, wie bei den entsprechenden Vollböden, um in beiden Fällen die gleiche Sicherheit gegen Fließen zu erzielen. Die Ursache für diese verschiedenartige Auswirkung der Spannungsspitzen am Mannlochrand und an der Bodenkrempe ist darin zu suchen, daß das Gebiet hoher Beanspruchung am Mannlochrand auf einen ganz kleinen Bereich begrenzt ist, während an der Bodenkrempe ein viel größerer Bereich hohen Beanspruchungen ausgesetzt ist. Entsprechend vermögen am Mannlochrand die weiter zurückliegenden gering beanspruchten Werkstoffteile eine große Stützwirkung auszuüben, während diese Stützwirkung an der Bodenkrempe nur in viel geringerem Maße möglich ist.

Die geschilderten Erscheinungen sind in den letzten Jahren der Gegenstand einer ganzen Reihe von Untersuchungen im In- und Ausland gewesen[3-9]. In Zahlentafel 2 sind die Verhältniswerte für die obere und untere Streckgrenze zusammengestellt, die von E. Siebel und F. H. Vieregge[3]) bei Versuchen mit verschiedenartigen Stählen und ungleichförmiger Spannungsverteilung ermittelt wurden. Wie man sieht, wächst die Neigung zu einer Überhöhung der oberen Fließgrenze mit der Ungleichförmigkeit der Spannungsverteilung. Sie ist jedoch gleichzeitig auch vom Werkstoff abhängig. Bei den verschiedenen Werkstoffen ist dabei mit einer Änderung der Spannungsverteilung nicht die gleiche Änderung der oberen Fließgrenze verbunden, so daß die Aufstellung allgemein gültiger

Zahlentafel 2
Verhältniswerte der oberen und unteren Fließgrenze

Werkstoff	KW 0,04 % C	A 0,24 % C	B 0,55 % C	N VCN 15 verg.
Zugversuch	1,30	1,06	1,03	1,01
Biegeversuch	1,62	1,31	—	—
Verdrehversuch	1,68	1,33	1,08	1,04
Außendruckversuch	1,80	1,43	1,24	—

Richtlinien für den Fließbeginn nicht möglich sein dürfte. Anderseits sind die Unterschiede, die sich bei den verschiedenen Versuchsarten für die aus dem vollplastischen Zustand ermittelten unteren Fließgrenzen ergeben, verhältnismäßig gering. Es wird sich daher häufig empfehlen, bei der Berechnung statisch beanspruchter Bauteile nicht von dem stets unsicheren Fließbeginn auszugehen, sondern die Bemessung so vorzunehmen, daß die Belastung mit genügender Sicherheit unter derjenigen bleibt, bei welcher im höchstbeanspruchten Querschnitt des Bauteils der vollplastische Zustand erreicht wird. Da größere bleibende Formänderungen erst im vollplastischen Zustand auftreten, hat man so die Gewißheit, daß unzulässige Verformungen vermieden werden.

Der Spannungsausgleich bei statischer Beanspruchung

Wichtiger als die vorstehend geschilderte Neigung zur Erhöhung der Streckgrenze beim Vorliegen einer ungleichförmigen Spannungsverteilung ist die Fähigkeit zum Abbau von Spannungsspitzen durch ört-

[4]) G. Cook, Philos. Trans. Roy. Soc., London, Ser. A, Bd. 130 (1931) S. 103; vgl. Engineering Bd. 132 (1931) S. 343.

[5]) Vgl. E. Siebel und F. Körber, Mitt. K. W. Inst. Eisenforsch. Bd. 7 (1925) S. 113 und Bd. 8 (1926) S. 1.

[6]) A. Thum und F. Wunderlich, Forschg. Ing. Wes. Bd. 3 (1932) S. 261.

[7]) W. Kuntze, Stahlbau Bd. 6 (1933) S. 49.

[8]) W. Prager, Forschg. Ing. Wes. Bd. 4 (1933) S. 95.

[9]) F. Nakanishi. Proc. World Engng. Congress Tokyo 1929, Bd. 3, Engng. Science, Teil I (1931) S. 235.

liches Fließen, welches bei den zähen metallischen Werkstoffen sowohl bei statischer wie bei dynamischer Beanspruchung in mehr oder weniger starkem Maße vorhanden ist. Vermag ein derartiger Spannungsabbau aufzutreten, sobald die Gesamtbeanspruchung an irgendeiner Stelle des Bauwerks die Streckgrenze des Werkstoffs erreicht, so besteht die Gefahr einer Überschreitung der technischen Kohäsion gar nicht oder doch nur in beschränktem Maße. Die Spannungen vermögen alsdann nur in dem Falle bis auf den Wert der technischen Kohäsion zu steigen, wenn das Fließen unter der Einwirkung einer mehrachsigen Zugbeanspruchung behindert ist. Eine derartige Fließbehinderung ergibt sich aber häufig unter dem Einfluß einer inneren oder äußeren Kerbwirkung, welche in den Bauteilen nicht immer zu vermeiden ist. An Querschnittsübergängen, Stoßstellen, Schweißungen u. dgl. wird stets eine mehr oder minder starke Kerbwirkung vorhanden sein, die durch die hier auftretenden hohen Spannungen verbunden mit der Behinderung des Spannungsabbaus eine gewisse Gefahr bedeutet.

Es erscheint uns wichtig, das Formänderungsvermögen der Werkstoffe gerade bei Behinderung der Formänderung durch Kerbwirkung einer Untersuchung zu unterziehen. Es werden daher zur Zeit in der Materialprüfungsanstalt Stuttgart umfangreiche Versuche mit Kerbzugproben durchgeführt, welche insbesondere auch darüber Aufschluß geben sollen, wie der Gefügezustand das Formänderungsvermögen der Werkstoffe bei Behinderung des Fließens beeinflußt. In Zahlentafel 3 sind die Ergebnisse einiger Versuche wiedergegeben, welche mit verschie-

Zahlentafel 3
Festigkeitseigenschaften gekerbter Zugstäbe

Werkstoff	Behandlung	Zugfestigkeit kg/mm Kerbarten			Dehnung %		
		—	U	V	$l=5d$ —	$l=d$ U	$l=d$ V
St 37.11.	geglüht 920° C	47,0	19,4	22,3	35,0	10,0	7,0
	gereckt 10%	60,7	29,3	31,2	18,8	5,5	0,55
	gealtert 10/250	60,0	30,6	28,0	18,8	4,0	0,25
St 60.11.	geglüht 810° C	69,5	33,4	28,7	22,5	6,3	3,0
	gereckt 10%	75,0	39,5	42,3	10,0	3,2	0,85
	gealtert 10/250	80,0	42,7	43,0	11,2	2,2	0,6
V 2 A	vergütet	67,5	30,8	29,6	50,0	21,6	8,0
	gereckt 10%	75,0	35,3	37,3	41,3	17,5	5,0
Ms 63	geglüht	31,5	14,0	11,3	50,0	16,3	4,5
	gereckt 10%	34,7	16,8	16,2	35,0	10,1	2,4

denen Stählen an gekerbten und ungekerbten Rundstäben von 20 mm Dmr. durchgeführt wurden, wobei Rundkerben und Spitzkerben von 4 mm Tiefe Verwendung fanden. Wie die Zahlentafel erkennen läßt, sinkt die auf den ursprünglichen Querschnitt bezogene Festigkeit bei einer Querschnittsschwächung von 64 vH um 40 bis 60 vH. Während die Dehnung aber im ungekerbten Zustand durch Recken und Altern des Werkstoffs nur verhältnismäßig wenig beeinflußt wird, bewirkt eine Alterung bei weichem

14

Flußstahl ein völliges Verschwinden des Formänderungsvermögens beim Kerbzugversuch. Auch eine einfache Reckbehandlung genügt, um bei gewöhnlichen Kohlenstoffstählen beim Vorliegen einer starken Kerbwirkung das Formänderungsvermögen auf einen Bruchteil seines ursprüng-

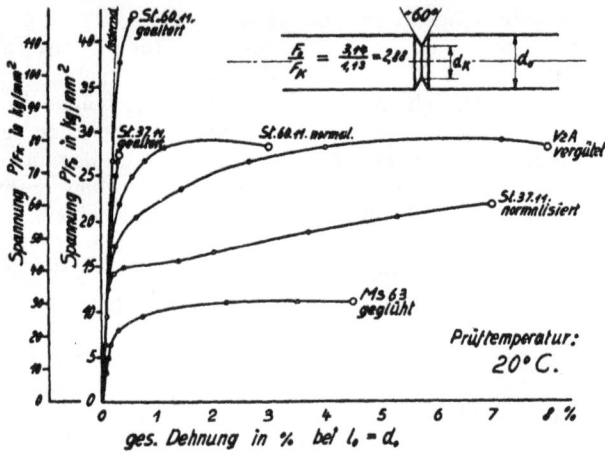

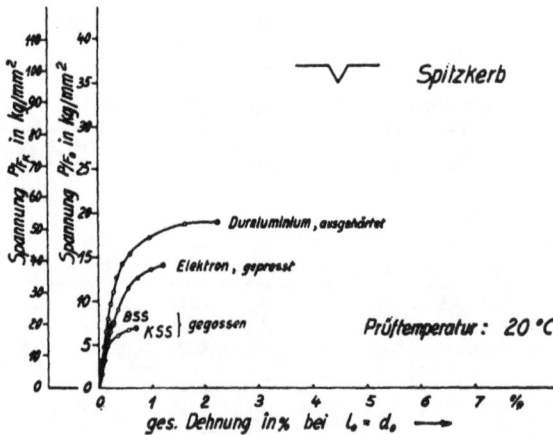

Abb. 1 u. 2. Spannungs-Dehnungslinien gekerbter Zugstäbe (Umlaufkerbe)
a) bei Stahl, b) bei Leichtmetall.

lichen Wertes herabzusetzen, während die Kaltverformung bei austenitischen Stählen nahezu ohne Einfluß bleibt.

In Abb. 1 sind die bei den Kerbzugversuchen aufgenommenen Last-Dehnungskurven aufgezeichnet, welche die Veränderungen im Verhalten der Stähle bei verschiedenem Gefügezustand besonders deutlich erkennen lassen. Von Interesse erscheint auch der Vergleich mit entsprechenden Kurven von Leichtmetallen gemäß Abb. 2. Während Duraluminium hier noch eine verhältnismäßig günstige Kerbdehnung aufweist, sinkt diese bei Elektron auf etwa die Hälfte und erreicht bei den Gußlegierungen nur noch einen geringen Betrag.

In Abb. 3 sind die Ergebnisse von Kerbzugversuchen niedergelegt, welche mit verschiedenartig behandelten Stählen zur Ermittlung des Einflusses der Prüftemperatur durchgeführt wurden. Wie man sieht, zeigt sich bei St 37 und St 60 ein Verlauf, welcher weitgehend mit demjenigen der im Biegeversuch bestimmten Kerbzähigkeit bei den entsprechenden Temperaturen übereinstimmt. Während sich diese Werkstoffe im geglühtem Zustand bei Zimmertemperatur in einer Hochlage der Kerbdehnung befinden, fällt diese bereits bei −20⁰ praktisch auf den Wert Null ab. Im gealterten Zustand befinden sich beide Stahlsorten bereits bei Zimmertemperatur in der Tieflage. Die Werkstoffe zeigen hiernach im Kerbzugversuch und im Kerbschlagversuch ein ganz ähnliches Verhalten.

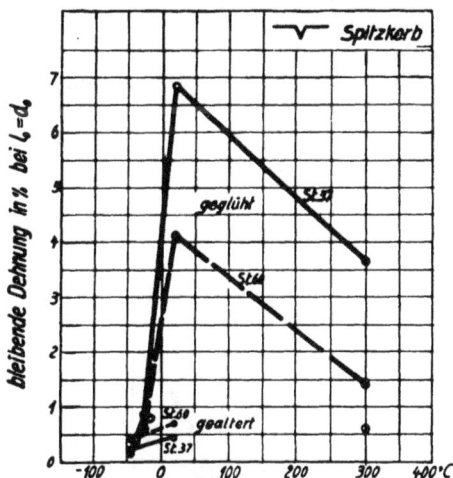

Abb. 3. Dehnung gekerbter Zugstäbe bei verschiedenen Temperaturen.

Die geschilderten Versuche weisen darauf hin, daß aus den Ergebnissen des üblichen Kerbschlagbiegeversuchs ebenfalls Rückschlüsse auf das Verhalten der Werkstoffe in statisch beanspruchten Bauteilen gezogen werden können und zwar deutet eine gute Kerbzähigkeit darauf hin, daß der betreffende Werkstoff das Vermögen besitzt, auch bei behinderter Verformung Spannungsspitzen abzubauen, während bei schlechter Kerbzähigkeit mit einem entsprechend verminderten Vermögen zum Spannungsabbau gerechnet werden muß. Für den Konstrukteur ergibt sich daraus die Lehre, daß bei Verwendung von Werkstoffen ohne Kerbzähigkeit örtliche Spannungsspitzen zu vermeiden bzw. durch entsprechende Verminderung der Beanspruchung zu berücksichtigen sind, während bei hoher Kerbzähigkeit mit einem gefahrlosen Spannungsausgleich gerechnet werden kann. Die Versuche weisen auch darauf hin, daß eine künstliche Steigerung der Festigkeit durch Kaltverformung od. dgl., wenn damit eine Herabsetzung des Formänderungsvermögens verbunden ist, bei Konstruktionsteilen, welche örtliche Spannungsspitzen aufweisen, Gefahren mit sich bringen kann. So lange in den Bauteilen örtliche Spannungsspitzen nicht zu vermeiden sind, ist die Festigkeit bzw. Streckgrenze eines Werkstoffs und zugleich sein Formänderungsvermögen für sein Verhalten in der Konstruktion maßgebend, wenn die letztere Eigenschaft in den Festigkeitsrechnungen auch nicht unmittelbar in Erscheinung tritt.

14*

Die Stützwirkungen bei dynamischer Beanspruchung

In ähnlicher Weise wie bei statischer Beanspruchung vermögen auch bei Schwingungsbeanspruchungen, die bei ungleichförmiger Spannungsverteilung auftretenden Stützwirkungen das Verhalten der Werkstoffe weitgehend zu beeinflussen. Dauerbeanspruchungen wirken sich im allgemeinen so aus, daß durch Gleitungen innerhalb der einzelnen Kristallite eine Zerrüttung des Werkstoffes eintritt, die im Laufe der Zeit zum Bruch führt. Wird nun beim Vorliegen einer ungleichförmigen Spannungsverteilung durch die Stützwirkung benachbarter weniger beanspruchter

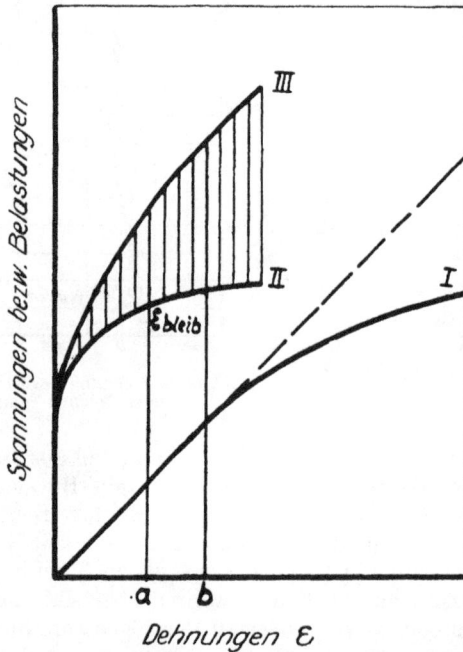

Abb. 4. Stützwirkung bei ungleichförmiger Spannungsverteilung.

Gebiete der Eintritt des Gleitens an der höchst beanspruchten Stelle herausgezögert oder auf einen kleineren Betrag herabgesetzt, so vermag die Spannungsspitze nicht mehr so schnell eine Zerrüttung des Werkstoffs hervorzurufen. Zu beachten bleibt dabei, daß unter Umständen bereits Gleitungen in einzelnen wenigen Kristalliten genügen, um eine Zerrüttung und damit den Dauerbruch einzuleiten.

Im folgenden soll versucht werden, die bei ungleichförmiger Spannungsverteilung bei Wechselbeanspruchung auftretende Stützwirkung näher zu erläutern. Ist die Fließkurve eines Werkstoffs gemäß Kurve I in Abb. 4 gegeben, so würden sich bei gleichmäßiger Spannungsverteilung zu jeder Belastung bleibende Formänderungen bzw. Gleitungen in den Kristalliten gemäß Kurve II einstellen. Ist aber eine ungleichförmige Spannungsverteilung vorhanden, so setzt das Gleiten zwar an der höchstbeanspruchten Stelle bei einer entsprechend niedrigeren Belastung ein. Es läßt sich aber zeigen, daß bei weiterer Laststeigerung die bleibenden Formänderungen bei unendlich großer Stützwirkung nach Kurve III statt nach Kurve II verlaufen würden, wenn der Lastmaßstab so gewählt ist, daß die gleichen Formänderungen im elastischen Bereich auftreten wie bei gleichmäßiger Spannungsverteilung. Praktisch ergibt sich bei ungleichförmiger Spannungsverteilung der Formänderungsverlauf zwischen den beiden Grenzkurven, wobei er sich je nach dem Grad der Ungleichförmigkeit der oberen und unteren Kurve nähert. Grundsätzlich behalten diese Erwägungen auch bei schwingender Beanspruchung Gültigkeit, wobei jedoch von der dynamischen Fließkurve auszugehen ist. Vermag der Werkstoff nun eine durch seine Grenzdämpfung gegebene bleibende Dehnung ohne Schaden zu ertragen, so entspricht diese Verformung bei ungleichförmiger Spannungsverteilung einem verhältnismäßig größeren Lastintervall als bei gleichmäßiger Belastung, und zwar wird der Unterschied um so größer, je höher die Grenzdämpfung ist.

Im vorliegenden Falle kann die scheinbare Spannung im Grunde eines scharfen Kerbs bei einer Grenzdehnung a die Spannung bei gleichförmiger Spannungsverteilung um etwa 20 vH, bei einer Grenzdehnung b aber um etwa 50 vH übertreffen, ohne daß Gleitzerrüttung eintritt. Die Dauerfestigkeit wird also weit weniger herabgesetzt, als es der Höhe der Spannungsspitze entspricht.

Die geschilderten Zusammenhänge äußern sich dahin, daß bei den verschiedenen Werkstoffen und Kerbformen bei der Dauerprüfung Kerbwirkungsziffern gefunden werden, die unter den elastizitäts-theoretisch ermittelten Formziffern liegen.

Eine Klärung dieses Zusammenhanges zwischen einer viel zu wenig beachteten Werkstoffeigenschaft, nämlich der Grenzdämpfung, und dem Verhalten des Werkstoffs in der Konstruktion bleibt eine der wichtigsten Aufgaben der Festigkeitsforschung.

Die Bedeutung der Zähigkeitswerte

Die vorstehenden Ausführungen dürften gezeigt haben, daß außer den eigentlichen Festigkeitswerten, den Zähigkeitswerten der Werkstoffe eine große Bedeutung zukommt, sobald eine ungleichförmige Spannungsverteilung in einem Werkstück vorliegt. Künstlich durch eine Wärmebehandlung, Kaltverformung od. dgl. hinsichtlich ihrer Festigkeitseigenschaften hochgezüchtete Werkstoffe weisen häufig eine geringere statische oder dynamische Zähigkeit auf als Werkstoffe geringerer Güte. Man muß sich daher im klaren sein, daß die Verwendung der erstgenannten Werkstoffe zu Mißerfolgen führen kann, wenn nicht zugleich die konstruktiven Vorbedingungen für ihre Verwendung gegeben sind, d. h. wenn nicht alle Spannungsspitzen weitgehend vermieden sind. Sind diese Vorbedingungen nicht erfüllt, so wird es häufig zweckmäßiger sein, von der Verwendung hochwertiger Werkstoffe abzusehen.

Stand der Kolben- und Kolbenring-Untersuchungen

Von C. Schif*)

Vorgetragen am 9. Mai 1935 in Stuttgart

Die Weiterentwicklung des Flugmotors im Sinne der Leistungssteigerung und der Gewichtsverringerung ist im wesentlichen an die Möglichkeit
der Steigerung der Hubraumleistung gebunden. Einer beliebigen Steigerung der Hubraumleistung setzen aber in erster Linie die dem Verbrennungsraum ausgesetzten Triebwerkteile eine Grenze. Während die Beherrschung der mechanischen Beanspruchungen beim Triebwerk keine besonderen Schwierigkeiten mehr bereitet, laufen Kolben und Ventile im neuzeitlichen Flugmotor an der Grenze ihrer thermischen Belastbarkeit; sie
werden wahrscheinlich auch auf absehbare Zeit diese Rolle spielen müssen,
da Hand in Hand mit ihrer Verbesserung höhere Anforderungen an den
Motor gestellt werden, solange der Kraftstoff überhaupt noch mitmacht.
Hohe Zylindertemperaturen beim luftgekühlten Hochleistungsmotor und
beim Heißkühlungsmotor tun ihr übriges, um die Betriebsbedingungen
für den Kolben zu verschlechtern.

Die betriebssichere Ausbildung des Kolbens für die hohen thermischen
und mechanischen Beanspruchungen sowie seine Anpassung an die in
Deutschland zur Verfügung stehenden Kraftstoffe und Schmiermittel gehören daher zu den wichtigsten Aufgaben bei der Weiterentwicklung des
Gesamttriebwerks.

Die akuten Kolbenschwierigkeiten, die bei einer Reihe von Flugmotoren während ihrer Entwicklungszeit aufgetreten waren, dürften heute
bei diesen Mustern endgültig behoben sein. Unter den Maßnahmen, die
in dieser Beziehung verbessernd gewirkt haben, muß an erster Stelle der
Übergang von Benzin-Benzol-Gemisch zum Benzin mit Bleiteraäthyl-
zusatz genannt werden. Mit der Verwendung dieses Kraftstoffes hörten
die früher nach verhältnismäßig kurzer Betriebszeit eingetretenen Störungen durch Festsitzen der Kolbenringe auf. Als weitere Abhilfemaß-
nahmen waren die fortschreitende Verbesserung des Kolbenringes und
neuere Erkenntnisse bezüglich der Kühlluftführung beim Einbau luft-
gekühlter Reihenmotoren von entscheidendem Einfluß.

Beanspruchung des Kolbens im Motor

Für die Untersuchungen über die Möglichkeiten einer weiteren Verbesserung des Kolbens ist die Kenntnis seiner Beanspruchung im Motor
Voraussetzung. Hierzu gehört vor allem die Kenntnis seiner Betriebs-
temperaturen und der Wechselwirkungen zwischen Kolben, Kolbenbolzen,
Kolbenring, Zylinderlaufbahn, Kraftstoff und Schmierstoff.

Die Untersuchung dieser Fragen ist deshalb besonders schwierig,
weil sie an unzugänglichen, bewegten Kolben im laufenden Motor durchgeführt werden muß, um richtige Betriebswerte zu ergeben.

*) Dipl.-Ing., Deutsche Versuchsanstalt f. Luftfahrt, E. V., Berlin-Adlershof.

Versuchseinrichtungen

Die Deutsche Versuchsanstalt für Luftfahrt (DVL) hat ihren Versuchen die Motorenmuster BMW-Hornet, SAM 22 B und BMW VI zugrunde gelegt, da damit einerseits die Unterschiede zwischen Gleitschuh-, Topf- und Skelettkolben und anderseits die Unterschiede bei Luft-, Wasser- und Heißkühlung ermittelt werden können. Als Kolbenwerkstoffe werden jeweils die Legierungen »Y«, »KS 1275« (entsprechend EC 124), »KS 280« und die BMW-Legierung in gegossener und z. T. in gepreßter Ausführung verwendet.

Der BMW VI-Zylinder ist auf dem DVL-Einzylinder-Prüfstand mit veränderlichem Verdichtungsverhältnis aufgebaut; die Leistungsbestimmung erfolgt durch Pendeldynamo und selbsttätige Neigungswaage. Auf der Rückseite des Prüfstandes befindet sich eine Rückkühlanlage für Glykol bei Betrieb mit Heißkühlung. Die Abgasabführung geschieht durch Absaugung mit Gebläse unter Zusatz von Frischluft zur Abkühlung der Abgase. Zur Messung der ins Kurbelgehäuse am Kolben vorbeiströmenden Gasmenge ist ein Gasmesser an die Entlüftungsleitung des Kurbelgehäuses angeschlossen. Auf die Wichtigkeit dieser Messung soll später bei der Besprechung der Versuchsläufe noch eingegangen werden.

Ganz ähnlich ist die SAM 22 B-Einzylinder-Anlage. Die Leistungsmessung erfolgt mit Junkers Wasserbremse, Belüftung des Zylinders mit Schleudergebläse. Um eine einwandfreie Vergleichsgrundlage bei den einzelnen Läufen zu erhalten, ist besonderer Wert auf gleichmäßige Temperaturverhältnisse am Zylinder zu legen. Die Überwachung der Zylindertemperaturen erfolgt durch Thermoelemente.

Schließlich sei noch der dritte Einzylindermotor, der BMW-Hornet-Motor erwähnt, der aus Ausschußteilen eines normalen Motors zusammengebaut wurde. Der Gesamtaufbau der Prüfanlage entspricht dem der beiden anderen Prüfstände.

Untersuchungen über die thermische Belastung des Kolbens

An den beiden erstgenannten Versuchsmotoren wurden zunächst die thermische Belastung in Abhängigkeit von der Kühlungsart, Luft-, Wasser- und Heißkühlung, untersucht. Da das Verfahren zur Messung der Temperaturen mit Thermoelementen bis jetzt noch nicht zur Betriebsreife entwickelt werden konnte, mußten bei allen Motorläufen die Temperaturen durch Schmelzkegel ermittelt werden. Diese Meßart hat nach anfänglichen Schwierigkeiten zu recht guten Ergebnissen geführt.

Die Stifte, die aus zwei- oder dreimetalligen, eutektischen Legierungen mit bekanntem Schmelzpunkt bestehen, werden auf 1,8 mm Dmr. und 2 mm Länge zurechtgefeilt und sorgfältig in entsprechende Bohrungen des Kolbens eingepaßt. Sattes Einpassen ist notwendig, um eine innige Berührung zwischen Kolben und Stift und damit guten Wärmeübergang zu gewährleisten und um das Herausfallen der Stifte durch die Massenkräfte zu verhindern. Die Zahl der Meßstellen wurde auf Grund der ersten Versuchsergebnisse mehrfach vergrößert. Da die Abstände zwischen den

Schmelzpunkten der einzelnen zur Verfügung stehenden Legierungen 10
bis 25⁰ C betragen, wurden zur sicheren Einkreisung der Temperatur
einer Meßstelle je vier Stifte eingebaut.

Zur Zeit werden bei jedem Kolben 68 Stifte für 17 Meßstellen verwendet: eine Meßstelle in Kolbenbodenmitte, vier Meßstellen um je 90⁰
versetzt am Kolbenbodenrand, je vier am ersten und zweiten Ringsteg und
je zwei Meßstellen an der Laufbahn oben und unten. Bei dem in Abb. 1
dargestellten Kolben sind einzelne Stifte herausgeschmolzen. Auf den noch
festsitzenden Stiften ist der Körnerschlag zu sehen, der deshalb angebracht
wird, um einwandfrei feststellen zu können, ob Stifte, die aus irgendwelchen
Gründen nicht herausfließen konnten (beispielsweise an der Laufbahn),
während des Betriebes schon geschmolzen waren oder nicht.

Abb. 1. Anordnung der Schmelzkegel im Kolben.

Die durchgeführten Temperaturmessungen haben folgendes ergeben: Linien gleicher Temperatur sind, insbesondere in den oberen
Kolbenpartien, keine Kreise; sie sind überhaupt keine symmetrisch zur
Kolbenachse verlaufenden Linien. Der Temperaturverlauf bei Luft- und
Wasserkühlung ist verschieden. Von großem Einfluß ist die Lage der Zünd-
kerzen und Ventile, von geringerem Einfluß die Druck- bzw. Nichtdruck-
seite des Kolbens. Die Temperaturspanne zwischen höchster und niedrig-
ster Temperatur ist bei Luftkühlung geringer als bei Wasserkühlung. Bei
höheren Verbrennungstemperaturen steigt die Temperatur am Kolbenboden weniger stark an als die am Kolbenschaft.

Die Ergebnisse der Temperaturmessungen am BMW VI-Gleitschuh-
kolben und zwar für Wasser- und Heißkühlung enthält Abb. 2. Beide
Läufe wurden mit 60 PS Leistung und einer Drehzahl von 1700 U/min
gefahren. Die Kühlmittelaustrittstemperatur war in einem Fall 75⁰, im
anderen 140⁰ C. Die höchste Temperatur wurde in beiden Fällen in Boden-
mitte gemessen und zwar 265⁰ bei Wasserkühlung und 350⁰ bei Heißkühlung. Sie sinkt unterhalb der Ringpartie, am oberen Teil der Laufbahn,
auf 110 bis 125⁰ bei Wasserkühlung und auf 185 bis 205⁰ bei Heißkühlung

ab. Die niedrigsten Temperaturen im unteren Teil der Laufbahn betragen 105⁰ bei Wasserkühlung und 175 bis 185⁰ bei Heißkühlung. Die höheren Temperaturen treten jeweils an der Einlaßseite auf, die bei diesem Motor mit der Druckseite des Kolbens zusammenfällt. Bemerkenswert ist das Ergebnis, daß der heißgekühlte Kolben im Durchschnitt fast um den vollen Betrag des Unterschiedes der Kühlmitteltemperatur heißer ist als der wassergekühlte Kolben. Zum Vergleich ist im strichpunktierten Linienzug noch der Temperaturverlauf für den luftgekühlten SAM 22 B-Kolben eingetragen, der ebenfalls mit einer Belastung von 60 PS lief, für den aber infolge der anderen Zylinderbauart die Bezeichnungen für Ein- und Aus-

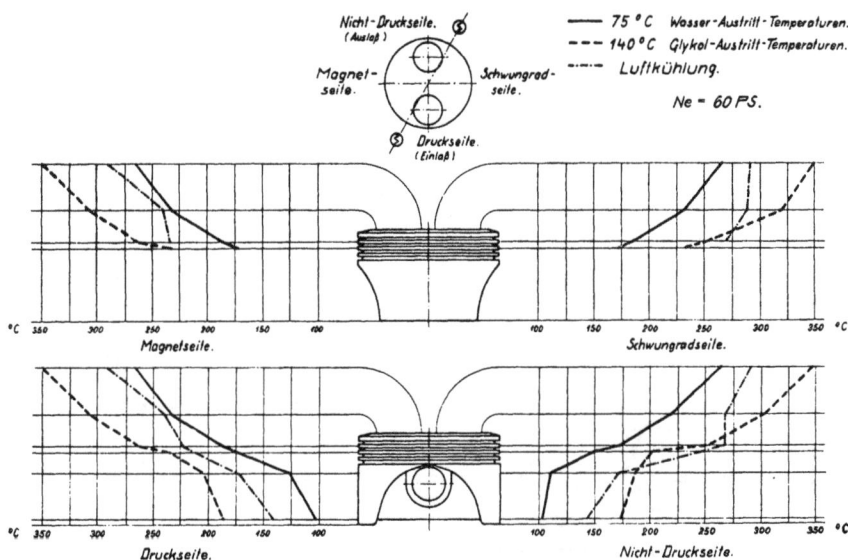

Abb. 2. Verlauf der Kolbentemperaturen von luft-, wasser- und glykolgekühlten Einzylinder-Motoren gleicher Leistung.

laßseite nicht zutreffen. Aus der Darstellung ist ersichtlich, daß seine Temperaturen im allgemeinen zwischen denen bei Wasser- und Heißkühlung liegen, trotzdem die Zylindertemperaturen höher als die beim Heißkühlungsmotor lagen. Der Grund hierfür dürfte einerseits in der kleineren Bohrung des SAM 22 B-Motors gegenüber dem BMW VI-Motor und in der höheren Drehzahl des ersteren liegen.

Einfluß des Kraftstoffverbrauches

Zur Feststellung des Einflusses, den die Schwankungen im Kraftstoffverbrauch auf die Kolbentemperaturen ausüben, wurden weiterhin Versuchsläufe mit einem spezifischen Kraftstoffverbrauch von 220, 245 und 275 g/PS h durchgeführt, vgl. Abb. 3. Dies sind Werte, die bei ungleicher Gemischverteilung oder stark wechselndem Luftzustand im tatsächlichen Betrieb vorkommen können. Wie vorauszusehen war, steigen die Temperaturen bei ärmer werdendem Gemisch. Die Unterschiede dürften an einzelnen Meßstellen bis zu 40° betragen. An anderen Stellen, wo die Temperaturen in gleicher Höhe eingetragen sind, sind wahrscheinlich ebenfalls noch Unterschiede vorhanden. Hier zeigt sich eben der Mangel der Schmelzstiftmessungen, die nur die Temperaturunterschiede anzeigen können, die größer sind, als der Unterschied zweier aufeinanderfolgender Schmelzpunkte.

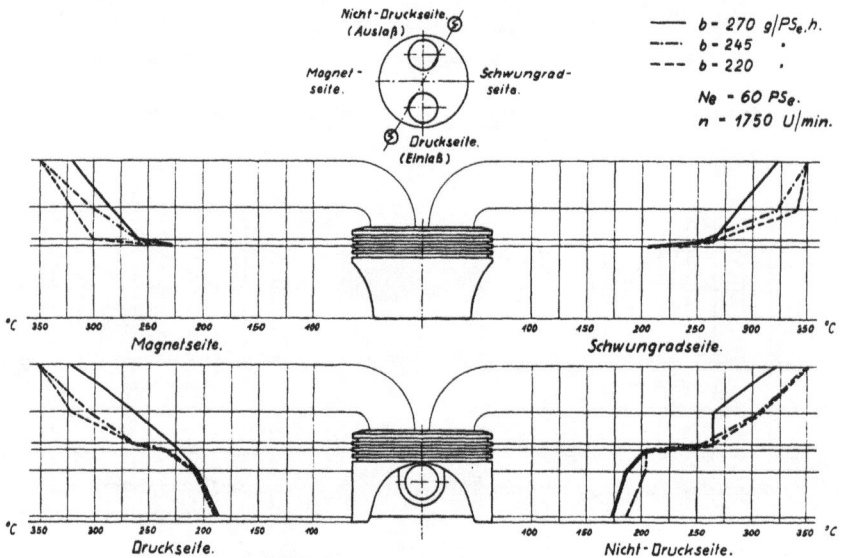

Abb. 3. Kolbentemperaturen bei Heißkühlung und verschiedenem Kraftstoffverbrauch.

Noch zu klärende Fragen

Im weiteren Verlauf der Untersuchungen sollen auch die übrigen Faktoren, welche die Kolbentemperatur beeinflussen, behandelt werden. Hierzu gehören insbesondere der Einfluß des Verdichtungsverhältnisses, des verwendeten Kraftstoffes, der Ölumlaufmenge und des Belastungszustandes. Die bisher veröffentlichten Untersuchungen sind nur an Kraftwagenmotoren oder langsam laufenden Maschinen vorgenommen worden und geben kein einheitliches Bild. Die vielfach vertretene Ansicht, daß die Kolbenwärme innerhalb eines weitgehenden Betriebsbereiches in linearer Abhängigkeit zum mittleren Druck steht, dagegen vom Zündzeitpunkt, der Verdichtung und dem Gemischzustand kaum beeinflußt wird, ist nach den bisherigen Ergebnissen für Flugmotoren nicht zutreffend; zahlenmäßige Werte müssen jedoch erst noch durch den Versuch beschafft werden.

Messung der Kolbentemperaturen mit Thermoelementen

Die Aufzählung dieser noch offenen Fragen zeigt schon, daß zu ihrer Klärung noch eine Unzahl von Temperaturmessungen an den verschiedenen Stellen des Kolbens notwendig ist. Das bisher verwendete Schmelzkegelverfahren ist aber so zeitraubend, daß damit in absehbarer Zeit keine lückenlosen Ergebnisse erwartet werden können. Hierzu kommt noch der Nachteil dieses Verfahrens, daß die Genauigkeit der Messungen begrenzt ist durch die verhältnismäßig geringe Zahl der für diesen Zweck geeigneten Legierungen, deren Schmelzpunkte um etwa 15 bis 20^0 auseinanderliegen. Außerdem können bei diesem Verfahren nur die während eines Laufes auftretenden Höchsttemperaturen festgestellt werden, so daß durch kurzzeitige, unvermeidliche Änderungen der Betriebsbedingungen Fälschungen eintreten können.

Mit Thermoelementen ist die laufende Messung der Temperaturänderungen am Kolben in Abhängigkeit von wechselnden Betriebsbedingungen möglich. Derartige Meßvorrichtungen sind an anderen Stellen schon früher benutzt worden, haben aber immer Schwierigkeiten bei der Abführung der Thermodrähte gegeben, da sich die warme Lötstelle am bewegten Kolben im Innern des Motors befindet, während das ruhende Meßgerät eine erschütterungsfreie Aufstellung benötigt.

Trotz dieser wenig ermutigenden Ergebnisse hat die DVL aus den angeführten Gründen die Neuentwicklung einer derartigen Meßvorrichtung mit Thermoelementen unter Anpassung an die im Einzylindermotor vorliegenden Bedingungen in Angriff genommen.

Die Fortführung der Drähte im Innern des Motors ist auf geringe von den Triebwerkteilen freigelassene Räume beschränkt, die bei den betreffenden Motormustern jeweils neu zu ermitteln sind. Da es nicht möglich war, eine gemeinsame Vorrichtung für die verschiedenartigen Einzylinder-Prüfstände der DVL zu entwickeln, wurden als Motoren grundsätzlich verschiedener Bauweise der wassergekühlte DVL-Einzylindermotor mit BMW VI-Zylinder und der luftgekühlte BMW-Hornet-Einzylindermotor gewählt, und dafür Temperaturmeßvorrichtungen entwickelt.

Für den wassergekühlten DVL-Einzylindermotor wurde entsprechend dem zur Verfügung stehenden Raum im Innern des Motors versucht, die Thermoelementdrähte gebündelt am Pleuel entlang zu führen und sie dann mittels einer Gelenkvorrichtung, in deren Inneren sie aufgenommen werden, weiterzuleiten (Abb. 4). Diese Vorrichtung lehnt sich an das früher von Du Bois beschriebene Gerät an. Die Vorrichtung ist am unteren Pleuellager angelenkt. Damit die Drähte im Betrieb nicht gegen die Innenwandungen des Rohres schlagen können, werden sie in zwei kleinen Röhrchen gehalten. Durch Bündelung der Drahtpaare in einem Gewebeschlauch und entsprechende Verlegung in einer vollen Windung um die Gelenkbolzen soll die Biegung der Drähte an den Gelenken, die durch Bewegung der Vorrichtung entsteht, möglichst klein gehalten werden. Die größte Winkeländerung, die am Gelenk auftritt, beträgt 60^0. Die Vorrichtung sieht Platz für die Verlegung der Drähte für 14 Meßstellen vor.

Abb. 5 zeigt die ausgeführte Vorrichtung. Das rechts ersichtliche Flacheisen und der Lagerkopf sind für einen Versuchsdauerlauf zur Erprobung der Festigkeit angebracht. Das Flacheisen wird dabei als Kurbelarm verwendet. Bei den zur Zeit laufenden Versuchen über die günstigste Führung zur Vermeidung von Schwingungs- und Dauerbrüchen wurden am Versuchsstand bei 1800 U/min Betriebszeiten von $3\frac{1}{2}$ h erreicht.

Für den BMW-Hornet-Einzylinder-Prüfstand, der wesentlich weniger

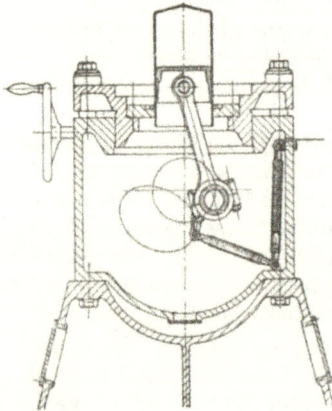

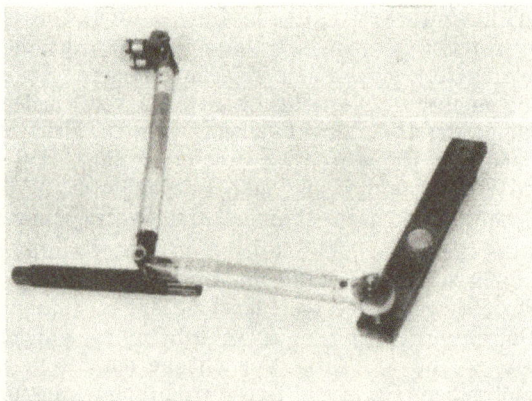

Abb. 4 u. 5. Vorrichtung zum Messen von Kolbentemperaturen am flüssigkeitsgekühlten Einzylinder-Prüfstand.

Platz im Kurbelgehäuse hat, mußte ein grundsätzlich anderes Verfahren der Drahtweiterleitung gewählt werden. Die Drähte von 28 Meßstellen sollen ohne Biegung während des Betriebes vom Kolben aus dem Motorgehäuse hinausgeführt werden. Für den vom Triebwerk freibleibendem Raum wurde die in Abb. 6 und 7 wiedergegebene Vorrichtung entworfen,

die am Kolbenbolzen befestigt wird und die Bewegungen des Kolbens mit-
macht. Die parallelen Rohrenden der Vorrichtung, die gleichzeitig die
Führung der Drähte bilden, werden durch zwei Lagerbuchsen aus dem
Motorgehäuse geführt.

Während des Betriebes schwingt das Pleuel innerhalb der Vorrichtung durch. Die Vorrichtung wird zur Zeit ebenfalls am Versuchsstand
einer Erprobung unterzogen.

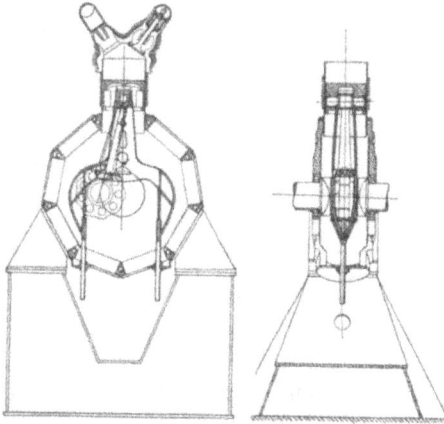

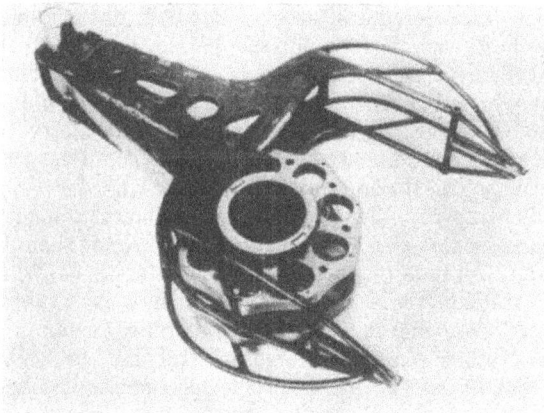

Abb. 6 und 7. Vorrichtung zum Messen von Kolbentemperaturen am luftgekühlten
Einzylinder-Prüfstand.

Kolbenwerkstoffe

Für die Güte eines Kolbenwerkstoffes sind — entsprechend der mechanischen und thermischen Beanspruchung des Kolbens — in erster Linie
folgende Eigenschaften maßgebend: Warmhärte, Warmdauerfestigkeit,
Wärmeleitfähigkeit, Wärmedehnung, Laufeigenschaften.

Bei den allgemein verwendeten Kolbenwerkstoffen ist das jeweilige Optimum dieser Eigenschaften, nämlich größte Warmdauerfestigkeit, beste Wärmeleitfähigkeit, geringste Wärmedehnung und beste Laufeigenschaften nicht vereinigt. Während die kupferhaltigen Legierungen sich vor allem durch hohe Warmfestigkeit und gute Wärmeleitfähigkeit auszeichnen, besitzen die siliziumhaltigen Legierungen höheren Verschleißwiderstand und geringere Wärmedehnung.

Aufgabe des Konstrukteurs ist es, durch entsprechende Formgebung und Spielbemessung die vorhandenen Mängel auszugleichen.

Ähnliches gilt bei der Beurteilung des gepreßten und des gegossenen Kolbens. Das Herstellungsverfahren bindet den Konstrukteur an gewisse konstruktive Grundformen. Er hat aber darüber hinaus die Möglichkeit, bei der weiteren Gestaltung die den beiden Formgebungsverfahren eigenen Vorteile auszunutzen, die aber, weil sie unter sich verschieden sind, im Endergebnis auch zu verschiedenen Konstruktionen führen werden. Daraus ergibt sich, daß bei der Beurteilung des Kolbenwerkstoffes die entsprechende Kolbenform in das Prüfverfahren miteinbezogen werden muß. Zur

Ermittlung der Warmdauerfestigkeit

des ausgeführten Kolbens wurde eine Dauerprüfmaschine beschafft. Bei einem dynamischen Hub von 4 mm ermöglicht die Maschine die Prüfung von Kolben mit 18 t Last und 1000 Lastwechsel in 1 min. Die Einleitung der Last erfolgt bei senkrechter Kolbenstellung, entsprechend der Totpunktlage im Motor, ohne zusätzliche Gleitbahndrücke. Diese Trennung der Boden- und Seitenkräfte beim Versuch, die aus meßtechnischen Gründen notwendig war, darf als zulässig gelten, da ihre Höchstwerte niemals zusammenfallen. Die Belastung des Kolbens erfolgt wie im Motor über Pleuelstange und Kolbenbolzen. Der Kolbenboden liegt auf einer druckverteilenden Unterlage, in die gleichzeitig eine Heizvorrichtung eingebaut ist. Zur Herstellung der tatsächlichen Temperaturverteilung im Kolben, die vorher im Motor ermittelt wurde, wird der Kolben, der mit normalen Kolbenringen ausgerüstet ist, mit einem Kühlmantel umgeben, dessen Durchmesser dem zum Kolben gehörigen Zylinder entspricht. Durch diese Maßnahme soll eine möglichst wirklichkeitsgetreue Wärmebelastung des Kolbens erreicht werden. Verschiedene in den Kolben eingebaute Thermoelemente ermöglichen die Temperaturüberwachung während des Betriebes. Die Kolben werden so lange belastet, bis aus bleibenden Formänderungen und Anrissen die höchstbeanspruchten Stellen erkennbar werden.

Da sich bei dynamischen Belastungen des Kolbens

Dehnungsmessungen

praktisch nicht durchführen lassen, müssen diese Untersuchungen unter statischer Last durchgeführt werden. Hierfür kann die gleiche Maschine verwendet werden; wie bei der dynamischen Prüfung wird der Kolben über Pleuelstange und Bolzen belastet. Für die betriebsmäßige Erwärmung des Kolbens wird die gleiche Heiz- und Kühlvorrichtung verwendet. Die

Meßeinrichtung Abb. 8 wurde so ausgebildet, daß folgende Veränderungen am Kolben gemessen werden können:

Radiale Verformung des Kolbens,
Messung der Nutenverformung in axialer Richtung,
Veränderung der Ringnutenhöhen,
Ermittlung der Kolbenbolzendurchbiegung.

Diese Verformungen können bei getrennter und bei gemeinsamer Einwirkung der betriebsmäßigen Erwärmung und der Zünddrücke gemessen werden.

Der Meßträger greift ringförmig um die Heizvorrichtung; er ist um den Kolben drehbar und in der Höhe verstellbar. Der Fühlstift der Meß-

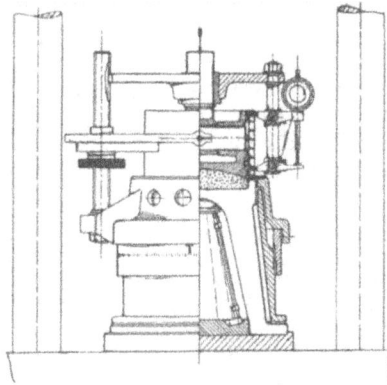

Abb. 8. Kolbenmeßvorrichtung.

uhr wird durch kleine Bohrungen durch den gleichfalls drehbaren Kühlmantel an den Kolben herangeführt, so daß der gesamte Kolbenschaft gemessen werden kann.

Außerdem trägt die Pleuelstange eine Meßvorrichtung zum Messen der Abweichung der Ringnutenschulterflächen von der waagerechten Ebene und zur Ermittlung der Veränderung der Nutenbreite.

Messung der Kolbenbolzendurchbiegung

Zu diesem Zweck dient ein Dreipunkt-Spiegelmeßgerät. Zwei durch Schlitten geführte Stützpunkte sind auf einer Mantellinie des Kolbenbolzens verschiebbar, so daß nacheinander die gesamte Biegelinie durch einen Lichtstrahl aufgezeichnet wird, der durch eine der Kühlmantelbohrungen nach außen fällt und dort auf einer Skala aufgezeichnet werden kann, Abb. 9.

Die Ermittlung der Verformung des Kolbens unter Betriebsverhältnissen kann dem Konstrukteur Fingerzeige für die konstruktive Weiterentwicklung des Kolbens geben. Die getrennt unter dem Einfluß der Wärme und der Last gemessenen Verformungen sollen diejenigen kranken Stellen des Kolbens zeigen, die durch Änderung der Wärmefließquerschnitte bzw. durch Änderung des statischen Aufbaues geheilt werden können. Sie werden ferner dazu beitragen können, das gesamte Kolbenspiel den durch die Betriebsverhältnisse gegebenen Erfordernissen anzupassen. Dabei darf jedoch nicht vergessen werden, daß ein wichtiger Faktor, das Schmieröl, bei dieser Untersuchung nicht berücksichtigt ist. Dies gilt besonders für die Betrachtung des Kolbenringes und der Kolbenringnut.

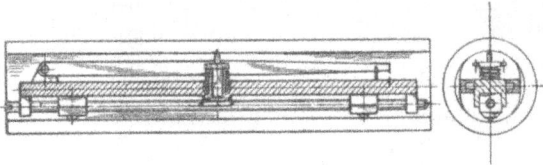

Abb. 9. Meßgerät für Kolbenbolzen-Durchbiegung.

Die gemessene Verformung der Ringstege wird mit zur Klärung der Frage Kolben und Kolbenring beitragen, sie wird aber allein keine eindeutigen Erkenntnisse über die Wärmeübergangsverhältnisse vom Kolben zum Kolbenring oder über die richtige Bemessung des Ringspieles geben können.

Erprobung des Kolbens im Motor

Der wichtigste Maßstab für die Güte des Kolbens wird daher immer die Erprobung im Motor sein. Wenn sich die Untersuchungen nicht ausschließlich auf diese Lauferprobung beschränken, dann nur deshalb, weil durch das Zusammenwirken der verschiedenen, nicht immer einzeln nachprüfbaren Beanspruchungen die eigentliche Ursache der Störungen verwischt werden kann. Da der Kolben aber dieser Summe von Beanspruchungen gewachsen sein muß, wird sich die Entscheidung über Vorzüge und Nachteile der einzelnen Legierungen, der einzelnen Herstellungsverfahren und Bauformen endgültig nur auf Grund der Motorerprobung treffen lassen.

Auswahl der Betriebsbedingungen

Dabei besteht jedoch die Schwierigkeit, durch Auswahl der günstigsten, d. h. für die Beurteilung günstigsten Betriebsbedingungen in möglichst kurzer Zeit vergleichbare Ergebnisse zu erhalten. Es liegt auf der Hand, daß diese Bedingungen nicht willkürlich gewählt werden dürfen. Zur Abkürzung der Betriebszeiten kann die Belastung des Kolbens über das übliche Maß hinaus gesteigert werden. Bei der Art der Überbelastung durch Steigerung des Mitteldrucks, der Drehzahl oder der Zylinderwandtemperatur ist darauf zu achten, daß die Beanspruchung nicht einseitig betrieben wird. Es hat sich als zweckmäßig erwiesen, die Belastung so zu wählen, daß das Auftreten der Störungen bei einer Laufzeit zwischen 50 und 100 h eintritt.

Überwachung des Betriebszustandes

Der Betriebszustand des Motors ist so zu überwachen, daß jede Störung schon im Entstehen festgestellt werden kann, um zu vermeiden, daß man bei der Demontage einen Kolben vorfindet, aus dessen Trümmern man mit dem besten Willen nichts mehr über die Ursache der Störung aussagen kann. Im Hinblick auf diese Forderungen hat sich bei den Versuchsläufen in der DVL eine möglichst weitgehende laufende Temperaturkontrolle als zweckdienlich erwiesen. So werden beim luftgekühlten Motor an bestimmten Bezugsmeßstellen die Zylindertemperaturen mittels Thermoelementen überwacht, desgleichen die Abgastemperatur, die Lager- und Zündkerzentemperaturen. Außerdem hat sich als Kontrollgerät bei allen Motorläufen ein Thermoelement zur Messung der mittleren Verbrennungsraumtemperatur außerordentlich bewährt. Es wird in die dritte Zündkerzenbohrung geschraubt und läßt jede kleine Änderung im Brennstoffverbrauch oder in der Leistung deutlich erkennen. Das Undichtwerden eines Ventils, insbesondere des Auslaßventils, ist durch Temperaturanstieg dieser Meßstelle schon vor dem Leistungsabfall deutlich zu erkennen.

Eine weitere wichtige Maßnahme zum rechtzeitigen Erkennen einer Störung ist die schon eingangs erwähnte Messung der am Kolben vorbeiströmenden Gasmenge, die bei Läufen mit gleicher Belastung ebenfalls vor dem Eintreten von Kolbenfressern das Festsitzen der Ringe anzeigt.

Eine weitere Forderung für alle Vergleichsläufe ist die Einhaltung gleicher Ausgangsbedingungen, d. h. gleiche Leistung, gleicher Kraftstoff und Kraftstoffverbrauch, gleiche Zylinder- oder Kühlmitteltemperaturen. Als Kraftstoff wurde für alle Läufe Stanavo 87 gewählt. Der Einfluß anderer Kraftstoffe wird erst bei späteren Untersuchungen festgestellt. Wieweit sich durch Umrechnung auf bestimmte, noch festzulegende Kolbenbelastungskennwerte Motoren verschiedener Zylinderdurchmesser, Drehzahl und Kühlart vergleichen lassen, muß sich im Laufe der Untersuchungen herausstellen. Auf jeden Fall wird schon dadurch, daß für eine Motorbauart drei verschiedene Legierungen in gepreßter und gegossener Ausführung zur Verfügung stehen, ein Urteil über die Laufeigenschaften der Kolben möglich sein.

Versuchsergebnisse

Die DVL hat nach Inbetriebnahme der für die Versuche vorgesehenen Einzylinder-Prüfstände, die zuerst in längeren Versuchsläufen auf gleiche Leistung gebracht werden mußten, verschiedene Dauerläufe durchgeführt. So wurde im SAM 22 B-Motor mit einem Kolben aus »KS 1275« ein 100-h-Lauf mit 60 PS und 2050 U/min durchgeführt; Beanstandungen haben sich dabei noch nicht gezeigt. Um auch bei Läufen, die nicht über die Grenzen der Beanspruchung gehen, verwertbare Ergebnisse zu erhalten, wird grundsätzlich bei allen Läufen in Abständen von höchstens 50 h eine eingehende Vermessung von Kolben und Ringen vorgenommen, durch die die Verformung und Abnutzung des Kolbens, die Abnutzung und die Spannungsverminderung der Ringe und der Ölkohleansatz festgestellt werden. Dieses Verfahren ist zwar zeitraubend, es wird sich jedoch im Hinblick auf die Vielzahl einheitlicher Unterlagen für eine planmäßige Untersuchung des ganzen Aufgabengebietes sicher lohnen.

Ferner wurde ein Heißkühlungs-50-h-Lauf mit BMW VI-Gleitschuh-kolben erfolgreich beendet, bei dem 45 h mit der erhöhten Dauerlast von 45 PS und 5 h mit 50 PS Vollast gefahren wurde. Die Kühlmitteltempe-ratur betrug 140⁰. Einige der wichtigsten, laufend gemessenen Betriebs-werte sind in Abb. 10 aufgezeichnet; Kraftstoffverbrauch, Leistung, Luft-temperatur, Gasdurchlaß, Öltemperatur und Verbrennungsraumtemperatur sind über der Laufzeit aufgetragen. Die kleinen Leistungsschwankungen gehen fast genau gegenläufig mit den Temperaturschwankungen. Daß Unterschiede im Gasdurchlaß von fast 100 vH, wie sie in den ersten Stun-den hier eintreten, auch ohne Festsitzen der Ringe vorkommen können, zeigt die dritte Kurve. Die darüber aufgetragene Öltemperatur zeigt deut-lich gegenläufigen Verlauf. Ob diese Tatsache ihren Grund in gegen-

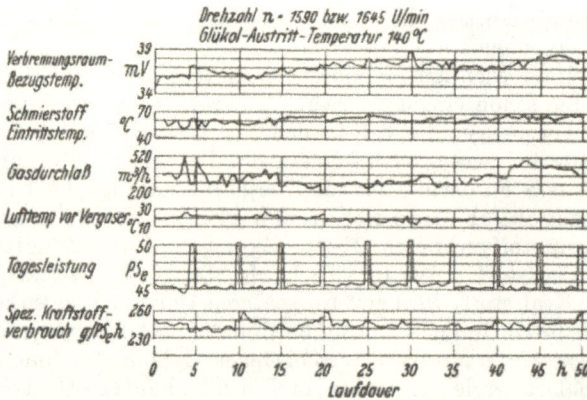

Abb. 10. 50-Stunden-Lauf mit BMW VI-Gleitschuhkolben und Heißkühlung.

seitigen Wechselwirkungen hat, muß bei den weiteren Läufen verfolgt werden. Jedenfalls wurde bei diesem Versuch eine starke Abhängigkeit des Gasdurchlasses von der Öltemperatur festgestellt.

Erwähnt sei noch, daß infolge der hohen Beanspruchung der Motoren vielfach Störungen an anderen Bauteilen auftreten, die naturgemäß eine Verzögerung im Ablauf der Arbeiten mit sich bringen. So sind es beson-ders Ventilschwierigkeiten, die mehrfach aufgetreten sind, da auch dieser Bauteil hart an der Grenze seiner Beanspruchungsfähigkeit arbeitet.

Ich habe hier über die ersten Versuchsläufe berichten können. Gerade beim motorischen Versuch nehmen die Vorbereitungen und die Wahl der richtigen Betriebsbedingungen viel Zeit und Arbeit in Anspruch. Die letzten Versuche haben aber gezeigt, daß die Untersuchungen nur dann Erfolg haben können, wenn sie auf einer derartigen sorgfältigen Grundlage aufgebaut sind.

Die Kolbenringfrage

Einen wichtigen Teil der Gesamtaufgabe stellt die Bearbeitung der Kolbenringfrage dar. Der Einfluß des Werkstoffes wurde bereits gestreift;

in dieser Beziehung sind durch die Entwicklungsarbeiten der Industrie in Zusammenarbeit mit dem Verbraucher in letzter Zeit beachtliche Erfolge erzielt worden.

Auch hier ist wieder zu sagen, daß ein abschließendes Urteil über den Kolbenring erst durch Dauerversuche im Prüfmotor abgegeben werden kann. Als Kennwerte für die Güte können Laufeigenschaften, Abnutzung, Ringspannung und Oberflächenbeschaffenheit nach dem Lauf gelten.

Die Laufeigenschaften drücken sich in der Abnutzung des Zylinders und im Gesamtzustand des Ringes nach längerer Laufzeit aus. Die Ringabnutzung wird durch genaue Vermessung des Ringes auf radiale Stärke und axiale Höhe sowie durch Gewichtsbestimmung in regelmäßigen Laufabschnitten überwacht. Im allgemeinen werden für vergleichende Ringuntersuchungen mehrere 10-h-Vollastläufe durchgeführt, nach denen jeweils sämtliche Kennwerte festgestellt werden. Auf diese Weise ist schon nach verhältnismäßig kurzer Zeit ein Überblick über die Veränderung dieser Eigenschaften in Abhängigkeit von der Laufdauer zu erhalten.

Hinsichtlich der Messung der Ringspannung, die für die Abnutzung und die Gasdichtheit von Wichtigkeit ist, sind die Vorversuche beendet. Es hat sich gezeigt, daß die Messung der Tangentialspannung, die auf verhältnismäßig einfache Weise durchzuführen ist, einen guten Überblick gibt. Zur Messung der Radialspannungsverteilung über den ganzen Ringumfang wurde in der Stoffabteilung der DVL ein Gerät gebaut.

Die Messung der Tangentialspannung wurde auf drei verschiedenen Spannungswaagen und zwar mit um den Ring gelegtem Stahlband, ohne Band mit Klemmstücken bei senkrecht stehendem Ring und zur Ausschaltung des Eigengewichtes auch bei waagerecht liegendem Ring durchgeführt. Die Waage mit Stahlband ergab im allgemeinen etwas höhere Werte und vielfach auch Abweichungen bei mehrfacher Prüfung

Abb. 11. Spannungswaage zur Messung der Tangentialspannung von Kolbenringen.

der gleichen Spannungen. Dagegen zeigen die beiden Messungen ohne Band mit ziemlicher Regelmäßigkeit die gleichen Ergebnisse. Sie haben außerdem den Vorteil erhöhter Ablesegenauigkeit, die bei sorgfältiger Messung $\pm$ 5 g beträgt.

Abb. 11 zeigt den einfachen Aufbau der Waage mit senkrecht angeordnetem Ring. Sie wird jetzt regelmäßig für die laufenden Spannungsmessungen benutzt, da sie bei gleicher Meßgenauigkeit den geringsten Zeitaufwand erfordert. Das eine Stoßende des Ringes wird so lange mit Gewichten belastet, bis beide Ringenden am Stoß aufliegen. Soll die Stoßspielvergrößerung nach Laufversuchen berücksichtigt werden, so wird eine entsprechende Meßlehre dazwischen gelegt.

Kann bei Dauerversuchen der Kolbenring bei der Zwischenbesichtigung des Kolbens aus irgendwelchen Gründen nicht aus der Nut genommen werden, so läßt sich ein Anhaltspunkt über die Änderungen der Ringspannung durch Messen des Stoßes bei entspanntem Ring gewinnen. Die Abnahme des Stoßes geht ziemlich verhältig mit dem Nachlassen der Spannung. Als

Ergebnis von Laufversuchen

greife ich ein Beispiel für die Abnutzung eines hochwertigen Ringes nach einem 50-h-Heißkühlungslauf heraus. Hierbei war die Abnutzung an der Lauffläche, die für jeden Ring an sieben gleichmäßig am Umfang verteilten Stellen gemessen wird, 10 bis 16/100 mm beim ersten Ring, 4 bis 9/100 mm beim zweiten Ring und 2 bis 4/100 mm beim dritten Ring. Die entsprechenden Werte für einen Ring eines anderen Erzeugnisses nach achtstündiger Einlaufzeit waren 10 bis 18/100 mm am ersten Ring und 5 bis 14/100 am zweiten Ring.

Bei diesem einfachen Laufversuch treten die Güteunterschiede schon deutlich hervor.

Die Abnutzung in axialer Richtung, die ebenfalls für jeden Ring an sieben Stellen gemessen wurde, war nach dem 50-h-Heißkühlungslauf 3 bis 10/1000 mm am ersten Ring, 0 bis 2/1000 mm am zweiten Ring und 0 bis 1/1000 mm am dritten Ring. Diese Zahlen sprechen deutlich für den Wert der Oberflächenfeinstbearbeitung.

Der Ölkohleansatz an der Innenseite der Ringe betrug 0,52 g für den ersten Ring, 0,24 g für den zweiten Ring und 0,36 g für den dritten Ring. Dabei ist zu berücksichtigen, daß der dritte Ring eine größere axiale Höhe und damit auch eine größere Mantelfläche auf der Innenseite hat. Der ganze Lauf konnte ohne Festsitzen von Kolbenringen durchgeführt werden.

Über das Nachlassen der Ringspannung in Abhängigkeit von der Laufzeit geben die bisherigen Versuche noch kein einheitliches Bild. Der Spannungsnachlaß bewegt sich in der Größenordnung von 100 bis 300 g nach 50 h. Bei einem großen Teil der Ringe ist dieser ganze Betrag schon nach dem Einlauf erreicht, während der anschließende Dauerlauf keine wesentliche Änderung der Spannung mehr bringt. Hier liegt der Schluß nahe, daß das Nachlassen der Spannung nur eine Funktion der erreichten Temperatur, nicht aber der Laufzeit ist. Zur Klärung dieser Frage sind Untersuchungen im Gange, bei denen der Ring ohne Motorlauf auf Betriebstemperatur erwärmt wird. Als Ausgangsgrundlage hierfür ist wieder die Kenntnis der Temperaturen im Ring erforderlich. Sie wurde bei verschiedenen Läufen mit Schmelzkegeln von 0,8 mm Dmr. und 1 mm Länge untersucht, die am Stoß und in der Mitte des Ringes angebracht waren. Die Abnahme der Spannung durch die Stiftlöcher mit 10 bis 50 g konnte leicht in Kauf genommen werden. Es zeigte sich, wie zu erwarten war, daß die Ringtemperatur zwischen derjenigen der beiden benachbarten Stege liegt. Soweit die Schmelztemperaturabstände Unterschiede zeigen konnten, lagen die Temperaturen am Stoß um eine Temperaturstufe höher als in

Ringmitte; eine Erklärung dafür könnte das Durchblasen der heißen Verbrennungsgase am Stoß sein.

Die Beobachtung der verschiedenen hier angeführten Kenngrößen gibt schon recht brauchbare Anhaltspunkte über das Verhalten der Ringe im Betrieb, insbesondere, wenn es sich um den Vergleich verschiedener Ringsorten handelt. Diese Einzelmessungen an Ringen allein können aber kein erschöpfendes Bild über das Betriebsverhalten geben. Die Untersuchung über das

Zusammenwirken von Kolben und Kolbenring

muß beim heutigen Entwicklungsstand der Motoren als eine der wichtigsten Aufgaben angesehen werden. Die immer mehr sich durchsetzende Heißkühlung stellt in dieser Beziehung erhöhte Anforderungen und verlangt eine intensive Bearbeitung dieser Frage.

In diesem Zusammenhang sind die Fragen des Einflusses von Schmierstoff, Kraftstoff, axialem Ringspiel in der Nut, der örtlichen Kolbenüberhitzungen durch die Kerzenstellung usw. zu klären. Ebenso notwendig wird es sein, Klarheit über den Druckverlauf hinter dem Kolbenring zu schaffen, um Maßnahmen zu finden, die das unerwünschte Ansetzen von Ölkohle hinter dem Ring verhindern.

Die DVL entwickelt zu diesem Zweck ein kleines Druckmeßgerät, das von der Kolbeninnenseite aus bis zum Grund der Ringnut geschraubt werden kann. Das Gerät benutzt die Widerstandsänderung, die bei der Dehnung von Drähten auftritt, wenn sie innerhalb der Proportionalitätsgrenze einer Änderung der Zugspannung unterworfen werden. Die Widerstandsänderung ist gering, wenn man innerhalb der zulässigen Grenzen bleibt; sie reicht nach Zwischenschaltung eines Verstärkers zum Betrieb einer Oszillographenschleife aus. In

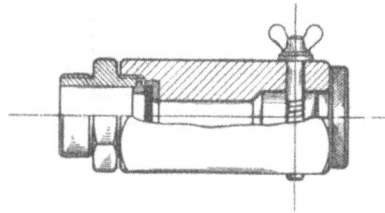

Abb. 12. Druckmesser.

Abb. 12 ist der Druckmesser schematisch dargestellt. Der Widerstandsdraht, der entsprechend dem bei der Messung auftretenden Höchstdruck vorgespannt ist, ist äußerst dünn gehalten, damit beim Lauf keine Massenkräfte auftreten können, die eine Längenänderung herbeiführen könnten. Die auf dem unteren Teil des Bildes sichtbare Membran ist 1 mm stark und daher gegen Druck- und Wärmebeanspruchungen verhältnismäßig unempfindlich. Die Verformung der Membran unter dem in der Ringnut herrschenden Druck genügt, um den Draht so zu entlasten, daß eine Messung auch bei kleinen Drücken möglich ist. Die elektrische Zu- und Ableitung der Drähte kann in einer der beiden Drahtführungen für die Kolbentemperaturmessung erfolgen. Wenn das Gerät betriebssicher arbeitet, kann damit auch die Drehung des Ringes in der Nut verfolgt werden, da die Drücke sich beim Vorbeiwandern des Ringstoßes ändern werden.

228

Im Zusammenhang mit diesen Fragen soll noch über einige

Betriebsergebnisse von Ringdauerläufen

berichtet werden, bei denen die Laufdauer bis zum Festsitzen eines Ringes festgestellt werden sollte. Die Erfahrung hat gezeigt, daß bei einiger Aufmerksamkeit der Zeitpunkt des Ringfestwerdens durch das Anwachsen der

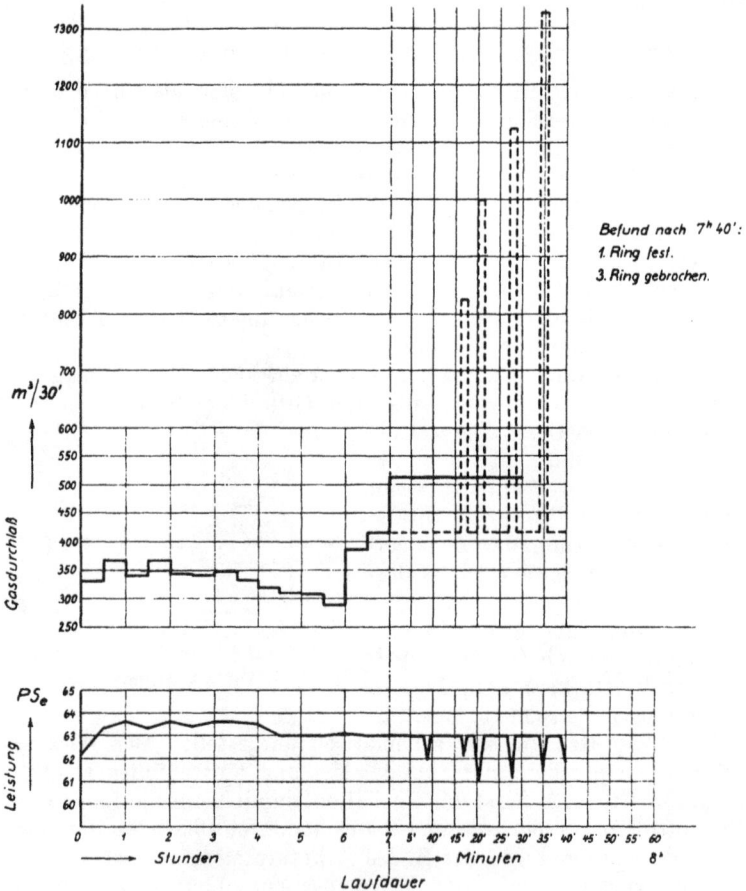

Abb. 13. Leistungsabfall und Gasdurchlaßanstieg bei festsitzenden Kolbenringen.

durchgeblasenen Gasmenge festgestellt werden kann. Aus Abb. 13 ist ersichtlich, daß nach etwa 6 h Laufdauer die Gasmenge stark ansteigt. Im Diagramm ist von der siebenten Stunde ab ein anderer Zeitmaßstab aufgetragen, um die Verhältnisse deutlicher sichtbar zu machen. Die Gasmenge, die normalerweise über einen Zeitraum von 30 min gemessen wurde, ist in diesem Fall bei jedem beobachteten Leistungsabfall kurzzeitig gestoppt worden. Wie man sieht, wächst der Gasdurchlaß im Verlauf einer halben Stunde bis auf den fünffachen Betrag des Anfangswertes an. Nach 7 h 40 min wurde der Motor abgestellt und auseinander genommen. Der erste Ring saß fest, der dritte Ring war gebrochen. Freßspuren am Kolben waren noch nicht festzustellen. Ein Wiederholungslauf mit neuen Ringen unter gleichen Bedingungen ergab nach 8 h 30 min das gleiche Bild. Der erste Ring saß fest. Die genaue Nachprüfung des Gasdurchlasses in Verbindung mit der Leistung gibt also ein recht gutes Mittel zur Feststellung der Schäden im Augenblick des Entstehens.

Die ständige Beobachtung und Feststellung aller während des Betriebs eintretenden Veränderungen und die planmäßige Messung der Verformung, Abnutzung und Änderung aller Einzelteile nach bestimmten Betriebsabschnitten erfordern naturgemäß einen verhältnismäßig großen Zeitaufwand. Als Beispiel sei hier nur angeführt, daß bei Durchführung eines 50-h-Laufes für die dreimalige Aufmessung aller Werte von Kolben, Ringnuten, Bolzen, Ringen und Zylinder, vor und nach dem Einlauf, sowie nach 50 h Betriebszeit nicht weniger als 456 Messungen zu machen sind. Die Erledigung des 50-h-Laufes selbst sowie die Auswertung der Meßergebnisse nimmt weiterhin eine entsprechende Zeit in Anspruch, von der sich jeder ein Bild machen kann, der schon Motorenversuchsläufe durchgeführt hat. Nach den bisherigen Ergebnissen glaube ich aber sagen zu können, daß ein anderer Weg zur Erforschung der gesamten Betriebsverhältnisse des Kolbens nicht gangbar ist, wenn man nicht Gefahr laufen will, aus Zufallsergebnissen falsche Schlüsse zu ziehen. Im Hinblick auf das gesteckte Ziel, dem Konstrukteur die Unterlagen an die Hand zu geben, die er braucht, um mit dem richtigen Werkstoff den richtigen Kolben zu bauen, nämlich die Erforschung der Vorgänge, die sich am Kolben während des Betriebs im Motor abspielen, ist jedoch dieser etwas mühselige und zeitraubende Weg gerechtfertigt.

Motoren mit hoher Hubraumleistung

Von F. Goßlau*)

Vorgetragen am 10. Mai 1935 in Stuttgart

Bisherige Entwicklung

Seit den ersten Tagen der Fliegerei sind die Motoren-Leistungen ständig gewachsen. Während die Gebrüder Wright im Jahre 1908 ihren ersten Flug mit knapp 16 PS ausführten, wurde 1912 der Deutsche-Kaiser-Preis-Wettbewerb bereits mit Motoren von 100 PS bestritten. Bei Kriegsbeginn war man auf rd. 150 PS angelangt, bei Kriegsende gab es schon Motoren von rd. 600 PS.

Vermehrung der Zylinderzahl

Der Weg zu höheren Leistungen war anfangs ziemlich primitiv. Aus den vierzylindrigen 100-PS-Motoren entstand der 150-PS-Motor durch einfaches Anfügen von zwei weiteren, gleichen Zylindern, der 200-PS-8-Zylinder-V-Motor durch Verdoppeln des 4-Zylinder-Motors und schließlich der 300-PS-Motor als doppelter 6-Zylinder.

In großen Zügen bestand also die Leistungssteigerung zunächst in einer einfachen Vervielfältigung einer einmal als brauchbar erprobten Zylindergröße.

Vergrößerte Zylinderabmessungen

Als später größere Leistungen verlangt wurden, begann man die Zylinderabmessungen selbst zu ändern. Anfangs war man damit gar nicht so bescheiden. Wohl das merkwürdigste Beispiel eines derartigen Flugmotors mit ungewöhnlich großen Zylindern ist der Beardmore-Cyklon, der in 6 Zylindern, von denen jeder fast 11 l Hubraum hatte, ganze 950 PS leistete und 975 kg wog.

Aber auch Firmen mit größerer Erfahrung im Flugmotorenbau sind ähnliche Wege gegangen. So baute Lorraine einen Motor mit 12 Zylindern von je 5,4 l Hubraum, der 850 kg wog und 700 PS leistete. An solchen Riesenzylindern hatten aber weder die Hersteller noch die Flugzeugkonstrukteure allzuviel Freude.

Immerhin neben den ersten Abschnitt der Entwicklung, die Vermehrung der Zylinderzahl, war als zweiter Abschnitt die Vergrößerung der Zylinderabmessungen getreten.

Damit aber hatte man sich auf einen im wahrsten Sinne des Wortes heißen Boden begeben. Die großen Kolbendurchmesser führten zu langen Wärmefließwegen von Kolbenmitte bis zur kühlenden Zylinderwand. Die nun einmal nicht überschreitbare Temperaturgrenze verringerte Wärmeumsatz, Drehzahlen und Mitteldrücke, die im Lichte heutiger Betrachtungen als sehr niedrig bezeichnet werden müssen. So war der Beardmore-Motor auf eine Hubraumleistung von 13,5, der Lorraine gar nur auf 11 PS/l gekommen.

---

*) Dr.-Ing., Siemens Apparate und Maschinen G.m.b.H., Flugmotorenwerk, Berlin-Spandau.

Diese spärlichen Literleistungen, die nur zu großen und schweren Triebwerken führten, zeigten, wie notwendig eine neue Entwicklungsrichtung geworden war.

Der Einfluß der großen Wettbewerbe

Den Weg dazu haben drei bedeutende Wettbewerbe aufgezeigt:

1. die Europa-Flüge,
2. das Rennen um die Coupe-Deutsch,
3. das Rennen um die Schneider-Trophäe bzw. der Kampf um den Geschwindigkeits-Weltrekord.

Sie führten dazu, daß den Forderungen nach geringstem Gewicht, kleinerem Stirnwiderstand und größeren Literleistungen mehr als bisher Beachtung geschenkt wurde. War bisher die Entwicklung der Motoren jahrelang sozusagen in die Breite gegangen, so verlangten diese Wettbewerbe Vertiefung der Erkenntnisse, besonders hinsichtlich der Drehzahlsteigerung und Aufladung.

Die Wettbewerbsmotoren

Zwei Gesichtspunkte beeinflußten den Entwurf der Motoren für diese Wettbewerbe:

1. die Zulassungsbedingungen,
2. die aus Strecke und Geschwindigkeit errechnete Betriebszeit.

Europa-Flug

Bei den Europa-Flügen ließen einschränkende Gewichtsbestimmungen für das Motorgewicht nur etwa 160 kg übrig. Aus Flugstrecke und Geschwindigkeit konnte man errechnen, daß die Motoren etwa 50 h in der Luft sein würden.

90 v H aller am Europa-Flug beteiligten Motoren zeigten Leistungen zwischen 200 und 300 PS. Heutige Gebrauchsmotoren in dieser Klasse kommen auf Hubraumleistungen von etwa 22 PS/l. Demgegenüber gelang es Argus und Hirth, in ihren Europa-Motoren durch höhere Verdichtung und Drehzahlsteigerung Literleistungen von 26 bzw. 29 PS/l nachzuweisen.

Zwei der ausländischen Muster haben höhere Hubraumleistungen erreicht. Der Menasco-Reihenmotor kam auf 33, der Skoda-Sternmotor sogar auf 39 PS/l.

Coupe-Deutsch

Die Ausschreibung der Coupe-Deutsch ist sehr einfach: Motoren nicht über 8 l Hubraum, der Schnellste ist Sieger. Die technische Aufgabe ist weniger einfach, weil die Motoren 5 h in der Luft und — wie bei jedem Rennen — immer nahe an der Volleistung bleiben.

Das Rennen 1933 wurde von dem 8-l-Potez-Sternmotor (Abb. 1) mit einer höchsten Hubraumleistung von 42 PS/l gewonnen, das Rennen 1934 von dem gleichgroßen 6-Zylinder-Reihenmotor der Firma Renault (Abb. 2) mit einer höchsten Ausbeute von 41 PS/l.

232

Abb. 1. 8-l-320-PS-Rennmotor; Bohrung 98 mm, Hub 113 mm, Durchmesser 920 mm, Gewicht 180 kg, 42 PS/l, 0,55 kg/PS.

Abb. 2. 8-l-Rennmotor; Bohrung 109,8 mm, Hub 140 mm, Gewicht 230 kg, 41 PS/l, 0,71 kg/PS.

Schneider-Trophäe

Für das »Internationale Seeflugzeugrennen um die Schneider-Trophäe« bestehen keinerlei technische Einschränkungen. Das Rennen selbst dauerte mit wachsenden Geschwindigkeiten eine Stunde, später 40 min.

Die schnellen Fortschritte des Flugmotorenbaus mögen aus der Tatsache hervorgehen, daß in der Coupe-Deutsch 1934 luftgekühlte Motoren 5 h lang eine Literleistung durchhielten, die im Jahre 1927 der Sieger der Schneider-Trophäe (selbst als wassergekühlter Motor) noch nicht einmal für die Dauer von 1 h herzugeben vermochte.

Abb. 3. Lader des 2600-PS-Rolls-Royce-Motors auf dem Prüfstand. Ladedruck 2,25 at.

Erster in der Schneider-Trophäe 1927 wurde der 870-PS-Napier-Lion-Motor, dessen Normalleistung von 500 PS auf 870 PS gebracht worden war. Lader wurden damals noch nicht benutzt. Man begnügte sich vielmehr mit einer Steigerung der Drehzahl von 2200 auf 3300 U/min und einer Erhöhung des Verdichtungsverhältnisses auf 1:10, was nur mit Sonderbrennstoffen möglich war.

Den Sieger des Rennens 1929 hatte die Firma Rolls-Royce aus ihrem 825-PS-Bussard-Motor entwickelt. Hier tauchte auch zum ersten Male als Sieger in der Schneider-Trophäe ein Motor mit Lader auf (Abb. 3), mit dessen Hilfe die Leistung auf 1900 PS und die Literleistung auf 52 PS/l stieg.

1931 leistete der gleiche Motor (Abb. 4) bei nur 7 vH höherem Gewicht 21 vH mehr und gewann die Schneider-Trophäe endgültig mit 2330 PS

Abb. 4. 2000-PS-Flugzeug-Rennmotor (655 km/h).

Abb. 5. 3200-PS-Fiat A S 6 (709 km/h). Mechanischer Aufbau.

und der höchsten jemals in einem Flugmotor gezeigten Literleistung von 63 PS/l.

Weltrekord

Im vorigen Jahr hat die italienische Firma Fiat einen absoluten Weltgeschwindigkeitsrekord von 710 km/h aufgestellt. Für die wenigen Minuten, die dieser Rekordflug dauerte, leistete der Fiat As 6 in seinen 24-Zylindern von insgesamt 50 l Hubraum 3100 PS. Damit ist er der größte und stärkste Flugmotor, der bis heute gebaut wurde (Abb. 5 u. 6).

Einzelheiten aus der bisherigen Entwicklung
Abnahme-Läufe

Gemessen an dem erheblichen äußeren Aufwand ist doch nur ein sehr bescheidenes Maß von Betriebssicherheit erreicht worden. Man hat es z. B. nicht gewagt, die Motoren der Coupe-Deutsch länger als 15 h vor dem Rennen laufen zu lassen. Der Rolls-Royce-Motor lief ¼ Jahr vor der letzten Schneider-Trophäe kaum 20 min ohne Störung, Monate vorher

Abb. 6. Hilfsgeräte am AS 6.

war man auf 30 min angelangt und der beabsichtigte, nur einstündige Lauf mit 2300 PS gelang ohne Störung erst 4 Wochen vor dem Termin des Rennens.

Zu gleicher Zeit, wo die Engländer noch auf 20 min Standsicherheit waren, war zwar den Italienern mit ihrem Fiat As 6 der im Vertrag vorgesehene 1-h-Lauf mit ebenfalls 2300 PS gelungen. Daß diese Leistung aber ausgereicht hätte, um mit Gewinnaussichten in den Wettbewerb zu gehen, darf bezweifelt werden; denn der englische 12-Zylinder-Motor wog 745 kg, der italienische 24-Zylinder bei gleicher Leistung 930, also 185 kg mehr. Tatsächlich sind auch die Italiener zur letzten Schneider-Trophäe nicht angetreten und erst zwei Jahre später gelang es ihnen, eine Leistung von 57 PS/l wenigstens auf die Dauer einer halben Stunde nachzuweisen.

Die Dauer der Prüfläufe hat also bei den großen Hochleistungs-Motoren kaum 25 vH über der zu erwartenden wahren Betriebszeit gelegen, und zwischen den erforderlichen Flugzeiten und den erreichten Literleistungen ergeben sich folgende Zusammenhänge:

	Dauer	mittlere Literleistung
Schneider-Trophäe	40 min	63 PS/l
Coupe-Deutsch	5 h	38 »
Europa-Flug	50 h	27 »

Diese Zahlen zeigen, daß wir eine mühelose Steigerung der heutigen Hubraumleistungen kaum erwarten dürfen, wenn wir an Gebrauchsmotoren mit längerer Lebensdauer denken; die Probleme der Gebrauchsmotoren aber werden die gleichen sein wie bei den Wettbewerbsmotoren.

Bestimmung des zulässigen Ladedrucks

Ein naheliegendes Mittel zur Steigerung der Hubraumleistung ist die Erhöhung der Drehzahlen. Bei allen schnellaufenden Motoren beobachtet man aber, daß über gewisse Drehzahlen hinaus die indizierte Leistung nicht mehr verhältnisgleich ansteigt. Bei selbstansaugenden Motoren stellt der Scheitelpunkt dieser Kurve zugleich auch die Höchstleistung dar.

Bei Ladermotoren ist es nicht ganz einfach, über den zuzulassenden Ladedruck im voraus Angaben zu machen. Als eine erste Annäherung kann

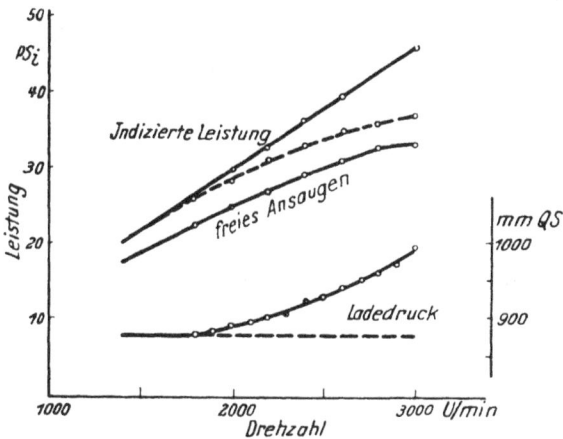

Abb. 7. Versuche am Einzylinder-Motor.

die Faustregel gelten, daß der Ladedruck in mm QS etwa das 10fache der Oktanzahl des Brennstoffs betragen darf, ehe man Klopferscheinungen befürchten muß. Also bei einer Oktanzahl von 80 entsprechen etwa 800, einer Oktanzahl von 87 etwa 870 mm Ladedruck.

Wenn man dann mit gleichbleibendem Ladedruck eine Leistungskurve fährt, so entspricht diese in ihrem Verlauf genau der bei freiem Ansaugen, nur daß sie entsprechend höher liegt.

Zur vorläufigen Bestimmung höherer Ladedrücke hat sich folgendes Vorgehen bewährt (Abb. 7). Wir legen an diese höhere Leistungskurve eine durch den Nullpunkt gehende Tangente und belasten den Motor entsprechend dieser jetzt geraden Leistungsschaulinie. Von dieser eingestellten Leistung her wird dann die Kurve der dafür erforderlichen Ladedrücke entwickelt.

Die Leistungskurve entfernt sich nur deswegen von der Geraden, weil infolge der Strömungsverluste an den Ventilen je Saughub nicht mehr dasselbe Ladegewicht in den Zylinder gelangt wie bei geringeren Drehzahlen und Strömungsgeschwindigkeiten. Wenn man wie angegeben verfährt, so stellt man jenen Ladedruck fest, der eben ausreicht, um die Strömungsverluste zu decken, im übrigen aber dem Zylinder je Hub nur das gleiche Ladegewicht zuführt, das er in den unteren Drehzahlen bereits ohne Anstände verbrannt hat.

Würde man umgekehrt Kurven konstanten Ladedrucks fahren, so ist bei den hohen Ladedrücken, die im oberen Drehzahlbereich anstandslos vertragen werden, bei niedrigen Drehzahlen mit Klopferscheinungen zu rechnen.

Fragen der Steuerung

Gerade eine solche Aufnahme des Ladedrucks nach einer vorgeschriebenen Leistungskurve zeigt deutlich, wie verbesserungsbedürftig mit hohen Drehzahlen die Einströmverhältnisse werden.

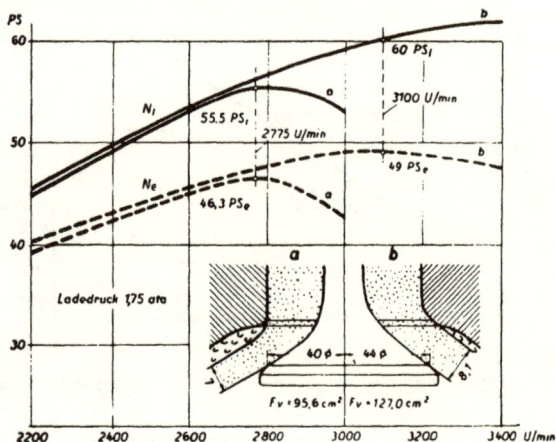

Abb. 8. Leistungssteigerung durch verbesserte Strömungsverhältnisse am Ventil.

In diesem Zusammenhang sei für einzelne der Wettbewerbsmotoren der Leistungsbedarf ihrer Lader angegeben:

	Motorleistung	Ladedruck	Laderleistung in vH	
Fiat.	2300 PS	1,35 at	240 PS	10
Rolls-Royce	2300 »	2,25 »	275 »	12
Potez (1933)	310 »	1,6 »	55 »	17,7

Es ist schwer zu sagen, ein wie großer Anteil des Ladedrucks bzw. der Laderleistung der Deckung der Strömungsverluste und ein wie großer Anteil der Überladung dient.

Erfreulicherweise läßt sich im Fluge ein bemerkenswerter Anteil der Laderarbeit aus dem Staudruck gewinnen. Beim Rolls-Royce sinkt unter diesen Umständen der Leistungsbedarf um 75 PS, beim Potezmotor um 15 PS. Das sind etwa 25 vH der Laderleistung im Stand.

Nach dem heutigen Stand der Erkenntnisse ergibt sich damit für einen Motor mit einer Literleistung von 40 PS/l beim Vollgasflug in Bodennähe ein Brennstoffverbrauch von rd. 280 g/PSh; aber es liegen noch Verbesserungsmöglichkeiten vor. So ist es uns z. B. gelungen, durch kleine strömungstechnische Änderungen (Abb. 8) am Einlaßventil etwa 8 vH an indizierter Leistung zu gewinnen. Diese Maßnahmen erstreckten sich besonders auf die Minderung der Kontraktion des eintretenden Gasstroms durch zweckmäßigere Ausbildung des Ventiltellers und Abrundungen am Ventilsitz im Zylinder. Sicher ist, daß das Einbringen der Ladung in den Zylindern mit steigenden Literleistungen immer höhere Anforderungen an die Steuerung stellt, und es ist fraglich, ob das Tellerventil die endgültige Lösung bleibt.

Weitaus die größten Schwierigkeiten in der Entwicklung der Rennmotoren haben die Auslaßventile gemacht. Im 2300-pferdigen Rolls-Royce waren die Überhitzungserscheinungen so groß, daß Frühzündungen auftraten und infolge von Kolben- und Pleuelbrüchen wiederholt 'ganze Motoren zerstört wurden. Fiat versucht Aluminiumstifte im hohl gebohrten Schaft der Auslaßventile und Füllung mit Natriumsalzen.

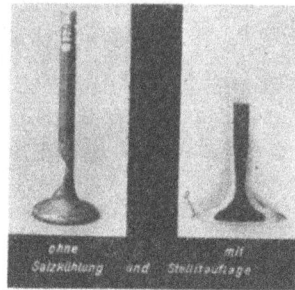

Abb. 9. Einwirkung des Bleibenzins auf Auslaßventile und ihre Bauart.

Hierbei wurde das anfangs in zu geringer Menge eingefüllte Salz im oberen Teil des Schaftes hart, bei einem zweiten Versuch platzten die Ventile nach wenigen Minuten. Quecksilber wurde bei hohen Temperaturen vom Ventilbaustoff absorbiert. Ölkühlung versagte durch Koksbildung, so daß man sich schließlich mit einer besseren Bespülung der Ventilführungen begnügte.

Bei Rolls-Royce wußte man 1929 noch kein besseres Mittel, als einfach den Brennstoffverbrauch zu erhöhen. Erst 1931 entschloß man sich, salzgekühlte Ventile, die von Amerika her bekannt geworden waren, zu erproben. Mit deren Hilfe ließ sich der Brennstoffverbrauch von 275 auf 255 g/PSh senken. Als man diese Ventile neben den ungekühlten im gleichen Zylinder laufen ließ, fand man die einen hell rotglühend, die anderen schwarz Wir haben bei derartigen Versuchen im Jahre 1926 Temperaturunterschiede von 250° C gemessen.

Heute ist das salzgekühlte Auslaßventil längst zu einem bekannten Bauteil der Gebrauchsmotoren geworden, wenn auch — zumal mit Rücksicht auf die Brennstoffe — laufend an seiner Verbesserung gearbeitet wird. In seiner letzten Form erscheint es mit hohlgeschmiedetem Teller, eine Lösung, die bei der kleinen wärmeabführenden Fläche des Ventilschafts noch umstritten ist; aber die Tatsache, daß die Blei-Benzine bei gewissen Temperaturen nicht nur den stellitierten Sitz, sondern auch den Teller stark angreifen (vgl. Abb. 9), hat eine solche Ausführung entstehen lassen.

Brennstoffe für hohe Literleistungen

Blei-Benzine sind seit Jahren im benzolarmen Ausland bekannt gewesen. In Deutschland haben sie erst in allerletzter Zeit eine gerechte Würdigung erfahren. Es ist der große Vorteil des Blei-Tetraäthyls, daß es seine Anti-Klopfwirkung im Gegensatz zum Benzol auch im heißen Zylinder nicht verliert. Wenngleich seine Neigung, die Auslaßventile anzugreifen, stört, so ist es doch für Hochleistungsmotoren ein überragender Gebrauchskraftstoff für Flüge von längerer Dauer.

Aber schon die »Coupe-Deutsch« mit ihren zwei, je nur $2\frac{1}{2}$ Flugstunden dauernden Rennabschnitten gestattete es, im Brennstoff Zugeständnisse an die Leistungsausbeute zu machen, und zwar benutzte man eine Mischung von 38 vH Benzin, 57 vH Toluol, 5 vH Alkohol und 55 cm³ Ethylfluid auf 100 l.

Die Firma Rolls-Royce hat zahlreiche Brennstoffmischungen erprobt, bevor sie die im Rekordflug benutzte Literleistung von 63 PS/l erreichte; aber schon die 40 min, die die Schneider-Trophäe dauerte, verlangten ein Nachgeben in der Leistung zugunsten des Brennstoffgewichts. Man entschloß sich schließlich zu einer Benzin-Benzol-Mischung mit einem kleinen Gehalt an Methanol und Blei-Tetraäthyl.

Bei der Entwicklung des großen Fiat-Motors bestätigte sich die Tatsache, daß »kältere«, alkoholhaltige Kraftstoffe höhere Ladedrücke und Kolbendrücke zulassen, und beim Geschwindigkeits-Weltrekordflug ist ein Gemisch aus Benzin, 21 vH Isopropyl-Alkohol, 4 vH Anilin und einem geringen Bleizusatz benutzt worden.

Mit der mechanischen Gemischbereitung durch Brennstoffpumpen und Hochdruckvernebelungsdüsen kommt die Brennstoff-Frage in ein neues Stadium. Die Forderung nach ausreichender Flüchtigkeit tritt zurück und es kann daran gedacht werden, Sonderbrennstoffe für den Start zu benutzen, die für Vergaser nicht geeignet waren.

Bereits ein Zusatz von 6 vH Wasser zum Benzin erlaubt in Ladermotoren eine bemerkenswerte Leistungssteigerung ohne Zeichen von Frühzündungen oder Klopfen. Umgekehrt kann man die Höchstleistung eines Motors festhalten und das Verdichtungsverhältnis bis auf etwa 1:7 steigern. Dann ergibt sich mit Blei-Benzin ein Verbrauch von 200 g/PSh. Die hohe Abflugleistung wird mit einer mechanisch vernebelten Wasser-Alkoholmischung 20:80 erreicht, ohne daß die Zylindertemperaturen übermäßig ansteigen.

Man kann zu Kühlzwecken nach beendeter Verbrennung bis zu 1500 g/PSh Wasser in den Zylinder spritzen, ohne daß der Kolbenlauf merklich gestört wird.

Eine ideale Lösung der Brennstoff-Frage wäre die Großerzeugung des Iso-Oktans, für dessen Herstellung auf wirtschaftlicher Grundlage zur Zeit Vorbereitungen getroffen werden. Hier würden sich hoher Heizwert und höchste Klopffestigkeit vereinigen und damit auch über lange Flugstrecken hohe Literleistungen möglich werden.

Schmierstoffe und Kolbenringproblem

Es hat zu allen Zeiten motorischer Entwicklung irgendeinen besonders schwachen Punkt an der Maschine gegeben. Jahrelang war es das Auslaßventil. Als die Metallurgen seinen Baustoff so verbessert hatten, daß es, ohne zu verbrennen, dauernde Rotglut vertrug, erkannte man die Klopferscheinungen der Brennstoffe. Die letzten Jahre haben auf dem Treibstoffgebiet solche Fortschritte gemacht, daß sich heute die dringendste Entwicklungsforderung auf ein neues Gebiet verschoben hat, die Schmieröle.

Mit der Steigerung der Literleistungen sind die Betriebszeiten bis zum Festwerden der Kolbenringe immer kürzer geworden.

Für Rennmotoren mit ihrem kurzdauernden Einsatz mögen andere Ursachen die Hubraumausnutzung beschränken, für den Gebrauchsmotor

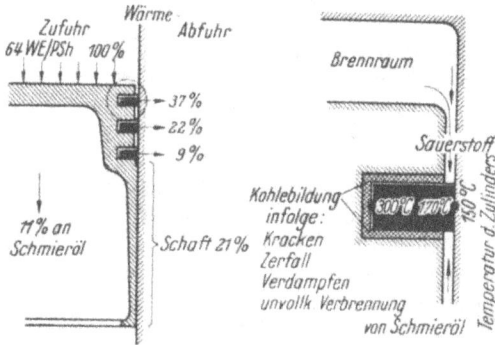

Abb. 10. Kolbenringe fest. Warum?

mit längeren Laufzeiten zwischen den Überholungen ist heute zweifellos der Schmierstoff derjenige Faktor, der die mögliche Literleistung begrenzt.

Die Arbeitsbedingungen des Schmieröls in den Ringnuten sind in Abb. 10 dargestellt.

Wenn neuere amerikanische Messungen[1]) ergeben haben, daß die Kolbentemperaturen verhältnisgleich mit der Drehzahl und auch mit dem mittleren Arbeitsdruck steigen, so ist leicht vorauszusehen, welch schwierigen Bedingungen die Schmierstoffe künftig hinsichtlich ihrer Temperatur- und Oxydationsbeständigkeit werden genügen müssen. Chemisch sind bereits sehr interessante Ansätze zu einer neuen Entwicklung vorhanden. Konstruktiv kann es keinem Zweifel unterliegen, daß man früher oder später auch im Flugmotorenbau zu einer besonderen Kühlung des Kolbens kommen muß.

---

[1]) IAS-Journal Januar 1935.

Grundsätzliche Fragen des Entwurfs

Kühlung und Zylinderabmessungen

Hinsichtlich der Wärmeabfuhr aus den Zylindern bzw. der Kolbenlaufbahn sind beim flüssigkeitsgekühlten Motor wesentliche Verbesserungen kaum noch zu erwarten. Es ist vielmehr sicher, daß die Verdampfungskühlung und die Heißkühlung die Betriebsbedingungen der Kolben und der Schmieröle nur noch weiter erschweren. Schon heute besteht bei diesen Kühlverfahren kaum noch ein Unterschied in der Laufbahntemperatur gegenüber dem luftgekühlten Zylinder.

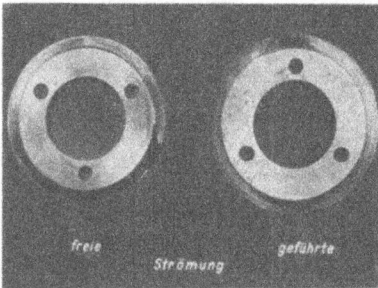

Abb. 11. Kühlluftströmung um Rippenzylinder.

Dieser aber ist erfreulicherweise kühlungstechnisch noch so schlecht, daß ihm noch Entwicklungsmöglichkeiten offen stehen. Tatsächlich liegt heute die Kühlluft erst auf einem kleinen Teil des Zylinders wirklich an; aber es sind schon Mittel bekannt, um durch besseres Anliegen die Wärmeabfuhr wesentlich zu verbessern (Abb. 11).

Frühere Versuche haben gezeigt, daß man eine Bohrung von 160 mm als obere Grenze ansehen kann, wenn man sich mit mäßigen Literleistungen begnügt. Hohe Literleistungen weisen Rechnung und Versuch entschieden den kleineren Bohrungen zu. Hier hat der Zylinder bei den heute noch in der Steuerung liegenden Grenzen eine wirklich »aktive Wärmebilanz«. So ernste Schwierigkeiten danach bei den Kolben in großen Zylindern zu erwarten waren, so schwer mußte es werden, in kleinen Zylindern einen Kolben zu Erliegen zu bringen. Tatsächlich waren in kleinen Zylindern weniger Kolbenstörungen als örtliche Überhitzungserscheinungen zu beobachten.

Man hat ferner die Erfahrung machen müssen, daß bei hoher Aufladung auf die Dichtigkeit des Zylinderkopfes an den Einsätzen für die Kerzen und den Ventilsitz größte Sorgfalt verwendet werden muß. Die hohen Drücke lassen die Flamme selbst in die feinsten Zwischenräume dringen und hier allmählich das Leichtmetall herauswaschen.

Zylindergröße und Hubraumleistung

Wenn vorhin ein 4-l-Zylinder als die obere Grenze des luftgekühlten Flugmotorenzylinders bezeichnet wurde, so hat inzwischen die Praxis kaum eine Zylindergröße darunter nicht gebaut, und wenn wir bekannte Motoren nach ihrem Zylinderinhalt ordnen, erkennen wir unzweideutig den Weg, den wir zu höheren Literleistungen wählen müssen.

Tatsächlich macht sich eine neue Entwicklungsrichtung im Flugmotorenbau bemerkbar. Was früher einmal einfach erschien, die Leistungssteigerung durch Vergrößern der Abmessungen erwies sich als schwierig.

Die einfache Vervielfältigung kleiner Zylinder bekommt heute im Lichte der Forschung nach der Einführung der Lader und verbesserter Brennstoffe einen neuen Sinn.

Heute, im Zeichen hoher Literleistungen, lautet die Parole: Nicht große, sondern kleine Zylinder; nicht wenige, sondern viele Zylinder!

Beispiele für die neue Entwicklungsrichtung

Die ersten Baumuster der neuen Richtung sind bereits bekannt geworden. An erster Stelle sei der kleine Pobjoy-Motor genannt (Abb. 12).

Abb. 12. 7-Zylinder-»Pobjoy-Niagara«; 90 PS, 68 kg, 2,835 l, 77 mm Bohrung, 87 mm Hub; Hubraum 405 cm³, 32 PS/l, 3500/min.

Seinem Konstrukteur gebührt die Anerkennung, lange vor der Zeit mutig diesen neuen Weg im Flugmotorenbau beschritten zu haben.

Beim Sternmotor wird sich der Übergang zu größeren Zylinderzahlen in einem vermehrten Auftreten von doppelreihigen 14-Zylindermotoren äußern. Dem Reihenmotor steht der Übergang zum 16- und 24-Zylinder offen, eine Bauart, die die Firma Napier mit Luftkühlung bis zu 700 PS bei hohen Literleistungen entwickelt hat (Abb. 13).

Abb. 13. Beispiel eines neuzeitlichen Flugmotors mit vielen (24) kleinen Zylindern; 760 PS, 580 kg, 4000 U/min.

16*

Zusammenfassung und Ausblick

Wenn wir uns zum Schluß fragen, was in der nächsten Zeit erreicht werden kann, so gibt uns Abb. 14 davon einen Überblick. Hier sind über dem Zylinderinhalt die Drehzahlen, Kolbengeschwindigkeiten und Literleistungen bekannter Motoren aufgetragen. Die mittleren Drehzahlen nehmen von 4 bis 0,5 l Zylinderinhalt von 2000 bis 3500 U/min zu. Auffällig ist die bei allen Zylindergrößen und Leistungen gleichbleibende Kolbengeschwindigkeit, die bei rd. 11,5 m/s liegt. Wenn man berücksichtigt, daß heute bei neueren Kraftfahrzeugmotoren 13 m/s durchaus keine Seltenheit sind, so dürften wohl auch die Flugmotoren bald in höhere Kolbengeschwindigkeit nachfolgen.

Die Literleistungen großer Zylinder sind mäßig. Bei den kleinen Hubräumen erreichte man in Flugmotoren bereits Werte bis zu 42 PS/l. Man

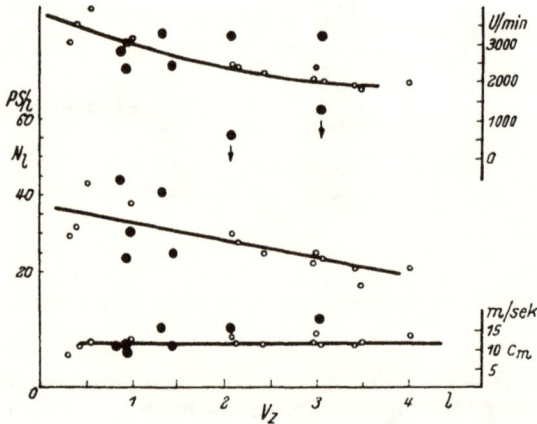

Abb. 14. Drehzahl, Literleistung und Kolbengeschwindigkeit in Abhängigkeit vom Zylinder-Hubraum.

könnte leicht geneigt sein, auf Grund solcher Werte extrem große Zylinderzahlen für eine verlangte Leistung anzusetzen. Das Projekt eines Stern-Reihenmotors mit 4 × 7-Zylindern, wie es Rumpler vorgeschlagen hat, ist für die Coupe-Deutsch 1934 durchgearbeitet worden. Am Gewicht ist aber nicht viel zu gewinnen, weil das der Zubehörteile stark anwächst: 56 Kerzen mit Kabeln, eine größere Anzahl von Vergasern und wahrscheinlich mehr Zündapparate. Daraus ergibt sich also, daß wir von den höheren Literleistungen also weniger einen Gewinn an Gewicht als vielmehr an Stirnfläche erwarten dürfen.

Jede andere Bauart des Flugmotors leistet bezogen auf die Stirnfläche mehr als der Sternmotor. Seine Flächenleistung ist daher am meisten verbesserungsbedürftig; aber auch wie wir schon gesehen haben, am meisten verbesserungsfähig und die Auswirkungen höherer Literleistungen bei vermehrter Zylinderzahl lassen sich bei dieser Bauart am augenfälligsten zeigen. Tatsächlich können wir beim Sternmotor eine Steigerung der auf die Stirnfläche bezogenen Einheitsleistung von mehr als 100 vH erwarten.

Das Zusammenwirken von Flugwerk und Triebwerk, besonders im Hinblick auf die Verstellschraube

Von M. Schrenk*)

Vorgetragen am 4. Mai 1934 in Göttingen.

Vorbemerkung

Zweck flugmechanischer Betrachtungen kann sein
entweder: Berechnung des Einzelfalls, möglichst genau — übliche schulmäßige Behandlung,
oder: Erfassung allgemeiner Zusammenhänge, Gewinnung einer Übersicht für Beurteilung und Gestaltung.

Der zweite Weg[1]) erfordert unausweichlich gewisse Vereinfachungen (z. B. parabolische Polare), die als Arbeitshypothese eingeführt und so gewählt werden müssen, daß die durch sie verursachten Fehler im Rahmen der Streuung der Unterlagen und der von einer so allgemeinen Betrachtung zu erwartenden Genauigkeit der Ergebnisse bleiben. Außerdem müssen die physikalischen Grenzen (z. B. $c_{a\max}$) stets beachtet werden.

Anfänger müssen deshalb mit einer gewissen Vorsicht an solche Verfahren herangehen; in der Hand des überlegenen Fachmanns erweisen sie sich als vielseitig brauchbare Instrumente.

Flugwerk

a) Jede vernünftige Flugzeugpolare läßt sich im wichtigsten Bereich ($c_a \approx 0{,}2$ bis $c_a \approx 1$) mit ausreichender Genauigkeit durch eine Parabel (Abb. 1) von der Form

$$c_w = c_{ws} + c_{wi} = c_{ws} + \frac{c_a^2}{\pi}\,\frac{F}{b_i^2} \qquad \ldots \ldots \quad (1)$$

ersetzen (74. und 79. DVL-Bericht). Hierin ist c_{ws} die Beizahl aller Widerstände, die mit dem Staudruck gehen (»Stirnwiderstände«) also einschließlich des Profilwiderstands, c_{wi} enthält den induzierten Widerstand, im allgemeinen Fall außerdem noch den mit c_a veränderlichen Teil der übrigen Widerstände. Dies drückt sich in dem Unterschied zwischen der »wahren« Spannweite b und der »induzierten« Spannweite b_i aus; letztere ist beim Eindecker stets kleiner, beim Doppeldecker mitunter größer. Sie ist zu bestimmen entweder aus den Abmessungen des Flugzeugs durch Schätzung, oder aus der parabolischen Polare (nach 79. III, 2).

---

*) Dr.-Ing., ehemals Deutsche Versuchsanstalt f. Luftfahrt, E.V., Berlin-Adlershof, tötlich verunglückt auf einer Ballon-Höhenforschungsfahrt am 13. 5. 1934.

[1]) Er wurde im 74., 79., 161. und 305. DVL-Bericht begangen (s. Schriftenverzeichnis; die mehrgliedrigen Klammerhinweise beziehen sich darauf).

Das Flugwerk ist somit aerodynamisch eindeutig gekennzeichnet durch:

induzierte Spannweite b_i,

Stirnwiderstandsfläche F_{ws}.

b) Auf der parabolischen Polare können nun Punkte angegeben werden, die gegenüber einer Verzerrung der Polare (Änderung des Flugzeugs) invariant bleiben. Ein solcher uns besonders interessierender Punkt ist der Berührungspunkt der Ursprungsgeraden, der Punkt **bester Gleitzahl**. Dies ist der wichtigste Betriebspunkt vom Standpunkt der Flug-

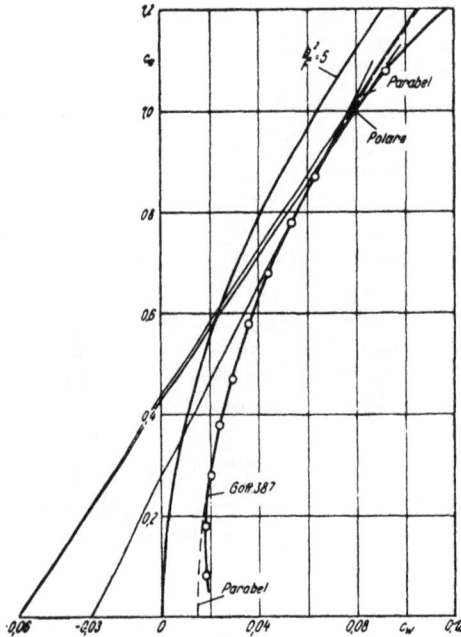

Abb. 1. Ersatz der Polare des Profils Gött. 387 durch eine Parabel.
Die Parabel paßt sich der Polare dieses mitteldicken guten Profils auf weitem Bereich an. Die besten Gleitzahlen bei $c_{wr} = 0,03$ (mittlere Verhältnisse) fallen für Parabel und wirkliche Polare noch zusammen, bei $c_{wr} = 0,06$ (sehr ungünstiger Wert) unterscheiden sie sich nur wenig.

mechanik aus (Weitflug, Hochflug, Sparflug liegen alle in der Nähe), zugleich bei so mäßiger Auftriebszahl gelegen, daß dort die Übereinstimmung zwischen wirklicher Polare und Parabel fast stets noch gut ist (Abb. 1).

Der Punkt bester Gleitzahl wird zum Ausgangspunkt aller weiteren Betrachtungen genommen.

Mit dem Index ε, zur Kennzeichnung dieses Punktes gilt dann (79. IV, 2):

$$\frac{c_w}{c_a} = \frac{1}{2} \frac{c_{wr}}{c_{ar}} \left(\frac{c_a}{c_{ar}} + \frac{c_{ar}}{c_a} \right) \quad \ldots \ldots \ldots \quad (2)$$

Diese Formel ist gegen alle Änderungen der Flugzeugform invariant. Von ihr können ebenso allgemein gültige Ausdrücke für Widerstand und Leistungsbedarf abhängig von der Geschwindigkeit abgeleitet werden, jede Größe bezogen auf den Zustand bester Gleitzahl (79. IV, 1 u. 3) — (Abb. 2).

Triebwerk

a) Auch die Triebwerkskurven müssen sich eine Näherung gefallen lassen (261. III, 1). Die älteren Motoren (Abb. 3) lassen sich im praktischen

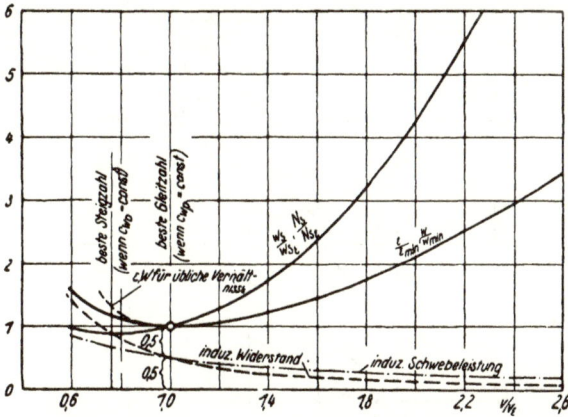

Abb. 2. Das »normale« Leistungsschaubild für das »Idealflugwerk«.

Über der zur besten Gleitgeschwindigkeit in Beziehung gesetzten Fluggeschwindigkeit sind Gleitzahl, Gesamtwiderstand, Sinkgeschwindigkeit und Schwebeleistung, je im Verhältnis zu ihren Werten bei bester Gleitzahl, aufgetragen. Die Kurven gelten streng, wenn der Profilwiderstand konstant bleibt. Die Abweichungen durch Zunahme des Profilwiderstands bei hohem Auftrieb sind jedoch nicht sehr bedeutend. Für übliche Verhältnisse sind die Abweichungen von ε und W eingetragen. Das Schaubild zeigt außerdem den Anteil des induzierten Widerstandes bzw. der induzierten Schwebeleistung, welche mit zunehmender Fluggeschwindigkeit sehr stark zurücktreten.

Betriebsbereich durch Ursprungsgeraden ($N \sim n$) bzw. durch Parabeln 2. Ordnung ($N \sim n^{0,5}$), ersetzen. Neuerdings wird angestrebt, daß der Hauptbetriebszustand des Motors im Scheitel der Volleistungskurve liegt ($N = $ const). — Die Näherung ist genau genug $\pm$ 5 bis 10 vH beiderseits des Bezugspunktes.

b) Der Charakter der Motorleistungskurve bestimmt das Drehzahlaufholen im Fluge (261. III, 2). Unter Zuhilfenahme des allgemeinen Ähnlichkeitsgesetzes für Luftschrauben[2]) ergeben sich folgende Zusammen-

---

[2])
$$M = \frac{\varrho}{2} k_d u^2 F_s R$$

oder

$$N = \frac{\varrho}{2} k_d u^3 F_s.$$

wobei in die Umfangsgeschwindigkeit beim Außenradius R, F_s die Schraubenkreisfläche ist.

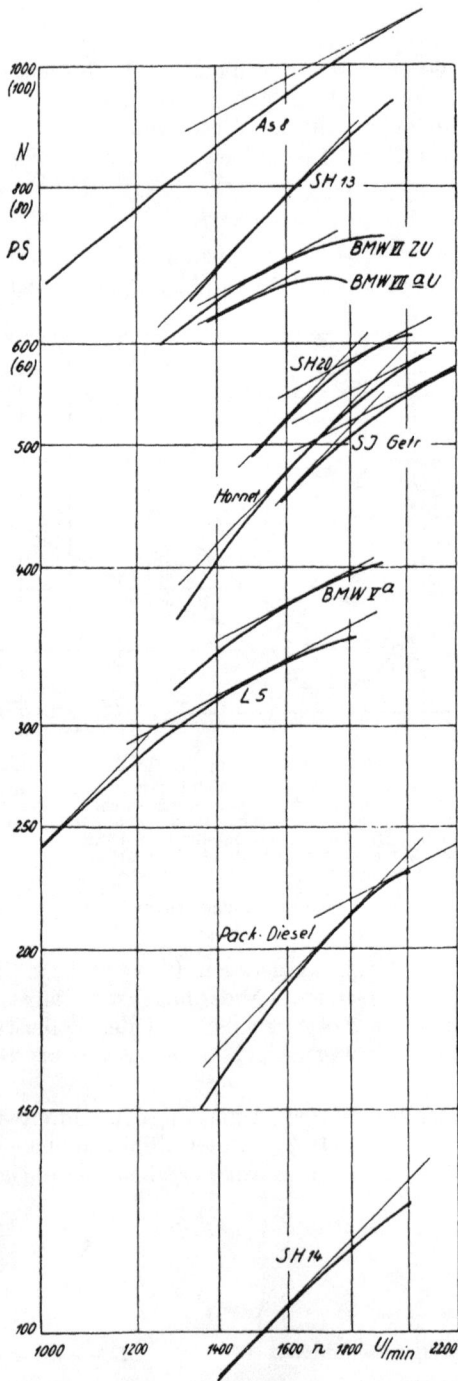

Abb. 3. Volleistungskurven von Flugmotoren.
Die logarithmische Auftragung vereinfacht parabolische Annäherung. Die Linien mit der Neigung 1:1 bedeuten $N \sim n$, die Linien 1:2 bedeuten $N \sim 0{,}5\,n$.

hänge:

Für $N \sim n$ ($M = $ const): $\qquad n \sim k_d^{-1,2}$

$- \quad N \sim n^{0,5}$ (Parabel): $\qquad n \sim k_d^{-1,2,5}$ . . . . (3)

$- \quad N = $ const $\qquad\qquad\qquad n \sim k_d^{-1,3}$

wobei k_d jeweils die Leistungszahl (früher »Drehwert«) der verwandten Luftschraube ist.

Starre Schraube

a) Hier muß zunächst wieder ein einheitlicher Bezugspunkt geschaffen werden. Als solcher kommt nicht der Scheitel der Wirkungsgradkurve in Frage, weil dieser Wirkungsgrad nicht der beste unter den gegebenen Bedingungen erreichbare ist, sondern (261. IV, 1) der Berührungspunkt mit der Hüllkurve in der Auftragung über dem Fortschrittsgrad (Abb. 4). Dies bedeutet

bei gegebenen Betriebsbedingungen (z. B. Leistung und Drehzahl) die höchstmögliche Ausnutzung der Motorleistung (beispielsweise durch Einstellen der Blattwinkel und Ändern des Durchmessers).

Er werde »bester« Betriebszustand genannt (η_{best}).

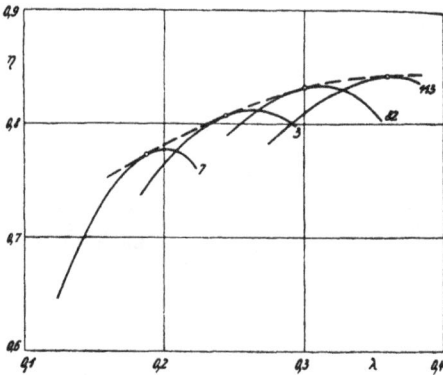

Abb. 4. Wirkungsgrad über dem Fortschrittsgrad.
Die Werte entstammen dem NACA-Report 141 und beziehen sich auf eine Schraubenfamilie gleichen Umrisses, aber verschiedener Steigung.

b) Bezogen auf diesen Zustand lassen sich nun die η- und k_d-Kurven guter Luftschrauben im üblichen Steigungsbereich ($H/D = 0,7$ bis $1,3$) in je einer mittleren Kurve zusammenfassen (261. IV, 2), bei η mit guter, bei k_d mit mäßiger Übereinstimmung.

Da letzteres nur das Drehzahlaufholen bestimmt (3), so spielen Abweichungen hier keine so große Rolle.

c) Kombination dieser mittleren η- und k_d-Kurven mit den Motorleistungsgesetzen (3) ergibt (261. IV, 3) mittlere Leistungs- und Drehzahlkurven (Abb. 5) für die verschiedenen Motorgesetze ($N = $ const liegt zwischen $N \sim n^{0,5}$ und $n = $ const).

Der Punkt (1,1) ist wieder der »beste« Betriebszustand. Die Leistungskurven der Abb. 5 enthalten neben dem Schraubenwirkungsgrad auch den Einfluß der Änderung der vom Motor abgegebenen Leistung infolge Drehzahlaufholens.

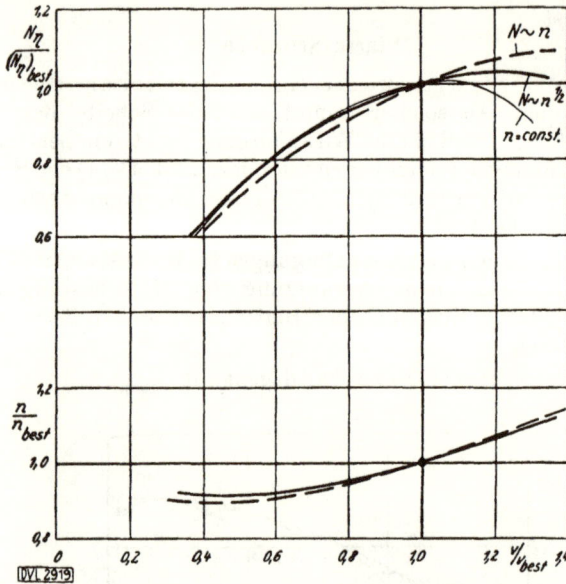

Abb. 5. Mittlere Schraubenleistungs- und Drehzahlkurven.

Die Leistungskurve für das Wurzelgesetz stimmt im Steigflug mit der (fein eingezeichneten) Wirkungsgradkurve nahezu überein. Im Geschwindigkeitsflug werden die Unterschiede durch das Drehzahlaufholen groß. Dies letztere hängt vom Charakter der Motorleistungskurve nur wenig ab.

Vollständiges Leistungsschaubild

a) Den Zusammenhang zwischen Leistungsaufwand (Triebwerk) und Leistungsbedarf (Flugwerk) ermöglichen im (N, v)-Schaubild die Drosselparabeln (Abb. 6). Diese sind für eine gegebene Schraube Kurven gleichen Fortschrittgrads, sie verbinden also ähnliche Zustände der Schraube und somit der Triebwerksleistungskurven (261. VI).

b) Der »beste« Betriebspunkt des Motors wird nun im Gesamtleistungsschaubild auf die Drosselparabel gelegt, die durch den Punkt bester Gleitzahl der Schwebeleistungskurve geht (Abb. 7). Dieser letztere Punkt ist als (1,1) der Angelpunkt der ganzen Darstellung (261. V, 2). Gerechtfertigt wird dieses Vorgehen durch den Umstand, daß das Drehzahlaufholen bei Höchstgeschwindigkeit innerhalb von 10 vH der »besten« Drehzahl bleibt.

Hierdurch ist ein vernünftiger Kompromiß für die Anpassung des Triebwerks ans Flugwerk eingeführt, der alle weiteren Betrachtungen entschieden vereinfacht.

Gefunden wird diese Schraube bei sonst gegebenen Betriebsbedingungen (4 a) durch Variation von Durchmesser, Blattbreite und Steigung.

c) Die Staffelung der Triebwerkskurven (Abb. 7) erfolgt nach der Überschußzahl α. Diese bedeutet das Verhältnis der »besten« Triebwerksleistung, abzüglich der Schwebeleistung bei bester Gleitzahl, zu dieser Schwebeleistung. Der Leistungsüberschuß bezieht sich also jeweils auf

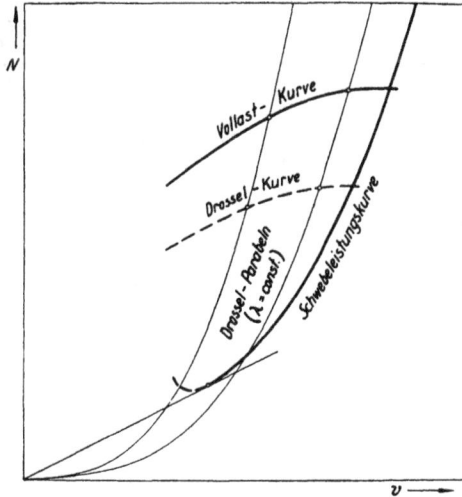

Abb. 6. Zur Definition der Leistungskurven.
Drosselparabeln sind Parabeln 3. Ordnung im Leistungsschaubild. Aus ihnen bauen sich die Schraubenleistungskurven auf.

die Schnittpunkte der Leistungskurven mit der »besten« Drosselparabel (Abb. 7). Dadurch ist eine eindeutige Verknüpfung der beiden Leistungsanteile erreicht (261. V, 3).

d) Die eindeutigen Zusammenhänge ergeben auch sehr einfache Beziehungen zur Bestimmung des »freien« und des »Stör«-Wirkungsgrades allein aus Schraubenkreisfläche F_s, Stirnwiderstandsfläche F_{ws} und vom Strahl getroffener »Störfläche« (261. V, 4).

Je größer das »Triebflächenverhältnis« F_s/F_{ws}, desto höher der erreichbare »freie« Wirkungsgrad. Ein Triebflächenverhältnis von 8 bis 10 ist anzustreben.

e) Der Einfluß verschiedener Flughöhe kann im »allgemeinen Leistungsschaubild« (Abb. 7) durch eine einfache Transformation mit Hilfe harfenartiger Maßstäbe berücksichtigt werden (261. V, 5).

Hiermit sind alle Vorfragen erledigt, die das bei Betrachtung der Verstellschraube anzuwendende Verfahren betreffen.

Verstellschraube: Grundsätzliches

a) Die meisten heute geflogenen Verstellschrauben weisen Handregelung auf. Ihre Überwachung und Bedienung bedeutet aber eine weitere Belastung des ohnehin stark in Anspruch genommenen Führers (von taktischen Gesichtspunkten gar nicht zu sprechen).

Die Zukunft gehört daher ohne Zweifel der selbsttätig regelnden Schraube. Diese soll deshalb vorzugsweise behandelt werden.

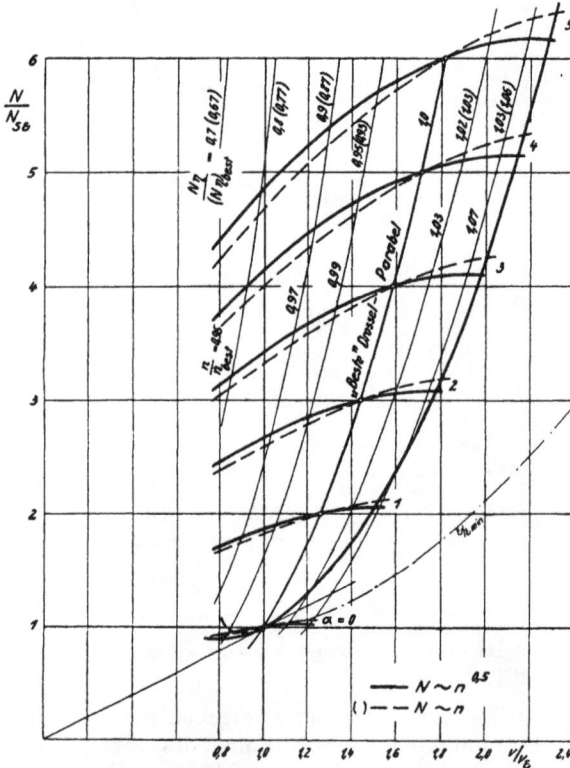

Abb. 7. Allgemeines Leistungsschaubild für bestimmte Flughöhen.
Das Rückgrat der Schraubenleistungskurven ist die »beste« Drosselparabel. Auf ihr wird die Überschußzahl a gemessen: von ihr aus ist der Leistungsverlauf N_i/N_ibest und der Drehzahlverlauf $n\,n$best angegeben. Für die Beurteilung der Reichweite ist noch die verhältnismäßige Gleitzahl ε/εmin eingetragen.

b) Wonach soll geregelt werden? Alle möglichen Verfahren sind schon vorgeschlagen worden. Neben der häufig ausgeführten reinen Drehzahlregelung sollte das Gleichgewicht zwischen Schub und Moment (Seewald), konstante Druckpunktslage oder andere Gleichgewichtsbedingungen eingehalten werden.

Reine Drehzahlregelung ist, solange nur die Volleistung betrachtet wird, zweifellos das Richtige, da der Motor dann in jedem Flugzustand voll ausgenützt wird. Erreicht wird sie durch besonderen Zentrifugalregler (Gloster u. a.) oder durch die Schleuderkraft der Blätter selbst (Seppeler).

Nachteil:
> Beim Drosseln arbeitet der Motor mit kleinem Drehmoment, aber voller Drehzahl. Dies ist ein ungünstiger Betriebszustand für den Motor (Massenkräfte überwiegen, erhöhte Beanspruchung und Abnutzung) und für die Luftschraube (Wirkungsgradabfall, s. Abschnitt 7).

c) Dieser Nachteil wird vermieden, wenn man das Gleichgewicht zwischen Antriebsdrehmoment und Schleuderkraft (mal einem konstanten Hebelarm) der Regelung zugrunde legt[3].

Diese »Drehmomenten-Regelung« gibt der Schraube folgende Eigenschaften
> bei fester Drossel: konstante Drehzahl, astatische Einstellung
> beim Betätigen der Drossel: Drehzahlverhalten ähnlich wie bei starrer Schraube ($n \sim \sqrt{M}$).

Für den Motor bedeutet diese Regelart nichts anderes als konstantes Verhältnis zwischen Verbrennungsdruck und Massenkräften. Dies dürfte aber die günstigste Betriebsbedingung hinsichtlich Beanspruchung und Abnutzung sein. Gegenüber der reinen Drehzahlregelung ist flugmechanisch besonders darauf hinzuweisen, daß beim Abflug mit eingeschaltetem Lader nicht nur das Moment, sondern auch die Drehzahl steigt, was bei reiner Drehzahlregelung nicht der Fall ist. Der Motor wird dadurch in einem Augenblick, der höchste Leistung erfordert, besser ausgenützt.

d) Als Nachteil der Drehmoment-Regelung könnte zunächst angesehen werden, daß die Drehzahl beim Steigen abnimmt, sofern der Motor kein Höhenmotor ist. Zwar könnte man dem durch handbetätigten Eingriff (Verriegelung) abhelfen, aber dadurch ginge natürlich die schöne Einfachheit zum Teil wieder verloren. Nun geht aber die ganze Entwicklung des Flugmotors immer mehr zum Höhenmotor. Dies wird nicht etwa nur durch das Aufsuchen immer größerer Höhen veranlaßt, sondern hat seinen Hauptgrund in dem Bedürfnis, das nun einmal vorhandene Motorgewicht nicht nur am Boden, sondern in jeder praktisch vorkommenden Flughöhe gleich gut auszunützen! Diese Forderung ist zwingend; deshalb ist nicht daran zu zweifeln, daß in wenigen Jahren kein größerer Motor ohne regelbaren Lader für 4 bis 6 km Volldruckhöhe mehr gebaut wird.

Zu diesem Motor paßt aber die Drehmoment-geregelte Schraube. Ja, der Betriebszustand des Laders kann hierbei nun umgekehrt nach konstanter Volldrehzahl geregelt werden, womit Druckdosen und ähnliche empfindliche Organe entbehrlich werden.

---

[3] Dieser Gedanke ist m. W. in der Patent-Literatur zum ersten und einzigen Mal von Gobéreau ausgesprochen worden. Eine von ihm gebaute Schraube wurde bei der DVL im Januar 1934 vorgeführt. Daß sie noch nicht recht befriedigt hat, ist wohl nicht dem Prinzip, sondern der Ausführung zuzuschreiben.

Verstellschraube: Flugmechanik

a) Bei konstantem Moment (konstanter Leistung) wird die Drehzahl nach dem Ähnlichkeitsgesetz gleich bleiben für (261. VI, 6)

$$k_d = \text{const.}$$

Bei reiner Drehzahlregelung fährt die Schraube für jede Drosselstellung mit einer bestimmten, festen Leistungszahl.

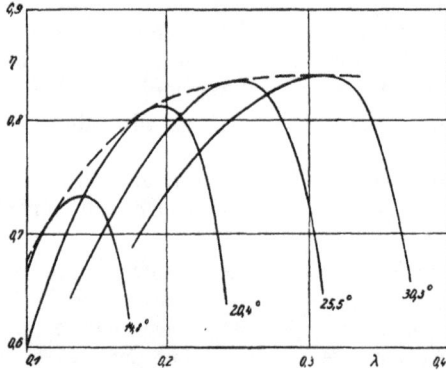

Abb. 8. Wirkungsgradkurve einer Verstellschraube nach NACA, Technical Note 333.

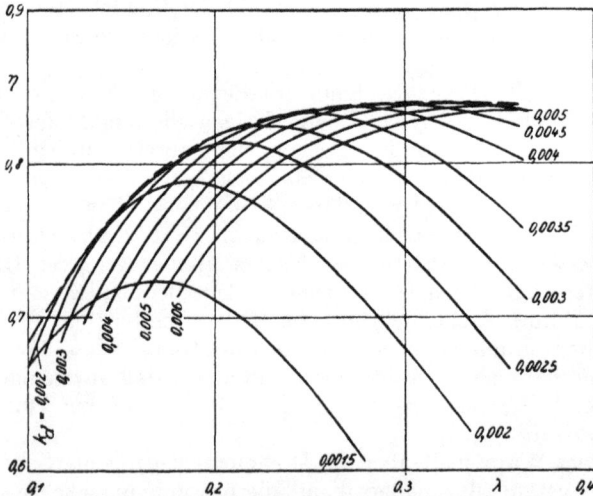

Abb. 9. Drehwertkurve für dieselbe Verstellschraube.
Diese Auftragung macht frei von den gemessenen Einstellungen der Verstellschraube und gestattet Berechnung der Drehzahlverhältnisse.

Für den Betriebszustand dieser Schraube ist also nicht das (η, λ)-Schaubild mit $H/D = \text{const}$ (Abb. 8) maßgebend, sondern dasjenige mit $k_d = \text{const}$ (Abb. 9). Man sieht sofort, daß die Wirkungsgrad-Kurven konstanter Leistungszahl viel flacher verlaufen als die konstanter Steigung, insbesondere für größere k_d-Beträge. Bei dieser schmalblattigen Verstellschraube wird man beispielsweise, je nach der Geschwindigkeitsspanne des Flugzeugs und den Anforderungen des Abflugs, mit einem $k_d = 0,004$ bis 0,005 fahren, d. h. man wird Durchmesser und Drehzahl so wählen, daß sich dieses k_d bei Vollast einstellt.

b) Drosselt man bei reiner Drehzahlregelung, so wird k_d mit M fallen. Drosselt man z. B. das Moment (die Leistung) auf 50 vH, so wird k_d bei vorliegender Schraube auf 0,002 bis 0,0025 zurückgehen. Damit fällt aber auch der Wirkungsgrad erheblich ab, denn es sinkt nicht nur der höchsterreichbare Betrag, sondern der Betriebszustand rückt auch vom

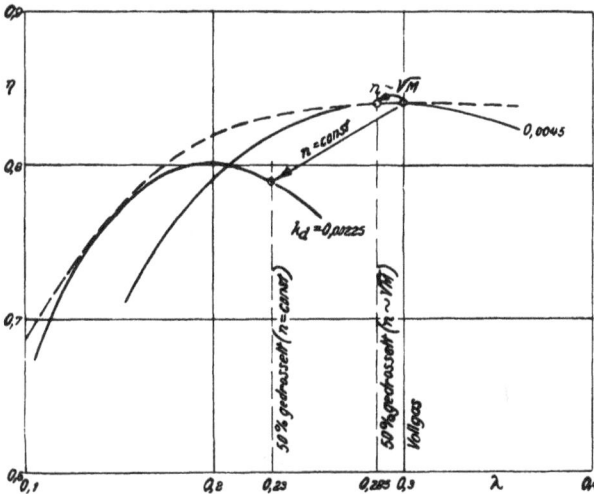

Abb. 10. Unterschied zwischen Drehzahl- und Momentenregelung.
Bei Drehzahlregelung ($n = $ const) wandert der Betriebspunkt beim Drosseln an eine ungünstige Stelle des Wirkungsgradfeldes, während bei Momentenregelung $\left(N \sim \sqrt{M}\right)$ der beste Wirkungsgrad auch beim Drosseln erhalten bleibt.

Maximum der Kurve ab (Abb. 10). Bei unserem Beispiel sinkt bei 50 vH Drosselung (Geschwindigkeitsänderung aus Abb. 7) der Wirkungsgrad um 5 vH, d. h. im Verhältnis zum ursprünglichen um 6 vH. Diese 6 vH gehen lediglich durch die falsche Regelung verloren!

c) Bei der Momenten-Regelung liegt die Sache anders. Hier geht wegen des Grundgesetzes der Regelung (Schleuderkraft proportional Moment) die Drehzahl mit der Wurzel aus dem Moment; also gilt hier nach dem Ähnlichkeitsgesetz ohne Rücksicht auf den Drosselzustand

$$k_d = \text{const.}$$

Die Momentenregelung gibt eine Schraube konstanter Leistungszahl bei allen Betriebszuständen.

Der hierdurch erreichte Vorteil springt aus Abb. 9 und 10 ohne weiteres ins Auge.

Bei genauerer Verfolgung der Verhältnisse muß das Leistungsschaubild (Abb. 6 und 7) zu Hilfe genommen werden. Die dort eingetragenen Drossel-parabeln sind auch für unsere Verstellschraube Kurven gleichen Fort-schrittgrads; dieser ändert sich nur beim Übergang von einer Kurve zur anderen. Der Maßstab hierfür ist (wegen $n = $ const) die Abszissenteilung (Geschwindigkeit). Man sieht, daß die Fortschrittsgradänderung in dem Bereich, wo der induzierte Widerstand nicht wesentlich ist (größerer Leistungsüberschuß) sehr klein bleibt; für unser Beispiel bei einer Drosse-lung von $\alpha = 3$ auf $\alpha = 1$ nur etwa 5 vH. Dementsprechend bleibt hier auch der Wirkungsgrad praktisch konstant (Abb. 10).

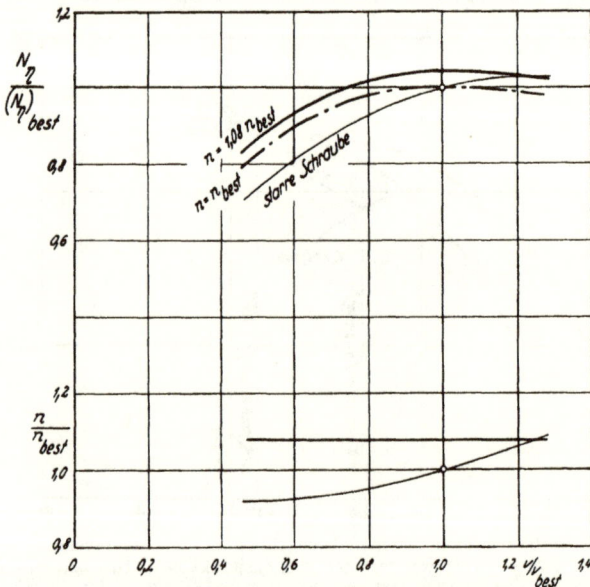

Abb. 11. Leistungs- und Drehzahlverlauf der Verstellschraube im Vergleich zur starren Schraube. Bei Beurteilung der Leistungsverbesserung ist zu beachten, daß es sich um Schrauben ver-schiedenen Umrisses und verschiedener Profile handelt.

d) Die ausnützbare Leistung bei Drehzahl- und Momenten-regelung geht wie die gewählte k_d-Kurve. Abb. 11 zeigt ein Beispiel (261. VI, 6).

e) Der Einfluß der Flughöhe interessiert natürlich nur bei Höhen-motoren. Für den Anstieg ist die Drehzahlregelung und die Momenten-regelung gleichwertig, solange das vom Motor abgegebene Drehmoment konstant gehalten werden kann (s. a. 6d). Die beste Gesamtausnützung erhält man eben bei Einhaltung der höchstzulässigen Dauerflugdrehzahl in allen Höhen.

Nach dem Ähnlichkeitsgesetz geht die Leistungszahl bei konstantem Moment (Leistung) und Drehzahl umgekehrt proportional zur Luftdichte

(261. VI, 7). Hiermit ergibt sich der in jeder Höhe erreichbare Wirkungsgrad. Ein praktisches Beispiel zeigt Abb. 12 für eine Volldruckhöhe von 12 km.

In einer gegebenen Höhe zeigt sich die Momentenregelung der Leistungsregelung genau so überlegen wie am Boden.

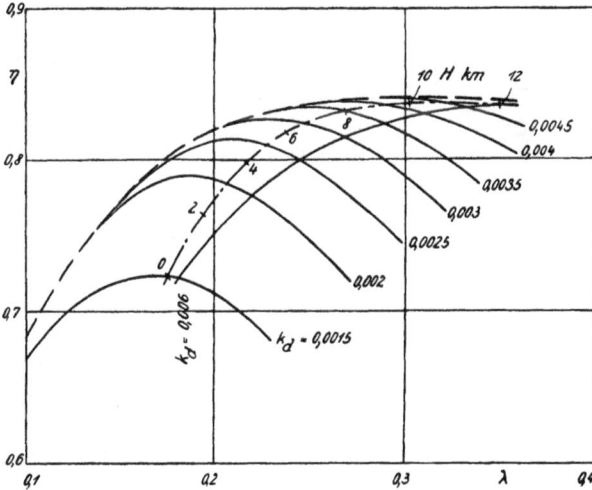

Abb. 12. Verlauf der Wirkungsgrade beim Anstieg mit konstanter Leistung und Drehzahl.
Bei konstanter Leistung und Drehzahl verhält sich der Drehwert umgekehrt wie die Luftdichte.

Abflugfragen

Dieser Punkt soll der Kürze halber nur gestreift und nur das berührt werden, was Verstellschrauben unmittelbar betrifft.

a) Die Darstellung des Abflugs muß sich, da η gegen Null geht, des Schubs bedienen. Die Berechnung wird besonders einfach, wenn der Schub über dem Staudruck betrachtet wird (305. II, 1).

b) Schub und Staudruck lassen sich maßfrei ausdrücken (305. IV, 2 und VI, 1). Auf diese Weise erhält man für je eine Schraubenfamilie ein Schaubild, dessen Achsen unmittelbar, wenn auch maßfrei, die Größen enthalten, die nachher bei der einfachen, halb graphischen Rechnung benötigt werden (Abb. 13 und 14).

c) Abb. 14 enthält dieselbe Verstellschraube, die in Abschnitt 7 schon behandelt wurde. Man sieht deutlich, daß die Schrauben mit kleinen Steigungen (14,8° und 20,4° Blattwinkel) bis zum Stand herab gesunde Strömung aufweisen, während die mit großen Steigungen bei kleinen Staudrucken zunehmend Abreißen zeigen.

Es ist nun durch Vergleich mit Abb. 9 und 10 nicht schwer, die Blattwinkel, bzw. die Leistungszahl so zu wählen, daß die Schraube bei großer Geschwindigkeit guten Wirkungsgrad ergibt, beim Abflug aber hohen

17

Schub aufweist, d. h. Abreißen vermeidet. Dies ergibt den richtigen Kompromiß für alle Betriebszustände der Verstellschraube.

d) Selbstverständlich darf die Schraube nicht so regeln, daß die Abflugsdrehzahl fühlbar niedriger liegt als bei irgendeinem anderen Flug-

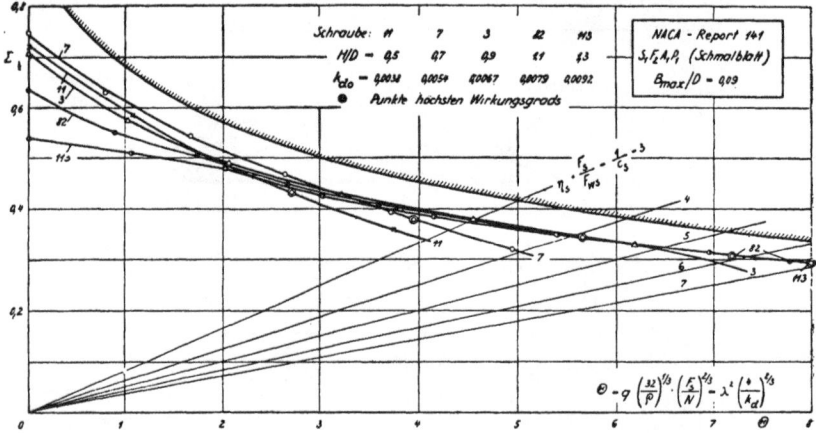

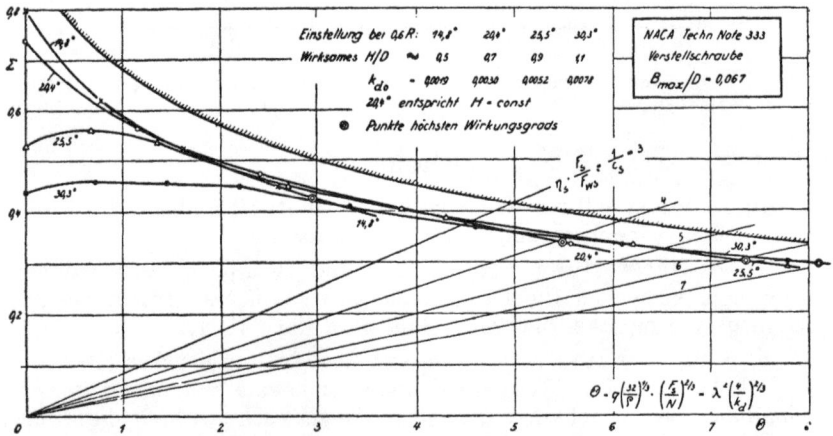

Abb. 13 und 14. Maßfreie Darstellung des Schubes über dem Staudruck.

Im Abflugbereich können die Schubkurven unschwer durch Gerade ersetzt werden. Die Unterschiede im Standschub zwischen der Holzschraube (Abb. 13) und der Metallschraube (Abb. 14) sind bemerkenswert. Eingetragen sind ferner Linien konstanten Belastungsgrades als Strahlen durch den Ursprung.

zustand mit gleicher Drosselstellung (Aufladung). Die Einstellung soll möglichst astatisch sein.

Wegen der Drehzahlzunahme beim Aufladen ($n \sim \sqrt{M}$) ist, wie schon gesagt, die Momentenregelung beim Abflug der starren Drehzahlregelung überlegen.

Schriftenverzeichnis

74. DVL-Bericht: M. Schrenk, Zur Berechnung der Flugleistungen ohne Zuhilfenahme der Polare. Z. Flugtechn. Motorluftsch. Jg. 18 (1927), S. 158/167.

79. DVL-Bericht: M. Schrenk, Einige weitere flugmechanische Beziehungen ohne Zuhilfenahme der Polare. Z. Flugtechn. Motorluftsch. Jg. 18 (1927), S. 399/405.

261. DVL-Bericht: M. Schrenk, Über das Zusammenwirken von Flugwerk und Triebwerk. Z. Flugtechn. Motorluftsch. Jg. 22 (1931), S. 695/702 und 721/27.

305. DVL-Bericht: M. Schrenk, Abflug und Schraubenschub. Z. Flugtechn. Motorluftsch. Jg. 23 (1932), S. 629/38.

Die Grundlagen der Dezimeterwellentechnik

Von W. Runge*)

Vorgetragen am 21. März 1934 in Berlin

Als man vor etwa zehn Jahren von den damals bekannten Wellen zu dem neuen Gebiet der jetzt für den Überseeverkehr benutzten Kurzwellen überging, zeigte sich für die gleiche Reichweite eine ungeheure Ersparnis in der erforderlichen Senderleistung. Wo vorher für Langwellen Hunderte von Kilowatt kaum ausgereicht hatten, genügten jetzt einige Kilowatt, um einen um vieles brauchbareren Verkehr sicherzustellen. Aus diesen Erfahrungen ist die Vorstellung entstanden, daß der Energiebedarf einer Sendeanlage mit sinkender Wellenlänge immer kleiner würde, und man erwartet von den Ultrakurzwellen zwischen 10 und 1 m und von den Dezimeterwellen unter 1 m, daß sie noch einmal ähnliche Größenordnungen der Leistungsersparnis zeigen. Betrachtet man jedoch die Ursachen der beim Übergang zu den Kurzwellen eingetretenen Leistungsersparnis, so erscheint diese Erwartung zum mindesten sehr bedenklich. Vier Ursachen wirkten damals zusammen:

Die Steigerung des Antennenwirkungsgrades, als die Wellenlänge bis auf die räumlichen Abmessungen der Antenne zusammenschrumpfte,

die Ausbildung einer von der Heavysideschicht geführten Welle, so daß die die lange Welle schwächenden Bodenverluste wegfielen,

der bei kurzen Wellen viel geringere Störspiegel,

und schließlich die Möglichkeit, die Kurzwellenleistung gebündelt abzustrahlen und daher in Richtung auf den Empfangsort zu konzentrieren.

Nun ist beim Übergang zu noch kürzeren Wellen eine weitere Steigerung des Antennenwirkungsgrades nicht mehr zu erwarten, da er schon bei den Kurzwellen 100 vH fast erreicht. Auch der Leistungsgewinn durch den Fortfall der Bodenverluste und der geringe atmosphärische Störspiegel können nicht noch einmal wirken. Es bleibt also nur die Bündelung übrig. Es erscheint daher notwendig, sich genaue Rechenschaft zu geben über den Zusammenhang der drahtlos übertragenen Leistung mit Bündelung und Wellenlänge.

Ausbreitung

Die Leistungsübertragung zwischen Richtantennen

Die Bündelung gestrahlter Leistung beruht stets darauf, daß man eine große Zahl von Elementen so strahlen läßt, daß sich ihre Wirkungen in der gewünschten Richtung addieren. Sind die Strahlen in einer Ebene

*) Dr.-Ing., Telefunken-Gesellschaft f. drahtlose Telegraphie, Berlin.

angeordnet und ist die Fläche hinreichend groß gegenüber der Wellenlänge, so hebt sich in praktisch allen anderen Richtungen die über die Gesamtfläche integrierte Strahlung weg. Mit dieser Grundvorstellung erfaßt man sowohl den optischen Scheinwerfer, bei dem die gleichphasig strahlenden Elemente in der Öffnungsfläche verteilt zu denken sind, wie auch die aus Einzelstrahlern zusammengesetzte Richtantenne als verschiedene technische Ausführungsformen der gleichen Aufgabe. Sind die linearen Ausdehnungen der Fläche außerordentlich groß gegenüber der Wellenlänge, wie das etwa beim optischen Scheinwerfer zutrifft, so ist die Bündelung außerordentlich hoch. Die Abweichungen von der Hauptrichtung betragen nur Bruchteile von Graden. Aber auch mit Flächen von mehreren Metern Durchmesser und so kurzen Wellenlängen wie denen des Lichtes läßt sich die absolute Konzentration der Energie in nur eine Richtung nicht erreichen. Aus der Optik ist der Satz bekannt, daß infolge der Beugung am Rand einer quadratischen Öffnung ein Richtbündel entsteht, dessen Winkelöffnung α vom Verhältnis der Seitenlänge d zur Wellenlänge λ abhängt, es ist

$$\alpha = \frac{120^0}{d/\lambda}.$$

Außerhalb dieser Öffnung wird nur ein außerordentlich kleiner Bruchteil der Gesamtleistung abgestrahlt, den wir vernachlässigen können. Die gesamte abgestrahlte Leistung wird also konzentriert auf eine Fläche, die $(\lambda/d)^2$ proportional ist. Die Leistungskonzentration in der Hauptrichtung, die »Bündelung« B ist also proportional d^2/λ^2. Denkt man sich in der gleichen Ebene mehrere Sendeflächen von der Seitenlänge d, von welchen jede die Leistung P in der gleichen Richtung gleichphasig ausstrahlt, so werden sich in der Hauptrichtung ihre Feldstärken addieren, so daß dort die n^2fache Leistung durch einen gegebenen Querschnitt durchgestrahlt wird. Da die Flächen in ihrer eigenen Ebene keine Leistung ausstrahlen, werden sie sich gegenseitig nicht beeinflussen, so daß die gesamte abgestrahlte Leistung $n \cdot P$ beträgt. Die Bündelung B ist also auf das $n$fache angewachsen, woraus hervorgeht, daß die Bündelung nicht nur dem Quadrat der Seitenlänge einer strahlenden quadratischen Fläche, sondern der Fläche schlechthin proportional ist, auch bei beliebiger Form. Für die Bündelung einer sendenden Richtfläche F können wir also schreiben:

$$B = b\,\frac{F}{\lambda^2} \quad \ldots \ldots \ldots \ldots \ldots \quad (1)$$

wo b ein Proportionalitätsfaktor ist.

Nach dieser Definition ist durch abgestrahlte Leistung und durch die Bündelung die in der Hauptrichtung durch die Raumwinkeleinheit gestrahlte Leistung festgelegt, unabhängig von der Wellenlänge, oder anders gesagt, da in der Hochfrequenztechnik der Begriff der Feldstärke geläufiger ist als der der durch die Flächeneinheit gestrahlten Leistung: die Feldstärke am Empfangsort ist bei Ausbreitung im freien Raum proportional der Wurzel aus der abgestrahlten Leistung und der Wurzel aus der Bündelung, und umgekehrt proportional der Entfernung. Von der Wellenlänge hängt sie nicht ab, vgl. Anhang 1.

Fragt man sich nach der dem Strahlungsfelde von einer Empfangsfläche entnehmbaren Leistung, so ist ohne weiteres glaubhaft, daß diese Leistung der Größe der empfangenden Fläche proportional ist. Stellt man nämlich n gleichartige Flächen in der gleichen Ebene senkrecht zur Strahlungsrichtung auf, so werden sie, da jede in ihrer eigenen Ebene nicht strahlt und die Flächen sich daher gegenseitig nicht beeinflussen können, n mal soviel Leistung aus dem Strahlungsfeld entnehmen wie eine einzige. Die empfangene Leistung P_e ist also der Empfängerfläche F proportional. Drückt man nach Formel (1) diese Fläche aus durch die Bündelung, die die Empfangsantenne, als Sendeantenne betrieben, in der Empfangsrichtung hervorrufen würde, so erhält man

$$P_e = p \cdot B \cdot \lambda^2 \quad \ldots \ldots \ldots \ldots \ldots \ldots (2)$$

wo p ein Proportionalitätsfaktor ist.

Die aus einem vorgegebenen Strahlungsfeld entnehmbare Leistung ist also der Bündelung proportional, die die Empfangsantenne, als Sendeantenne betrieben, in der Empfangsrichtung hervorbringen würde, und dem Quadrat der Wellenlänge. Dieser Satz, der hier mit anschaulichen Betrachtungen für eine flächenhafte Antenne glaubhaft gemacht wurde, ist zuerst von Schottky unter Benutzung des Reziprozitätstheorems von Rayleigh allgemein bewiesen worden[1]. Ein einfacher Beweis findet sich in Anhang 2.

Wir besitzen nun den quantitativen Zusammenhang zwischen Bündelung, Wellenlänge und übertragener Leistung und wollen ihn für drei charakteristische Fälle erörtern.

Wir stellen uns vor, daß die Bündelung am Sender und Empfänger als vorgegeben zu betrachten sei. Beispielsweise sollen beides Rundstrahler sein, welche ja eine wenn auch geringe Bündelung in ihrer Äquatorialzone bewirken. Die Bündelung kann auch durch andere Gesichtspunkte begrenzt sein. So stellt beispielsweise die Kollisionssicherung von Schiffen im Nebel die Forderung, daß in der Richtung von recht voraus bis Backbord querab Leistung ausgestrahlt und aus diesem selben Sektor empfangen werden soll. Mit der Festsetzung der Bündelung ist bei gegebener Senderleistung, wie oben gezeigt wurde, die ferne Feldstärke unabhängig von der Wellenlänge festgelegt. Bei gegebener Bündelung am Empfänger ist jedoch die aus dem gegebenen Strahlungsfelde entnehmbare Leistung der Wellenlänge quadratisch proportional. Bei gleicher Senderleistung nimmt also mit kleiner werdender Welle die dem Empfangsgerät zur Verfügung gestellte Leistung quadratisch ab, oder um dem Empfänger die gleiche Leistung zur Verfügung zu stellen, müßte die Senderleistung sich umgekehrt proportional dem Quadrat der Wellenlänge ändern. Je kürzer die Welle, desto schlechter wird also der Wirkungsgrad der Übertragung.

---

[1] Schottky, Das Gesetz des Tiefenempfangs in der drahtlosen Telegraphie, Jahrbuch für drahtlose Telegraphie und Telephonie, Bd. 24.

desto größer wird also die für eine gegebene zu überbrückende Entfernung erforderliche Senderleistung. Für eine solchen Fall sollte man die Wellenlänge so groß als möglich machen. Nun werden die Antennenabmessungen stets durch praktische Gesichtspunkte begrenzt sein, und wenn die Wellenlänge über die Antennenabmessungen wesentlich hinauswächst, sinkt der Antennenwirkungsgrad. Bei gegebenen Antennenabmessungen ist auch durch die vorgeschriebene Bündelung, wenn nicht Rundstrahlung vorgeschrieben war, die Antennenwelle nach oben begrenzt. Im Interesse der Leistungsersparnis an Sender und Empfänger sollte man jedenfalls in einem solchen Fall die Welle so lang wählen, als bei vorgeschriebener Bündelung die Antennenabmessungen und im übrigen der Antennenwirkungsgrad erlaubt. Die Verkleinerung der Wellenlänge steigert den Leistungsbedarf quadratisch.

Wir stellen uns nun vor, daß an Sender und Empfänger nicht die Bündelung sondern die Richtflächen vorgegeben sind. Die Bündelung ist dann umgekehrt proportional dem Quadrat der Wellenlänge. Da die Empfängerfläche konstant bleibt, wächst also mit sinkender Wellenlänge die empfangene Leistung quadratisch an. Wenn die Bündelungsschärfe nicht durch praktische Nebenbedingungen begrenzt ist (bei einem kurvenden Fahrzeug erschwert ein scharf bündelnder Empfänger den Empfang unter Umständen außerordentlich stark), so empfiehlt es sich hier, die Wellenlänge beliebig kurz zu wählen. Mit abnehmender Wellenlänge sinkt jedoch, wie später gezeigt werden wird, nach dem heutigen Stand der Technik der Gerätewirkungsgrad erheblich. Man sollte also in diesem Fall die Welle so kurz wählen, als der Gerätewirkungsgrad an Sender und Empfänger erlaubt.

Halten wir auf dem einen Übertragungsende die Bündelung konstant, am anderen Ende die Größe der Richtfläche konstant, so ist der Wirkungsgrad der räumlichen Übertragung von der Wellenlänge unabhängig. Würde man z. B. einen Rundstrahlsender mit einer Richtfläche von vorgegebener Größe empfangen, so würde sich die Verkürzung der Wellenlänge nicht in einer Änderung der übertragenen Leistung sondern nur in der Änderung der Bündelungsschärfe am Empfänger ausdrücken.

Im Lichte dieser Betrachtungen wollen wir einen Vergleich anstellen zwischen einer Verbindung mit Übersee-Strahlwerferrichtantennen, Wellenlänge 20 m, Breite 100 m, Höhe 50 m und einer Dezimeterwellenverbindung. Beim Übergang zur 20-cm-Welle und maßstäblicher Verkleinerung der Antenne würden wir eine Richtfläche von 1 m Breite und 50 cm Höhe erhalten. Die Bündelung würde dabei unverändert bleiben. Da bei konstanter Bündelung die übertragene Leistung sich mit dem Quadrat der Wellenlänge ändert, so würden wir über die gleiche Entfernung nur $^1/_{10000}$ von der Leistung empfangen, die bei gleichstarkem Sender auf der 20-m-Welle den Empfänger erreichen würde. Um die gleiche Leistung zu übertragen, dürften wir nicht die Antennenabmessung im Maßstab der Wellenlänge verkleinern sondern die Antennenflächen und würden dann für die Dezimeterwelle auf Abmessungen kommen von 10 m Breite und 5 m Höhe. In diesem Fall wäre die Bündelung wirksamer geworden als bei der 20-m-Welle. Der Bündelungswinkel hätte sich wie 1:10 verbessert. Vergleicht man diese Zahlen mit dem, was über die jetzt in Betrieb gegebene englisch-französische Verbindung Lympne-St-Inglebert bekannt geworden ist, nämlich Welle 17 cm, Spiegeldurchmesser 3 m, so sieht man, daß die Leistungsübertragung merklich zurückbleibt hinter der mit nicht einmal besonders großen Überseestrahlwerfern für 20-m-Wellen. Mit der vierfachen Wellenlänge, also 70 cm, und Spiegeln von 6 m Dmr. hätte man dieselbe drahtlose Leistungsübertragung erzielt, wahrscheinlich aber einen außerordentlich viel besseren Gerätewirkungsgrad. Vermutlich ist hier die kurze Welle gewählt worden, nicht, weil sie das derzeitige Optimum darstellt, sondern um zu zeigen, wie weit die Beherrschung so kurzer Dezimeterwellen bereits vorgeschritten ist.

Die Ausbreitung im gestörten Feld

Im vorigen Abschnitt wurde das Verhalten von Dezimeterwellen im freien Raum hergeleitet aus optischen Betrachtungen. Auch bei dem Verhalten an Hindernissen können wir mit optischen Analogien arbeiten, wobei wir uns allerdings vergegenwärtigen müssen, daß wir bei Lichtwellenlängen in der Größenordnung von Tausendsteln von Millimetern mit sehr guter Annäherung eine völlig gradlinige Ausbreitung zugrunde legen können und nur selten dabei beachtliche Fehler machen, da die Beugungserscheinungen meistens unerheblich und nur der genaueren Beobachtung zugängliche Nebenerscheinungen bleiben. Hier jedoch stellt ein Turm aus elektrisch leitendem Werkstoff von 6 m Dmr. für die Dezimeterwelle ein ähnliches Hindernis dar wie für den Lichtstahl ein Metallfaden von der Dicke eines halben Hundertstel Millimeters. Auch in völlig parallelem Licht würde der Schatten eines solchen Fadens nicht lange zu sehen sein. Steht also dieser Turm gerade mitten zwischen Sender und Empfänger und verdeckt die unmittelbare Sicht, ohne den Empfang wesentlich zu schwächen, so ist das keine Abweichung des Verhaltens der Dezimeterwellen von den optischen Gesetzen. Das gleiche gilt von der Ausbreitung der Dezimeterwellen über den Horizont. Auch das Licht folgt der Erdkrümmung und wird um den Horizont herumgebeugt. Diese Wirkung ist jedoch bei der längeren Dezimeterwelle sehr viel stärker, so daß der Sender, anstatt hinter dem sichtbaren Horizont unterzugehen wie die Sonne, noch mit merklichen Bruchteilen seiner Leistung hinter dem Horizont eine Zeitlang wahrnehmbar bleibt. Der Beugungsverlust der Dezimeterwelle über verlustfreiem Boden, also etwa über Meerwasser, bewirkt eine Feldstärkenabnahme von 10 auf 1 über 50 km. Um den Sender 50 km hinter dem Horizont ebenso laut zu hören wie vorher am Horizont, muß die Leistung des Senders oder die Leistungsempfindlichkeit des Empfängers also auf den hundertfachen Wert gesteigert werden. Die optische Sicht ist also eine erste Annäherung an die für gute Übertragung von Dezimeterwellen erforderliche Vorbedingung.

Anderseits treten gerade infolge des optischen Verhaltens der Dezimeterwellen Fälle auf, in denen die optische Sicht bereits vorhanden, die Übertragung der Dezimeterwelle aber trotzdem recht schlecht ist. Fällt

z. B. die horizontal polarisiert gesendete Welle unter einem ganz geringen Winkel auf eine spiegelnde Fläche ein, so setzen sich die ankommende und die gespiegelte Feldkomponente zu einem resultierenden Feld zusammen, dessen elektrische Feldstärke am Boden selbst Null ist und mit der Höhe über dem Boden sinusförmig wächst. Die Feldstärke besitzt horizontale Knotenebenen, die in regelmäßigen Abständen über dem Boden liegen und deren Höhe mit geringer werdendem Einfallswinkel gegen unendlich geht. Sind Sender und Empfänger dicht über dem Boden aufgestellt, so wird also trotz optischer Sicht die Übertragung recht schlecht sein und mit der Erhebung von Sender oder Empfänger über den Boden beträchtlich zunehmen, ohne daß die optische Sichtbarkeit zunimmt. Auch diese Erscheinung würden wir in der Optik beobachten, wenn wir wenige Wellenlängen über einer spiegelnden Fläche die Lichtintensität feststellen könnten.

Rückstrahlung aus dem Raum ist nur selten beobachtet worden. Marconi will bei Versuchen mit der 60-cm-Welle im Mittelmeer, nachdem der direkte Empfang bereits völlig hinter dem Horizont verschwunden war, noch in 150 km Entfernung gelegentlich Zeichen mit stark schwankender Intensität beobachtet haben. Doch liegen über diese Erscheinung so wenig Beobachtungsunterlagen vor, daß nichts Allgemeines darüber ausgesagt werden kann.

Erzeugung und Empfang

Funkensender

Die ältesten Verfahren, Dezimeterwellen zu erzeugen, sind älter als die ganze drahtlose Nachrichtentechnik. Bei seinen klassischen Experimenten zur Bestätigung der Maxwellschen elektromagnetischen Lichttheorie benutzte Hertz Knallfunken an einer Kugelfunkenstrecke. Aber im Vergleich zu der hohen Vollendung, die der Funken später im Löschfunkensender als Hochfrequenzerzeuger erreicht hat, bleibt die Leistung der Funkenstrecke für Dezimeterwellen außerordentlich unbefriedigend. Die Leistung einer Funkenstrecke ist proportional der Funkenzahl in 1 s und der vor dem Überschlag des Funkens in der Kapazität des Schwingungskreises aufgespeicherten Energie.

Die Funkenstrecke muß aber bei Dezimeterwellen, um nicht durch ihre eigene Kapazität kurzgeschlossen zu sein, und keine großen Funkendämpfungen hervorzurufen, räumlich außerordentlich klein werden, so daß hohe Zündspannungen nicht erreichbar sind; die Schwingkreiskapazität muß ebenfalls wegen der hohen Frequenz sehr klein sein. Die Leistung des Funkensenders bleibt daher außerordentlich gering. Um Leistungen von einigen Watt zu erzielen, muß man die Funkenstrecke erheblich überlasten und dann sinkt ihre Lebensdauer auf Tage oder gar Stunden herab. Für Laboratoriumsversuche bleibt also das Verfahren anwendbar, für die Zwecke des technischen Gebrauchs kommt es nicht in Betracht, insbesondere da die Funkenstrecke nur tönende Signale, nicht aber eine zeitlich so unveränderliche Schwingungsamplitude liefert, daß sie für die Übertragung von Sprache zu brauchen wäre.

Rückkopplungsschaltung

In der Nachrichtentechnik ist die Funkenstrecke als Schwingungs-erzeuger fast völlig durch die rückgekoppelte Röhre ersetzt worden. Versucht man auf diese Weise immer kürzere und kürzere Wellen darzustellen, so stößt man auf zwei Schwierigkeiten. Einmal begrenzt die Größe der Elektrodenkapazität die Wellenlänge nach unten, zweitens ist die Laufzeit der Elektronen von der Kathode bis zur Anode der Röhre nicht Null, sondern verschwindet nur bei niedrigen Frequenzen soweit gegen-über der Periodendauer, daß sie vernachlässigt werden darf. Im Vergleich zur Periodendauer einer Dezimeterwelle verschwindet sie aber keineswegs mehr, so daß die zur Schwingungserzeugung erforderliche Phasenbedingung erheblich gestört wird. Die Laufzeit ist der Wurzel aus der Anodenspannung umgekehrt proportional. Durch eine Erhöhung der Anodenspannung läßt sie sich also nur wenig vermindern. Dagegen werden beide angeführten Schwierigkeiten beseitigt, wenn man die Röhre im Maßstab der Verkürzung der Wellenlänge völlig ähnlich verkleinert. Kapazität und Laufzeit ändern sich dann maßstäblich mit, und wenn man den angeschlossenen Schwingungskreis ebenfalls maßstäblich ändert, so arbeitet die gesamte Schaltung für die maßstäblich verkleinerte Welle unverändert.

Das Verfahren ist jedoch auch aus anderen als rein konstruktiven Gründen nicht bis zur beliebig kleinen Wellen mit Vorteil anzuwenden. Mit der Verkleinerung der Röhre nehmen ihre Oberflächen quadratisch ab. Unter sonst gleichen Verhältnissen sinkt also die zulässige Anoden-verlustleistung quadratisch und bei konstantem Wirkungsgrad auch die Nutzleistung. Anderseits geht die Emission und der Anodenstrom mit der Kathodenoberfläche herunter, so daß bei gleichbleibender Anoden-spannung der zur Erzielung eines guten Wirkungsgrades erforderliche Außen-widerstand umgekehrt proportional dem Quadrate des Verkleinerungsmaß-stabes zunimmt. Wie der Versuch zeigt, läßt sich bei maßstäblicher Verkleinerung eines Schwingkreises und entsprechender Verkleinerung der Resonanzwelle das Dämpfungsmaß unveränderlich halten. Damit bleibt bei der Verkleinerung der Schaltung der Schwungradwiderstand konstant, während für guten Wirkungsgrad ein Anwachsen des Schwungradwider-standes mit dem Quadrat der Verkleinerung erforderlich wäre. Um zu möglichst kleinen Wellen herunterzukommen, muß man also bei der Verkleinerung der Röhre die zulässige Verlustleistung der Anode und die Emission der Kathode möglichst hochhalten, während gleichzeitig die Elektrodenkapazität und die Elektrodenabstände möglichst klein werden sollen. Diese sich widersprechenden Forderungen lassen sich bis zu Wellen-längen bis zu 50 cm herunter noch einigermaßen vereinigen. Legt man nur Wert auf Schwingungseinsatz und nicht auf die Erzeugung von merklichen Leistungen, so hat man Rückkopplungsschaltungen bis zu 25 cm herunter in Selbsterregung bringen können.

Vervielfachungsschaltung

Ähnlich liegt der Fall, wenn man versucht, Dezimeterwellen aus niedrigeren Frequenzen durch Vervielfachung darzustellen. Zwar ist in einer Vervielfachungsstufe die Laufzeit der Elektronen gleichgültig, nur die Streuung der Laufzeit muß klein sein im Vergleich zur Periodendauer der Dezimeterwelle. Aber bei gegebener Kathode sinkt proportional der Ordnungszahl die verfügbare Schwingleistung, während gleichzeitig der für guten Wirkungsgrad erforderliche Außenwiderstand proportional mit der Ordnungszahl anwächst. Auch hier werden also mit kürzer werdender Wellenlänge die Verhältnisse so rasch ungünstiger, daß die Erzeugung einer Leistung von einigen Watt bei 50 cm Wellenlänge schon auf erhebliche Schwierigkeiten stößt.

Laufzeitverfahren

Während also die Verfahren, die Laufzeit in der Röhre soweit zu reduzieren, daß sie vernachlässigt werden kann, zu verschwindend kleinem Leistungsumsatz führen, läßt sich gerade die Laufzeit im Schwingungsmechanismus ausnutzen. Denkt man sich eine zylindrische Anode, in deren Achse eine Kathode verläuft, und mißt man bei angelegter Anodenspannung den Wechselstromwiderstand dieser Entladungsstrecke, so findet man bei niedrigeren Frequenzen den bekannten Innenwiderstand der Röhre. Er ist positiv, da ja mit wachsender Anodenspannung der Anodenstrom zunimmt. Geht man aber mit der Frequenz so hoch, daß die Laufzeit gleich einer halben Periodendauer wird, so verändert sich das Bild. Im Augenblick höchster Anodenspannung wird eine überdurchschnittliche Menge von Elektronen aus der Raumladung losgelöst, trifft aber wegen der endlichen Laufzeit erst dann auf der Anode ein, wenn die Anodenspannung gerade ein Kleinstwert ist. Entsprechend trifft bei größter Anodenspannung die Elektronenzahl ein, die bei kleinster Anodenspannung aus der Raumladung abgelöst worden war. Der Anodenstrom ist jetzt der Anodenspannung gegenphasig. Der Innenwiderstand ist negativ. Es lassen sich eine ganze Reihe von Frequenzen finden, bei denen der Wechselstromwiderstand der betrachteten Elektrodenröhre negativ ist und zwar alle diejenigen Frequenzen, bei denen die Laufzeit ein ungrades Vielfaches einer halben Periodendauer beträgt. Bei diesen Frequenzen ist die Röhre imstande, einen ihr parallel geschalteten Schwingungskreis zu entdämpfen und unter geeigneten Bedingungen Schwingungen anzufachen.

Der Wirkungsgrad einer solchen Anordnung ist nur gering, da die auf die Spannungsänderung bezogene negative Stromänderung nur klein ist gegenüber dem Produkt aus Ruhestrom und Anodengleichspannung. Der Wirkungsgrad läßt sich jedoch beträchtlich steigern, wenn man ein der Röhrenachse paralleles, ruhendes Magnetfeld anbringt. Die Elektronenbahnen von der Kathode zur Anode verlaufen dann in auf der Röhrenachse normalen Ebenen, sind aber in dieser Ebene je nach der Stärke von Magnetfeld und Anodenspannung mehr oder weniger stark gekrümmt. Bei kleinen Anodenspannungen gehen überhaupt keine Elektronen zur Anode über, da sie von dem Magnetfeld vor Erreichung der Anode wieder zur Kathode zurückgekrümmt werden. Von einer gewissen Anodenspannung ab gehen praktisch alle Elektronen über. Wählt man die Anodenspannung so, daß eben gerade keine Elektronen übergehen und legt man jetzt eine Wechselspannung zwischen Kathode und Anode, so lassen sich Frequenzen finden, für die wegen der endlichen Laufzeit der Elektronen der gesamte infolge einer Erhöhung der Anodenspannung erzielte Anodenstrom erst während einer Halbperiode verminderter Anodenspannung übergeht. Während der Zeit erhöhter Anodenspannung geht kein Elektronenstrom über, weil die Beschleunigung der Elektronen in der kurz vorhergegangenen Halbperiode verminderter Anodenspannung zu klein war, um ihnen das Erreichen der Anode zu ermöglichen. Die Stromänderung ist jetzt außerordentlich viel größer, als das ohne Magnetfeld möglich war, und daher ist der Wirkungsgrad der Diode mit Magnetfeld außerordentlich viel besser als der der einfachen Diode.

Man kann sich den Schwingungsmechanismus genau so vorstellen wie den der bekannten Rückkopplungsschaltung bei einer Dreielektrodenröhre. Um der Röhre Wechselleistung zu entnehmen, muß das Anodenstrommaximum zeitlich mit dem Anodenspannungsminimum zusammenfallen. Bei der Dreielektrodenröhre mit vernachlässigbarer Laufzeit wird dies dadurch erreicht, daß man die Raumladung vermittels des Gitters gegenphasig zur Anodenwechselspannung steuert. Bei den eben beschriebenen Zweielektrodenanordnungen wird die Raumladung unmittelbar von der Anode gesteuert und die Gegenphasigkeit durch die Laufzeit erreicht.

Die obige Darstellung des Schwingungsmechanismus einer Zweielektrodenröhre unter Berücksichtigung der Laufzeit kann auf Exaktheit keinen Anspruch erheben, da für die Phase des Anodenstroms streng genommen nicht der Augenblick des Eintreffens der Elektronen auf der Anode entscheidend ist; schon während ihrer ganzen Laufbahn bewirkt die Verschiebung der Elektronenladung einen entsprechenden Leistungsstrom. Anschaulich sind jedoch die wirklichen Vorgänge richtig wiedergegeben.

Barkhausenkurzschaltung

Das älteste Verfahren zur Erzeugung von Dezimeterwellen ist die Barkhausenkurzschaltung. Das Gitter einer Dreielektrodenröhre erhält eine hohe positive Spannung gegen Kathode, die Anode eine geringe negative. Die auf der Strecke Kathode-Gitter beschleunigten Elektronen fliegen zum Teil durch die Gittermaschen hindurch, werden im Gitteranodenraum verzögert, kehren von der Anode wieder um und führen weiter pendelnde Bewegungen um das Gitter herum aus, während bei jedem Durchgang ein Teil auf dem Gitter landet. Bei völlig festgehaltenen Gleichspannungen der Elektroden schwingen die Elektronen ungeordnet in allen Phasen; wenn jedoch die Elektroden Wechselspannung annehmen können, werden die Elektronen geordnet und schwingen vorwiegend gleichphasig. Die Frequenz dieser Schwingungen ist wesentlich durch die Gitterkathodenspannung und durch den Abstand Anode-Kathode gegeben. Der Wirkungsgrad derartiger Schwingungserzeuger bewegt sich je nach der Frequenz zwi-

schen Bruchteilen von Prozenten und etwa 10 vH. Er ist dem Wirkungsgrad der Schwingungserzeuger mit ruhendem Magnetfeld erheblich unterlegen.

Zur Erzeugung von etwa 10 cm langen Wellen hat man Röhren mit
schraubenförmigem Gitter betrieben, bei denen der Schwingungskreis aus
der Gitterselbstindukton, der Kapazität der Gitterenden gegen Kathode
und der Kathode selbst besteht. Beim Betrieb mit stark positivem Gitter
und schwach negativer Anode erregen sich dann beide Enden der Röhre
im Gegentakt in Barkhausen-Kurzschwingungen. Die Schwingleistung
kann man von beiden Enden des Gitters abnehmen im Gegensatz zu allen
anderen Röhrenschaltungen, bei denen die Schwingleistung von einem Teil
der Entladungsstrecke, also von zwei verschiedenen Elektroden abgenommen wird. Durch die Vorstellung von Gegentaktschwingungen an
beiden Enden der Röhre läßt sich aber auch diese Schaltung ohne Abweichung von den bestehenden Vorstellungen erklären.

Dezimeterwellenempfang

Zum Empfang von Dezimeterwellen werden alle in der gewöhnlichen
Empfangstechnik bekannten Schaltungen benutzt. Eine sehr einfache
Anordnung von beachtenswerter Empfindlichkeit ist der gewöhnliche
Kristalldetektor, dessen praktischer Verwendbarkeit nur seine geringe
Betriebszuverlässigkeit im Wege steht. Die einfache Audionschaltung ist
anwendbar, wenn die Audionröhre so klein konstruiert wird, daß die Selbst-
induktion der Zuleitungen und die Elektrodenkapazität nicht die Ausbildung merklicher Elektrodenwechselspannungen verhindert. Hochempfind-
liche Schaltungen kann man mit allen zur Erzeugung kontinuierlicher
Schwingungen geeigneten Anordnungen erzielen, wenn man sie an der
Grenze beginnender Selbsterregung betreibt. An dieser Stelle findet man
meistens auch ausgeprägte Gleichrichterwirkungen. Vielfach hat man die
Empfindlichkeit solcher Anordnungen durch Verwendung einer Hilfs-
frequenz in der Armstrongschaltung noch gesteigert. Unmittelbare Hoch-
frequenzverstärkung ist bei 60-cm-Wellen den Amerikanern mit kleinen
Röhren versuchsweise noch gelungen. Diese Röhren würden zweifellos
auch den Aufbau von Zwischenfrequenzempfängern ermöglichen. Bestimmte
zweckmäßigste Standard-Schaltungen haben sich im Empfang noch nicht
herausgebildet.

Zusammenfassung

Von einer Darstellung des technischen Standes der Dezimeterwellen
ist hier völlig abgesehen worden. Solch eine Darstellung würde auch nur
die Bedeutung einer Momentaufnahme haben, da die Technik stark im
Fluß ist und sich feste Linien noch nicht herauskristallisiert haben. Man
kann höchstens die Anwendungsgebiete fixieren, die auf die Dezimeterwelle warten. Da ist vor allem die Navigation im weiteren Sinn der Ortung
von Fahrzeugen jeder Art, für die ein Richtstrahl mit genähert optischen
Eigenschaften die alte Aufgabe der Sicherung und Ortung bei unsichtigem
Wetter der Lösung naherückt. Auch die Möglichkeit der Maximumspeilung,

das Anpeilen eines Senders unter Ausschluß von gleichwelligen Sendern aus anderen Richtungen ist eine wertvolle Bereicherung der Navigationsmittel.

Für Verbindungen zwischen festen Punkten, zwischen denen Sichtverbindung besteht, erlaubt die Dezimeterwelle bessere Energieübertragung bei kleineren Antennen als bisher und bei hoher Ausnutzung der Bündelungsmöglichkeiten; wir sehen, wie diese Weiterentwicklung in die Dezimeterwellen hinein die alten drahtlosen Möglichkeiten der allgemeinen Verbreitung von Nachrichten und der Verbindung sich bewegender Stationen verläßt und mit der Konzentration der Strahlung auf die Gegenstation ihrer ältesten Schwester, der Drahttechnik, wieder die Hand reicht.

Anhang 1

Ein Kugelstrahler, der die Leistung P nach allen Richtungen gleichmäßig abstrahlt, strahlt in die Raumwinkeleinheit die Leistung P_w:

$$P_w = \frac{P}{4\pi}.$$

Als Bündelung B in einer bestimmten Richtung und Polarisation wird definiert die in dieser Richtung und Polarisation je Raumwinkeleinheit ausgestrahlte Leistung, dividiert durch die gesamt abgestrahlte Leistung, so daß für den Kugelstrahler

$$B_K = \frac{P_w}{P} = \frac{1}{4\pi} = 0{,}0797$$

ist. Ein Stromelement, das die Leistung P (in Watt) abstrahlt, erzeugt in der Äquatorialebene eine ferne Feldstärke (V/m) von der Größe

$$\mathfrak{E} = \frac{60}{\sqrt{80}} \cdot \frac{\sqrt{P}}{r}.$$

Die von der Feldstärke $\mathfrak{E}$ durch eine Fläche von 1 m² geführte Leistung N ist

$$N = \frac{\mathfrak{E}^2}{120\pi} \; W/m^2.$$

Die je Raumwinkeleinheit gestrahlte Leistung P_w wird dann

$$P_w = N \cdot r^2 = \frac{60 \cdot 60 \cdot P}{80 \cdot 120 \cdot \pi}$$

und die Bündelung

$$B_{\text{Stromelement}} = \frac{P_w}{P} = \frac{60 \cdot 60}{120 \cdot \pi \cdot 80} = 0{,}119.$$

Eine aus n Stromelementen zusammengesetzte Strahlwerferantenne hat eine Bündelung

$$B_s = n \cdot B_{\text{Stromelement}}$$
$$= n \cdot 0{,}119,$$

wenn die Stromelemente soweit voneinander entfernt sind, daß sie sich gegenseitig nicht mehr merklich beeinflussen. Hierfür genügt erfahrungsgemäß ein Abstand von $\lambda/2$.

Anhang 2

In einer Empfangsantenne bilde sich unter dem Einfluß des am Empfangsort herrschenden Feldes $\mathfrak{E}$ ein Strom J aus, der eine Funktion a des Ortes auf der Antenne ist. Wir setzen: $J = J_0 \cdot a(s)$, wo J_0 einen Strom, dessen Betrag gleich dem des Stromes in einem beliebigen Anfangspunkt auf der Antenne und dessen Phase gleich der von $\mathfrak{E}$ an dieser Stelle ist, und wo s den Abstand von diesem Anfangspunkt bezeichnet. Nennen wir ferner den Winkel zwischen einem Antennenelement ds und der Richtung der Feldstärke $\varphi(s)$, und den zeitlichen Phasenwinkel zwischen J und der Feldstärke $\psi(s)$, so gilt für die empfangene Leistung P_e:

$$P_e = \mathfrak{E} J_0 \left[\int_R a \cos\varphi \, (\cos\psi + j \sin\psi) \, ds \right].$$

Das Integral ist über die ganze Antenne zu erstrecken; der Index R an der eckigen Klammer bedeutet »reeller Teil«.

Ist die Antenne widerstandslos, so muß diese gesamte Leistung wieder ausgestrahlt werden. Die von dem Strom J wieder ausgestrahlte Leistung sei P_s, es ist also $P_e = P_s$. Aus beiden Gleichungen für P_e folgt:

$$P_e = \mathfrak{E}^2 \, \frac{J_0^2 \left[\int_R a \cos\varphi \, (\cos\psi + j \sin\psi) \, ds \right]^2}{P_s}.$$

Der Quotient auf der rechten Seite ist nun leicht zu deuten. Unter der Stromverteilung J auf der Antenne wird nämlich die wiederausgestrahlte ferne Feldstärke $\mathfrak{E}_f$ in der bisherigen Senderrichtung und -Polarisation

$$\mathfrak{E}_f = \frac{60\,\pi}{r\,\lambda} J_0 \left[\int_B a \cos\varphi \, (\cos\psi + j \sin\psi) \, ds \right],$$

wo B an der eckigen Klammer bedeutet: »Betrag«. Das Integral ist im übrigen das gleiche, dessen reeller Teil in dem Ausdruck für die Empfangsleistung vorkam.

Nun wird die durch die Raumwinkeleinheit gestrahlte Leistung P_w:

$$P_w = \frac{\mathfrak{E}_f^2 \, r^2}{120\,\pi} = \frac{60^2\,\pi^2}{\lambda^2\,120\,\pi} \cdot J_0 \cdot \left[\int_B a \cos\varphi \, (\cos\psi + j \sin\psi) \, ds \right]^2.$$

Da die gesamte ausgestrahlte Leistung P_s war, gilt für die Bündelung der Empfangsantenne in der Senderichtung und -Polarisation

$$B = \frac{P_w}{P_s} = \frac{30\,\pi\, J_0^2 \left[\int_B a \cos\varphi \, (\cos\psi + j \sin\psi) \, ds \right]^2}{\lambda^2 \, P_s}.$$

Führt man die Bündelung in den Ausdruck für die empfangene Leistung ein, so kommt

$$P_e = \mathfrak{E}^2 \cdot B \cdot \frac{\lambda^2}{30\,\pi} \cdot \frac{\left[\int\limits_R a \cos \varphi\,(\cos \psi + j \sin \psi)\,ds\right]}{\left[\int\limits_B a \cos \varphi\,(\cos \psi + j \sin \psi)\,ds\right]}.$$

Der größte Wert, den der Quotient annehmen kann, ist eins. Dieser Wert tritt ein, wenn die Antenne abgestimmt ist. Dann kann nämlich das Feld keine Blindleistung auf die Antenne übertragen, so daß die imaginäre Komponente des Integrals Null ist. Wir denken uns im folgenden die Antenne abgestimmt.

Die aufgenommene Leistung P_e wird bisher vollständig wieder ausgestrahlt. Wollen wir der Antenne Leistung entnehmen, so müssen wir Nutzwiderstand einschalten, der im Optimum gerade so groß und ebenso verteilt sein muß, wie der Strahlungswiderstand. Dann geht, da der Widerstand sich verdoppelt und bei der abgestimmten Antenne der Blindwiderstand gleich Null ist, der Strom auf den halben Wert herab. Die dem Nutzwiderstand zugeführte Leistung P_n ist also im Optimum der vierte Teil der von der unbelasteten Antenne wieder ausgestrahlten Leistung. Die Nutzleistung wird also:

$$P_n = \frac{1}{4}\,P_e = \frac{\mathfrak{E}^2\,\lambda^2}{120\,\pi\,\Omega}\,B.$$

Da $\dfrac{\mathfrak{E}^2}{120\,\pi\,\Omega} = N$ ist, wenn $\mathfrak{E}$ in V/m und N in Watt/m² eingesetzt wird, kann man auch für die durch 1 m² durchgestrahlte Leistung schreiben:

$$P_n = N\,\lambda^2\,B.$$

Die empfangbare Leistung ist also, wie oben für eine Empfangsfläche glaubhaft gemacht wurde, in der Tat ganz allgemein proportional der Leistungsdichte, der Bündelung und dem Quadrat der Wellenlänge. Definiert man die Bündelung wie in Anhang 1, so wird der Proportionalitätsfaktor 1.

Stand der Blindlandung in Deutschland und im Ausland

Von P. von Handel*)

Vorgetragen am 28. März 1934 in Berlin

Die Durchführung eines regelmäßigen und sicheren Flugbetriebes hängt wesentlich von der Möglichkeit ab, auch bei unsichtigem Wetter Landungen, »Blindlandungen«, vornehmen zu können. Aus diesem Grunde ist die Verkehrsluftfahrt des In- und Auslandes an einer technisch brauchbaren Lösung dieser Aufgabe stark interessiert; im Auslande werden überdies besondere Verfahren entwickelt, die für die Belange der Luftstreitkräfte geeignet sind.

Es sind in den vergangenen Jahren eine große Anzahl von Vorschlägen zur Lösung der Aufgabe der Blindlandung bekannt geworden. Sie beziehen sich insbesondere auf verschiedene Verfahren zur Vertikalnavigierung, beruhend auf barometrischer Höhenbestimmung, auf Höhenbestimmung durch akustische Mittel, durch elektrische Kapazitätsänderungen, Feldstärkemessung und andere mehr.

Die Ausführungen beschränken sich auf diejenigen Verfahren, die bisher im praktischen Flugbetrieb eine gewisse Erprobung nachweisen können und die nach dem heutigen Stande der Technik Aussicht auf eine baldige praktische Einführung haben.

Schlechtwetterlandung

ZZ-Verfahren in Deutschland

Für Schlechtwetterlandung mit ausreichender Bodensicht hat die Deutsche Luft Hansa A.-G. (DLH) aus dem dringenden Bedürfnis des praktischen Flugbetriebes heraus und in Ermangelung besserer Verfahren ein System zur Landung entwickelt, das allgemein den Namen ZZ-Verfahren erhalten hat, weil die Aufforderung zum Landen von der Bodenfunkstelle an die Flugzeugbesatzung durch die Morsebuchstaben ZZ ergeht.

Ein ankommendes Flugzeug wird durch Fremdpeilung bis über Flugplatzmitte gebracht und fliegt von hier aus auf einem vorher bestimmten und bekannten Kurs, der sog. Peilschneise, die frei von größeren Hindernissen ist, 8 min lang fort. Die barometrische Höhenkorrektur ist dem Flugzeug vorher bekanntgegeben worden. Nach 8 min macht das in oder über den Wolken fliegende Flugzeug kehrt auf Gegenkurs und erhält dabei seine erste Peilung. Nun folgt jede Minute eine neue Kurspeilung, der Führer korrigiert jedesmal, wenn nötig, seinen Kurs auf der Schneise. Das Flugzeug geht allmählich bei Herannahen an den Platz auf geringere Höhe, so daß es schließlich, etwa bei der siebenten Peilung, nur noch eine Höhe von etwa 100 m hat. Sobald der Flugleiter am Peilhause beispielsweise bei Anflug aus dem Osten das Motorengeräusch wahrnimmt, läßt er das

---

*) Dr.-Ing., Deutsche Versuchsanstalt f. Luftfahrt, E. V., Berlin-Adlershof.

Zeichen MO (Motorengeräusch Osten) an die Maschine geben und unmittelbar darauf, wenn Richtung und Entfernung einwandfrei, erscheint das Zeichen ZZ, das die Aufforderung zum Drosseln der Motoren und Durchstoßen aus den Wolken bedeutet. Eine solche Landung kann mit einiger Sicherheit nur dann erfolgen, wenn die Bodensicht und die Wolkenhöhe nicht unter ein gewisses Maß herabsinkt.

ZZ-Verfahren in Amerika

Aus einer ganz entsprechenden Notlage heraus wurde in den Vereinigten Staaten von Amerika ein ähnliches Verfahren durchgebildet. An Stelle der Fremdpeilung verfügt die amerikanische Flugfunkorganisation über Langwellen-Funkbaken. Der Anflug auf der Peilschneise geschieht also in Amerika längs einer solchen Bake mit akustischer Anzeige. Wenn die Lage der Streckenfunkbake für Anflug auf einer »Schneise« nicht geeignet ist, wird eine eigene Funkbake geringerer Reichweite aufgestellt (runway beacon), deren Bakenstrahl über den Flugplatz gelegt wird. Die Übermittlung des Zeichens zum Durchstoßen und Landen geschieht im Gegensatz zu Deutschland telephonisch auf kurzer Welle, da in den Vereinigten Staaten der gesamte Nachrichtenaustausch nur telephonisch auf kurzen Wellen vor sich geht.

Eine wesentliche Überlegenheit des einen Verfahrens über das andere wird man nicht feststellen können, zumal auch die telephonischen Zurufe auf kurzer Welle meist vom zweiten Führer abgenommen werden müssen, da der erste Führer mit dem Abhören der Kursbake beschäftigt ist. In Deutschland braucht nur ein Bordempfänger auf langer Welle in Tätigkeit zu sein, in den Vereinigten Staaten benötigt man zwei Empfänger, einen für die Langwellenbake, einen für die kurze Welle. Die dauernde unmittelbare telephonische Fühlungnahme des Flugzeugpersonals mit dem Flugleiter am Boden, die sich bis zum Vorrollen der Maschinen an die Abfertigung erstrecken soll, mag in manchen Fällen vorteilhaft empfunden werden.

Merkwürdigerweise scheint in den Vereinigten Staaten, im Lande der Funkbaken, neuerdings an manchen Stellen die Meinung aufzukommen, daß die Funkbake mit akustischer oder optischer Anzeige für die Zwecke der Blind- und Schlechtwetterlandung nicht sonderlich geeignet ist. Diese Meinung wird damit begründet, daß der Bakenstrahl die Form eines spitzen Winkels von etwa $\pm 2^0$ hat, und daß es in geringer Entfernung von der Bake, also kurz vor der Landung schwer ist, auf dem Strahl Kurs zu halten, da die zulässigen Abweichungen dann nur noch sehr gering sind; die Navigation wird zu empfindlich. Es wird der Vorteil eines Zielfluggerätes, bestehend aus einem kleinen Rahmenpeiler, hervorgehoben, das auch längs Baken geflogen werden kann, jedoch außer dem einzuhaltenden Flugweg zusätzlich noch den Kurs auf das Ziel hin angibt.

Daß so ein Zielfluggerät erhebliche Vorteile bietet, ist zweifellos der Fall. Aber auch der Bakenflug für Blindlandezwecke läßt sich nach deutschen Erfahrungen einwandfrei durchführen, wenn die Winkelöffnung des Bakenstrahles nicht zu klein ist. Die praktische Flugerprobung von Funkbaken bei der DLH hat gezeigt, daß der Winkel von $\pm 2^0$ tatsächlich zur

Navigation in Bakennähe zu spitz ist; die deutschen Baken haben daher einen Winkel von etwa $\pm\,3^0$ erhalten. Für diese Baken wurde sehr bald übereinstimmend von verschiedenen Flugzeugführern eine Flugtechnik gefunden, die einen einfachen und einwandfreien Anflug gestattet. In den Vereinigten Staaten liegen die Verhältnisse insofern ungünstiger, als die Funkbaken fast ausschließlich für Fernnavigation auf weite Strecken eingesetzt sind und für solche ein möglichst spitzer Bakenwinkel erforderlich ist, da sonst die Kursabweichungen in großen Entfernungen von der Bake zu groß würden.

Blindlandeverfahren des Bureau of Standards

Das erste Verfahren für eine technisch brauchbare Blindlandung nach Geräteanzeige ohne Sicht ist vom Bureau of Standards entwickelt worden. Der Grundgedanke besteht darin, daß dem Flugzeug in waagerechter und in senkrechter Richtung eine bestimmte L a n d e b a h n vorgeschrieben wird, die der Besatzung in jedem Augenblick den zu steuernden Kurs und die zu steuernde Flughöhe angibt. Die Kursanzeige für die Horizontalnavigierung erfolgt durch eine Langwellenfunkbake. Für die Blindlandung werden eigene Baken kleinerer Leistung in der Nähe des Flugplatzes aufgestellt, der Bakenstrahl wird in Richtung der günstigsten Landeschneise gelegt. Die Bakenzeichen werden von dem Langwellen-Bordempfänger aufgenommen. Die Kursanzeige wird optisch mit Hilfe eines Zeigergerätes gegeben.

Die Bestimmung der Landebahn in senkrechter Richtung, also des Gleitfluges, geschieht dadurch, daß der Flug längs einer Linie gleichbleibender Feldstärke eines geeignet strahlenden Ultrakurzwellensenders vorgenommen wird.

Grundlagen des Verfahrens

Es ist insbesondere im Bereich der kurzen und der ultrakurzen Wellen möglich, durch geeignete Antennenanordnungen der Strahlung eines Senders die Gestalt der Kurven von Abb. 1 zu geben. Dabei werden diese Strahlungskennlinien im allgemeinen in Polarkoordinaten aufgetragen, in

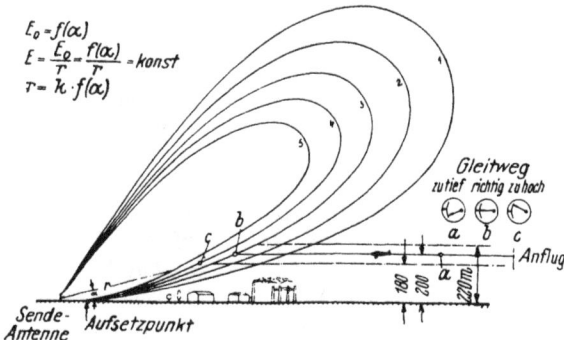

Abb. 1. Vertikal-Kennlinien und Linien gleicher Feldstärke bei kurzen und ultrakurzen Wellen.

denen die Winkel α Erhebungswinkel über der Erdoberfläche bedeuten, die Radienvektoren r dagegen den Betrag der Feldstärke in einer bestimmten Entfernung. Es besteht dann für den Verlauf der Feldstärke in der Vertikalebene die Beziehung $\mathfrak{E}_0 = f(\alpha)$, wobei $\mathfrak{E}_0$ die Feldstärke in einem festen Abstand von der Sendeantenne bedeutet.

Für Strahlenbahnen, die nicht längs der Erdoberfläche verlaufen und durch diese gedämpft werden, also für Strahlenbahnen, die sich mit gewissen Winkeln über die Erdoberfläche erheben, gilt die Beziehung $\mathfrak{E} = \mathfrak{E}_0/r$. wobei $\mathfrak{E}$ die Feldstärke in der Entfernung r von der Antenne bedeutet. Das heißt also, die Feldstärke längs eines Fahrstrahles nimmt proportional mit der Entfernung ab.

Uns interessiert die Beziehung zwischen der räumlichen Entfernung r und dem Erhebungswinkel α für gleichbleibende Feldstärke $\mathfrak{E}$, das heißt die Kurven gleichbleibender Feldstärken im Raume, längs derer geflogen werden soll. Aus $\mathfrak{E} = $ konst. erhält man das Ergebnis $r = k f(\alpha)$; die Beziehung zwischen der Entfernung und dem Erhebungswinkel ist also die gleiche wie die Beziehung für die Strahlungskennlinie und unterscheidet sich von dieser nur durch eine Konstante k. Für genügend flache Erhebungswinkel läßt sich das Ergebnis mit Hilfe von theoretischen Überlegungen noch vereinfachen; die Entfernung wird proportional dem Erhebungswinkel ($r = k \cdot \alpha$), und zwar unabhängig von der Art der Antenne oder der Beschaffenheit des Erdbodens. Lediglich die Größe des Proportionalitätsfaktors k wird durch die Antenne und den Erdboden beeinflußt.

Der Vorgang ist nun folgendermaßen. Ein Flugzeug fliegt in etwa 200 m Höhe an, von Hindernissen nicht gefährdet. An Bord befindet sich ein Ultrakurzwellenempfänger, dessen Ausgang an ein Zeigergerät geschaltet ist. Bei a, Abb. 1, ist die Feldstärke noch sehr gering. das Gerät zeigt Null an. Bei Durchfliegen der Feldstärkenlinien 1 und 2 wird der Zeiger allmählich hochsteigen, bis er beispielsweise bei Kurve 3 an der Stelle b die Horizontalstellung erreicht hat, nach der geflogen werden soll. Der Flugzeugführer hat nunmehr die Maschine derart zu steuern, daß der Zeiger unveränderlich auf diesem Ausschlag bleibt. Dann bewegt sich das Flugzeug längs der Kurve 3 und erreicht etwa tangential den Erdboden. Fliegt die Maschine zu hoch, etwa nach Punkt c, Kurve 4, so steigt wegen der höheren Feldstärke der Zeiger, bei zu tiefem Fluge fällt er unter die Normalmarke. Es ist nicht erforderlich, die Anflughöhe von 200 m genau einzuhalten; das Flugzeug muß bei gleicher Einstellung des Empfängers immer auf die Kurve 3 gelangen und daran abgleiten (vgl. Abb. 1).

Technische Durchbildung

Bei der amerikanischen Blindlandeanlage in Newark, Abb. 2, steht der Langwellenbakensender hinter dem Flugfeld bei b. Der Ultrakurzwellensender für den Gleitweg daneben bei a. Zur Erleichterung für den Flugzeugführer sind noch zwei Markierungsbaken vorgesehen, die erste etwa 700 m vor der Flugplatzgrenze, die zweite an der Grenze selbst. Bei Überfliegen dieser Baken ertönt ein kurzes Signal, wobei das Vorsignal und das Hauptsignal durch verschiedenartige Modulation der Sender unter-

schieden werden, so daß der Flugzeugführer auf das unmittelbar bevor-
stehende Aufsetzen der Maschine am Flugplatz aufmerksam wird. Diese
Markierungsbaken werden auf eigener Kurzwelle zwischen 50 und 150 m
betrieben und meist mit einem eigenen Kurzwellen-Bordempfänger aufgenommen. Die Bodenantennen bestehen aus etwa 1 km langen waagerechten Drähten, die etwa $\frac{1}{2}$ m über dem Erdboden verlegt werden.

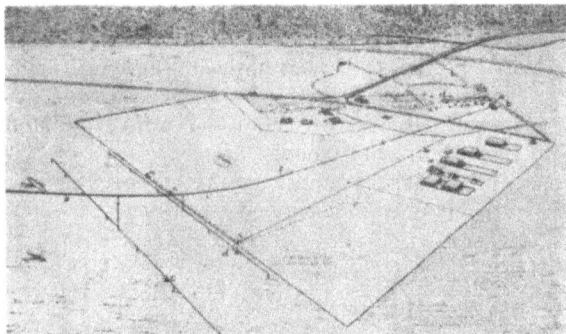

Abb. 2. Skizze einer Blindlande-Anlage in Amerika (Newark).

Abb. 3. Reflektorsystem zum Gleitwegverfahren.

Das von den Amerikanern anfänglich für die Ultrakurzwelle benutzte
Antennensystem, das Strahlungskennlinien der Form nach Abb. 1 für
den Gleitweg ausstrahlt, hatte die in Abb. 3 gezeigte Gestalt. Es ist von
dem Japaner Yagi angegeben worden und verwendet waagerechte Antennen.
Das Bureau of Standards vertrat ursprünglich die Ansicht, daß es durch
Neigen des ganzen Systems gegen die Erdoberfläche möglich ist, die Neigung
der Strahlungskennlinien und damit die Steilheit des Gleitweges nach Be-
lieben zu ändern. Diese Vorstellung ist nicht ganz zutreffend, weil die

Kennlinien und Gleitwege in der Hauptsache durch Interferenz eines unmittelbar von der Sendeantenne an die Empfangsantenne am Flugzeug
gelangenden Strahles mit einem am Erdboden reflektierten Strahl zustande
kommt. Versuche, die bei der DVL angestellt wurden, zeigten, daß durch
Neigen des Antennengerüstes die Kennlinien im Bereiche kleiner Neigungswinkel nur unmerklich geändert werden.

Erhebliche Verschiedenheiten der Gleitbahn sind nur dadurch zu
erreichen, daß längs Kurven verschiedener Feldstärke geflogen wird; die
Kurven größerer Feldstärken sind steiler als die Kurven geringerer Feldstärken. Die Versuche der DVL mit einigen Flugzeugmustern haben ergeben, daß für diese in fliegerischer Beziehung am besten eine Kurve geeignet ist, die dadurch definiert wird, daß der Aufsetzpunkt der Maschine
am Boden 500 bis 600 m vom Sender entfernt ist.

Neuerdings wird in den Vereinigten Staaten ein Antennensystem verwandt, das in Deutschland seit langer Zeit unter dem Namen Tannenbaum-

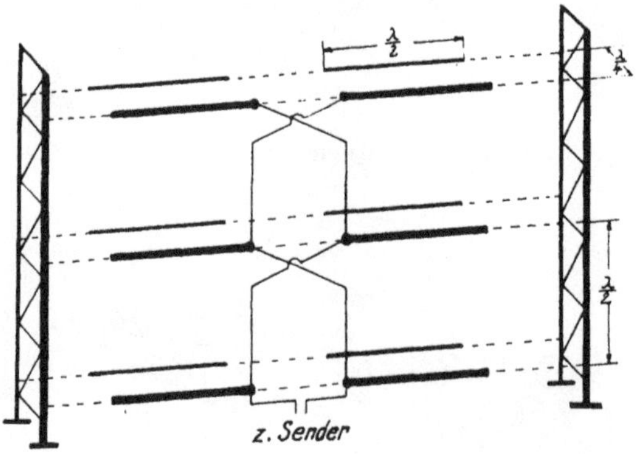

Abb. 4. Neue Richtstrahlantenne für Gleitweg in Amerika.

Antenne bekannt ist (Abb. 4). Es besteht aus einer Anzahl von Horizontal-
dipolen der Größe $\lambda/2$, die vom Sender gespeist werden. In einer Entfernung
einer Viertel Wellenlänge dahinter steht ein gleiches Antennengebilde als
Reflektor. Das ganze Gebilde ist senkrecht fest aufgebaut.

Abb. 5 zeigt den Aufbau der Empfangsantenne am Flugzeug, wie
er anfänglich in den Vereinigten Staaten benutzt wurde. Über der Tragfläche befindet sich ein Horizontaldipol, in dessen Mitte in einem windschnittig gebauten Gehäuse der Empfänger untergebracht ist.

Bei der Antennenanordnung an einem amerikanischen Versuchsflug-
zeug, Abb. 6, sind vor der Tragfläche zwei Horizontalantennen (b) angebracht, von denen die vordere an den Empfänger über Zuleitungen angeschlossen ist, die dahinter in einem Abstand von $\lambda/4$ als Reflektor dient und
die Strahlungsaufnahme verstärkt. Bei a ist eine Festantenne für lange
Wellen aufgebaut, die die Strahlung der Langwellenbake und gleichzeitig
auch die Strahlung der Kurzwellen-Markierungsbaken aufnimmt.

Dieses Blindlandeverfahren des Bureau of Standards ist außerordentlich gut durchgebildet und hat im Erprobungsbetrieb sehr gute Erfolge zu verzeichnen. Die Antennenanordnung ist aerodynamisch nicht sonderlich günstig. Außerdem erscheint das ganze Verfahren nicht gerade sehr einfach. Es werden an Bord nicht weniger als drei verschiedene Empfänger auf drei verschiedenen Wellenlängen benötigt, ebenso ist der Aufbau am

Abb. 5. Empfangsausrüstung für Gleitwegverfahren.

Abb. 6. Amerikanisches Flugzeug mit Blindlande-Ausrüstung.

Boden recht umfangreich und nur für ortsfeste Anlagen brauchbar, deren Aufstellung geraume Zeit erfordert.

Blindlandeverfahren nach Hegenberger

Da ein für die militärische Luftfahrt brauchbares System vor allem leicht ortsbeweglich sein muß und in Hinsicht auf den Geräteaufwand an Bord so einfach wie möglich sein soll, hat Capt. Hegenberger für die amerikanischen Luftstreitkräfte ein vereinfachtes Blindlandeverfahren durchgebildet, über das ich Unterlagen in freundlicher Weise von Dipl.-Ing.

Köster von der Fa. Siemens erhalten habe, die Köster von seiner Studien-
reise durch Amerika im Herbst 1933 mitgebracht hat.

Das Flugzeug, Abb. 7, hat ein kleines Langwellen-Zielfluggerät an Bord,
Radiokompaß genannt, die Rahmenantenne ist vorn angebracht, hinten
befindet sich eine kurze Stabantenne zur Korrektur und Seitenbestim-
mung. Außerdem ist ein Ultrakurzwellenempfänger für die 2 m Welle an

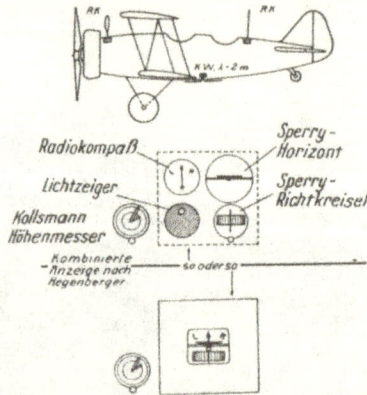

Abb. 7. Ausrüstung nach System Hegenberger.

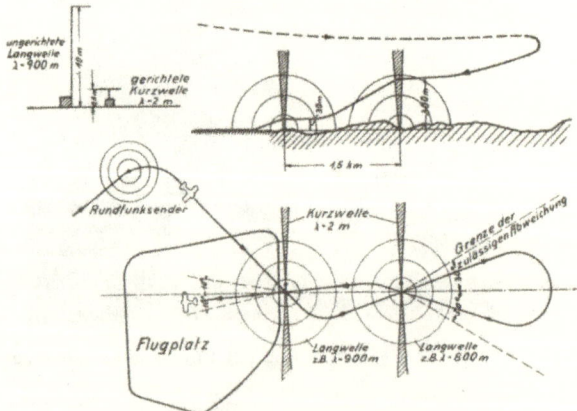

Abb. 8. Blindlandung System Hegenberger.

Bord mit einem Horizontaldipol von 1 m Länge unterhalb des Flugzeuges.
Die Geräteausrüstung besteht aus einem Anzeigegerät (Links—Rechts)
für den Kurs, einem Lichtsignal, das bei Überfliegen der Markierungsbake
($\lambda = 2$ m) aufblinkt, dem Sperry-Horizont und Sperry-Richtkreisel für
Blindflug und einem sehr genau zeigenden Kollsmann-Höhenmesser, der
vor der Landung durch Funkspruch auf den herrschenden Barometerstand
korrigiert wird. Durch eine geeignete Spiegelanordnung werden diese Geräte

in der Weise gespiegelt, daß sie zusammengefaßt in einem einzigen Bild vereinigt erscheinen, was die Beobachtung wesentlich erleichtert.

Das Landeverfahren erläutert Abb. 8. Das Flugzeug fliegt eine in der Nähe des Flugplatzes stehende Funkbake oder einen Rundfunksender mit Hilfe des Radiokompasses an. Hier wird die Welle des Zielfluggerätes durch einen Druckknopf z. B. auf $\lambda = 900$ m umgeschaltet, eine Welle, die von einem kleinen Sender mit 10 m hoher Vertikalantenne an der Flugplatzgrenze ausgestrahlt wird. Dieser Sender wird nun angeflogen. Neben dem Langwellensender steht eine Markierungsbake auf 2 m Welle, die auf einem 1 m langen Horizontaldipol arbeitet. Bei Überfliegen der Langwellenbake leuchtet das Lichtsignal, ausgelöst von der Markierungsbake, auf. Nun schaltet der Flugzeugführer seinen Radiokompaß auf 800 m Welle um und fliegt eine zweite Bakenanordnung an, die ebenso ausgerüstet ist wie die erste und die etwa 1½ km weiter ab liegt. Bei Überfliegen leuchtet wieder das Signal auf, die Maschine fliegt im gleichen Kurs noch einige km weiter, macht dann kehrt, fliegt nochmals die Bake auf Gegenkurs an und vermindert dabei nach dem Höhenmesser die Flughöhe auf etwa 300 m. Beim zweiten Überfliegen der Bake wird nun wieder auf 900 m umgeschaltet und die erste Bake angeflogen, die Maschine ist jetzt schon recht genau auf Kurs nach Mitte Flugplatz. Die Flughöhe wird neuerdings herabgesetzt bis auf 30 m über Grund. In dieser Höhe wird solange weitergeflogen, bis das Signal der ersten Bake aufleuchtet, die am Rande des Flugplatzes steht. Dann wird der Motor des Flugzeuges auf etwa 1000 U/min gedrosselt und die Maschine im Geradeausflug, ohne jedes andere Gerät als den Sperry-Richtkreisel und Horizont in den Platz hineinfallen gelassen.

Dieses Verfahren erscheint als etwas robust, soll sich aber praktisch ganz ausgezeichnet bewähren; Unfälle dabei sind noch nicht bekannt geworden.

Das deutsche Blindlandeverfahren

Aus theoretischen Überlegungen geht hervor, daß die gleichen Antennenkennlinien und Landebahnen, die Abb. 1 zeigte, bei Ultrakurzwellen auch von einer einfachen Vertikalantenne, Abb. 9, ausgestrahlt werden. Für die Verwendung solcher Antennen sprach zunächst nicht nur die große Einfachheit im Aufbau; man braucht kein Richtstrahlantennensystem sowie die aerodynamisch wesentlich günstigere Form der Flugzeug-Empfangsantenne, die nur aus einem windschnittig verkleideten senkrechten Mast von etwa 1 m Länge besteht (Abb. 10). Da eine solche Antenne in der Horizontalebene kreisförmig strahlt, könnte man, wenn der Sender in Mitte des Flugplatzes aufgestellt würde, in jeder Richtung bei jedem Wind hereinlanden. Leider ließ sich ein solches Verfahren praktisch nicht durchführen, weil der Aufsetzpunkt des Flugzeuges am Boden etwa 500 bis 600 m vom Sender entfernt sein muß, damit eine fliegerisch richtig liegende Kurve geflogen werden kann. Eine solche Anordnung würde also Flugplätze von mindestens etwa 1600 m Dmr. erfordern. So große Flugplätze stehen nicht zur Verfügung.

Es traf sich aber sehr glücklich, daß etwa zur gleichen Zeit Dr. Kramer bei der C. Lorenz A. G. mit vertikalen Antennen eine Ultrakurzwellenfunkbake (Abb. 11) durchbildete, die folgendermaßen arbeitet. Die horizontale Strahlungskennlinie eines vertikalen Dipols ist kreisförmig (Abb. 11a). Bringt man in einer Entfernung von etwa $\lambda/4$ eine Reflektorantenne an,

Abb. 9. $\frac{\lambda}{4}$-Sendeantenne für 9-m-Welle für das Gleitwegverfahren.

Abb. 10. Flugantenne für das Gleitwegverfahren; Wellenlänge 9 m.

die etwas länger als $\lambda/2$ ist, so entsteht eine elliptische Kennlinie (Abb. 11b). Eine zur gespeisten Antenne symmetrische Ellipse entsteht bei Anbringen des Reflektors auf der anderen Seite. Ordnet man das Antennensystem derart an, wie in Abb. 11 d gezeichnet, so daß die Reflektoren rechts und links durch Relais in komplementärem Rhythmus getastet werden, so wird in demselben Rhythmus die linke bzw. die rechte Ellipse von Abb. 11c ausgestrahlt, auf der Symmetrielinie ist ein Dauerstrich zu hören, links davon beispielsweise Punktzeichen, rechts Strichzeichen. Die optische oder akustische Kennzeichnung dieser Ultrakurzwellenbake kann nach bekannten Verfahren wie bei Langwellenbaken vorgenommen werden.

Wesentlich ist die Vereinigung des Bakenfluges und des Gleitweges mit dem gleichen Sender und denselben Antennen am Boden sowie mit nur einem Ultrakurzwellenempfänger an einer kleinen Stabantenne am Flugzeug. Es wurden bei der DVL eine größere Anzahl von Gleitflügen mit vertikaler Polarisation photogrammetrisch vermessen. Abb. 12 zeigt

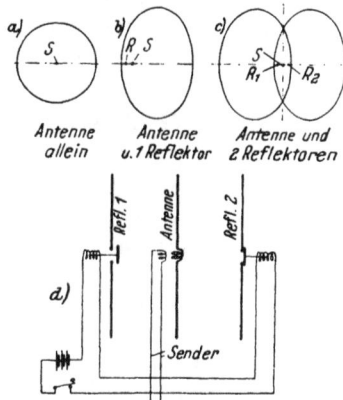

Abb. 11. Ultrakurzwellen-Funkbake.

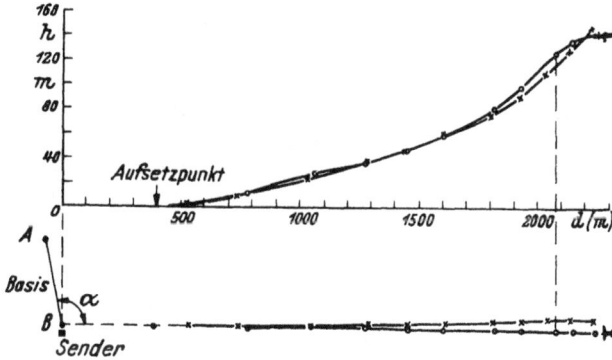

Abb. 12. Photogrammetrische Vermessung des Gleitfluges $\frac{\lambda}{4}$-Antenne, Wellenlänge 9 m.

d = Entfernung vom Basispunkt B,
α = Azimut gegen Basis,
h = Höhe, Unterkante, Fahrgestell über Boden,
Meßgenauigkeit: etwa ± 2 m vertikal und etwa ± 4 m horizontal.

zwei Flugbahnen, die mit einer Zwischenpause von mehreren Stunden bei keineswegs ruhigem Wetter aufgenommen wurden. Man erkennt die erstaunliche Genauigkeit, mit der die Flugbahn eingehalten werden konnte. Weitere Flugversuche zeigten, daß die Verwendung von unmittelbar auf der Erde stehenden λ/4-Stabantennen oder von λ/2-Dipolen, in verschiedenen Höhen über Erde angebracht, praktisch die gleichen Gleitflugkurven er-

282

geben, wenn der Aufsetzpunkt des Flugzeuges am Boden immer in gleicher Entfernung vom Sender festgelegt wird.

Tatsächlich unterscheiden sich natürlich die Antennenkennlinien bei verschiedener Antennenhöhe über Erde. Die Verschiedenheit der Krümmung der Kurven in flachen Erhebungswinkeln ist aber so gering, daß man sie praktisch nicht merkt, weil der Gleitflug nur in geringen Erhebungswinkeln verläuft. Die Wirkung würde erst dann merklich werden, wenn man die Kennlinien bis zu großen Erhebungswinkeln abfliegt, was praktisch nicht eintritt.

<h3 style="text-align:center">Störende Einflüsse</h3>

Wesentlich war ferner noch die Ermittlung des Einflusses der Witterung und verschiedenen Erdbodens auf die Strahlung des Ultrakurzwellensenders. Zu diesem Zwecke wurde die Strahlung rund um eine Sendeantenne auf verschiedenen Plätzen vermessen (Abb. 13). Es zeigte sich, daß auf manchen Plätzen die Strahlung, wie erwartet, etwa kreisrund ist, auf anderen jedoch sehr erhebliche Schwankungen der Feldstärke auftreten. Auch die verschiedene Feuchtigkeit des Bodens ist von geringem, aber doch merklichem Einfluß. Diese Unterschiede sind aber nur dann merklich, wenn die zur Messung im Kreise bewegte Empfangsantenne unmittelbar am Erdboden aufgestellt ist. Bewegt man die Antenne in etwa 2 bis 3 m Höhe über Boden, so ist die Strahlung beinahe unabhängig von der Art des Bodens. Die Versuche zeigten überdies, daß offenbar nur die Umgebung des Fußpunktes der Meßantenne die Ausbildung des Kraftlinienfeldes stark beeinflußt, nicht die Reflexionsstelle der Wellen am Boden. Für den Flugbetrieb sind diese Erscheinungen glücklicherweise ganz harmlos, da der Sender am Boden fest aufgestellt ist und die Antenne am Flugzeug bis zur Landung stets höher als 3 m über Boden sich befindet.

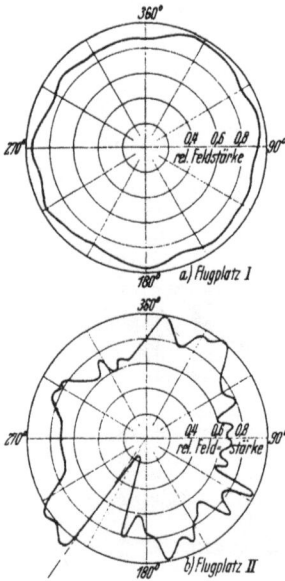

Abb. 13. Horizontale Rundstrahl-Diagramme von Vertikal-Stabantennen.

Aus den Vereinigten Staaten wird neuerdings bekannt, daß dort bei verschiedener Witterung merkliche Unterschiede im Verlauf des Gleitweges beobachtet werden, die störend wirken. Ich glaube, daß diese Erscheinung daraus zu erklären ist, daß der Betrag der absoluten Feldstärke in einer bestimmten Entfernung vom Sender gemessen, sich natürlich etwas mit der Bodenfeuchtigkeit ändert. Das Verfahren des Bureau of Standards verwendet nun einen Bordempfänger ohne Rückkopplung, dessen Verstärkungsgrad über lange Zeit völlig gleich bleibt und der nicht geändert wird. Das Gerät ist verhältnismäßig unempfindlich, wird im Flugbetrieb nicht abgestimmt, sondern nur ein- und ausgeschaltet. Bei Änderungen der absoluten Feldstärke findet daher der Flug bei unveränderter Senderleistung und gleichbleibender Empfängereinstellung auf einer anderen Kennlinie statt, die also steiler oder flacher als die normale verläuft.

Das deutsche Verfahren ist von dieser Störung grundsätzlich frei. Wir verwenden Markierungsbaken, die entweder auf der 50-cm-Welle oder auf einer der Bakenwelle von 9 m benachbarten, etwa auf 7,9 m arbeiten, grundsätzlich identisch mit den neuerdings auch von Hegenberger verwendeten Markierungsbaken auf $\lambda = 2$ m. Die erste dieser Baken soll aber nicht willkürlich in 700 m Entfernung vom Flugplatz aufgestellt werden, sondern in etwa 2,5 km Entfernung an die Stelle, an der bei Anflug in 200 m Höhe der Gleitweg beginnt, der in 600 m Entfernung vom Sender am Boden endet. Damit ist der Gleitweg völlig festgelegt. Der Zeigerausschlag des Gleitweggerätes wird dann, wenn das Zeichen der ersten Markierungsbake erscheint, von Hand durch einen Vorwiderstand auf die Normal-Gleitmarke eingestellt, wenn er durch irgendeine Änderung der Feldstärke oder der Geräteempfindlichkeit nicht schon dort stehen sollte. Auf diese Weise ist das Verfahren gesichert von Einflüssen des Bodens oder Änderungen der Geräte.

Vergleich der Systeme

Bei der deutschen Entwicklung wurde das Hauptaugenmerk auf die Bedürfnisse der Verkehrsluftfahrt gelegt. Diese muß eine möglichst große Reichweite der Landebake verlangen; 30 bis 50 km vom Flughafen entfernt können die Flugzeuge bereits nach den Bakensignalen fliegen. Um diese Reichweiten zu erzielen, mußten die Antennen hochgesetzt werden, die Spitzen der Dipole sind etwa 9 m über der Erde, die Sendeleistung

Abb. 14. Blindlande-Ultrakurzwellenbake mit $\frac{\lambda}{4}$-Antenne.

beträgt 400 bis 500 W in der Antenne. Eine solche Anlage ist zwar einfach, aber nicht ortsbeweglich. Abb. 14 zeigt eine Anlage, die mit $\lambda/4$-Dipolen auf der Erde und einer Sendeleistung von nur etwa 5 W arbeitet. Die Markierungsbake hat eine Leistung von etwa 1 W und ist auf einem kleinen fahrbaren Gestell mit allen Energiequellen untergebracht (Abb. 15). Die Reichweite dieser Anlage beträgt etwa 6 km. Man könnte ohne Schwierigkeit in einem Kraftwagen einen Bakensender von etwa 50 oder 100 W Leistung unterbringen und das gesamte Antennensystem, bestehend aus den drei $\lambda/4$-Antennen auf dem Dach fest montieren, so daß die Bake in

Abb. 15. Markierungsbake, Wellenlänge 8,9 m.

kürzester Zeit betriebsfertig wird. Die Markierungsbaken sind wie die Hegenberger-Geräte in einem Motorradbeiwagen leicht einzubauen. Der Bodenaufwand würde also hier in einem Hauptbaken-Gleitwegsender und in zwei Markierungssendern liegen. Der Bodenaufwand bei Hegenberger besteht in zwei Langwellenbaken und zwei Markierungsbaken der gleichen Art.

Bordseitig wird hier ein Ultrakurzwellenempfänger mit zwei Audionkreisen für 9 und 7,9 m oder 50 cm Wellenlänge gebraucht. Hegenberger hat den Zielflugempfänger und den Ultrakurzwellen-Audionkreis. Der Vorteil des Hegenberger-Verfahrens liegt darin, daß man mit dem Radiokompaß auch die Weitstreckennavigation längs Streckenbaken oder im Zielflug auf Rundfunksender besorgt, während in Deutschland hierzu die vorhandene Langwellen-Boden-Organisation mit Bordempfänger eingesetzt werden müßte. Dagegen scheint mir fliegerisch das deutsche Verfahren wesentlich weniger robust und daher sicherer zu sein.

Zur Anwendungsfrage der Dezimeterwellen in der Luftfahrt

Von W. Hahneman *)

Vorgetragen am 2. November 1934 in Dresden

Allgemeine Betrachtungen zur Wellenfrage

Ausbreitung

Unter ultrakurzen Wellen versteht man bekanntlich diejenigen elektrischen Wellen, deren Wellenlängen unter 10 m liegen. Man kann sie nach dieser ihrer Wellenlänge einteilen in Meterwellen, Dezimeterwellen und Zentimeterwellen. Die Meterwellen sind also die von 1 bis 10 m, die Dezimeterwellen die von 1 bis 10 dm bzw. 10 cm bis 1 m und die Zentimeterwellen diejenigen von 1 bis 10 cm. Alle diese ultrakurzen Wellen haben in mancher Beziehung gleiche Eigenschaften, insbesondere pflanzen sie sich ähnlich den Lichtwellen fort, und die Art ihrer Ausbreitung wird daher quasioptisch genannt.

Den Wellenlängen über 10 m, den sog. kurzen Wellen, hat vor allem der Umstand ihre Bedeutung gegeben, daß sie von den oberen Schichten der Atmosphäre herabgebrochen werden und dadurch mit ihnen außerordentliche und früher nicht für möglich gehaltene Entfernungen überbrückt werden können. Demgegenüber ist den ultrakurzen Wellen eigentümlich, daß sie — von ganz seltenen und für die praktische Anwendung in keiner Weise in Betracht kommenden Fällen abgesehen — von den höheren Schichten der Atmosphäre nicht wieder herabkommen. Da sie sich anderseits nicht mehr durch Leitung an der Erdbodenfläche entlang fortpflanzen, wie es die kurzen Wellen noch, ganz besonders aber die langen Wellen tun, so bleibt der Hauptsache nach für die ultrakurzen Wellen allein die Ausbreitung im freien Raum übrig, natürlich mit all den Erscheinungen der Optik, wie Reflexion, Schattenwerfung, Beugung, Brechung, Dispersion u. dergl. m. Die mit den ultrakurzen Wellen zu überbrückenden Entfernungen sind genau so wie die des Lichts durch die Sicht und durch ihre sich noch darüber hinaus in den Schattenraum ergebenden Wirkungen bestimmt; diese Wellen kommen — abgesehen von den größeren Meterwellen und von bestimmten Ausnahmen — hauptsächlich als Nahsignalmittel in Betracht, und zwar desto mehr, um je kleinere Wellenlängen des Ultrakurzwellengebietes es sich hierbei handelt, schließlich wird die Sichtweite identisch mit der Reichweite des Empfanges.

Zahl der Verkehrskanäle

Der Frequenzbereich dieser ultrakurzen Wellen ist sehr groß und könnte viele neue Verkehrskanäle ermöglichen, so daß es sich durchaus lohnt, mit allen Mitteln ihre Anwendung in der Technik anzustreben und

*) Ing., C. Lorenz A. G., Berlin.

alles zu tun bzw. zu überlegen, was zu ihrer weitgehenden Ausnutzung führen kann.

Die Zahl der Verkehrsmöglichkeiten, die sie bringen, ist zunächst schon dadurch sehr groß, daß sie sich quasioptisch ausbreiten, d. h. über eine gewisse, in den einzelnen Fällen ziemlich genau angebbare Grenze hinaus nicht wirken, so daß also ein und dieselbe Wellenlänge auf der Erde, ja selbst in ein und demselben Land an vielen Stellen gleichzeitig ungestört voneinander benutzt werden kann.

Weiterhin ist der prozentuale Bereich dieser Wellengattung groß; z. B. der Bereich der Meterwellen von 1 bis 10 m prozentual derselbe wie der Wellen von 10 bis 100 m, also so groß, wie der Bereich dieser kurzen Wellen. Einen gleich großen prozentualen Bereich haben die Dezimeterwellen und die Zentimeterwellen.

Wie viele Kanäle im gleichen Wirkungsraum der Wellen nebeneinander eingesetzt werden können, hängt von der notwendigen Breite der einzelnen Kanäle ab. Wäre es heute möglich, auf den ganzen Bereich der ultrakurzen Wellen im Überlagerungsempfang zu verkehren, d. h. insbesondere die Sender- und Empfängerwellenlängen hierfür genügend konstant zu halten, so ergäbe sich die Zahl der möglichen Kanäle nicht aus dem prozentualen Bereich, sondern aus dem Quotienten ihrer Frequenzzahl und der Frequenzbreite der einzelnen Kanäle. Bei der hohen Frequenz dieser Wellenlängen errechnet sich hieraus eine außerordentlich große Zahl von nebeneinander möglichen Kanälen. Es ist aber diese Art des drahtlosen Verkehrs für die Ultrakurzwellen — abgesehen von den größeren Meterwellen — noch nicht anwendbar und kommt für die nächste Zukunft kaum in Betracht.

Für die heutige Anwendungsart der Ultrakurzwellen ist für die Zahl der nebeneinander möglichen Kanäle nicht die Höhe der Frequenz, sondern ihr proportionaler Bereich maßgebend, abgesehen vom Fernsehen, soweit hier die Bandbreite hunderttausend Hertz oder mehr beträgt.

Für die übrigen Dienste, bei denen moduliertes Senden mit 1000 Hz oder Frequenzen ähnlicher Größenordnung angewandt wird, ergibt sich — die Senderkonstanz als hierfür genügend angenommen — die Kanalbreite aus der Art und Breite der Resonanzkurve der Empfänger, also aus deren Durchlaßbreite. Da diese Breite einen gewissen Prozentsatz der Frequenz bzw. Wellenlänge ausmacht, ist also die Zahl der einsetzbaren Kanäle für die Ultrakurzwellen — wenigstens zur Zeit — bestimmt durch das Verhältnis der kleinsten zur größten Welle dieses Wellenbandes. Für die drei Bereiche der Meter-, der Dezimeter- und der Zentimeterwellen ist dieses Verhältnis 1 : 10. Bei einer Durchlaßbreite von 10 vH könnten etwa 25 Kanäle in jedem dieser drei Bereiche eingesetzt werden; bei 1 vH Durchlaßbreite etwas über 200 Kanäle.

Es wird eine Frage der weiteren technischen Entwicklung sein, ob es gelingt, demgegenüber eine noch wesentlich größere Zahl der Kanäle möglich zu machen. Dies könnte erreicht werden einerseits durch weitere Erhöhung der Wellenkonstanz der Sender- und Empfängergebilde und vor allem durch eine weitere Verringerung der Durchlaßbreite der Empfänger. Die erforderliche Konstanz der Wellenlängen ist heute mit Hilfe von Kristallsteuerung nur für die Meterwellen praktisch erreichbar. Die Durchlaßbreite der Empfänger hängt von der Dämpfung ihrer elektrischen Kreise ab. Soll diese wesentlich reduziert werden, so läuft dies auf die Ausbildung von Empfängern mit Rückkopplung äußerster Konstanz hinaus, wie sie heute, besonders bei den kleineren Wellenlängen des Ultrakurzwellenbereiches, noch nicht möglich ist. Hieraus ergeben sich wesentliche Gesichtspunkte für die weitere Entwicklung auf dem Gebiete der Ultrakurzwellen, insbesondere der Dezimeterwellen.

Für die Zahl der einsetzbaren Kanäle ist also bei den Ultrakurzwellen — wenigstens zurzeit — nicht die hohe Frequenzzahl sondern der prozentuale Bereich der Wellenlängen bestimmend. Wenn heute einer der drei Wellenbereiche dieser Gattungen den anderen in der Zahl der Kanäle überlegen ist, ist es der der Meterwellen, da für diese die erörterten Anforderungen an die Sender und Empfänger am weitesten erfüllt sind.

Vergleich der Dezimeterwellen mit den anderen ultrakurzen Wellen

Es sollen nun die Dezimeterwellen in bezug auf ihre Anwendung in der Luftfahrt behandelt und hierbei mit den anderen Ultrakurzwellenarten, insbesondere den Meterwellen, verglichen werden. Zu diesem Vergleich sind die einzelnen Eigenschaften dieser Wellen nebeneinander zu stellen, die für ihre Anwendung in der Praxis und besonders in der Luftfahrt von Bedeutung sind. Diese Eigenschaften kann man — abgesehen von der vorstehend erörterten Zahl der einsetzbaren Kanäle in jedem Bereiche — etwa in folgende drei Gruppen gliedern, nämlich in solche, die sie

a) bei der Ausbreitung haben;
b) hinsichtlich Wirkungsgrad der Geräte, Betriebssicherheit, Störanfälligkeit u. dgl., insbesondere auch hinsichtlich der erforderlichen Antennengrößen haben;
c) betreffs Richtbarkeit und Möglichkeit scharfer Bündelung haben.

Die Ausbreitung

Alle drei Arten der Ultrakurzwellen pflanzen sich quasioptisch, d. h. im wesentlichen ähnlich wie die Lichtwellen im freien Raum fort. Es findet für die ultrakurzen Wellen keine Ausbreitung durch Herabbrechen von der Heavisideschicht und auch keine durch Leitung längs der Erdoberfläche statt mit der Einschränkung, daß bis zu etwa 5 m Wellenlänge herab hierin Ausnahmen vorkommen können. Die drei Wellengattungen sind also in der Art ihrer Ausbreitung sehr ähnlich. Trotzdem gibt es gewisse feinere Unterschiede zwischen ihnen, die gegebenenfalls zu beachten sind.

So unterscheiden sie sich für die praktische Anordnung z. B. nicht unwesentlich hinsichtlich Beugung und Schattenwerfens, Reflexion und ähnlichen Vorgängen. Sowohl beim Schattenwerfen wie bei der Reflexion ist es, wie aus der Optik bekannt, notwendig, daß der Schatten werfende oder reflektierende Körper groß, im Idealfall sehr groß zur

19

Wellenlänge sein muß. Soll ein Körper die fraglichen Wellen in nennenswertem Maße abschatten oder zurückwerfen, so muß er mindestens etwa 5- bis 10 mal so groß sein; dies bedeutet für die Meterwellen, daß die Abmessungen solcher Körper viele Meter betragen müssen, während für die Dezimeterwellen ein oder wenige Meter und für die Zentimeterwellen einige Dezimeter genügen.

Betrachten wir z. B. ein Flugzeug als Schatten- oder Reflexionskörper, so ist dessen Wirkung bei den längeren Meterwellen nur unvollkommen, da seine Abmessungen zwar — wenigstens teilweise — größer, aber nicht genügend groß zu diesen Meterwellen sind; für die Dezimeterwellen und besonders die Zentimeterwellen wird die Schatten- und Reflexionswirkung eines Flugzeuges normaler Größe in viel höherem Maße auftreten. Will man also für irgendeinen Zweck, z. B. zum Ersatz des Backbord- und Steuerbordlichtes auf Schiffen und Flugzeugen u. dgl. im Nebel diese Schatten- oder Reflexionswirkung ausnutzen, so müßte man Dezimeterwellen oder vielfach besser noch Zentimeterwellen verwenden.

Bei den derzeitigen Anwendungen der Ultrakurzwellen in der Flugtechnik wird allerdings eine solche Schattenwirkung in den meisten Fällen eher störend als nützlich empfunden werden, wobei dann die Frage des Schattenwerfens mehr für die Meterwellen spricht.

Ähnlich liegt es bei der Beugung. Auch auf den Grad der Beugung, z. B. über ein Hindernis oder über die Sichtreichweite hinaus in den Schattenraum, hat die Größe der Wellenlänge einen maßgeblichen Einfluß. Die längeren Wellen, also die Meterwellen, beugen sich sehr viel mehr in den Schattenraum hinein. Deren Reichweite im Schatten über die optische Sicht hinaus ist also ganz wesentlich größer als die der Dezimeter- oder gar der Zentimeterwellen; sie ist in vielen Fällen der Anwendung sogar größer als die Sichtreichweite. In den Fällen, bei denen eine möglichst große Reichweite über die unmittelbare Sicht hinaus erwünscht ist, sind also die Dezimeterwellen den Meterwellen weit unterlegen.

In manchen Anwendungsfällen kommt es darauf an, nahe und entlang dem Erdboden zu signalisieren. Hierfür ist die Ausbreitung des Wellenvorganges entlang einer Fläche bestimmten Charakters zu untersuchen. Bei den langen und auch noch bei den kurzen Wellen findet eine Ausbreitung am Erdboden entlang dadurch statt, daß dieser als elektrisch leitende Fläche wirkt. Bei den ultrakurzen Wellen ist dies nun mit sinkender Wellenlänge immer weniger der Fall, besonders aber bei den Dezimeter- und Zentimeterwellen, bei denen eine Ausbreitung am Erdboden entlang durch dessen Leitfähigkeit praktisch kaum mehr in Frage kommt, es sei denn vielleicht in seltenen Ausnahmefällen. Dies hängt u. a. damit zusammen, daß der elektrische Verschiebungswiderstand oder Kapazitätswiderstand der Erde bei den hohen Frequenzen dieser Ultrakurzwellen dem Leitungswiderstand vergleichbar, meist wesentlich kleiner als dieser ist.

Wir haben es also hier mit einem Fall zu tun, bei dem die Wellenausbreitung in der Erde bzw. an der Erdoberfläche entlang in ähnlicher Weise stattfindet, wie bei einem mehr oder weniger verlustreichen Kondensatorfeld; ein Teil der Wellen wird an der Grenzfläche reflektiert, der andere Teil von ihr absorbiert. Ist hierbei der Leitungswiderstand von gleicher Größenordnung wie der elektrische Verschiebungswiderstand, so kann der Ausbreitungsvorgang entlang der Grenzfläche merkbar hierdurch gedämpft werden; die Erdoberfläche wirkt dann für die Ausbreitung der fraglichen Wellen wie eine Art Wellensumpf.

In Tafel 1 ist für einige Werte der Erdleitfähigkeit und der Dielektrizitätskonstante der Erde die Wellenlänge angegeben, bei welcher der Leitungswiderstand W für diese Werte gleich dem dielektrischen Verschiebungswiderstand $\frac{1}{\omega C}$ wird; man sieht daraus, wie in den meisten praktischen Fällen für die Dezimeterwellen der Verschiebungsstrom überwiegt; die Erde also der Hauptsache nach als Kondensatorfeld wirkt.

Tafel 1. λ für $W = \frac{1}{\omega C}$ bei veränderlichem σ und ε.

ε	σ				
	10^{-14}	10^{-13}	10^{-12}	10^{-11}	
80	1330 m Süßwasser	133 m	13,3 m	1,33 m Seewasser	
20	335 m	33,5 m	3,4 m	34 cm	λ
10	167 m	16,7 m	1,7 m	17 cm	
5	83,5 Erdboden	8,4 m	84 cm	8 cm	

Ähnliche Wirkungen der Erdoberfläche als Wellensumpf treten auf, wenn die Erdoberfläche mit Gegenständen bedeckt ist, die von der Größe der benutzten Wellenlängen oder etwas größer bzw. kleiner sind und dadurch das einfallende Strahlungsfeld zerstreuen und absorbieren. Bei den

Abb. 1. Ultrakurzwellen-Ausbreitung längs der Erdoberfläche.

Meterwellen kommen hierfür Wald und Buschwerk in Frage, bei den Dezimeterwellen schon Gräser u. dgl. m., für alle drei Gattungen können die Meereswellen bei Ausbreitung über Seewasser solche Störungen hervorrufen; je nach der Höhe bzw. Länge der Dünung und der Wasserwellen.

In einer möglichst einfachen Darstellungsweise ist dies in Abb. 1 veranschaulicht. Von einem Sendedipol S soll elektrische Wellenenergie nach dem Empfangsdipol E übertragen werden. Vom Dipol S geht die Strahlung nach allen Seiten in den an sich verlustfreien Raum hinaus, und zwar mit größtem Anteil in der Horizontalebene. Würde die Erdoberfläche nicht vorhanden sein, so würde der Strahl, der in der Horizontalen vom Sender abgeht, den Empfänger ungeschwächt treffen. Die Feldstärke am Empfänger ist von der Senderleistung, der Entfernung zwischen Sender und Empfänger und der Konfiguration des Strahlungsfeldes abhängig. Dadurch, daß nun die Erdoberfläche sich nahe unterhalb der Verbindungslinie von S und E befindet und als eine Art Wellensumpf die zu ihr kommende elektrische Strahlungsenergie absorbiert oder zerstreut, tritt während der Ausbreitung der Wellen vom Sender zum Empfänger hin dauernd eine Schwächung ihres Feldes in der Nähe der Erdoberfläche ein. Dies führt dazu, daß die Wellen fortgesetzt nach der Erdoberfläche hinab gebeugt werden. Das Kraftlinienfeld wird entsprechend deformiert, und es tritt eine Schwächung des Empfangs in E ein.

So läßt sich z. B. auch eine frühere, zunächst bei unseren Versuchen nicht weiter beachtete Beobachtung erklären, nach welcher in größerer Entfernung vom Sender das Feld in der Nähe des Erdbodens sich in der Fortpflanzungsrichtung merklich nach vorn geneigt zeigte.

Ist der Abstand h der Verbindungslinie vom Sender zum Empfänger von der Erdoberfläche groß, so ist diese abschwächende Wirkung kaum zu bemerken, ist er jedoch klein, so kann hierdurch eine erhebliche Verringerung der Empfangsintensität hervorgerufen werden. Der Grad dieser Schwächung ist von der Beschaffenheit der Erdoberfläche und vom Verhältnis dieses Abstandes h zur Wellenlänge abhängig.

Diesbezügliche Versuche mit Wellen von etwa 1 m über flachem Gelände haben gezeigt, daß praktisch wesentliche Schwächungen eintreten können, wenn der Abstand h der Linie zwischen Sender und Empfänger vom Erdboden in die Größenordnung der Wellenlänge kommt, wie es auch der Überlegung entspricht; es ist zwecks möglichster Herabsetzung dieser Schwächung des Empfangs notwendig, den Abstand keinesfalls kleiner als die Wellenlänge, besser noch wesentlich größer zu machen. Es handelt sich hierbei nicht um die Interferenzminima — und -maxima infolge der Reflexion der Senderstrahlen am Erdboden, die natürlich außerdem vorhanden sind, sondern zu diesen kommt im vorliegenden Falle noch eine echte Absorption oder Schwächung des Empfanges durch das Hinwegstreichen über einen Wellensumpf.

Denken wir an eine Verwendung der Ultrakurzwellen zum Signalisieren entlang dem Erdboden unter Anbringung der Strahlungsgebilde etwa in Manneshöhe, so ist es klar, daß diese Schwächung durch den Erdboden bei den kleineren Meterwellen, bei denen solche Absorptionsverhältnisse vielfach vorliegen werden, dann unter Umständen stärker auftreten wird, als bei den Dezimeterwellen oder gar den Zentimeterwellen. Hier würde also ein gewisser Vorteil der Dezimeterwellen gegeben sein können.

Für die Luftfahrt wird allerdings diese Anwendungsart im Gegensatz zu anderen Diensten seltener vorkommen, vielleicht beim Verkehr gelandeter oder zu Wasser gegangener Flugzeuge. Im allgemeinen wird der drahtlose Verkehr in der Luftfahrt mehr oder weniger frei durch den Raum stattfinden, und man kann solche unterschiedlichen Eigenschaften der drei Wellenarten dann außer acht lassen.

Abgesehen von solchen vorgeschilderten Einzelfällen kann wohl ausgesagt werden, daß die drei Wellenarten — Meterwellen, Dezimeterwellen und Zentimeterwellen — in ihrem Ausbreitungsvorgang für die Technik im großen ganzen recht ähnlich sind. Es treten aber doch in manchen Fällen gewisse Unterschiede auf, durch welche sich die Dezimeterwellen in der Ausbreitung gegenüber den Meterwellen — je nach der Sachlage zum Vorteil oder Nachteil — unterscheiden.

Wirkungsgrad, Betriebssicherheit und Antennengrößen

Wie allgemein bekannt, ist die Technik der Erzeugung und des Empfangs von Meterwellen hinsichtlich Wirkungsgrad, Betriebssicherheit und Einfachheit zur Zeit noch der der Dezimeter- oder gar der Zentimeterwellen wesentlich überlegen. Während bis zu etwa 1 m herab Sender und Empfänger mit normalen und gut durchgearbeiteten Rückkopplungsschaltungen arbeiten können, ist dies bei den Dezimeterwellen nicht mehr möglich. Man muß dann bei den Röhren zu Bremsschaltungen oder anderen Ausführungsformen übergehen, bei denen sowohl Wirkungsgrad wie Betriebssicherheit nachlassen und insbesondere hinsichtlich der Empfängerrückkopplung Schwierigkeiten auftreten. Immerhin ist in der letzten Zeit hierin vieles schon erreicht worden.

Man hat bestimmte Senderöhren ausgebildet, wie z. B. das Magnetron, welches auf einem von Habann schon vor Jahren gerade auch für die kurzen Wellen angegebenen und versuchten Prinzip beruht und welches daher — besonders vom deutschen Standpunkt aus — vielleicht als Habannrohr bezeichnet werden sollte. Auch die heutige Form des Magnetrons mit geteilter zylindrischer Anode und symmetrisch angeschlossenem Schwingungskreis ist schon damals von Habann besonders zur Erzeugung ultrakurzer Wellen vorgeschlagen und versucht worden. In den letzten Jahren hat vor allem auch Telefunken diese Röhren systematisch untersucht und verbessert und soll damit bis herab zu etwa 10 cm Wellenlänge gekommen sein.

Man hat weiterhin die mit Barkhausen-Bremsschaltungen arbeitenden Röhren — besonders auch in Deutschland — wesentlich verbessert, so daß sich mit diesen schon seit einiger Zeit recht gute und sichere Sende- und Empfangswirkungen bis herab zu etwa 40 cm oder vielleicht noch etwas weiter erzielen lassen. Auch für Wellenlängen, die darunter liegen, und zwar solchen in der Größenordnung von etwa 2 Dezimeter sind — und dies besonders im Ausland — Ergebnisse erzielt worden.

Es muß aber trotzdem festgestellt werden, daß es noch längere Zeit dauern wird, bis hinsichtlich des Wirkungsgrades, der Erzeugung des Empfangs sowie hinsichtlich Modulationsfähigkeit, Wellenkonstanz, Betriebssicherheit und Einfachheit die Dezimeterwellen — und zwar besonders die kleineren davon — den Meterwellen vergleichbar sein werden, wenn dies überhaupt in vollem Maße erreichbar sein wird. Für gleiche Strahlungsleistung kann man heute bei den Meterwellen mit wesentlich geringerer Primärenergie auskommen als bei diesen Dezimeterwellen oder gar den Zentimeterwellen.

Was die Störanfälligkeit des Empfangs bei ultrakurzen Wellen anbelangt, so fallen bei ihnen bekanntlich fast alle Störungen, unter denen die langen oder kurzen Wellen leiden, fort, wie z. B. atmosphärische Störungen u. dgl. m. Es treten aber bei ihnen Störungen durch die Motorenzündungen auf, die gerade auch bei der Anwendung in Flugzeugen beseitigt werden müssen.

Bei den Meterwellen hat es sich gezeigt, daß die normale Entstörung für den Empfang von tönendem Senden genügt. Wie weit diese für die Dezimeter- oder gar die Zentimeterwellen ausreicht, ist heute wohl noch nicht ganz zu übersehen und kann erst genügend beurteilt werden, wenn für diese Wellenbereiche Empfänger mit einer solchen Empfindlichkeit und Durchlaßbreite im Flugzeug erprobt werden können, wie sie sich einmal endgültig ergeben werden.

Was nun die erforderliche Größe der Antennengebilde anbelangt, so ist hier nur ein einfaches Antennengebilde zu erörtern, wie es durch eine Marconi-Antenne ($\lambda/4$) oder einen Dipol ($\lambda/2$) gegeben ist. Strahlungs-Anordnungen, die aus mehreren Antennen oder Dipolen bestehen, werden später bei der Frage der Richtbarkeit behandelt.

Für die Luftfahrt spielt vor allen Dingen die Länge einer solchen Antenne oder eines solchen Dipols eine Rolle. Man könnte meinen, daß ein wesentlicher Vorteil der Dezimeterwellen gegenüber den Meterwellen darauf beruhe, daß man mit sehr viel kleineren Strahlungsgebilden auskommen kann, z. B. mit Dipolen von 10 bis 20 cm Länge o. dgl. Nähere Überlegungen zeigen aber, daß sich hierin im allgemeinen kaum ein Vorteil für die Dezimeterwellen ergibt.

An sich kann man bekanntlich einen Dipol oder eine Antenne bestimmter Länge mit Wellenlängen sehr verschiedener Größe betreiben; es ist durchaus nicht immer gesagt, daß das praktische Optimum dann vorliegt, wenn die Wellenlänge in der Nähe der Eigenschwingung des Antennengebildes liegt, wenn also die Wellenlänge das Vierfache der Länge einer Marconiantenne bzw. das Doppelte der Dipollänge beträgt. Dies gilt nur, wenn bei Veränderung der Wellenlänge andere wesentliche Größen, wie z. B. der Sender- und Empfänger-Wirkungsgrad, konstant bleiben.

Im betrachteten Bereich der ultrakurzen Wellen nimmt nun mit sinkender Wellenlänge der Sendewirkungsgrad wie auch der Empfangs-wirkungsgrad wesentlich ab; es kommen sonach mehrere Einflüsse in Frage, die für eine bestimmte Dipollänge bzw. Antennenlänge bei der Wahl der günstigsten Wellenlänge berücksichtigt werden müssen, und die gegeneinander wirken. Es gibt hier bei einer bestimmten Antennenlänge oder Dipollänge in praxi einen Optimalbereich für die Wellenlänge, der je nach den Verhältnissen mehr oder weniger weit oberhalb des Falles der Eigenschwingung liegt. Die Abb. 2 bis 5 sollen dies veranschaulichen; zunächst senderseitig Abb. 2 und 3.

In Abb. 2 ist eine Dipollänge von 25 cm zugrunde gelegt. Die Abhängigkeit des Strahlungswirkungsgrades von der Wellenlänge λ ist durch die Kurve a gegeben, die Abhängigkeit des Senderwirkungsgrades durch die Kurve b. Es ist bei Aufstellung der Kurve a davon ausgegangen, daß

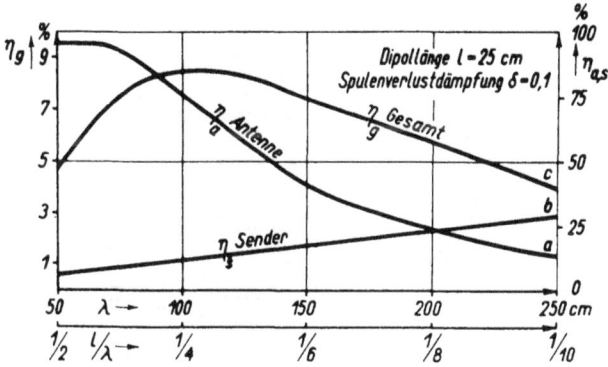

Abb. 2. Spulenverlustdämpfung $\delta = 0,1$.

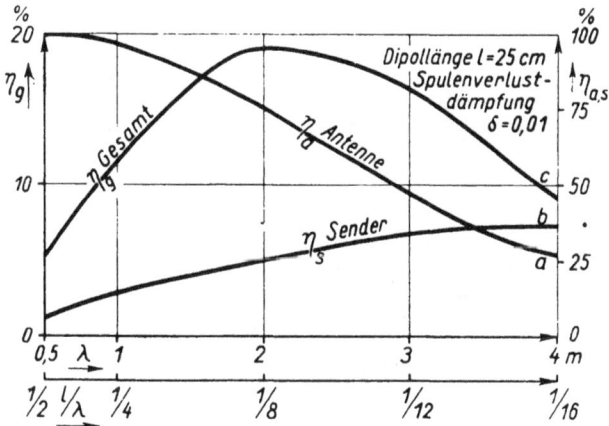

Abb. 3. Spulenverlustdämpfung $\delta = 0,01$.

Abb. 2 und 3. Gesamtsendewirkungsgrad η_g bei konstanter Dipollänge und veränderter Wellenlänge λ.

die Verlängerungsmittel, die den Dipol auf die jeweilige Wellenlänge abstimmen, die Verlustdämpfung $\delta = 0,1$ besitzen. Die Kurve des Sender-Wirkungsgrades ist auf Grund von Rechnungen und praktischen Meßergebnissen der bis jetzt angewandten, mit normaler bzw. mit Bremsschaltung arbeitenden Sender festgelegt worden. In der Kurve c ist das Produkt der Kurven a und b gegeben.

Man sieht wie infolge des Verlaufes beider Wirkungsgrade das Optimum des Gesamtwirkungsgrades für den gegebenen Dipol von 25 cm Länge bei etwas über 1 m Wellenlänge liegt, während die Wellenlänge seiner Eigen schwingung nur 50 cm beträgt. Die optimale Wellenlänge ist also etwa das Doppelte der seiner Eigenschwingung.

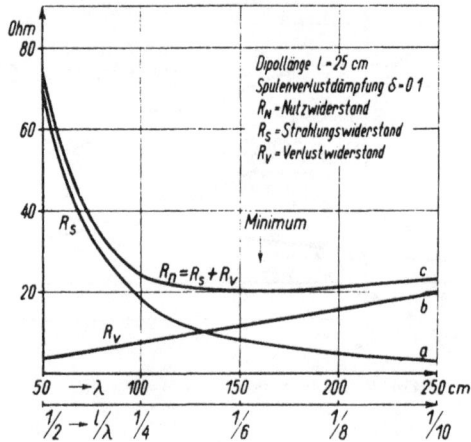

Abb. 4 a.

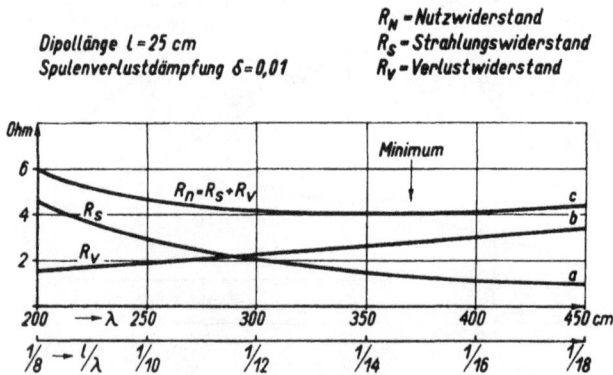

Abb. 4 b.

Abb. 4. Abhängigkeit der Widerstände von der Wellenlänge bei konstanter Dipollänge des Empfängers.

a) Spulenverlustdämpfung $\delta = 0,1$,
b) Spulenverlustdämpfung $\delta = 0,01$.

In Abb. 3 ist dasselbe dargestellt für den Fall einer wesentlich geringeren Dämpfung für die Abstimmittel, und zwar für $\delta = 0,01$. Die optimale Wellenlänge ergibt sich hierfür zu etwa 2 m, also das Vierfache der Wellenlänge der Eigenschwingung des Dipols.

In der Praxis wird man Dämpfungen, die zwischen beiden Werten 0,1 und 0,01 liegen, zugrunde legen müssen. Es ergibt sich hieraus, daß im fraglichen Wellenbereich für die gegebene Dipollänge im Mittel etwa 1,5 m. d. i. die dreifache Wellenlänge gegenüber der der Eigenschwingung am

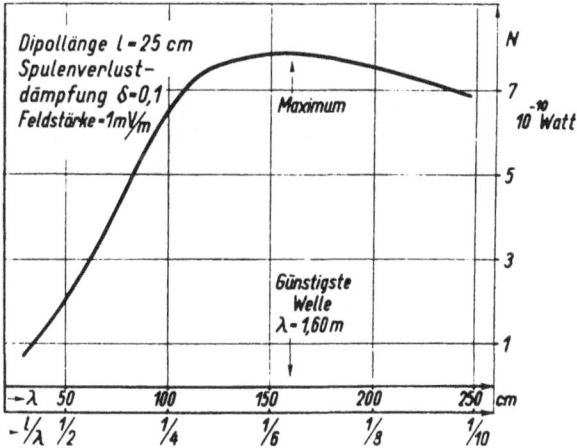

Abb. 5 a.

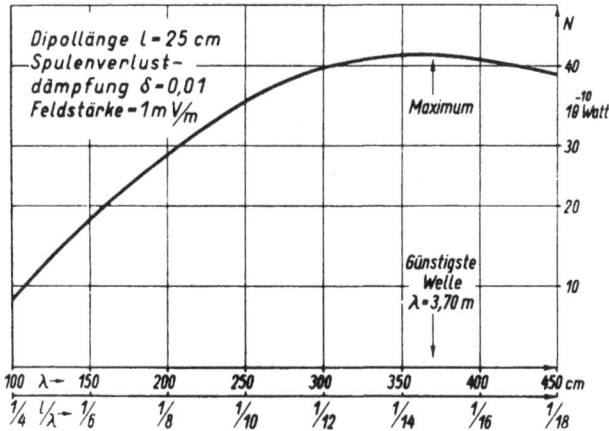

Abb. 5 b.

Abb. 5. Empfangsleistung in Abhängigkeit von der Wellenlänge λ bei konstanter Dipollänge.
a) Spulenverlustdämpfung $\delta = 0,1$.
b) Spulenverlustdämpfung $\delta = 0,01$.

günstigsten ist. Da nun in den meisten Fällen ein Senderdipol von 20 bis 30 cm genügend klein sein wird, keinesfalls im allgemeinen auf den Flugzeugen noch viel kürzere Längen notwendig sein werden, kann der Wunsch nach geringeren Größen der Sendedipole kaum dazu führen, Dezimeterwellen bevorzugt gegenüber Meterwellen anzuwenden.

Ähnlich und zwar noch günstiger für die Meterwellen liegt es auf der Empfängerseite; es ergibt sich hier eine günstigste Wellenlänge, die noch wesentlich größer ist als das Dreifache der Eigenschwingung (vgl. Abb. 4 und 5).

In diesen ist davon ausgegangen, daß an einer bestimmten Stelle im Raum eine bestimmte Empfangsfeldstärke, und zwar beispielsweise 1 mV/m vorhanden ist und sich dort ein Dipol bestimmter Länge, und zwar wieder von 25 cm, als Empfangsstrahlungsgebilde befindet.

In der Abb. 4 ist in den Kurven a, b und c die Abhängigkeit der in Frage kommenden Widerstände von der Wellenlänge angegeben. R_s ist der Strahlungswiderstand der sich aus den gegebenen Bedingungen berechnen läßt; R_v ist der Verlustwiderstand; seine Größe ist im wesentlichen durch die Dämpfung der Kopplungs- bzw. Verlängerungsmittel bestimmt. In Abb. 4a ist diese Dämpfung δ zu 0,1 angenommen. R_n ist der Nutzwiderstand des Dipols, für den für Maximalempfang die Bedingung gilt, daß seine Größe der Summe von R_v und R_s gleich sein muß. Der Fall kleinsten Wertes von R_n (bei etwa 1,6 m) ist gleichzeitig der Fall größter Empfangsenergie.

In Abb. 5 ist die Empfangsenergie, wie sie sich bei der gegebenen Feldstärke von 1 mV/m aus diesem Verlauf der einzelnen Dipolwiderstände ergibt, abhängig von der Wellenlänge aufgetragen. Man sieht, daß das Optimum des Empfangs nicht etwa bei einer Wellenlänge eintritt, die gleich der doppelten Dipollänge ist, sondern bei einem wesentlich größeren Wert derselben, und zwar bei einer Wellenlänge von etwa 1,6 m, also bei etwa dem Dreifachen der Wellenlänge der Eigenschwingung.

In Abb. 4b und 5b ist dasselbe für eine Verlustdämpfung von $\delta = 0,01$ dargestellt. Auch hier liegt für den günstigsten Empfang die Wellenlänge weit oberhalb der Wellenlänge der Eigenschwingung zwar bei etwa 3,7 m. also bei mehr als dem Siebenfachen der Wellenlänge der Eigenschwingung des Dipols.

In Praxi wird man wieder mit einer Verlustdämpfung zwischen 0,01 und 0,1 rechnen müssen. Man kann daher die günstigste Wellenlänge von seiten des Empfangs für dies gewählte Beispiel im Mittel etwa zu 2,5 m, d. h. zum fünffachen Wert der Wellenlänge der Eigenschwingung annehmen.

Sowohl senderseitig als auch empfängerseitig liegt also das Optimum der Wellenlänge bei gegebener Dipollänge wesentlich oberhalb dessen Eigenschwingung, und zwar etwa 3- bzw. 5mal so hoch. Da es in der Luftfahrt auf Flugzeugen nicht darauf ankommen wird, Antennen- oder Dipollängen weit unter einigen Dezimeter zu verwenden, so ergeben sich auch hinsichtlich dieser Fragen die Meterwellen oder wenigstens die längeren Dezimeterwellen den kürzeren Dezimeterwellen als überlegen.

Was also die Größe der Antennengebilde — soweit es sich um einfache Antennen oder Dipole handelt — anbelangt, ist zum mindesten kein Grund gegeben, die kürzeren Dezimeterwellen den Meterwellen oder den längeren Dezimeterwellen in der Anwendung vorzuziehen.

Richtbarkeit bzw. die Möglichkeit scharfer Bündelung bei den Dezimeterwellen.

Zur Richtung von elektrischen Strahlen benötigt man entweder Anordnungen, die aus Kombinationen verschiedener Antennen bzw. Dipolen bestehen, oder mehr oder weniger gekrümmte, reflektierende Flächen. Der Abstand der einzelnen Dipole der Antennenkombinationen — diese seien Strahlwerfer genannt — beträgt meist $\lambda/2$, oder ist von ähnlicher Größe. Da zur schärferen Bündelung eine größere Zahl solcher Dipole nötig ist, muß also die gesamte Strahlwerfereinrichtung verhältnismäßig groß zur Wellenlänge sein. Bei den reflektierenden Flächen als Richtmitteln liegt es ganz ähnlich. Handelt es sich z. B. um einen Parabelspiegel, in dessen Brennpunkt das Strahlungsgebilde, meist ein einfacher Dipol, angebracht ist, so muß die Öffnung des Parabelspiegels ein Vielfaches der Wellenlänge, auch bei nur einigermaßen Bündelung mindestens das 5- bis 10fache betragen.

Man kann zwar auch mit kleineren Abmessungen der Strahlungsgebilde noch gewisse Richtwirkungen bzw. Bündelungen erreichen, die energiesparend bzw. die Empfangsintensität erhöhend wirken. Es lassen sich aber die meist und hauptsächlich erstrebten Vorteile der Bündelung — wie Versorgung eines ganz schmalen Winkelbereiches mit Empfang und Unabhörbarkeit in den anderen Richtungen, insbesondere nach rückwärts — damit nicht erzielen; im Gegenteil, will man diese Eigenschaft in besonderem Maße haben, muß man noch viel größere Abmessungen als die hier eben angegebenen zugrunde legen.

Denken wir uns nun ein solches Richtmittel in der Luftfahrt angewendet und beispielsweise auf einem Flugzeug angebracht, so würde — selbst bei der kleinsten der Dezimeterwellen, nämlich bei 10 cm, die Öffnung des Spiegels bei einigermaßen Bündelung der Strahlen immer noch mindestens $\frac{1}{2}$ bis 1 m groß sein müssen; bei den größeren Dezimeterwellen entsprechend größer.

Es wird nun schwer möglich sein, so große Strahlwerfer oder Spiegel an einem Flugzeug anzubringen. Außen am Flugzeugkörper scheint dies in Rücksicht auf die aerodynamische Bremswirkung kaum erlaubt. Man könnte daran denken, solche Strahlwerfer oder Spiegel innerhalb des Flugzeugkörpers an einer geeigneten Stelle unterzubringen und die Flugzeugverkleidung an dieser Stelle offen zu lassen. Dies würde aber ebenfalls zu große aerodynamische Störungen hervorrufen. Man müßte dann die fragliche Öffnung durch irgendeinen wellendurchlässigen Werkstoff verkleiden. Leider wird es aber ein solches Mittel kaum je geben, da alle bis jetzt bekannt gewordenen Konstruktionsmittel den Wellendurchgang der Dezimeterwellen zu sehr schwächen und reflektierend wirken, also den Strahlungsvorgang in zu hohem Maße beeinträchtigen; z. B. hat sich bei Versuchen im Braunschweiger Institut von Prof. Pungs gezeigt, daß schon ein dünnes Blatt Papier, ebenso dünnes Glas, Schwingungen von 1 m Wellenlänge stark reflektiert.

Bei einer offenen Anbringung solcher Strahlwerfer oder Spiegel auf Flugzeugen wird man also wohl wesentlich kleinere Abmessungen voraussetzen müssen, etwa Parabelspiegel mit einer Öffnung von rd. 10 cm oder weniger. Das bedeutet aber die Verwendung von Wellenlängen von höchstens einigen Zentimetern. Für diese ist aber leider die Entwicklung wenigstens heute — noch nicht reif, um sie ernstlich jetzt schon für die Anwendung in der Luftfahrt vorschlagen zu können. Die Dezimeterwellen kommen auf Flugzeugen für Strahlwerfer- und Spiegelanordnungen zwecks scharfer Bündelung kaum in Frage.

Will man heute vom Flugzeug aus zu navigatorischen oder ähnlichen Zwecken irgendeine Richtung möglichst genau drahtlos festlegen oder bestimmen, so wird bei Verwendung von Ultrakurzwellen dem Bakenverfahren der Vorzug zu geben sein, welches mit wenigen einzelnen Antennen auskommt, die etwa $\lambda/4$ voneinander entfernt sind. Es wird hierbei kaum wichtig sein, ob die Antennen bei z. B. 2 m Wellenlänge 50 cm voneinander entfernt sind oder z. B. bei 20 cm Wellenlänge nur 5 cm. Es würde sich also irgendein nennenswerter Vorteil der Dezimeterwellen auch hierfür nicht herausstellen. Für die Länge der einzelnen Antennen oder Dipole gilt hierbei wieder das oben Gesagte, wonach bei einer gegebenen Antennen- oder Dipollänge von z. B. 20 cm eine Wellenlänge von etwa 1,5 bis 2 m gute, wenn nicht die besten Ergebnisse liefern würde.

Es wären sonach noch diejenigen Richtanordnungen zu betrachten, die für Sender bzw. Empfänger auf der Erdoberfläche oder auf Türmen oder dergleichen zum Verkehr oder zur Wirkung mit Flugzeugen angebracht werden sollen; hier wird meistens die Größe der Strahlwerfer oder Spiegel nicht ganz die Rolle spielen wie bei den Flugzeugen. Man wird hier Spiegelanordnungen sowohl für Dezimeterwellen als auch solche für Meterwellen, wenigstens für die kleineren derselben, verwenden können, so daß hier kein unbedingter Zwang vorliegen wird, Dezimeterwellen zu verwenden, wenn auch für diesen Anwendungszweck vielleicht in nächster Zeit die Dezimeterwellen zu allererst in Frage kommen könnten, ganz besonders, wenn schärfere Bündelung gefordert wird. So kamen sie daher auch schon einmal für das Vorsignal bei der Blindlandung in Betracht.

Allgemein ist zu sagen, daß für Strahlwerfer oder Spiegelanordnungen zur schärferen Bündelung auf Flugzeugen wohl erst die Anwendung kleiner Zentimeterwellen eine befriedigende Lösung bringen wird.

Es sei bei dieser Gelegenheit darauf hingewiesen, daß bei den Anlagen der Standard zur Kanalüberbrückung zwischen der französischen und englischen Küste trotz Verwendung einer Wellenlänge von 18 cm, also einer kleinen Dezimeterwelle, Spiegel von 3 m Öffnung angewandt werden, also Größen, die mehr als das 5fache der Wellenlänge betragen.

Schlußfolgerung

Beim Vergleich der drei Ultrakurzwellengruppen — nämlich der Meter-, Dezimeter- und Zentimeterwellen — kommt man zusammenfassend zu dem Schluß, daß im allgemeinen vielfach kein Grund vorliegen wird, die Dezimeterwellen bevorzugt vor den Meterwellen in der Luftfahrt einzusetzen. Nur, wenn die Dichte des Verkehrs bei den Meterwellen dazu zwingt, andere Kanäle aufzumachen, oder, wenn eine schärfere Bündelung mit möglichst kleinen Richtkörpern für Sender und Empfänger an Land oder auf festen Gebäudeteilen errichtet werden sollen, kämen sie heute neben den Meterwellen — im letzten Fall bevorzugt — in Frage.

In Tafel 2 sind die wesentlichsten Eigenschaften der ultrakurzen Wellen nochmals zum Vergleich schematisch nebeneinander gestellt, so wie man sie heute etwa festlegen könnte.

Tafel 2
Eigenschaften von Ultrakurzwellen nach dem derzeitigen Stand der Technik.

Eigenschaften hinsichtlich		Meterwellen $\lambda = 1$ bis 10 m	Dezimeterwellen $\lambda = 10$ bis 100 cm	Zentimeterwellen $\lambda = 1$ bis 10 cm
der Zahl der Verkehrskanäle		ca. 200 soweit Überlagerungsempfang wesentlich mehr	ca. 100	ca. 25
der Ausbreitung	Reichweite	quasioptisch	quasioptisch	quasioptisch
	Vorkommen von Schatten, Reflexion, Dispersion an normalen Körpern	seltener	oft	sehr häufig
der Betriebsfrage	Senderwirkungsgrad	25 bis 50 %	etwa 5 %	? (< 1 %)
	Betriebssicherheit	gut	gerade ausreichend	nicht erforscht
	optimale Dipolgröße	25 cm bis 3 m	5 cm bis 25 cm	0,5 bis 5 cm
der erforderlichen Spiegeldurchmesser für schärfere Bündelung		5 bis 50 m	0,5 bis 5 m	5 bis 50 cm

Wenn also auch die Dezimeterwellen beim Vergleich für die Anwendung in der Luftfahrt nicht so sehr günstig abschneiden, ist ihre Entwicklung und insbesondere die Ausbildung technisch brauchbarer Geräte und Verfahren zu ihrer praktischen Anwendung doch auch sehr im Interesse der Luftfahrt, einmal schon deswegen, weil sich gewisse Fälle der Anwendung in der Luftfahrt ergeben werden, bei denen sie vorteilhafter als die Meterwellen sein werden oder bei denen wegen Anhäufung des Meterwellenverkehrs diesen ausgewichen werden muß, aber vor allem auch deswegen, weil Fortschritte auf dem Gebiete der Dezimeterwellen dazu führen werden, die Entwicklung der Zentimeterwellen zu fördern, die erst die Lösung einigermaßen gebündelter Strahlen durch Spiegelanordnungen mit für Flugzeuge möglichen Abmessungen bringen können.

Wie es allerdings mit der Ausbreitung dieser Zentimeterwellen bei Regen und ähnlichen Störungen des Zwischenmediums sein wird, darüber fehlen noch genügende Angaben und Erfahrungen. Es wäre sehr erwünscht, wenn hierin baldige systematische Versuche von verschiedenen Stellen einsetzen würden. Professor Pungs in Braunschweig hat schon vor längerer Zeit diesbezügliche Versuche begonnen; leider kann über diese zur Zeit noch nichts bestimmtes berichtet werden.

Zum Schluß mag noch einiges über praktische Versuche neueren Datums mit Dezimeterwellen bei der Firma C. Lorenz und deren Ergebnisse angeführt werden.

Die für diese Versuche benutzten Röhren waren die 5-W-Spezialröhren von Telefunken, die mit Bremsschaltung arbeiten. Beim modulierten Sender für Sprache und Signale hat es sich unter Anwendung gewisser Maßnahmen als möglich erwiesen, die Sender- und Empfängerwellenlängen so konstant zu halten und beim Empfang mit einer derartigen Rückkopplung zu arbeiten, daß sich eine nennenswerte Entdämpfung und zwar etwa auf den zehnten Teil erzielen ließ. Hierbei handelt es sich um keine Superregeneration (Pendelrückkopplung) sondern um normale Rückkopplung.

Entsprechend ist auch die Selektivität bereits recht befriedigend. Die Anordnungen sind durchaus konstant und betriebssicher. Bei einer Antennenleistung von etwa 5 W und einer Primärenenergie von etwa 100 W am Sender ist hierbei die Erzeugung von Wellenlängen bis zu etwa 40 cm herab heute möglich. Es kann mit diesen Anordnungen, wenn sie einige Meter über der Umgebung, z. B. auf entsprechend erhöhten Geländepunkten aufgestellt werden, bei nicht zu ungünstigem Zwischengelände mit einer Signal- bzw. Telephonie-Reichweite von etwa 50 bis 100 km sicher gerechnet werden. Für den Fall von über der Umgebung sehr erhöhten Sender- und Empfängeraufstellungsorten, also ganz ungestörter Sicht — wie z. B. von Flugzeug zu Flugzeug in größeren Höhen — wird mit diesen Geräten weit über 100 km Reichweite erzielt werden können; dabei ist für diese Entfernungen die Verwendung von scharf gebündelten Richtstrahlern noch nicht zugrunde gelegt.

Die Höhenmessung in der Luftfahrt

Von K. Krüger*)

Vorgetragen am 3. November 1934 in Dresden

Mit zunehmender Bedeutung des Nacht- und Blindfluges sind die Anforderungen an Genauigkeit und Umfang der Höhenmessung vom Luftfahrzeug aus stark gewachsen. Der Flug ohne Sicht in Bodennähe, insbesondere die Schlechtwetterlandung, stellte die Höhenmessung vor ganz neue Aufgaben. Es mußten Meßgeräte entwickelt werden, die dem Flugzeugführer statt der Meereshöhe eine Bestimmung des jeweiligen Bodenabstandes gestatten, um während des Fluges Zusammenstöße mit Erdhindernissen vermeiden und um bei Schlechtwetterlandungen die Annäherung an den Erdboden verfolgen zu können. Zu diesem Zweck war es notwendig, die alten Meßverfahren auszubauen und zu verfeinern und gleichzeitig nach neuen, leistungsfähigeren Verfahren zu suchen.

Die Höhenmeßverfahren lassen sich physikalisch in zwei große Gruppen einteilen, die auf grundsätzlich verschiedenen Wegen vorgehen. Zunächst ist die Gruppe der (geschichtlich älteren) mittelbaren Verfahren zu erwähnen. Diese beruhen auf der Messung physikalischer Größen, die sich mit der Höhe nach bekannten Gesetzmäßigkeiten ändern. Ihnen gegenüber steht die Gruppe der unmittelbaren Verfahren, die die Höhe über Grund durch unmittelbare Abstandsmessung bestimmen. Beide Gruppen haben ihre Vor- und Nachteile, auf die im folgenden eingegangen werden soll.

Mittelbare Höhenmeßverfahren

Die mittelbaren Verfahren haben ein besonderes Kennzeichen gemeinsam: sie messen nicht den jeweiligen Bodenabstand, sondern sie bestimmen die Höhe über einer mehr oder minder genau bestimmten Nullfläche. Eine Bodenabstandsmessung kann daraus nur dann abgeleitet werden, wenn gleichzeitig die Höhe des überflogenen Geländes über der Nullfläche bekannt ist.

Barometrische Höhenmessung

Als kennzeichnender Vertreter der mittelbaren Verfahren ist die barometrische Höhenmessung anzusehen. Ist der Luftdruck als Funktion der Höhe bekannt, so kann die Höhe jeweils aus einer Luftdruckmessung abgeleitet werden. Als Nullhöhe dient hier der mittlere Meeresspiegel (Normal-Null); die barometrische Höhenmessung führt also zur Bestimmung der sog. absoluten Meereshöhe.

Zur Luftdruckmessung können an sich alle bekannten Verfahren benutzt werden. Praktisch verwendet wird jedoch lediglich das Aneroiddosengerät wegen seines kleinen und leichten Aufbaues und wegen der guten Ablesbarkeit durch Zeigerübertragung.

Die in den letzten Jahren erzielten Fortschritte beziehen sich in erster Linie auf Steigerung der Genauigkeit und Wiedergabemöglichkeit der An-

---

*) Dr.-Ing., Deutsche Versuchsanstalt f. Luftfahrt, E. V., Berlin-Adlershof.

zeige sowie auf Einführung der Bodenkorrektur. Bei Aufhängung der Aneroiddose im Führerraum eines Flugzeuges wird die Anzeige durch den dort herrschenden Unterdruck gefälscht. Dieser Unterdruck ist nicht gleichbleibend, er ändert sich mit der Fluggeschwindigkeit, dem Anstellwinkel und der Motordrehzahl. Um diese Beeinflussung zu vermeiden, führt man bei den neueren Geräten das Gehäuse luftdicht aus und verbindet den Innenraum durch Rohrleitungen mit einer Stelle am Flugzeug oder mit einem besonderen Meßkörper, an dem der statische Druck des ungestörten Außenraumes herrscht. Zur Erzielung einer wiedergabefähigen Anzeige ist ferner durch richtige Wahl von Bauart und Baustoff bei Dose und Feder dafür zu sorgen, daß die Verformungen durch elastische Nachwirkung möglichst gering sind. Zur Vornahme von Schlechtwetter-

Abb. 1. Kollsman-Höhenmesser.

landungen auf vorbereiteten Flughäfen ist es weiterhin wichtig, daß der Nullpunkt der Anzeige bereits in der Luft auf den am Boden herrschenden Luftdruck eingestellt werden kann. Zu diesem Zweck sieht man eine Vorrichtung vor, die die Nullmarke nach dem in Millimeter Q.S. oder Millibar angegebenen Bodenluftdruck einzustellen gestattet. Die Übermittlung des Bodenwertes erfolgt auf drahtlosem Wege von der Flughafenfunkstelle zum Flugzeug. Die Benutzung dieser Einstellvorrichtung setzt also das Bestehen einer Funkverbindung voraus. Hierbei ist es wichtig, daß die Bodendruckkorrektur unmittelbar vor der Landung vorgenommen wird, da bei bestimmten Wetterlagen sehr rasche Luftdruckänderungen auftreten können (z. B. Änderungen entsprechend 25 m Höhenunterschied in 2 bis 3 min).

Während die älteren Grobhöhenmesser eine Höhenteilung von 100 zu 100 m besitzen, sind die neuzeitlichen, an den statischen Druckausgleich angeschlossenen Feinhöhenmesser mit Zehnmeterteilung versehen. Diese Feinhöhenmesser haben sich bestens bewährt und sind heute überall in der Luftfahrt eingeführt. Bei dem schwedischen Paulin-Höhenmesser wird die elastische Nachwirkung dadurch aufgehoben, daß die Meßdosenmembran stets in der gleichen Stellung gehalten wird, und zwar durch Verstellen einer Stützfeder von Hand. Bei richtiger Einstellung spielt ein kleiner Tendenzanzeiger auf Null ein. Abb. 1 zeigt den amerikanischen Kollsman-Höhenmesser mit einem Meßbereich von 0 bis 10000 m. Dieses Gerät ist Fein- und Grobhöhenmesser zugleich. Bei einer vollen Umdrehung des großen zur Feinhöhenmessung dienenden Zeigers wandert der kleine Zeiger von 0 nach 1. Die augenblickliche Stellung der Meßzeiger in Abb. 1 würde also einer Höhe von 155 m entsprechen. Auch dieses Gerät ist mit einer Korrekturvorrichtung zur Einstellung des Bodendruckes versehen.

Der Kollsman-Höhenmesser hat eine sehr geringe elastische Nachwirkung. Die Meßgenauigkeit soll im ganzen Bereich $\pm$ 1vH des Sollwertes betragen, in Bodennähe sollen die Abweichungen nicht größer als 3 m sein.

Zu erwähnen wären schließlich noch die Statoskope, mit denen es möglich ist, eine bestimmte Flughöhe einzuhalten bzw. Abweichungen von dieser Höhe zu erkennen, und die Variometer, mit denen die Steig- und Sinkgeschwindigkeit des Luftfahrzeuges gemessen werden kann.

Höhenmessung auf Grund der Schwereänderung

Bei dem zweiten mittelbaren Meßverfahren handelt es sich um einen Vorschlag des Wieners von Braun [1], die Abnahme der Schwerebeschleunigung mit der Höhe zur Messung der Flughöhe heranzuziehen. Nach den Gravitationsgesetzen nimmt die Anziehungskraft ab mit dem Quadrat der Entfernung vom Mittelpunkt einer kugeligen Masse. Gelingt es also, die Schwerebeschleunigung im Luftfahrzeug mit genügender Genauigkeit zu messen, so kann man sehr wohl auf diese Weise die Höhe des Meßpunktes über einer Schwere-Nullfläche bestimmen.

Von Braun baute ein rotierendes Kreuzpendel nach Art der Fliehkraftregler und bestimmte die Verlängerung bzw. Verkürzung zweier Gegenfedern bei genau gleichbleibender Drehzahl des Gebildes. In einem Versuchsbericht heißt es, daß das Gerät in einem Verkehrsflugzeug in 2000 m Höhe gute Empfindlichkeit gezeigt und auf Vertikalböen sofort angesprochen habe. Letzteres kann wohl nicht bezweifelt werden, dagegen dürfte es ausgeschlossen sein, daß mit diesem Gerät tatsächlich Höhenbestimmungen gemacht worden sind. Die Schwerebeschleunigung nimmt mit der Höhe nach folgendem Gesetz ab: $g_h = g_0 - 0,0003 \cdot h_m$. Setzt man für g_0 den unseren Breiten entsprechenden Wert von $g_0 = 891$ cm/s^2, so ergibt sich für 1000 m Höhe ein Effekt der Größenordnung von 0,3 vT. Berücksichtigt man, daß in dem fraglichen Höhenbereich bei böigem Wetter sehr wohl Beschleunigungen von 2 bis 3 g auftreten können, so ergibt sich, daß das von Braunsche Verfahren wenigstens in dieser Form praktisch nicht anwendbar ist. Vielleicht hat es aber eine Zukunft, wenn es gelingt, mit Luftfahrzeugen in sehr viel größere Höhen vorzustoßen.

Unmittelbare Höhenmeßverfahren

Akustische Höhenmessung

Unter den unmittelbaren Verfahren nehmen die akustischen die erste Stelle ein. Die akustischen Meßverfahren benutzen sämtlich zur Abstandsbestimmung die Erdoberfläche als Reflexionsfläche. Grundsätzlich ist der Vorgang der, daß ein Zeichen vom Luftfahrzeug ausgesandt wird; dieses wird am Erdboden reflektiert, und die Laufzeit unmittelbar oder mittelbar gemessen. Die akustischen Verfahren erscheinen dem Fernerstehenden zunächst befremdlich, da die Luftfahrzeuge, und zwar insbesondere die Flugzeuge selbst, eine starke Schallquelle darstellen, so daß man mit erheblichen Störungen dieser Art von Messungen rechnen muß. Dennoch sind die akustischen Lotverfahren bis heute die einzigen, mit denen es einwandfrei gelungen ist, mit verhältnismäßig kleinen Einbauten im Luftfahrzeug Abstandsmessungen bis zu einigen hundert Metern vorzunehmen.

Die Hauptfragen, welche bei Entwicklung der Echolote neben den Aufgaben der reinen gerätemäßigen Durchbildung auftraten, waren die folgenden: In welchem Maße wirkt die Erdoberfläche für den ausgesandten Schall reflektierend? Welche Tonfrequenzen eignen sich am besten für die ausgesandten Signale? Welchen Einfluß hat der Lärm auf die Leistungen des Echolotes und wie kann dieser Einfluß verringert werden?

Über das Reflexionsvermögen des Erdbodens für senkrecht einfallende Schallwellen wurden vor einigen Jahren mehrere Meßreihen ausgeführt [2]. Eine starke Schallquelle, bestehend aus einer Pfeife mit der Frequenz 2900 Hz wurde in ein Kleinluftschiff eingebaut. Der Empfänger bestand aus einem abgestimmten Mikrophon, einem Verstärker und einem Impulsmesser. Aus dem Luftschiff wurden mit Hilfe der Pfeife kurze Signale ausgesandt und deren Intensität nach Reflexion an der Erdoberfläche bestimmt. Für kugelförmige Schallausbreitung ist die Abnahme der Schallintensität mit der Entfernung gegeben durch die Gleichung $J_e = J \cdot \dfrac{k}{4 \cdot h^2}$. Hierin ist J die Intensität des ausgesandten Schalles, J_e die Intensität des Echos, k die Reflexionskonstante und h die Flughöhe, d. h. der Abstand der Meßvorrichtung vom Erdboden. Es handelte sich bei den Messungen darum, k zu bestimmen. Die Ergebnisse der Messungen sind in Zahlentafel 1 wiedergegeben. Das Reflexionsvermögen des Wassers

Zahlentafel 1

Reflexionsvermögen verschiedener Bodenarten im Verhältnis zu Wasser

Bodenart	rel. Reflexions- vermögen	Bemerkungen
Wasser	1,00	
Eis	1,07	dünne Eisschicht
Wiese	0,49	eben und feucht
Wald.	0,21	Kiefernschonung
	0,22 } 0,28 }	Kiefernwald
	0,33	Kiefern, höhere Stämme
	0,36 } 0,45 }	Kiefernwald

ist dabei mit 1,00 eingesetzt, die übrigen Zahlen stellen also das relative Reflexionsvermögen dar. Aus der oben angegebenen Gleichung geht hervor, daß die maximalen Lothöhen über verschiedenem Gelände sich wie die Wurzeln aus den entsprechenden Reflexionszahlen verhalten. Beträgt also z. B. bei einem bestimmten Echolot die maximale Meßhöhe über Wasser 200 m, so würde über Wald mit $k_1 = 0,25$ noch eine Höhe von

100 m zu messen sein. Die angeführten Messungen wurden im Winter durchgeführt, zu einer Zeit also, in welcher die Bäume kein Laub tragen. Beim Fliegen über Kiefernwald konnte beobachtet werden, daß das Echo vom Waldboden her kam. Es ist anzunehmen, daß bei dichtem Laubwald die Oberfläche der Baumgipfel reflektierend wirken kann. Die bei den Messungen erhaltenen Einzelwerte streuten sehr stark, obwohl das Luft-schiff mit geringer Geschwindigkeit fuhr und obwohl nur an Tagen mit geringer Windgeschwindigkeit gemessen wurde. Ein Beispiel für das Streuen der Meßwerte ist in Abb. 2 wiedergegeben, die einer Arbeit von Delsasso [3] entnommen ist. Die beiden in Abb. 2 wiedergegebenen Echos unterscheiden sich in ihrem Charakter sehr stark, obwohl sie unter gleichen Verhältnissen unmittelbar hintereinander aufgenommen wurden.

Es erscheint wünschenswert, die Messungen über das Reflexions-vermögen des Erdbodens für Schall mit einer verfeinerten Anordnung

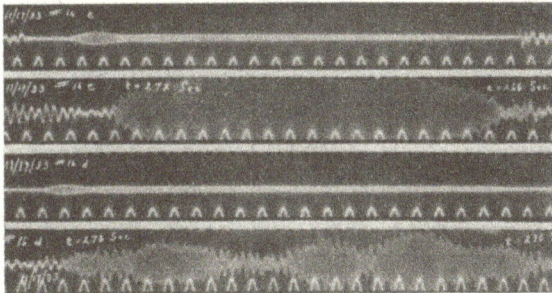

Abb. 2. Oszillographische Echo-Aufnahme.
Der Verlauf der Echo-Amplituden ist im 2. und 4. Bildstreifen dargestellt.

auf andere Jahreszeiten und weitere Bodenarten auszudehnen und dabei den Einfluß der Frequenz mit zu erfassen.

Für die Wahl der günstigsten Tonfrequenz für Echolotungen sind eine Reihe von Faktoren maßgebend. Zunächst muß diese Tonfrequenz so gelegt werden, daß sie von den Geräuschen des Luftfahrzeuges möglichst wenig überdeckt wird. Um die Zusammensetzung des Luftfahrzeuglärms festzustellen, wurden Klanganalysen des Motoren- und Luftschrauben-geräusches ausgeführt [4]. Die Untersuchungen ergaben, daß beim Aus-puffgeräusch die stärksten Teiltöne in einem Frequenzbereich unter etwa 1000 Hz liegen. Beim Luftschraubengeräusch treten auch höhere Teiltöne auf, jedoch nimmt die Intensität der Obertöne mit wachsender Frequenz ebenfalls rasch ab. Zudem ist das Luftschraubengeräusch im allgemeinen stark gerichtet. Durch Vermeidung der Winkel starker Ausstrahlung ist es möglich, den Einfluß des Luftschraubengeräusches auf die Empfangs-seite des Echolotes herabzusetzen.

Es ist zu erwarten, daß durch Herabsetzung des allgemeinen Geräusch-spiegels im Luftfahrzeug eine nicht unerhebliche Erhöhung der Reichweiten für das akustische Echolot erzielt werden kann. Versuche mit einem Echolot im Luftschiff »Graf Zeppelin« haben ergeben, daß bei ausreichender Verminderung des äußeren Störlärms die maximale Lothöhe gegenüber dem normalen Flugzeug etwa verdoppelt werden kann.

Auch im Hinblick auf die Möglichkeit, den ausgesandten Schall durch Bündelung in eine bestimmte Richtung zu bringen, sind die hohen Frequenzen für die Lotung als günstig anzusehen, jedoch ist hier die Grenze durch die Schallabsorption in der Luft gesetzt, welche mit zunehmender Frequenz immer mehr in Erscheinung tritt. Durch Messungen von Knudsen [5] und anderen Autoren wurde nachgewiesen, daß die Absorption von der Luftfeuchtigkeit in starkem Maße abhängig ist. Bei bestimmten Feuchtigkeiten und Temperaturen treten im Bereich der hohen Frequenzen starke Höchstwerte der Absorption auf, z. B. liegt bei 78 vH relativer Feuchtigkeit und einer Temperatur von − 15⁰ C ein Absorptions-Höchstwert bei

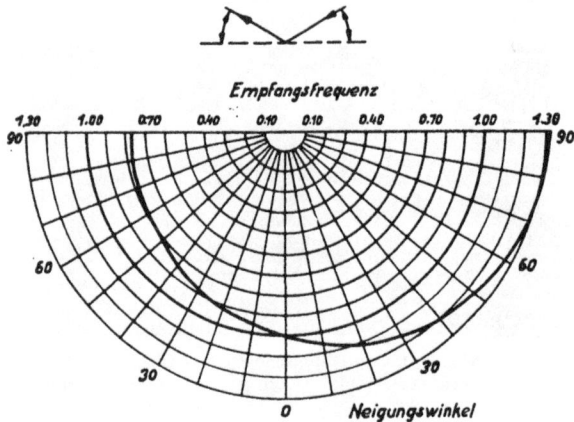

Abb. 3. Dopplereffekt für Fluggeschwindigkeit 160 km h.
Die Empfangsfrequenz für den Neigungswinkel 0° ist mit 1,00 angesetzt.

etwa 6000 Hz. Um diese starke Absorption auf alle Fälle zu vermeiden, sollte die Lot-Frequenz nicht höher als etwa 4000 Hz gewählt werden. Es ergibt sich daher, daß für Echolotzwecke die Tonfrequenzen zwischen etwa 2000 und 4000 Hz offenbar am günstigsten sind.

Eine Verminderung des Geräuscheinflusses bei vorgegebenem Störspiegel ist ferner dadurch möglich, daß man den Empfänger scharf auf die Sendefrequenz abstimmt unter Zuhilfenahme akustischer und elektrischer Siebmittel. Die Schärfe der Abstimmung ist jedoch durch den Dopplereffekt begrenzt. Dieser Effekt besteht bekanntlich darin, daß bei bewegter Schallquelle eine Frequenzänderung auftritt, und zwar in dem Sinne, daß bei Näherung der Schallquelle an den Beobachter eine Frequenzerhöhung, bei Abwanderung eine Frequenzverminderung eintritt. Es läßt sich leicht einsehen, daß der Dopplereffekt bei der Echolotung dann nicht auftritt, wenn das Luftfahrzeug sich parallel zur Reflexionsebene bewegt. Schließt jedoch die Bewegungsrichtung des Luftfahrzeuges mit der Reflexionsfläche einen Winkel ein, z. B. bei der Landung oder beim Überfliegen von hügligem Gelände, so tritt der Dopplereffekt in Erscheinung. Abb. 3 zeigt die Stärke der Frequenzänderung für verschiedene Neigungswinkel bei einer Fluggeschwindigkeit von 160 km/h. Man sieht, daß in diesem Fall bei einer Neigung von 20°, Frequenzabweichungen in der Größenordnung

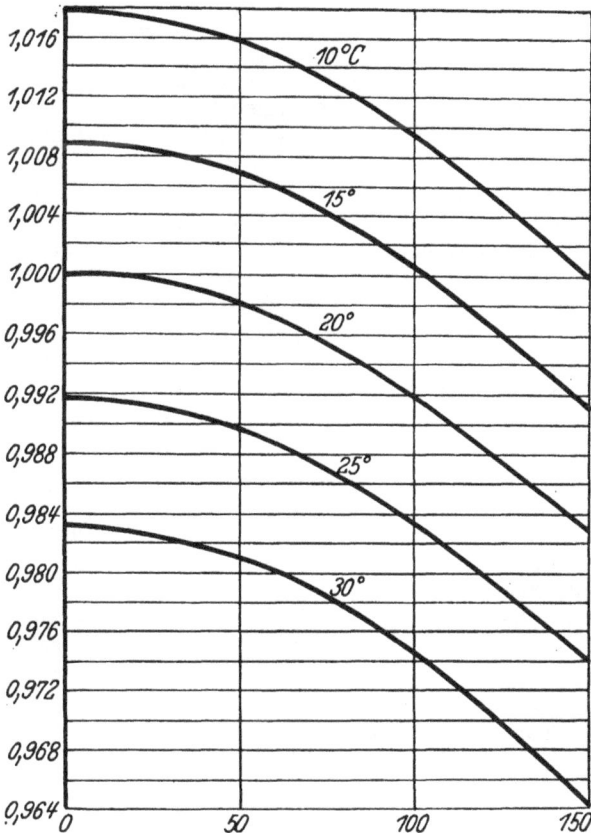

Abb. 4. Höhen-Korrektion der Echolote für verschiedene Fluggeschwindigkeiten und Lufttemperaturen.
Der Sollwert der Höhe bei Fluggeschwindigkeit 0 und einer Temperatur von 20° C beträgt 1,000. Die Kurven zeigen die Abweichungen von diesem Sollwert.

von 10 vH auftreten. Die errechnete Kurve wurde durch Luftschiffversuche von Delsasso bestätigt.

Die meisten Echolotgeräte haben ein Anzeigegerät, das unmittelbar in Metern Höhe geeicht ist, so daß man den Bodenabstand sofort ablesen kann. Hierbei ist Voraussetzung, daß die Schallgeschwindigkeit in Luft konstant ist. In Wirklichkeit hängt jedoch die Schallgeschwindigkeit in Luft von der Temperatur, vom Luftdruck und von der Luftfeuchtigkeit ab. Die beiden letzteren Einflüsse sind jedoch sehr gering, so daß sie in der Praxis vernachlässigt werden können. Dagegen hat die Temperatur einen ziemlich starken Einfluß auf die Schallgeschwindigkeit. Es ist nämlich $V = V_0 \sqrt{1 + \alpha T}$, wenn V_0 die Schallgeschwindigkeit bei 0^0 C, T die Temperatur, α die Gaskonstante und V die Schallgeschwindigkeit bei der Temperatur T^0 ist. Aus dieser Formel ergibt sich, daß im Temperaturbereich 0 bis 30^0 C die Änderung der Schallgeschwindigkeit vom Mittelwert aus gerechnet ± 3 vH beträgt, in dem vom Deutschen Luftfahrzeug-Ausschuß für Bordgeräte geforderten Anzeigebereich von $- 30$ bis $+ 50^0$ C sogar ± 7 vH. Da es sich jedoch bei diesen Abweichungen um prozentuale Fehler handelt, kann man für Bordzwecke von einer Korrektur im allgemeinen absehen. Benutzt man jedoch das Echolot zur Vornahme besonders genauer Abstandsbestimmungen, so muß dieser Fehler u. U. berücksichtigt werden. Bezüglich der Meßgenauigkeit der Echolote ist ferner zu bedenken, daß der Schall im allgemeinen nicht aus einem ruhenden, sondern bewegten Luftfahrzeug ausgesandt wird. In diesem Fall addiert sich die Fluggeschwindigkeit vektoriell zur Schallgeschwindigkeit. Der Einfluß der Fluggeschwindigkeit und der Temperatur ist in Abb. 4, die ebenfalls aus der Arbeit von Delsasso stammt, graphisch dargestellt. Dem Diagramm ist die Annahme zugrunde gelegt, daß das Höhenlot für die Temperatur 20^0 C, die Neigung 0 und die Fluggeschwindigkeit 0 einjustiert ist.

Die Vorwärtsbewegung des Luftfahrzeuges macht es ferner notwendig, den Schall unter einem bestimmten Vorhaltewinkel nach unten abzustrahlen. Dieser Vorhaltewinkel ist sehr leicht aus Fluggeschwindigkeit und Schallgeschwindigkeit zu berechnen.

Das einfachste akustische Lotverfahren, welches bisher am meisten angewendet worden ist, ist das der direkten Laufzeitmessung. Vom Luftfahrzeug wird ein kurzer Schallimpuls ausgesendet, und die Zeit bis zum Eintreffen des Echos mit einem geeigneten Meßgerät bestimmt. Einige Zeit nach dem Eintreffen des Echos wird dann ein neuer Impuls ausgesandt, und zwar entweder von Hand oder mit einem automatischen Zeichengeber. Ein weiteres Verfahren ist so eingerichtet, daß im Moment des Eintreffens der Echofront automatisch ein neuer kurzer Impuls ausgesendet wird. Bewegt sich das Luftfahrzeug mit gleichbleibendem Bodenabstand, so kann man die Flughöhe aus der Zahl der in der Zeiteinheit abgehenden Impulse bestimmen. Erfolgen mehrere Lotungen hintereinander, so kann die Zeitmessung mit genügender Genauigkeit mit einer normalen Stoppuhr ausgeführt werden. Schließlich ist noch ein weiteres Verfahren zur Anwendung gelangt, bei dem der Schallsender einen kontinuierlichen Ton aussendet [6]. Beim Eintreffen der ersten Echofront wird der Sender durch eine Relaisschaltung automatisch unterbrochen, bei Aufhören des Echotones wird der Sender neu eingeschaltet. Die Zeit zwischen den Anfängen oder Schlüssen der Signale ergibt dann unmittelbar die Flughöhe. Auch hier kann bei längeren Flügen in gleichbleibender Höhe der Bodenabstand mit einer Stoppuhr bestimmt werden. Dieses letztere Verfahren gestattet die Anwendung höherer Schallintensitäten, als dies bei dem Impulsverfahren möglich ist, jedoch muß die direkte Beeinflussung des Empfängers durch den Sender verhindert werden, am besten durch Bündelung des Schalles.

Als Schallquelle hat man Schußgeber mit Handauslösung oder automatisch gegebener Schußfolge verwendet, ferner Pfeifen und Sirenen, schließlich auch Anordnungen, bei denen ein Kondensator über einen Schwingungskreis entladen wird, der mit einem Lautsprecher gekoppelt ist. Bei letzterer Anordnung kann man verhältnismäßig sehr kurze Impulse erzielen, jedoch macht der Einschwingvorgang des Lautsprechers bei hohen Frequenzen Schwierigkeiten. Unter den genannten Schallquellen, die mit reinem Ton arbeiten, haben die Sirenen die kürzeste Einschwingzeit, die Pfeifen eine etwas längere. Abb. 5 zeigt das Oszillogramm eines Pfiffes, dessen Frequenz 2900 Hz beträgt. Beim Schuß ist die erste steile Front wirksam.

Zur unmittelbaren Messung der kurzen Echolaufzeiten hat man sich sehr verschiedener Meßanordnungen bedient. Verwendet werden ins-

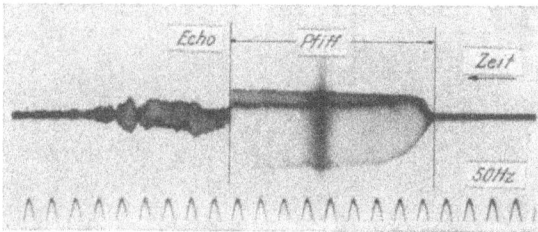

Abb. 5. Oszillogramm eines Echolot-Pfiffes.

besondere mechanisch umlaufende Systeme, welche im Augenblick der Schallaussendung in Bewegung gesetzt werden und mit gleichbleibender Winkelgeschwindigkeit umlaufen. Im einfachsten Falle wird die Stellung eines umlaufenden Zeigers in dem Augenblick abgelesen, in welchem das Echo vom Ohr wahrgenommen wird. Weiterhin werden optische Systeme nach Art der Oszillographenschleifen verwendet, mit denen durch das eintreffende Echo eine seitliche Ablenkung des vorher gradlinig umlaufenden Lichtstrahles hervorgerufen wird. Schließlich kann die Zeitmessung auch mit Hilfe einer umlaufenden Glimmlampe vorgenommen werden. Diese Methoden haben sämtlich den Nachteil, daß sie keine feststehende Anzeige liefern, der Beobachter vielmehr nur im Augenblick des Eintreffens des Echos ablesen kann. Zur Erzielung einer feststehenden Anzeige hat man ebenfalls gleichmäßig umlaufende Systeme benutzt, bei denen im Augenblick der Signalaussendung ein Zeiger umzulaufen beginnt, der durch den Echoimpuls gestoppt wird. Ferner hat man elektrische Kurzzeitmesser verwendet, bei denen zur Zeit der Signalaussendung ein Kondensator über einen Widerstand aufgeladen wird. Bei Eintreffen des Echos wird der Ladevorgang unterbrochen. Die an einem Röhrenvoltmeter abgelesene Kondensatorspannung ist dann ein Maß für die zu messende Zeit.

Die von der Industrie herausgebrachten akustischen Echolote benutzen als Schallquelle teils Schußgeber, teils Pfeifen und verwenden am Empfänger teils mechanische, teils elektrische Zeitmesser. Trotzdem sind die mit diesen Geräten erzielten Ergebnisse ziemlich einheitlich. Der Meßbereich der neuen Höhenlote liegt etwa zwischen 10 und 150 m Flughöhe über ebenem Gelände, wie z. B. Flugplatz. Nimmt man in Kauf, daß von 10 Lotungen 2 ausfallen, so liegt die maximale Meßhöhe über diesem Gelände etwa zwischen 180 bis 200 m. Über Wasser konnten Höhen bis zu 250 m gelotet werden, in einzelnen Fällen auch bis zu 300 m. Über Wald geht die maximale Lothöhe auf etwa 100 bis 120 m herunter.

b) Elektrische Höhenmessung

Bei den elektrischen Verfahren wird die Erdoberfläche teils als Kondensatorbeleg, teils als Reflexionsfläche zur Abstandsbestimmung benutzt.

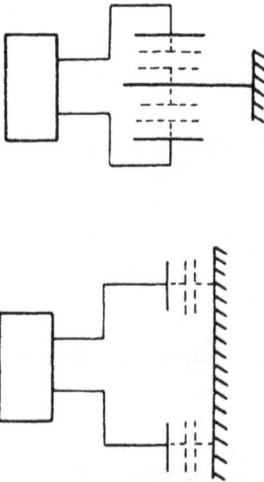

Abb. 6. Grundsätzliche Anordnung des kapazitiven Höhenmessers.

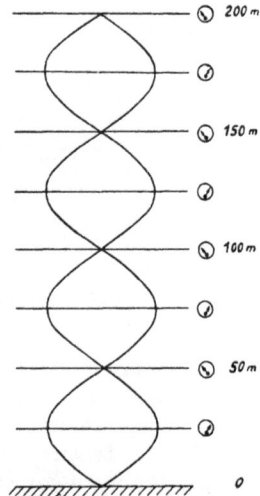

Abb. 7. Ausbildung der Schwebungsknoten und -bäuche bei der Höhenmessung mit stehenden Wellen.

Die Meßverfahren arbeiten sämtlich mit Wechselströmen mehr oder minder hoher Frequenz.

In England wurde schon während des Weltkrieges versucht, die Höhe eines Luftfahrzeuges über Grund durch Kapazitätsmessung zu bestimmen [7]. Der Grundgedanke des Verfahrens ist sehr einfach. Die Kapazität eines Kondensators ist unter sonst gleichen Verhältnissen eine Funktion des Abstandes der beiden Belege, oder anders ausgedrückt, die Kapazität eines elektrischen Systems ändert sich mit der relativen Lage von Teilen dieses Systems. Benutzt man also als den einen Kondensatorbeleg das Luftfahrzeug oder eine an ihm angebrachte Hilfsfläche, als zweiten Beleg die Erde und mißt man die Kapazität des Systems, so kann man daraus den Bodenabstand ableiten. Abb. 6 erläutert den

Grundgedanken. Die Kapazitätsmessung kann nach einem beliebigen Verfahren erfolgen, z.B. durch Überlagerung nach der Resonanzmethode oder mit Hilfe einer Brückenanordnung.

Es sind von verschiedenen Seiten Versuche gemacht worden, dieses Verfahren für die Praxis brauchbar zu machen. Eine einfache Durchrechnung zeigt in Übereinstimmung mit den Versuchen, daß die Meßgenauigkeit des Verfahrens in unmittelbarer Bodennähe sehr groß ist, daß sie jedoch mit wachsender Flughöhe sehr schnell abnimmt. Daher eignet sich das Verfahren insbesondere für Landefühler, also z. B. zur Bestimmung der Abfanghöhe. Für diesen Sonderzweck kann es zweifellos sehr gute Dienste leisten.

Ähnliche Verhältnisse wie bei der kapazitiven Methode liegen bei der sog. Feldbeeinflussungsmethode der Höhenmessung vor. Hier wird der Einfluß des Bodenabstandes auf das Feld einer möglichst stark streuenden Induktionsspule gemessen. Auch dieses Verfahren ist anscheinend nur in unmittelbarer Bodennähe anwendbar.

Eine zweite Gruppe von elektrischen Meßverfahren zur Bestimmung des Bodenabstandes benutzt den Erdboden als Reflexionsfläche durch Erzeugung von stehenden elektrischen Wellen [8]. Abb. 7 erläutert diesen Vorgang grundsätzlich. Es entstehen Wellenknoten und -bäuche, deren Abstand nur von der Wellenlänge der ausgesandten Strahlung abhängt. Die von verschiedenen Stellen ausgeführten Versuche haben ergeben, daß bei Verwendung höherer Frequenzen über homogenem Gelände sich gut definierte stehende Wellen ausbilden, deren Beobachtung keine besonderen Schwierigkeiten macht. Die Hauptfrage ist nur die: wie kann man den n-ten Knoten von dem $n + 1$-ten unterscheiden? Zur Lösung dieser Aufgabe sind verschiedene Wege eingeschlagen worden. Alexanderson von der General Electric Cy. verwendet beispielsweise ein Zählwerk, ein sog. Memory-meter (Erinnerungsmesser). Dieses Gerät zählt automatisch die Zahl der durchlaufenen Knoten, und zwar in dem Sinne, daß bei abnehmender Amplitude, also Vergrößerung der Flughöhe, positiv gezählt wird, bei steigender Amplitude negativ. Wieweit diese Anordnung zum Bordgerät durchentwickelt wurde, ist nicht bekannt geworden, da die Veröffentlichungen über diesen Gegenstand ziemlich lange zurückliegen. Aus der Tatsache jedoch, daß man in letzter Zeit nichts davon gehört hat, kann man vielleicht den Schluß ziehen, daß die Methode bisher nicht weitgehend eingeführt worden sein kann. Das Verfahren hat jedenfalls zur Voraussetzung, daß das Gerät ständig eingeschaltet ist, vom Start bis zur Landung. Tritt eine Störung auf, so läßt sich das Versäumte nicht mehr nachholen.

Ein weiteres Meßverfahren wurde von Everitt angegeben. Bei diesem wird die Frequenz der ausgesandten Trägerwelle durch einen rotierenden Kondensator fortlaufend geändert. Für eine bestimmte Frequenzvariation hat dann die Überlagerungsfrequenz im Empfänger einen Betrag, der nur vom Abstand der reflektierenden Fläche abhängt. Dieses Verfahren hat den Vorzug, daß das Gerät nur eingeschaltet wird, wenn man eine Höhenmessung vornehmen will. Das Verfahren erscheint somit recht aussichtsreich, in neuerer Zeit ist eine Anwendung jedoch nicht bekannt geworden.

Einige Bearbeiter begnügen sich damit, die ungefähre Höhe über Grund mit dem barometrischen Höhenmesser festzustellen und den genauen Abstand aus der Lage des nächsten Schwingungsknotens zu ermitteln. Die Knotenanzeige erfolgt entweder durch direktes Abhören hinter einem Empfänger oder auch durch kleine Lämpchen, die mit Hilfe von Relaisschaltungen jeweils an den Knotenpunkten zum Aufleuchten gebracht werden.

Erschwert werden die Meßverfahren mit stehenden elektrischen Wellen durch den elektrischen Störspiegel des Luftfahrzeuges und durch die Erschütterungen, die sich im Gebiet der hohen Frequenzen besonders unangenehm bemerkbar machen. Auch die Entkopplung von benachbarten Sende- und Empfangsantennen macht Schwierigkeiten. Trotzdem kann kein Zweifel darüber sein, daß die mit elektromagnetischen Wellen sehr hoher Frequenz arbeitenden Verfahren für die genaue Abstandsmessung in großen Flughöhen besonders aussichtsreich erscheinen. Die Wellen der drahtlosen Telegraphie, mit deren Hilfe ausschließlich die Verständigung zwischen Luftfahrzeug und Bodenstation auf die größten Entfernungen unabhängig von Sichtverhältnissen möglich ist, sind sicher auch dazu geeignet und berufen, zur Abstandsmessung auf einige Kilometer herangezogen zu werden.

Auf die Darstellung weiterer Höhenmeßverfahren, insbesondere der rein optischen Verfahren, auch derjenigen, die mit infraroter Strahlung arbeiten, kann hier verzichtet werden, da keines dieser Verfahren zur Zeit Aussicht auf praktische Anwendungsmöglichkeit bietet.

Die angeführten Möglichkeiten der Höhenmessung sind noch keineswegs durch die Praxis erschöpft. Es bleibt besonders auf dem Gebiet der akustischen und elektrischen Verfahren vielmehr noch mancherlei Forschungsarbeit zu leisten. Immerhin sind die Wege so weit vorgezeichnet, daß der Erfolg nicht ausbleiben wird.

Schrifttum

[1] Flugsport Bd. 23 S. 320 (1931) Heft 19.
[2] F. Eisner und K. Krüger, Messung des Reflexionsvermögens des Erdbodens für senkrecht einfallende Schallwellen. Hochfr. Elektroak. 42 S. 64 (1933) Heft 2.
[3] L. P. Delsasso, Measurement of altitude and inclination of aircraft by the echo method. J. Acoust. Soc. Amer. 6 (1934) S. 1 Nr. 1.
[4] F. Eisner, H. Rehm und H. Schuchmann, Frequenzanalyse von Flugzeuggeräuschen. El. Nachr. Techn. 9 S. 323 (1932) H. 9.
[5] V. O. Knudsen, The effect of humidity upon the absorption of sound. J. Acoust. Soc. Amer. Bd. 3 (1931) Nr. 1 S. 126.
[6] P. Léglise, Le sondage aérien. L'Aéronaut. 15 (1933) S. 128 und 160.
[7] L. A. Hyland, True altitude meters. Aviation 25 (1928) S. 1323.
[8] Solving the problem of fog flying. Herausgegeben vom Daniel Guggenheim Fund for promotion of aeronautics, Okt. 1929.

Die Navigation von Flugzeugen mit Funkbaken

Von E. Kramar*)

Vorgetragen am 3. November 1934 in Dresden

Wirkungsweise der Funkbaken

Die Funkbake, ein Gedanke, der 1907 ursprünglich von Scheller in Deutschland ausgesprochen war, ist erst in den letzten zwei Jahren durch die Blindlandung in Europa bekannt und neuerdings in größerem Maßstabe zur praktischen Anwendung gekommen. Die Grundgedanken bei diesem Peilverfahren sind: die Verwendung von zwei Richtantennen, die wechselweise zur Wirkung kommen und dadurch eine Zone konstanter

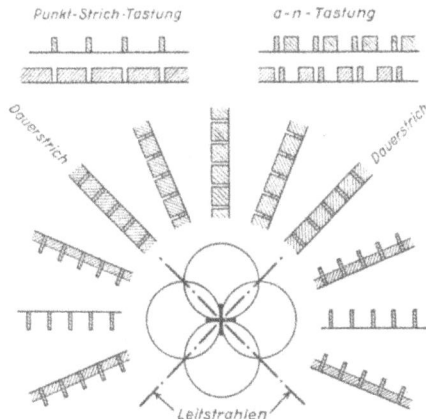

Abb. 1. Entstehung des Leitstrahles einer Funkbake.

Feldstärke und somit Lautstärke geben, und die Unterscheidung der Seitenabweichung, die dadurch zustande kommt, daß in den beiden Richtantennen Komplementärzeichen getastet werden. Es ist bemerkenswert, daß Pungs in einer Patentschrift vom Jahre 1918 dann darauf hinwies, daß das Bakenverfahren sowohl sende- als auch empfangsseitig benutzt werden kann, so daß auch das von den Amerikanern vor einigen Jahren angegebene Zielfluggerät mit unter diesen Gedanken fällt.

Abb. 1 stellt das Ausbreitungsdiagramm um eine Vierstrahlenbake dar. In der Mitte sind zwei Rahmen mit ihren Richtdiagrammen gezeichnet, die mit Punkten oder Strichen getastet werden. Aus der Abbildung ist zu ersehen, daß in Richtung der Rahmen die zugehörigen Zeichen ohne gegenseitige Beeinflussung ausgestrahlt werden, während in der Symmetrielinie zwischen den Rahmen, in der Leitstrahlzone, die Zeichen

---

*) Dr.-Ing., C. Lorenz A.G., Berlin.

sich zu einem Dauerstrich zusammensetzen. In der Abbildung links oben ist die Zeichenfolge für eine Punkt- und Strichtastung wiedergegeben, oben rechts für eine *A*- und *N*-Tastung.

In der Flugzeug-Navigation kann dieses Verfahren sowohl für die Nah- wie für die Fern-Navigation Anwendung finden. Während Amerika für die Fern-Navigation bereits seit Jahren Langwellenbaken benutzt, ist für die Nah-Navigation, die sog. Blindlandung, von Deutschland die Ultrakurzwellenbake vorgeschlagen worden.

Anwendung zur Blindlandung

Das deutsche System der Blindlandung, über das schon von verschiedener Seite berichtet worden ist, soll hier deswegen nochmals behandelt werden, weil die Entwicklung nunmehr praktisch zum Abschluß gekommen und die Einführung dieses Systems im Gange ist. In diesem Zusammenhang soll nicht unerwähnt bleiben, daß die letzte Flugfunkkonferenz in Warschau dank der Bemühungen der deutschen Vertreter des Reichsluftfahrtministeriums dieses System nunmehr für die internationale Einführung angenommen hat. In Deutschland sind derzeit die Landebaken in Köln und Hannover in Aufstellung begriffen, in Berlin bereits seit einem Jahre in Betrieb. Bis zum Februar des kommenden Jahres werden auch die Flugplätze Frankfurt, Königsberg und München ausgestattet sein.

Die Aufgaben, die die Nah-Navigation stellt, sind derartig, daß von vornherein die Anwendung von Ultrakurzwellen nahelag. Wir begründeten die Einführung dieses Wellenbandes für Blindlandung, selbst mit Rücksicht darauf, daß ein eigener Empfänger an Bord erforderlich ist, mit folgenden Vorzügen:

1. Begrenzte Reichweiten, d. h. es wird auf alle Fälle vermieden, daß eine Welle, die sich auch für Fern-Navigation eignet, durch die Nah-Navigation belegt wird. Es wird durch Anwendung dieses Wellenbandes möglich, sämtliche Flugplätze mit ein und derselben Welle auszustatten, d. h. damit auch die Bedienung des Empfängers auf ein Minimum zu bringen.
2. Die Wellen sind frei von atmosphärischen Störungen, was bekanntlich gerade im Peilen von größter Wichtigkeit ist.
3. Nur dieses Wellenband gestattet mit einfachen Mitteln die Anwendung einer Vertikal-Navigation zur Festlegung des Gleitweges. Schon aus diesem Grunde war es erforderlich, um den geringsten Bordaufwand zu erreichen, alle Teilaufgaben der Blindlandung mit diesem Ultrakurzwellenbande auszuführen.
4. Gleichzeitig ermöglicht die Anwendung der Ultrakurzwellen für die Navigation auch während des Anfluges zum Hafen ein ungestörtes gleichzeitiges Arbeiten des Nachrichtenverkehrs auf der gebräuchlichen Mittelwelle.

Wie später noch gezeigt wird, liegt hierin einer der Hauptunterschiede und -vorteile des deutschen Systems im Vergleich zu den amerikanischen, die mehrere Wellenbänder belegen. Die einzelnen Aufgaben der Nah-Navigation gliedern sich wie folgt:

a) Festlegung der Anflugschneise, d. h. des durch Hindernisse nicht gefährdeten Anflugsektors zum Flughafen, wobei zweckmäßig eine Reichweite von etwa 30 km gefordert werden muß.

b) Übermittlung der Einflugzeichen, d. h. Abstandsmarken vom Flughafen, wobei zweckmäßig die erste Anzeige an die Stelle zu setzen ist, bei der der Pilot zur Landung anzusetzen hat.

c) Die Vertikal-Navigation, die drahtlos am einfachsten zu lösen ist durch den Gedanken des Gleitweges, d. h. des Fliegens entlang einer Kurve gleicher Feldstärke, die bei dem Vorsignal beginnt und an einem bestimmten Landungspunkt am Boden endet.

Die Anflugschneise

Für die Festlegung des Anflugkurses war von vornherein das Funkbakenverfahren als besonders geeignet vorgeschlagen worden. Wie Abb. 2 zeigt, wird durch eine Bake eine Vertikalebene im Raume herausgeschnit-

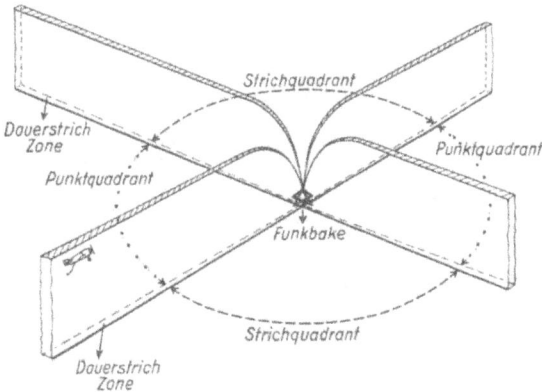

Abb. 2. Richtsenden mit einer Funkbake.

ten[1]), in welcher das Flugzeug auf den Flughafen zufliegt, während bei Abweichung von dieser gefahrlosen Anflugrichtung mit einfachen Mitteln optisch und akustisch der Flugzeugführer seine Kurskorrektur erhält. Mit Ultrakurzwellen ist die Richtsendung zur Erzeugung der Anflug-(Leitstrahl-)ebene durch das Reflektorverfahren besonders einfach.

Die Praxis hat gezeigt, daß diese Anordnung sehr betriebssicher arbeitet.

Aus Abb. 3 ist das räumliche Strahlungsdiagramm um eine Landebake zu entnehmen. Praktische Versuche haben gezeigt, daß die gün-

---

[1]) Die Abbildung zeigt eine »Vierstrahlenbake« mit zwei Leitstrahlantennen, die Landebaken dagegen haben nur e i n e Leitstrahlantenne.

stigste Strahlbreite, gekennzeichnet durch den Winkel von der richtigen Anflugrichtung, bei dem deutlich die Abweichung zu entnehmen ist, etwa $\pm\, 3^0$ betragen muß.

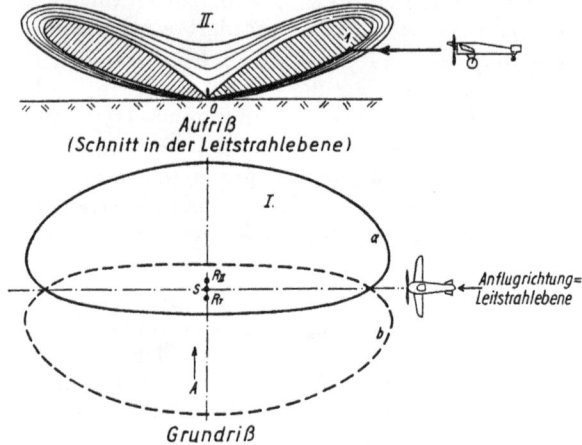

Abb. 3. Strahlungsdiagramm einer Ultrakurzwellenbake.

Einflugzeichen

Außer der Richtung auf den Flugplatz zu muß der Pilot noch Signale erhalten, die ihm den genauen Abstand vom Flughafen angeben. Hierzu dienen die Einflugzeichen, die bei dem deutschen System auf einer Welle von 7,9 m arbeiten. Es hat sich gezeigt, daß es für diesen Zweck genügt, einen einzigen $\lambda/2$-Dipol, der $\frac{1}{4}\,\lambda$ oder $\frac{3}{4}\,\lambda$[2]) über dem Erdboden ange-

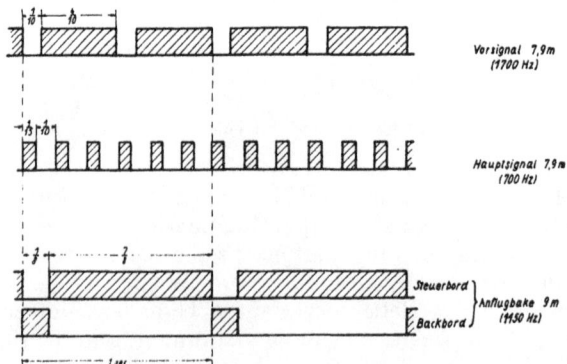

Abb. 4. Tastfolgen für Blindlandung.

---

[2]) Neuerdings wird auf Vorschlag des Reichsluftfahrtministeriums ein Abstand von $\lambda/2$ benutzt und durch eine besonders geformte Reflektorfläche am Boden ein Diagramm erzeugt, das eine seitliche Kursabweichung von $\pm\, 500$ m zuläßt.

bracht wird, zu benutzen. Durch die Spiegelung der horizontal polarisierten Welle an der Erdoberfläche entsteht eine Bündelung in der Vertikalebene, so daß eine Signalwand ausgestrahlt wird, durch die das Flugzeug etwa 5 bis 8 s hindurchfliegt. Auch bei einer seitlichen Kursabweichung von etwa ± 300 m erhält der Flugzeugführer die Abstandsmarkierung. Diese wird ihm ebenfalls optisch und akustisch besonders sinnfällig gegeben.

Während dieses erste sog. Vorsignal 3 km von der Flugplatzgrenze aufgestellt wird, gibt ein zweites Einflugzeichen (Hauptsignal) die Entfernung von 300 m von der Platzgrenze an. Abb. 4 zeigt die Art der Tastung, sowie die Modulationsfrequenzen der Einflugzeichen und der Bake. Es wurde besonderer Wert darauf gelegt, daß die Zeichen sowohl durch die Tonhöhe als den Charakter der Tastung gekennzeichnet aus dem Bakenton hervortreten, so daß ein Irrtum praktisch ausgeschlossen ist.

Die Leistungen sind durch folgende Zahlen gekennzeichnet: Die Bake arbeitet mit 500 W Tönendleistung auf einer Welle von 9 m, Modulation 1150 Hz, die Signale mit je 5 W tönend auf einer Welle von 7,9 m, Modulation 1700 bzw. 700 Hz.

Die Vertikal-Navigation

Das bisher beschriebene Verfahren stellt einen vollwertigen Ersatz oder, was die Betriebssicherheit angeht, eine weitgehende Verbesserung des bis heute benutzten sog. ZZ-Verfahrens dar. Bei unserem Verfahren fällt jegliche zeitraubende Bodenbeobachtung fort; denn der Pilot erhält in jedem Augenblick die erforderlichen Kennungen und ist nicht von dritten Personen abhängig.

Es besteht nun die Möglichkeit, ohne weitere Zusätze sende- und empfangsseitig die geschilderte Anlage auch für die Vertikal-Navigation, d. h. für eine vollständige Blindlandung zu verwenden. In diesem Falle wird der von den Amerikanern stammende Gedanke des Gleitweges, d. h. des Herabgleitens auf eine Linie gleicher Feldstärke, angewendet. Während das ursprüngliche amerikanische Gleitwegverfahren aber eine Absolutmessung der Feldstärke zur Voraussetzung hatte und damit eine außerordentliche Konstanz sende- und empfangsseitig forderte, ist dies bei unserem System nicht mehr nötig. Der Aufstellungsort des Vorsignals wird so gewählt, daß bei einer bestimmten Anflughöhe sich das Flugzeug auf d e r Feldlinie befindet, die dem richtigen Gleitweg entspricht, d. h. praktisch: wird mit der richtigen Anflughöhe angeflogen, dann hat der Flugzeugführer den Ausschlag, den sein Gleitweggerät im Augenblick des Erscheinens des Vorsignals angibt, während der nunmehr folgenden Landung einzuhalten. Hierdurch ist die Absolutmessung der Feldstärke in eine relative übergeführt worden, da das Vorsignal gewissermaßen eine Eichung des Empfängers herbeiführt. Die Betriebssicherheit ist dadurch wesentlich gesteigert worden, die praktische Anwendung des Gleitwegverfahrens ist eigentlich nur durch diesen Gedanken möglich geworden. Abb. 3 zeigt in diesem Sinne die Kombination von Gleitweg und Bake.

Es dürfte von Interesse sein, in diesem Zusammenhang kurz die

Unterschiede gegenüber dem amerikanischen System

zu betrachten. Das vom Bureau of Standards entwickelte System benutzt
für den Anflug eine Welle von etwa 1000 m und damit den für die Streckenbaken vorbehaltenen Langwellenempfänger; für die Einflugzeichen, die die
Amerikaner »marker beacon« nennen, wird eine Welle von etwa 30 m
angewendet, wobei die Antennensysteme sendeseitig außerordentlich große
Abmessungen haben, und schließlich für den Gleitweg eine Welle von
3 m. Erforderlich sind also drei Wellen und damit drei Empfänger, ein
Aufwand, der bei uns in Europa nicht tragbar erscheint. Auch in Amerika
scheint dieser Aufwand mit ein Grund dafür zu sein, daß das Verfahren
in der Praxis gar nicht verwendet wird, in bezug auf den Gleitweg vielleicht auch die Tatsache, daß dort eine absolute Feldstärkenmessung verlangt wird und dadurch das Verfahren nicht genügend betriebssicher gemacht werden kann.

Die Empfangsseite

Abb. 5 erläutert die Wirkungsweise des Empfängers. Entsprechend
den beiden Trägerwellen von 9 m für die Bake und 7,9 m für die Signale
sind zwei Audion-Schaltungen vorgesehen, die auf einen gemeinsamen
Niederfrequenzverstärker arbeiten. Im Ausgang dieses Verstärkers liegt

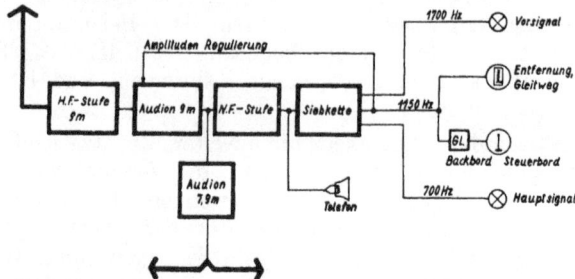

Abb. 5. Prinzipschaltbild des Lorenz-Blindlande-Empfängers.

der Kopfhörer für die Höranzeige. Für die Sichtanzeige ist es erforderlich, die einzelnen Frequenzen zu trennen, und zwar werden, wie aus der
Abbildung zu entnehmen ist, die beiden Signalfrequenzen zwei Glimm-
lampen zugeführt, so daß die eine Lampe das Vor-, die andere das Hauptsignal anzeigt. Bemerkenswert ist, daß auch hier, mit Rücksicht auf
die Sicherheit, die Lampen durch die Tastzeichen zum Ansprechen gebracht werden, so daß sie im Rhythmus der Tastung flackern. Auf die
Bakenfrequenz sprechen das Gerät für die Anzeige der Seitenabweichung
und für die Anzeige der Lautstärke an, das erstere über eine Gleichrichter-
schaltung. Das Lautstärkegerät dient zur rohen Abstandsmessung und
gleichzeitig für den Gleitweg. Da die Feldstärke der Bake während des
Anfluges außerordentlich stark zunimmt, war es erforderlich, eine Ampli-

tudenregelung vorzusehen, die jedoch nur auf die Bakenfrequenz ansprechen darf. Das 9-m-Audion wird, wie der Abbildung zu entnehmen ist, daher von den herausgesiebten 1150 Hz geregelt.

Fern-Navigation mit Funkbaken

Die Anwendung der Baken für Fern-Navigation ist im Langwellengebiet für Europa deshalb bisher kaum von Interesse gewesen, weil die Fluglinien, entgegen den amerikanischen, viel zu kurz und zusammengedrängt sind. Die erforderliche Anzahl von Langwellen, die für eine Befeuerung der europäischen Strecken mit Baken notwendig gewesen wären, stand zudem gar nicht zur Verfügung. Dagegen wird eine Verwendung von umlaufenden Leitstrahl-Funkbaken auf langer Welle, also von Baken mit umlaufendem Richtstrahl in Art des umlaufenden Rahmens, zur Entlastung der durch die heutige Strecken-Fremdpeilung stark beanspruchten Bodenstationen vielleicht in Frage kommen. Entgegen dem System des umlaufenden Rahmens, dessen Arbeitsweise aus der Schiffahrt genügend bekannt ist (z. B. die englische Station Ofordness), ist die Leistungsausbeute umlaufender Leitstrahlbaken weitaus besser. Denn bei dem umlaufenden Rahmen muß zur scharfen Kennung des Nullempfangs ein sehr großer Überschuß an Leistung ausgestrahlt werden, der unnötigerweise die umliegenden Wellenbänder stört. Die umlaufende Bake dagegen ermöglicht eine Richtungsbestimmung bei einer Signalstärke von etwa 70 vH der maximal ausgestrahlten Leistung, ohne daß irgendwelche Nachteile gegenüber dem anderen System zustande kämen. Dementsprechend kann natürlich die Leistung der Sendestationen im letzteren Fall geringer gehalten werden.

Der Grundgedanke der umlaufenden Leitstrahlbake

Durch eine mechanische oder elektrische Vorrichtung wird der Leitstrahl räumlich in Umlauf gebracht und bei Durchlaufen der Nordrichtung — von der Bake aus gesehen — eine entsprechende Kennung abgegeben. Ein Beobachter kann also, falls die Umlaufgeschwindigkeit des Leitstrahls bekannt ist, aus der Zeit zwischen der Nordkennung bis zu dem Augenblick, in dem der Leitstrahl bei ihm durchläuft, das Azimut seines Beobachtungsortes gegenüber der Bake feststellen.

In der letzten Zeit sind auf dem Gebiet der umlaufenden Leitstrahlbake einige Arbeiten ausgeführt worden, über die hier kurz berichtet werden soll.

Es erscheint durchaus richtig, die Tastung der Bake mit der Drehung des Leitstrahls starr zu koppeln, so daß eine Zählung der Zeichen zur Richtungbestimmung benutzt wird, also nicht ein Abstoppen nach Uhrzeit. Es fällt somit jegliche Synchronisierung der Umlaufzeit fort.

Weiterhin ist eine weitgehende Erhöhung der Peilgenauigkeit durch Mittelung der Strahlbreite möglich. Der Leitstrahl, d. h. die Zone, in der eine Tastung der Zeichen nicht mehr festgestellt werden kann, ist nicht scharf begrenzt, sondern er ist definiert durch den Übergang von der einen Zeichenart in die andere. Die genaue Mitte dieser Zone wird also zweckmäßig durch Mittelung eines bestimmten Amplitudenunterschiedes der einen Zeichenart (vor dem Leitstrahl) und der anderen Zeichenart (nach dem Leitstrahl) gefunden werden können. Um diese Mittelung durchführen zu können, wurde vorgeschlagen, nicht während der vollen 360° der Umdrehung des Leitstrahls Zeichen auszusenden, sondern nur während einer halben Periode. Ist die Zeichenzahl während dieser halben Umdrehung bekannt, dann kann die Strahlbreite dadurch gemittelt werden, daß nach Summierung der Zeichen vor und nach dem Dauerstrich der fehlende Restbetrag, d. h. die Zahl der Zeichen, die durch den geringen Amplitudenunterschied nicht mehr gezählt werden konnten, zur Hälfte den Zeichen vor dem Dauerstrich zugezählt wird.

Es ist verständlich, daß auf eine umlaufende Bake zu Zielflug ausgeführt werden kann. In diesem Falle bewegt sich das Flugzeug, unbeeinflußt um die Lage der Maschine und um Windabdrift, auf einer geraden Linie zur Station. Es ist anderseits aber auch möglich, aus der Richtungsbestimmung gegenüber zwei Baken den Standort der Maschine mit einfachsten Mitteln festzustellen. Empfangsseitig wird ohne Richtcharakteristik, gegebenenfalls mit dem vorhandenen Empfänger ermöglicht, einen großen Teil der Aufgaben zu lösen, die die Fern-Navigation stellt. Die zu jeder Peilung erforderliche Richtcharakteristik und die damit zusammenhängenden Komplikationen werden in ihrer Gesamtheit Aufgaben der Bodenstation, während im Flugzeug nur eine einfache, ungerichtete Empfangseinrichtung und damit ein geringster Aufwand erforderlich ist.

Zum Schluß soll noch erwähnt werden, daß mit einer umlaufenden Bake die auf der Versuchsstation in Eberswalde seit mehreren Jahren arbeitet, Versuchsflüge mit der Deutschen Versuchsanstalt für Luftfahrt ausgeführt worden sind, jedoch sind diese Versuche noch nicht ganz zum Abschluß gekommen. Es hat sich aber schon gezeigt, daß ohne Anwendung besonderer Hilfsmittel durch diese im Flugzeug besonders einfache Anordnung Peilergebnisse erzielt werden konnten, die denen mit den bisher verwendeten Flugzeug-Peilgeräten entsprechen. Natürlich unterliegt auch dieses Langwellensystem den Peilfehlern, hervorgerufen durch die bekannten Dämmerungserscheinungen. Jedoch dürfte es hier leichter sein, der Schwierigkeiten Herr zu werden, etwa durch Anwendung der in Amerika entwickelten TL-Antennen, die eine Abart der bekannten Adcok-Empfangsantennen sind. Bei der Bake ist, wie schon erwähnt, das Wesentliche für den Peilvorgang, die Richtcharakteristik, auf die Bodenseite verlegt, wo ohne weiteres kompliziertere Antennenanordnungen zur Vermeidung der Leitstrahlwanderung aufgestellt werden könnten.

Leitstrahltechnik

Von W. Runge*)

Vorgetragen am 29. März 1935 in München

Einleitung

Der Peilempfang, die Technik, die Richtung einer einfallenden Welle zu ermitteln, hat sich in den letzten 15 Jahren zu einer bemerkenswerten Höhe entwickelt. Der Peiler wird als verläßliches und präzises Navigationsgerät betrachtet, das aus vielen seiner Anwendungsgebiete nicht mehr fortzudenken ist. Demgegenüber wird die Umkehrung des Peilempfängers, der Leitstrahlsender, bis heute nur selten benutzt und hat nur einen recht beschränkten Anwendungsbereich.

Die Vertauschung von Sender und Empfänger beim Peilvorgang ist nämlich nicht ohne weiteres möglich. Der Empfänger peilt mit der Nullstelle eines Doppelkreisdiagramms, er dreht seinen Rahmen so, daß der Sender nicht gehört wird, beobachtet beim Drehen des Handrades die Ausdehnung der Nullzone und schätzt mit dem Auge die Lage ihrer Mitte ab. Den Verlauf des gesamten Richtdiagrammes kann er durch einfaches Herumdrehen des Peilrades beobachten. Vertauscht man Sender und Empfänger, so muß, um die Nullzone zu beobachten und ihre Mitte abzuschätzen, der Empfänger in der Nullzone sich hin- und herbewegen; zur Beobachtung des gesamten Richtdiagramms muß er den Sender einmal in konstanter Entfernung umfahren. Das ist praktisch als Vorbereitung für eine Peilung nicht möglich.

Man muß also dem Empfänger eines Leitstrahles zunächst einmal die Möglichkeit geben, seine Entfernung vom Leitstrahl nach Richtung und Größe auch dann abzuschätzen, wenn er sich nicht durch Umfahren des Senders orientieren kann. Hierzu ist schon frühzeitig das Verfahren vorgeschlagen und eingeführt worden, zwei Richtdiagramme verschiedener Gestalt oder Lage abwechselnd zu senden und als Leitstrahl diejenige Richtung zu betrachten, in der die Feldstärken beider Sendungen gleich groß sind. Gibt man auf dem einen Diagramm ein Morsezeichen, auf dem anderen die Zeichenpausen des einen, so hört man auf dem Leitstrahl einen Dauerstrich, aus dem sich rechts davon das Zeichen heraushebt, links davon das aus den Pausen gebildete Zeichen, so daß beispielsweise rechts und links durch die Zeichen a und n, oder e und t, bezeichnet werden.

Bei den früher ausschließlich benutzten langen Wellen waren Doppelkreisdiagramme und Herzkurvendiagramm die einzigen praktisch darstellbaren Richtdiagramme, die erhebliche Gradienten nach dem Richtwinkel besaßen. Mit diesen wurde praktisch in allen Richtungen gesendet; in einzelnen Richtungen wurden mehr oder weniger breite und definierte Zonen gleicher Feldstärke gebildet. Ein solches Leitstrahlsystem ist beispielsweise für die Führung von Flugzeugen in einen Flughafen durchaus

---

*) Dr.-Ing., Telefunken-Gesellschaft f. drahtlose Telegraphie, Berlin.

geeignet. Die Aussendung von orientierenden Zeichen in allen Richtungen ist durchaus erwünscht, und die Markierung einer Zone von einigen Grad Breite für den praktischen Betrieb völlig ausreichend. Die Praxis fordert aber gelegentlich, zum Beispiel für die Bezeichnung von Fahrstraßen in engen Gewässern, Leitstrahlen, deren Präzision nicht hoch genug sein kann. Eine Strahlung in allen Richtungen ist dabei nicht nur überflüssig sondern geradezu unerwünscht, wenn z. B. eine Reihe von anschließenden Leitstrahlen eine gewundene Durchfahrt bezeichnen soll. Über die Darstellung derartiger Präzisionsleitstrahlen soll im folgenden berichtet werden.

Die Leitstrahlschärfe

Für die Breite eines Leitstrahls, d. h. für die Breite der Winkelzone, bei deren Überschreiten ein Überwiegen der einen Feldstärke über die andere deutlich wahrgenommen werden kann, sind offenbar zwei Größen bestimmend:

1. Die Abhängigkeit des prozentualen Feldstärkeunterschiedes vom Winkel, die »Diagrammschärfe«,
2. die Abhängigkeit des Verhältnisses der Ausgangswirkungen am Empfänger (z. B. der Lautstärken), vom Feldstärkenverhältnis am Empfängereingang, die »Vergleichsschärfe«.

Die Winkelbreite der Leitstrahlzone ist offenbar dem Produkt beider Größen umgekehrt proportional.

Die Diagrammschärfe

Die Änderung des prozentualen Feldstärkeunterschiedes mit dem Winkel ist eine für jede Diagrammform leicht berechenbare Größe. Abb. 1 zeigt das Diagramm eines Doppelkreisleitstrahls, hier dargestellt in kartesischen Koordinaten; die Feldstärken sind über jedem Richtungswinkel als Ordinaten aufgetragen. Die Diagrammschärfe beträgt 3,5 vH/Grad. Das

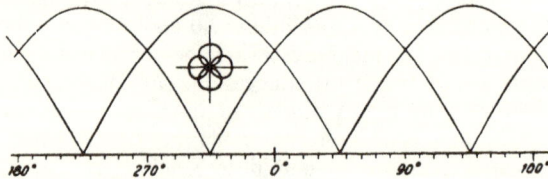

Abb. 1. Doppelkreisdiagramm, Diagrammschärfe 3,5 vH/Grad.

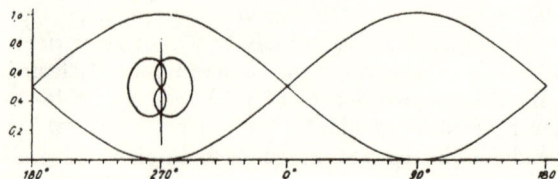

Abb. 2. Herzkurvendiagramm, Diagrammschärfe 3,5 vH/Grad.

Diagramm enthält vier Leitstrahlen, die rechtwinklig zueinander stehen. In der gleichen Darstellungsweise zeigt Abb. 2 ein Leitstrahldiagramm aus Herzkurven, das die gleiche Diagrammschärfe besitzt, aber nur zwei in entgegengesetzten Richtungen sich erstreckende Leitstrahlen, die die Erdoberfläche in eine rechte und eine linke Zone mit getrennten Kennungen zerlegen.

Die Diagrammschärfe läßt sich nun durch Verwendung von Richtantennen steigern. Abb. 3 zeigt ein Leitstrahldiagramm aus Bündelungs-

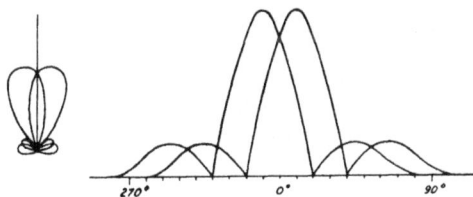

Abb. 3. Leitstrahlwerfer von 2λ Breite, Diagrammschärfe 8 vH/Grad.

diagrammen von zwei Wellenlängen breiten Richtantennen. Die Diagrammschärfe ist bereits auf 8 vH/Grad gestiegen. Das Diagramm besitzt einige Nebenleitstrahlen, Zonen gleicher Feldstärke, die aber schon merklich schwächer ausgeprägt sind als der Hauptleitstrahl. Abb. 4 zeigt ein Leitstrahldiagramm aus Richtkurven, wie sie eine vier Wellenlängen breite Richtantenne besitzt. Die Diagrammschärfe steigt hier bereits auf 16 vH/Grad. Die Nebenleitstrahlen sind fast alle verschwunden, nur fast querab sind ganz unscheinbare Spuren vorhanden, die sich aber durch schwache Überdeckung der Nullzonen auch ganz beseitigen lassen.

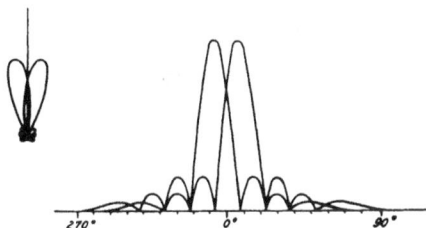

Abb. 4. Leitstrahlwerfer von 4λ Breite, Diagrammschärfe 16 vH/Grad.

Man sieht, wie sich durch Verwendung von Bündelungsdiagrammen Leitstrahlen bilden lassen, die an Eindeutigkeit und an Schärfe die klassischen Leitstrahlen um ein Vielfaches übertreffen.

Die Vergleichsschärfe

Die Genauigkeit eines Leitstrahles läßt sich nun weiterhin steigern durch Maßnahmen am Empfänger, durch die erreicht wird, daß schon kleine Feldstärkenschwankungen am Empfängereingang große Wirkungsänderungen am Empfängerausgang hervorrufen und also deutlich wahrnehmbar werden. Ein Hörempfänger mit linearer Gleichrichtung liefert von zwei um 10 vH verschiedenen Eingangsfeldstärken zwei um 10 vH verschiedene Ausgangslautstärken. Ein Empfänger mit quadratischer Gleichrichtung, dessen Ausgangslautstärke dem Quadrat der Eingangsspannung proportional ist, liefert bei 10 vH Eingangsunterschied bereits 20 vH Ausgangsunterschied, oder er braucht für 10 vH Ausgangsunterschied nur 5 vH Eingangsunterschied. Seine »Vergleichsschärfe« ist 2. Man könnte Gleichrichter n ter Potenz bauen, deren Vergleichsschärfe n wäre.

Auch mit vorgespannten Trockengleichrichtern lassen sich hohe Vergleichsschärfen erreichen, ebenso bei Sichtanzeige mit Meßwerken mit unterdrücktem Nullpunkt. Wesentlich ist nur bei der Verwendung derartiger, leisere Zeichen unterdrückender Schaltungen, daß regelnde Maßnahmen vorgesehen sind, die das lautere Zeichen stets gerade über die Schwelle in das wahrnehmbare Gebiet hineinheben.

Die Stabilität

Obgleich sich durch Verwendung hoher Vergleichsschärfen ein Leitstrahl beliebig genau machen läßt, empfiehlt es sich trotzdem, die Meßschärfe nicht zu hoch zu treiben, und dafür große Diagrammschärfen zu verwenden. Nicht nur, weil hohe Vergleichsschärfen große Anforderungen an die Amplitudenkonstanz des Senders stellen; eine einprozentige Amplitudenschwankung des Senders etwa mit Netzfrequenz oder mit der Umlaufsfrequenz von Umformern wird unzulässig, wenn die Amplitude auf Bruchteile eines Prozentes genau definiert sein soll. Auch die zeitliche Stabilität eines Leitstrahls, der seine Lage auf $0,1^0$ genau über lange Zeiten beibehalten soll, ist leichter mit hohen Diagrammschärfen zu erreichen, bei denen eine gegebene ungewollte Feldstärkenschwankung nur eine kleine Winkelverlagerung hervorruft.

Der Einfluß von Rückstrahlern

Kreuzt ein beweglicher, gegen die Wellenlänge großer Körper den Leitstrahl, so beobachtet man bei einem Leitstrahlsender mit nebeneinander liegenden Richtantennen, daß bei Annäherung des Körpers an den Leitstrahl dieser erst rasch um kleine Winkel, dann langsamer um größere Winkel und dann wieder rascher um kleinere Winkel hin und her flattert. Dabei treten Verlagerungen von über 1^0 auf. Die Ursache dieser Erscheinung ist in Abb. 5 dargestellt. Von der einen Richtantenne des Senders S geht ein Strahl unmittelbar zum Empfänger E, aber auch ein

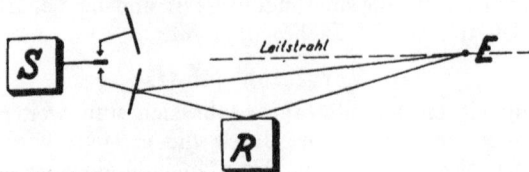

Abb. 5. Zur Beeinflussung des Leitstrahls durch einen Rückstrahler.

Strahl über den Rückstrahler R zum Empfänger. Bei Bewegungen des Rückstrahlers treten dann am Empfänger Lautstärkeschwankungen auf, weil sich die auf den beiden Wegen eintreffenden Strahlungen je nach ihrem sich dauernd ändernden Weglängenunterschied mit dauernd wechselnden Phasen zusammensetzen. Liegen nun, wie in Abb. 5 gezeigt, die Richtantennen für die beiden Diagramme nebeneinander, so kann bei einer Lage des Rückstrahlers die Strahlung von der einen Antenne zum Empfänger verstärkt, die von der anderen Antenne ausgehende Strahlung gleichzeitig abgeschwächt werden. Denn die Wege von beiden Antennen zum Rückstrahler sind verschieden voneinander, da ja der Abstand zwischen beiden Richtantennen mehrere Wellenlängen beträgt.

Abb. 6 zeigt die Lautstärke von der einen und von der anderen Antenne als Funktion der Zeit. Man sieht, daß die Lautstärkenschwankungen erst rasch mit kleinem Hub, in der Mitte, da sich hier der Weglängenunterschied nur langsam ändert, langsam mit großem Hub und zum Schluß wieder schneller mit abnehmendem Hub verlaufen. Man sieht auch, daß die

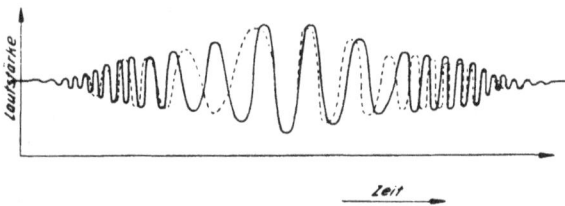

Abb. 6. Einwirkung eines bewegten Rückstrahlers auf die Lautstärken von zwei nebeneinander stehenden Sendern.

Lautstärkeschwankungen manchmal gleichphasig, manchmal gegenphasig verlaufen. Verstärkung der Strahlung von der einen Antenne bei gleichzeitiger Abschwächung der anderen Strahlung ist aber gleichbedeutend mit einer Verlagerung der Zone gleicher Feldstärke, also des Leitstrahls.

Zur Beseitigung dieser Erscheinung könnte man wieder an die Verwendung hoher Diagrammschärfen denken, um die durch die Feldstärkendifferenz hervorgerufene Leitstrahlverlagerung möglichst klein zu machen. Einfacher und gründlicher erreicht man aber die Beseitigung dadurch, daß man beide Senderrichtantennen an die gleiche Stelle legt. Beide Strahlungen werden dann stets gleichartig beeinflußt und der Leitstrahl ändert nur noch seine Lautstärke; der Einfluß des Rückstrahlers auf die Lage des Leitstrahls ist beseitigt. Solche sich durchdringenden Richtantennen kann man auf verschiedene Weise darstellen. Man könnte z. B. eine einzige Richtantenne schwenkbar um ihre Mittelachse ausführen und abwechselnd mit ihr das eine und das andere Diagramm von der gleichen Stelle aus senden. Man würde dann zweifellos die gewünschte Wirkung erzielen.

Aber man hätte nichts damit gewonnen. Wie Abb. 6 zeigt, schwankt ja die Lautstärke der den Leitstrahl bildenden Zeichen bei Annäherung eines Rückstrahlers, und sobald die Schwankungen nicht ganz langsam erfolgen im Vergleich zu der Zeichenfolge, kann beim Übergang von einem Zeichen zum anderen die Lautstärke schwanken, so daß ein genauer Vergleich aufeinanderfolgender Zeichen unmöglich wird. Hier kann man sich nur so helfen, daß man entweder beide den Leitstrahl bildenden Richtbündel gleichzeitig sendet oder in so rascher Folge hintereinander, daß während einer Zeichenperiode die Lautstärke sich nicht merklich verändern kann, also in kleinen Bruchteilen von Sekunden. Die erste Alternative führt auf die gleichzeitige Aussendung verschieden modulierter Richtbündel mit zwei Sendern, wie es die Amerikaner, aber aus anderen Gründen, bei ihren Flugfunkbaken tun, die zweite auf die Verwendung eines umlaufenden Umschalters zwischen einem Sender und zwei Richtantennen. Beide Verfahren schließen den Hörempfang aus, da beim Lautstärkenvergleich die zum Erfassen eines Zeichenrhythmus erforderliche Zeit nicht

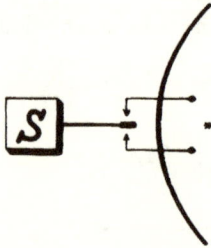

Abb. 7. Leitstrahler mit sich durchdringenden Richtflächen.

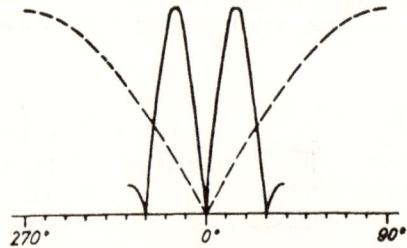

Abb. 8. Vergleich der Nullschärfen eines Doppelkreisdiagramms und eines 4-λ-Strahlwerferdiagramms.

zur Verfügung steht. Man muß also zur Trennung beider verschieden modulierter Zeichen in Tonfiltern und zum Vergleich in Meßgeräten übergehen.

Beide Möglichkeiten schließen aber auch die Verwendung einer sich hin und her drehenden Antenne aus. Statt dessen kann man beispielsweise nach Abb. 7 verfahren: zwei Strahler liegen nach entgegengesetzten Richtungen aus dem Brennpunkt verschoben in einem Parabolreflektor. Beide Strahlungen sind dann wie von der Öffnungsfläche des Spiegels ausgehend zu betrachten. Sie können entweder gleichzeitig oder in rascher Folge abwechselnd gespeist werden.

Umlaufende Funkbaken

Bisher war immer von einem ruhenden Leitstrahl die Rede. Er bezeichnet nur eine einzige Richtung, und ist also kein allgemeines Navigationsmittel, sondern eine spezielle Wegebezeichnung. Will man ein allgemeines Navigationsmittel haben, so läßt man den Leitstrahl mit bekannter Umlaufgeschwindigkeit umlaufen und markiert seine Lage von Zeit zu Zeit durch Zeichen. Die Genauigkeit einer solchen Vorrichtung ist dann begrenzt durch die Zeitdauer, die zum Lautstärkenvergleich erforderlich ist, und durch die Umlaufgeschwindigkeit. Braucht man zum Lautstärkenvergleich beispielsweise 0,2 s und soll die Messung auf 0,1⁰ genau sein, so darf der Leitstrahl nicht viel schneller umlaufen als $0,1^0$ in 0,2 s, oder 360^0 in 720 s. Ein Umlauf dauert dann 12 min. Der Lautstärkenvergleich ist also beim umlaufenden Leitstrahl wegen der erforderlichen Vergleichszeit kein sehr erwünschtes Verfahren. Der Vergleich zweier Feldstärken ist aber beim umlaufenden Leitstrahl auch ganz überflüssig, da bei bekanntem Drehsinn ja sowieso bekannt ist, welche Seite zuerst über den Empfänger hinwegstreicht. Hier benutzt man zweckmäßiger, genau wie beim Peilempfänger, für hohe Genauigkeiten eine Nullstelle im umlaufenden Diagramm. Bei Verwendung von Richtantennen mit gegeneinander geschalteten Hälften lassen sich Nullstellen erzielen, deren Schärfe, ebenso wie beim ruhenden Leitstrahl, der des Rahmens mit dem Doppelkreisdiagramm um ein Vielfaches überlegen ist; zum Vergleich sind in Abb. 8 die Nullstelle eines Doppelkreisdiagramms des Rahmens und einer vier Wellenlängen breiten Richtfläche dargestellt.

Um umlaufende Richtdiagramme mit derartigen Nullstellen nun zur Ortung benutzen zu können, genügt nicht das einfache Abhören und Messen der Nulldurchgangszeit mit der Stoppuhr. Solche Messungen werden wieder nur auf 0,2 s genau und begrenzen die zulässige Umlaufgeschwindigkeit auf einen Umlauf in zwölf Minuten. Selbst wenn zwei derartige Leitstrahlen gleichzeitig umlaufen, erhält man nur alle 6 min eine Messung, und in dieser Zeit legt ein schnelles Flugzeug 36 km zurück. Kreuzpeilungen sind dann nicht ausführbar.

Um die Umlaufgeschwindigkeit derartiger Leitstrahlen steigern zu können, muß man den Augenblick des Durchgangs auf wenige Hundertstel Sekunden genau festlegen. Hierzu wird vorgeschlagen, den gesamten Lautstärkeverlauf am Empfänger auf eine sich drehende Scheibe aufzuzeichnen, auf der auch die Zeitmarken verzeichnet werden. Auf der Scheibe zeichnet sich dann in Polarkoordinaten das Richtdiagramm auf, und seine Lage zu den Marken für bekannte Senderrichtungen liefert unmittelbar die Richtung vom Sender aus als ablesbaren Winkel.

Die praktische Bedeutung der Erforschung der Ionosphäre

Von J. Zenneck*)

Vorgetragen am 28. März 1935 in München.

Die praktische Bedeutung der bei der Erforschung der Ionosphäre entwickelten Verfahren

Trennung der Boden- und Luftwelle

Bei dem ursprünglichen Verfahren der Anordnung von Breit und Tuve wurden bekanntlich kurze Wellengruppen ausgesandt und vom Empfänger nach Gleichrichtung durch einen technischen Oszillographen registriert. Es lieferte Bilder nach der Form von Abb. 1, worin B die Bodenwelle (direktes Zeichen), E_1 ein Echo und E_2 ein zweites Echo bedeuten. Die Nachteile dieses Verfahrens waren einmal, daß der technische Oszillograph bei den hier in Betracht kommenden rasch verlaufenden Vorgängen unzuverlässig war, und zweitens, daß man nicht direkt beobachten konnte, sondern erst nach Entwicklung des Oszillographenstreifens sah, was man aufgenommen hatte.

Zur Vermeidung dieser Nachteile wurde das Verfahren von Breit und Tuve im Münchener Physikalischen Institut so weitergebildet, daß der Empfänger mit der Gruppenfrequenz des Senders synchronisiert wurde. Da sich infolge davon die Vorgänge z. B. 500 mal in der Sekunde wiederholten, war es möglich, die weniger lichtstarke, aber zuverlässigere Braun-

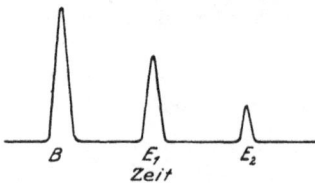

Abb. 1. Aufzeichnung mit Hilfe des technischen Oszillographen (nach Breit und Tuve).

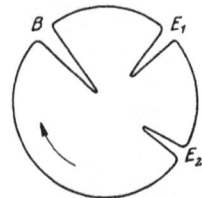

Abb. 2. Aufzeichnung mittels Braunscher Röhre unter Verwendung eines Drehfeldes.

sche Röhre zu verwenden. Sie liefert bei dieser Anordnung ein stehendes Bild auf dem Schirm der Röhre und gestattet demnach die unmittelbare Beobachtung. Die praktische Anwendung dieser Anordnung ist die Impulspeilung. Die Trennung von Boden- und Luftwelle (Echo) gestattet, die Bodenwelle allein zu peilen und damit vom Nachtfehler frei zu werden.

Messung sehr kurzer Zeiten

Eine Form, in der das Verfahren von Breit und Tuve im Münchener Physikalischen Institut angewendet wurde, bestand darin, daß man auf

*) Geh. Reg. Rat Dr.-Ing., Professor a. d. Techn. Hochschule, München.

die Braunsche Röhre ein Drehfeld wirken ließ, das mit der Gruppenfrequenz des Senders synchronisiert war. Infolge davon beschrieb der Fleck der Braunschen Röhre einen Kreis. Durch die Wirkung der Bodenwelle und der Echos wurde der Fleck aus dem Kreis herausgeworfen, und zwar bei der letztgebauten Anordnung nach dem Zentrum des Kreises zu. Es entstehen also Bilder auf dem Schirm der Braunschen Röhre von der Form der Abb. 2. Diese Anordnung gestattet eine äußerst genaue Messung der Laufzeit eines Echos und damit überhaupt die Messung sehr kurzer Zeiten. Bei einer Drehzahl des Drehfeldes von 500 U/s betrug der Fehler der Zeitbestimmung bei den Echomessungen ungefähr $5 \cdot 10^{-6}$ s.

Dieses äußerst genaue Verfahren der Zeitmessung hat bekanntlich Anwendung gefunden bei der Lotung vom Flugzeug mit Hilfe von elektromagnetischen Wellen.

Praktische Folgerungen aus den Ergebnissen der Erforschung der Ionosphäre

Es handelt sich bei dem Folgenden um den Fall, daß eine Bodenwelle nicht vorhanden ist und demnach allein die Luftwelle zur Verfügung steht.

Die Möglichkeit der Peilung des Senders mit Hilfe der Luftwelle

Von vornherein ist klar, daß jede Peilung, sie mag sein, wie sie will, im besten Fall die Richtung feststellen kann, in der die Welle am Empfänger ankommt. Eine Peilung des Senders ist deshalb grundsätzlich nur möglich, wenn die Richtung, in der die Welle am Empfänger ankommt, übereinstimmt mit der Richtung, in der der Sender liegt. Man kann demnach mit Hilfe der Luftwelle den Sender nur peilen, wenn die Luftwelle am Empfänger in der Vertikalebene ankommt, in der Sender und Empfänger liegen. Die grundsätzliche Frage ist also: Breitet sich die Luftwelle in der Vertikalebene Sender-Empfänger aus? Daß das nicht notwendig der Fall zu sein braucht, sieht man ohne weiteres, wenn man z. B. an die Möglichkeit einer nicht-horizontalen Schichtung der Ionosphäre denkt.

Versuche darüber haben Ratcliffe und Pawsey[1]) gemacht. Sie waren auf die aufgeworfene Frage gekommen durch folgende Beobachtung. Wenn sie die Luftwelle wirken ließen auf zwei Antennen, die nur die normal polarisierte Komponente aufnahmen und auf einer Strecke lagen, die senkrecht zur Verbindungslinie Sender-Empfänger war, so fanden sie, daß die Schwankungen der Feldstärke in beiden Antennen ganz verschieden ausfielen, falls der Abstand der Antennen von der Größenordnung einer Wellenlänge war. Die Beobachtung war nicht vereinbar mit der Annahme, daß die Luftwelle als ebene Welle sich in der Vertikalebene Sender-Empfänger fortpflanzt. Es lag also sehr nahe, eine Fortpflanzung schief zu dieser Vertikalebene anzunehmen. Eine solche konnten sie tatsächlich in vielen Fällen feststellen.

Die Aufgabe, die jetzt vorliegt, ist die, durch Versuche mit verschiedenen Wellenlängen zu ermitteln, ob dieser Fall verhältnismäßig häufig

---

[1]) Proc. Cambr. Phil. Soc. Bd. 29 (1933) S. 301.

ist, oder ob er nur eine Ausnahme bildet. Wenn das erstere der Fall sein sollte, so würde es bedeuten, daß Funkpeilung mit Hilfe der Luftwelle allein praktisch aussichtslos ist.

Zusammenhang zwischen der Güte der Funkübertragung und dem Zustand der Ionosphäre

Daß ein Zusammenhang zwischen dem Zustand der Ionosphäre und der Güte der Übertragung für irgendeine Wellenlänge besteht, ist in all den Fällen, in denen die Luftwelle eine wesentliche Rolle spielt, selbstverständlich. Daß der Zusammenhang nicht einfach ist, ist ebenfalls von vornherein klar. Man braucht nur daran zu denken, daß das Nichtankommen einer Welle auf eine bestimmte Entfernung unter Umständen entgegengesetzte Ursachen haben kann, entweder, daß die Ionisation zu schwach ist und die Welle deshalb durch die obere Schicht durchdringt, oder daß die Ionisation zu stark ist und die Welle deshalb schon in den unteren Schichten absorbiert wird. Die praktische Frage ist also: Mit welcher Wellenlänge kann man zu irgendeinem bestimmten Zeitpunkt auf eine bestimmte Entfernung am besten durchkommen?

Nun liegt es nahe, auf Grund einer Statistik von vielen Beobachtungen eine gewisse Erfahrung zu sammeln, z. B. eine Tabelle aufzustellen, in der für die verschiedenen Entfernungen und für die verschiedenen Tages- und Jahreszeiten die günstigste Wellenlänge angegeben ist, ähnlich der Statistik, die die Amerikaner für die transatlantische Funktelephonie aufgestellt haben. Die praktische Brauchbarkeit einer solchen Statistik hängt davon ab, ob man tatsächlich für eine bestimmte Tages- und Jahreszeit auch mit einem bestimmten Zustand der Ionosphäre rechnen darf. Es leuchtet ein, daß z. B. eine solche Statistik für das Wetter völlig unbrauchbar sein würde. Wenn ich heute nachmittags einen Ausflug machen will, so nützt es mir nichts, zu wissen, daß im Durchschnitt der letzten drei Jahre am Nachmittag des 28. März wenig Niederschläge waren; wesentlich ist für mich vielmehr, ob ich heute am Nachmittag des 28. März 1935 naß werde oder nicht.

Tatsächlich ist nun der Zustand der Ionosphäre von Tag zu Tag durchaus veränderlich. Es treten insbesondere am Abend, aber auch bei Tag und in der Nacht, abgesehen von Störungen, abnormale Ionisierungen auf, von denen besonders bekannt geworden ist die abnormale Ionisierung der E-Schicht, die ganz besonders hohe Werte und hohe Gradienten besitzt. Das Ziel müßte also sein, durch Versuche den Zusammenhang zwischen dem Zustand der Ionosphäre und der Übertragungsgüte auf die verschiedensten Entfernungen und mit den verschiedensten Wellenlängen festzustellen. Wenn man dann die Ionosphäre beobachtet, so kann in jedem einzelnen Fall gesagt werden, welche Wellenlängen man für die verschiedenen Entfernungen zu dem betreffenden Zeitpunkt braucht.

Versuche dieser Art sind bisher kaum je gemacht worden. Das einzige, was mir im Schrifttum bekannt geworden ist, sind einige Bemerkungen von Kirby, Berkner und Stuart[2]).

---

[2]) Res. Pap. 632 des Bureau of Standards.

Seit einiger Zeit hat aber ein Doktorand des Physikalischen Instituts München, Dieminger, Versuche gemacht, bei denen der Zustand der Ionosphäre durch die Echomessungen in Kochel und am selben Ort selbsttätig der zeitliche Verlauf der Empfangsintensität eines Senders aufgezeichnet wurden, der sich in der Gegend von Amberg in einer Entfernung von 200 km befand und mit den Wellenlängen 160, 80 und 40 m arbeitete. Die Apparate haben sich durchaus bewährt. Es sind auch eine große Reihe bemerkenswerter Einzelbeobachtungen dabei herausgekommen, aber die Zahl der Versuche ist vorläufig noch zu gering, um allgemeine Schlüsse zu gestatten.

Die Versuche sollen auf die Entfernung, die uns zur Verfügung steht, fortgesetzt und es sollen in Zusammenarbeit mit der Deutschen Versuchsanstalt für Luftfahrt Versuche auf verschiedene Entfernungen gemacht werden. Es ist dann zu hoffen, daß man auf Grund dieser Versuche in der Lage sein wird, anzugeben, mit welcher Wellenlänge man auf eine bestimmte Entfernung zu irgendeiner bestimmten Zeit am besten arbeitet, wenn man den Zustand der Ionosphäre durch Echomessungen festgestellt hat.

Wünschenswert würde also eine Station sein, die den Zustand der Ionosphäre dauernd beobachtet, ähnlich wie das eine Wetterwarte beim Wetter tut. Die Frage ist noch, ob eine solche Ionosphärenwarte in Deutschland genügen würde. Es ist nach den bisherigen Erfahrungen sehr wohl denkbar, daß der Zustand der Ionosphäre auch auf demselben Längengrad z. B. im Norden unseres Landes, zu gewissen Zeiten erheblich anders ist als im Süden. Es ist außerdem unzweifelhaft, daß sich die Ionosphäre in Punkten, die auf erheblich verschiedenen Längengraden liegen, zur selben Zeit sehr verschieden verhält. Wie weit das zutrifft, soll festgestellt werden, indem man in einer Station im Süden und in einer im Norden Deutschlands und außerdem in einer englischen Station mit einem aufzeichnenden Verfahren gleichzeitig Beobachtungen macht.

Thermischer Segelflug

Von W. Georgii*)

Vorgetragen am 21. September 1934 in München

Einleitung

Die drei Voraussetzungen für die Entwicklung des motorlosen Fluges: Erschließung der atmosphärischen Segelflugmöglichkeiten, geeignete Flugzeuge und fliegerisches Können und Erfahrung der Flugzeugführer lassen sich in ihren Einwirkungen auf die Leistungssteigerung der Segelflugzeuge deutlich nachweisen. Die ersten vorbildlichen Segelflugzeuge, »Blaue Maus« von Klemperer und namentlich »Vampyr« von Madelung, waren die Voraussetzung für eine erfolgreiche Weiterentwicklung des motorlosen Fluges. Fliegerisches Können erschloß alle Möglichkeiten des Hangsegelfluges und steigerte seine Leistung bis zu Streckenflügen von 100 km. Die meteorologische Forschung wies dem motorlosen Flug den Weg zum thermischen Segelflug und führte ihn damit vom Gebirge auch über die Ebene. Nach der Erschließung des thermischen Segelfluges wurden von der Technik die für den Flug über der Ebene notwendigen Startarten, Flugzeugschlepp und Windenschlepp geschaffen und von den Piloten die Methodik des thermischen Segelfluges erflogen. So erkennt man wechselseitig im Aufstieg des deutschen Segelfluges die Einwirkung der für die Leistungssteigerungen notwendigen Voraussetzungen. Mit der Erschließung des thermischen Segelfluges, der bisher den Wolken-, Front- und reinen thermischen Segelflug, den Flug ohne Wolken, umfaßt, kennen wir alle Segelflugmöglichkeiten, die praktisch für den menschlichen Segelflug in Frage kommen. Doch läßt sich nicht sagen, daß damit die große Entwicklungsperiode, welche durch den thermischen Segelflug vor einigen Jahren eingeleitet worden ist, auch abgeschlossen ist. Das Gegenteil haben ja gerade mit ihrer sprunghaften Steigerung die Leistungen des Rhön-Segelflug-Wettbewerbs 1934 und 1935 erwiesen. Sie haben auch den Weg gezeigt, auf dem neue Fortschritte erzielt werden können, für die nicht allein die Vervollkommnung der Flugzeuge und die Steigerung des fliegerischen Könnens ausschlaggebend sind. Das erweist auch die Verschiedenartigkeit der Flugzeuge und die Zahl der Führer, die annähernd gleiche Leistungssteigerungen im Rhön-Segelflug-Wettbewerb 1934 und 1935 erzielt haben. Zweifellos bietet demnach der thermische Segelflug noch Möglichkeiten, die bisher noch nicht fliegerisch verwertet und von der Forschung noch nicht dem Segelflug erschlossen worden sind.

Aufschluß vermögen uns über dieses Problem die physikalischen Grundlagen der thermischen Vertikalbewegungen der Atmosphäre zu geben. Thermische Vertikalbewegungen setzen, ausgenommen den Fall örtlicher Überhitzung, eine labile Atmosphäre voraus, d. h. ein vertikales Temperatur-

*) Dr. phil., Professor a. d. Techn. Hochschule Darmstadt, Direktor d. Forschungs-Instituts f. Segelflug (DFS) Griesheim bei Darmstadt.

gefälle, das größer als der trockenadiabatische oder feuchtadiabatische Gradient ist. Diese Labilität oder, wie der Segelflieger sagt, diese »Thermik« kann erzeugt werden durch die tägliche Sonneneinstrahlung, also durch Erhitzung der unteren Luftschichten. Ebenso kann sie aber erzeugt werden durch Abkühlung in der Höhe. Auch diese Abkühlung in der Höhe kann Strahlungsvorgänge zur Ursache haben. Wesentlicher für das vorliegende Problem sind aber die Vorgänge, bei welchem durch Antransport oder Advektion kalter Luft die Abkühlung in der Höhe erfolgt. Ebenso wie die Advektion kalter Luftmassen eine labile Atmosphäre bedingen kann, vermögen auch warme Luftmassen, welche von südlicheren Breiten heranwehen, eine labile Atmosphäre zur Folge zu haben und die in südlicheren Breiten aufgenommene Wärmeenergie bei uns in thermischen Vertikalbewegungen zur Auslösung zu bringen.

Aus diesen physikalischen Grundlagen läßt sich ein System thermischer Segelflugmöglichkeiten ableiten, welches uns die Wege zeigt, die sich segelfliegerisch noch erkunden lassen. Die Kennzeichnung der sich so ergebenden thermischen Segelflugbedingung ist so gewählt, wie sie der Sprache und dem Vorstellungsvermögen des Segelfliegers entspricht.

Thermische Segelflug-Möglichkeiten

Sonnenthermik oder Einstrahlungsthermik

Die Sonnenthermik oder Einstrahlungsthermik bilden die jedem Segelflieger geläufigen normalen thermischen Aufwinde an windschwachen Sommertagen. Sie entsteht durch Überhitzung der unteren Luftschichten

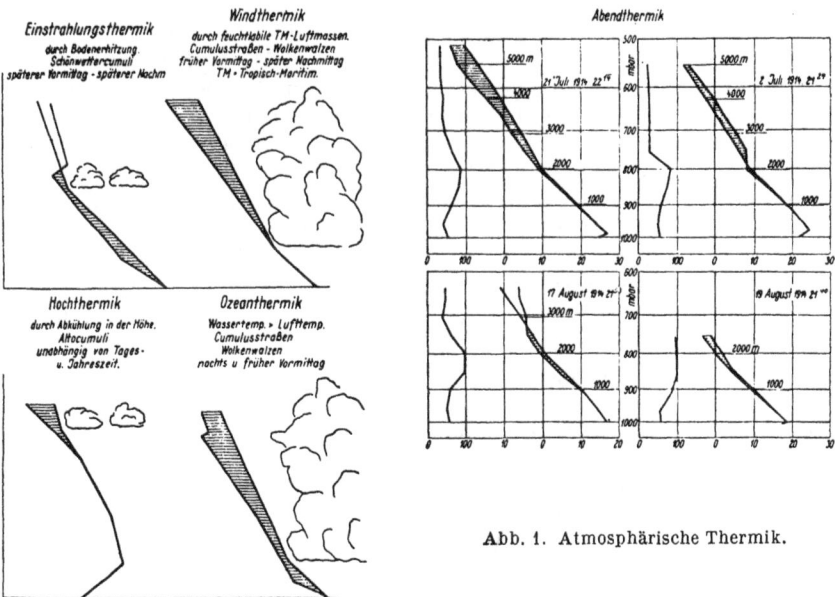

Abb. 1. Atmosphärische Thermik.

und hängt deshalb stark von der örtlichen Bodenbeschaffenheit, also von der Verteilung von freiem Feld, Wald, feuchten Wiesen usw. ab. Die Verteilung der Auf- und Abwindgebiete ist unregelmäßig entsprechend der Geländebeschaffenheit. Segelflugmöglichkeit besteht im günstigsten Fall von 9 Uhr bis 18 Uhr. Die meisten thermischen Segelflüge sind unter diesen Bedingungen durchgeführt worden.

Abb. 1 enthält die Zustandskurve der Atmosphäre bei Einstrahlungsthermik in Form des sog. Emagramms, und zwar gibt die linke Kurve den Temperaturzustand der ruhenden Luft, die rechte Kurve den Temperaturverlauf eines vom Boden aufsteigenden Luftteilchens an. Der schraffierte Teil der Figur veranschaulicht die Labilität der Atmosphäre, welche maßgebend ist für die Geschwindigkeit der Vertikalbewegung und für die erreichbare Höhe der aufsteigenden Luft.

Abendthermik

Die Abendthermik ist wiederholt schon von Segelfliegern beobachtet worden, ohne daß sie bisher ihre Deutung gefunden hat. Die entsprechenden Zustandskurven der Abb. 1 (2. Juli, 21. Juli, 17. August, 19. August 1914) geben die Erläuterung für diese nach Sonnenuntergang auftretenden thermischen Aufwinde. Bei der Abendthermik handelt es sich um eine von der Tageserwärmung in der Höhe noch vorhandene Restthermik. Während die unteren bodennahen Luftschichten unter dem Einfluß der einsetzenden nächtlichen Ausstrahlung schon erkaltet und deshalb sehr stabil (2. 7. und 19. 8. Bodeninversion), also frei von Vertikalbewegungen sind, zeigt sich bei sämtlichen Beispielen in Höhen über 1000 m zunehmende Labilität der Atmosphäre. In Höhen über 1000 m können demnach unter den gegebenen Verhältnissen noch am späten Abend freie Vertikalbewegungen auftreten. Die Labilität der Atmosphäre und ebenso die freien Vertikalbewegungen der Luft bedürfen aber der Auslösung, d. h. Luftteilchen müssen innerhalb der labilen Schicht durch irgendwelche Vorgänge aus ihrer Ruhelage, in der sie im thermischen Gleichgewicht sind, gehoben werden. Solche Auslösungsvorgänge sind die orographische Auslösung oder zwangsweise Hebung von Luftteilchen an Hindernissen der Erdoberfläche, Auslösung durch Rauhigkeitsunterschiede der Erdoberfläche (Übergang der Strömung vom Meer auf Land oder von freiem Feld zu Wald) oder turbulente Auslösung in der Grenzschicht zweier mit verschiedener Geschwindigkeit bewegter Luftmassen. Am Tage erfolgt die Auslösung der thermischen Vertikalbewegung gewöhnlich am Erdboden, wo die verschiedenartige Gestaltung des Bodens zahlreiche Auslösungsmöglichkeiten bietet. Bei der Abendthermik kann die Auslösung nicht mehr von ebenem Erdboden erfolgen, über dem die untere erkaltete, sehr stabile Luftschicht liegt. Die Auslösung der oberen Labilität kann nur durch Gebirge erfolgen, die noch in die obere labile Luftschicht ragen und welche die anströmende Luft zwangsweise heben. Infolgedessen kann die Abendthermik, mit Ausnahme des Falles der turbulenten Auslösung, nur vom Gebirge aus im Segelflug ausgenutzt werden. Manche Flüge, die in Rhön-Wettbewerben durchgeführt, und bei welchen gerade in den Abendstunden ein ruhiger Segelflug in großen Höhen ermöglicht wurden, erklären sich leicht durch diese Abendthermik.

Windthermik

Im Rhön-Segelflug-Wettbewerb 1934 wurden zum ersten Male Fernsegelflüge über 300 km durchgeführt. Die Auswertung dieser Flüge hat gezeigt, daß besondere atmosphärische Bedingungen diese Flüge ermöglicht haben. Die Kombination guter Thermik mit großen Windgeschwindigkeiten und die hierdurch bedingte große Reisegeschwindigkeit der Segelflugzeuge hat die Voraussetzung für die Zurücklegung dieser großen Strecken geschaffen. Von den Segelflugzeugen, welche mehr als 300 km zurückgelegt haben, erreichten die Segelflugzeuge »Rhönadler« 56 km/h, »Präsident« 61 km/h und »Sao Paulo« 67 km/h. Die besonderen atmosphärischen Verhältnisse der Kombination guter Thermik und großer Windgeschwindigkeit kann man als »Windthermik« bezeichnen. Auf Grund der eingangs aufgeführten physikalischen Grundlagen der Thermik läßt sich auch die Windthermik erklären. Die günstigen thermischen Bedingungen der Luft können bei gleichzeitig großen Windgeschwindigkeiten nicht allein örtlich, also nicht nur durch lokale Sonneneinstrahlung entstanden sein, sondern müssen durch Advektion, d. h. Antransport einheitlicher feuchtlabiler Luftmassen bedingt sein. Solche feuchtlabilen Luftmassen werden bei uns entweder aus tropisch-maritimen oder polar-maritimen Breiten herangeführt. Charakteristisch und für den Segelflug besonders bedeutungsvoll sind die bei dieser Lage vielfach festgestellten besonderen Auslösungserscheinungen der labilen Luftschichten. Während bei örtlich entstandener Einstrahlungsthermik Auf- und Abwindgebiete unregelmäßig verteilt sind, beobachtet man bei Windthermik eine gewisse Regelmäßigkeit der Aufwindverteilung. Die herrschende thermische Labilität der Atmosphäre, verbunden mit größerer Windgeschwindigkeit, kommt in großen regelmäßig angeordneten Luftwalzen zur Auslösung. Diese Luftwalzen, deren Achsen in der Windrichtung liegen, bilden ausgedehnte Wolkenstraßen, welche für den Segelflieger Aufwindstraßen darstellen, auf welchen er bei ziemlich gleichmäßigen Aufwindverhältnissen ohne Höhenverlust, und deshalb auch ohne zeitraubenden Aufenthalt entlangfliegen kann. So erklärt sich auch die große Reisegeschwindigkeit der Segelflugzeuge auf Fernflügen über 300 km.

Das Problem der Ausbildung der Wolkenstraßen ist eine wichtige neuere Forschungsaufgabe des Segelfluges. Beim Deutschen Forschungs-Institut für Segelflug liegen zahlreiche Aufnahmen solcher Wolkenstraßen vor und veranschaulichen in hervorragender Weise ihren Wert für den Fernsegelflug (Abb. 2 und 3). Auch sind schon eine größere Zahl von Messungen zur Klärung der Entstehungsursachen dieser Wolkenstraßen durchgeführt worden. Notwendig ist für ihre Bildung eine mit größerer Geschwindigkeit bewegte feuchtlabile Luftmasse, die nach oben zwischen 2000 m und 4000 m Höhe durch eine Temperaturinversion abgegrenzt ist. Unter diesen Umständen kommt die thermische Labilität der Atmosphäre in großen, in gewisser Regelmäßigkeit angeordneten Luftwalzen zur Auslösung, deren

Abb. 2. Wolkenstraße bei Darmstadt.

Abb. 3. Wolkenstraße bei Darmstadt.

aufsteigender Teil die Wolkenstraße bildet. Bisher sind Wolkenstraßen bis zu 75 km Länge gemessen worden. Neuerdings sind von Sir Gilbert Walker in London experimentelle Untersuchungen durchgeführt worden, die ebenfalls zeigen, daß die Bildung der Wolkenstraßen von einer gewissen Grenzgeschwindigkeit der Luft abhängig ist.

Die Barogramme von Segelflugzeugen, welche solchen Wolkenstraßen folgen, weichen wesentlich von den normalen thermischen Segelflug-Barogrammen ab. Während die letzteren entsprechend der Methodik des thermischen Segelfluges große Höhenschwankungen aufweisen, zeigen die Flugbarogramme unter Wolkenstraßen entsprechend dem kontinuierlichen Aufwindfeld nur geringfügige Höhenänderung des Segelflugzeuges. Hierin beruht der Vorteil für den Langstreckensegelflug. Ohne Aufenthalt zum Zwecke neuen Höhengewinnes kann das Segelflugzeug unter ihnen in gleichbleibender Höhe entlangfliegen und so in kürzester Zeit größere Strecken zurücklegen. Unter gleichen Bedingungen sind auch die großen Fernsegelflüge von 400 km und 500 km im Rhön-Segelflug-Wettbewerb 1935 durchgeführt worden. Am 21. und 29. Juli dieses Jahres wurden feuchtlabile Luftmassen vom Atlantischen Ozean über Europa herangeführt. Die sich bei dieser Wetterlage ausbildenden Wolkenstraßen und die gleichzeitige Windgeschwindigkeit von etwa 50 km/h ermöglichte es den Piloten des Rhön-Segelflug-Wettbewerbes, mit einer Reisegeschwindigkeit von 100 bis 130 km über Land zu gehen.

Wie einheitlich die Wolkenstraßen entwickelt waren, ergibt sich auch daraus, daß 4 Segelflugzeuge, unabhängig voneinander, die gleiche Flugstrecke von 502 km nach Brünn in der Tschechoslowakei zurücklegten. Diese Flüge zeigen, daß man Windthermik tatsächlich als die günstigste Bedingung für große Fernsegelflüge ansprechen muß.

Ozeanthermik

Die Beobachtungen der Südamerika-Expedition haben ergeben, daß über dem tropischen Teil des Ozeans sehr günstige Segelflugmöglichkeiten vorhanden sind. Die Bedingungen für die Entstehung der Thermik auf dem Wasser sind andere als auf dem Land. Sie hängen infolge der thermischen Trägheit des Wassers weniger von den täglichen Einstrahlungsverhältnissen der Sonne als von der Temperatur des Wassers im Vergleich zur Luft ab. Überall auf dem Ozean, wo die Wassertemperatur höher als die Lufttemperatur ist, können thermische Aufwinde entstehen. Es genügen schon verhältnismäßig kleine Temperaturunterschiede für die Entwicklung guter Ozeanthermik. Die Zustandskurve der Atmosphäre für Ozeanthermik ist auf Abb. 1 ebenfalls angegeben. Über der wärmeren Wasseroberfläche entwickelt sich in der untersten Luftschicht ein labiles Temperaturgefälle, wodurch unter Mitwirkung freiwerdender Kondensationswärme eine große Labilität der Atmosphäre erzeugt werden kann. Infolge der gleichmäßigen und gleichartigen Oberfläche des Ozeans sind auch die Auslösungsvorgänge auf dem Ozean viel regelmäßiger als über dem ungleichmäßig erwärmten Festland. In gleicher Weise, aber noch mit größerer Regelmäßigkeit wie bei Windthermik über dem Festland, treten die thermischen Aufwinde auf dem Ozean in Begleitung ausgedehnter Umlagerungswalzen auf, welche auffallend regelmäßige und sehr ausgedehnte Wolkenstraßen über dem Ozean bilden.

Die Südamerika-Expedition hat solche Wolkenstraßen photographiert welche sich von Horizont zu Horizont in scharf begrenzter Form über den ganzen Himmel erstreckten (Abb. 4). Da der Temperaturunterschied zwischen Wasser und Luft in der Nacht und am frühen Morgen am größten ist, ist auch die Ozeanthermik zu dieser Zeit am kräftigsten. Auf Grund ihrer Beobachtungen hat die Südamerika-Expedition den Eindruck gewonnen, daß sich Segelflüge im tropischen Teil des Ozeans durchführen lassen müssen. An Tagen mit geringem Seegang würde Start und Landung keine übermäßigen Gefahren bringen. Als Startart kommt Flugzeugschlepp zunächst in Frage. Das Schleppflugzeug würde zugleich Begleitflugzeug für das Segelflugzeug sein, um es nach der Landung zum Schiff zurückzubringen. Streckenflüge von 100 km und mehr sind durchaus durchführbar. Es würde eine schöne Aufgabe für den deutschen Segelflug sein, diese Ozeanthermikflüge in Zusammenarbeit mit dem in jenen Teilen des Ozeans befindlichen Flugschiff »Schwabenland« durchzuführen. Vom Deutschen Forschungsinstitut für Segelflug ist ein Wassersegelflugzeug

Abb. 4. Wolkenstraßen über dem Atlantischen Ozean.

gebaut worden, mit dem zur Zeit die ersten Flugversuche auf einem deutschen Binnengewässer durchgeführt werden.

Bisher war der Segelflug im wesentlichen auf die Tagesstunden und die warme Jahreszeit beschränkt, da er die von der Sonneneinstrahlung ausgehende Thermik ausnutzen mußte. Die eingangs aufgeführten physikalischen Grundlagen thermischer Aufwinde haben erbracht, daß thermische Instabilität der Luft und damit auch thermische Aufwinde unabhängig von der Sonneneinstrahlung dadurch entstehen können, daß bei unveränderten Temperaturverhältnissen in den unteren Luftschichten Abkühlung in der Höhe durch Antransport kälterer Luftmassen, normalerweise also solcher aus höheren Breiten, einsetzt. Dieser Vorgang führt uns zum Auftreten der

Hochthermik

Die Zustandskurve der Atmosphäre für Hochthermik findet sich auf Abb. 1. Die unteren Luftschichten sind sehr stabil, sie können, namentlich in der Nacht und im Winter eine Bodeninversion aufweisen. Labilität der Luft tritt erst in Höhen über 2000 m auf, bedingt durch die Vergrößerung des Temperaturgefälles infolge der Zufuhr kalter Luft in der Höhe.

Das Aufwindgebiet in diesen Höhen ist in der Zustandskurve der Abb. 1 für Hochthermik wiederum durch Schraffur gekennzeichnet. Die ersten Versuche zur Erschließung der Hochthermik sind beim D. F. S. im Sommer dieses Jahres durchgeführt worden. Abb. 5 zeigt die Höhenzeitkurve des Fluges vom 21. Juni 17.30 Uhr von Hanna Reitsch auf dem Segelflugzeug »Präsident«. Das Flugzeug wurde auf 2600 m Höhe geschleppt. Im Schleppzug erkennt man, daß in 2400 m die Steiggeschwindigkeit plötzlich erheblich zunimmt. Nach der Loslösung vom Schleppflugzeug hält sich das Segelflugzeug noch einige Zeit in der Schlepphöhe. Aus der Höhenzeitkurve errechnen sich Aufwindgeschwindigkeiten der Luft von etwa 1,4 m/s zwischen 2400 und 2500 m Höhe und von etwa 0,5 m/s in Gipfelhöhe. Sehr schöne Beobachtungen liegen in dieser Hinsicht von dem Wetterflugzeug der Hamburger Wetterflugstelle vor. E. Frankenberger

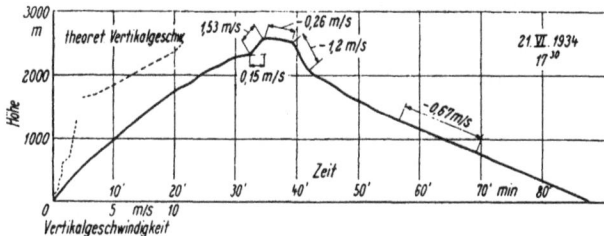

Abb. 5. Höhenzeitkurve des Segelflugzeuges »Präsident« vom 21.6.1935, 17³⁰ h.

hat in den Erfahrungsberichten des Deutschen Flugwetterdienstes 1934 die Auswertung eines Flugbarogrammes gegeben, nach dem das Flugzeug am frühen Morgen in 5000 m Höhe unter Alto-Cumulusbänken in regelmäßigen Abständen Auf- und Abwinde angetroffen hat. Die Aufwindgeschwindigkeit betrug bis zu 2 m/s. Diese Ergebnisse ermutigen zweifellos zu weiteren Versuchen in dieser Richtung. Da die Hochthermik unabhängig von der Sonneneinstrahlung ist, eröffnen sich auch die Möglichkeiten für Segelflüge während der Nacht und im Winter. Notwendig hierfür ist außer den notwendigen atmosphärischen Voraussetzungen das Hochschleppen des Segelflugzeuges auf 2500 bis 3000 m. Gekennzeichnet sind die Wetterlagen für Hochsegelflug durch das Auftreten von Alto-Cumuluswolken.

Zusammenfassung

Übersieht man die behandelten thermischen Segelflugmöglichkeiten, so kommt man zu der Erkenntnis, daß bisher nur die einfachste Art thermischer Aufwinde, und zwar die Sonnen- oder Einstrahlungsthermik segelfliegerisch in weitem Ausmaß erschlossen ist. Die Windthermik läßt noch mit zunehmender Erfahrung des Segelfluges in der Ausnutzung der ihr eigentümlichen Wolkenstraßen weitere Fortschritte im Segelflug erwarten. Abend-, Ozean- und Hochthermik stehen durchaus noch im Forschungsstadium und lassen sich in ihrer fliegerischen Auswirkung noch nicht übersehen.

340

Inhaltsverzeichnis

www.ingramcontent.com/pod-product-compliance
Lightning Source LLC
Chambersburg PA
CBHW031433180326
41458CB00002B/530